151

Anaesthesiologie und Intensivmedizin
Anaesthesiology
and Intensive Care Medicine

vormals „Anaesthesiologie und Wiederbelebung"
begründet von R. Frey, F. Kern und O. Mayrhofer

Herausgeber:
H. Bergmann · Linz (Schriftleiter)
J.B. Brückner · Berlin   M. Gemperle · Genève
W.F. Henschel · Bremen   O. Mayrhofer · Wien
K. Peter · München

H. Marquort

Kontraktionsdynamik des Herzens unter Anaesthetika und Beta-Blockade

Tierexperimentelle Untersuchungen

Mit 137 Abbildungen und 34 Tabellen

Springer-Verlag
Berlin Heidelberg NewYork 1983

Priv.-Doz. Dr. med. Hermann Marquort
Ev.-luth. Diakonissenanstalt Flensburg
Akad. Lehrkrankenhaus der Univ. Kiel
Marienhölzungsweg 2
D-2390 Flensburg

ISBN 3-540-11745-8 Springer-Verlag Berlin Heidelberg New York
ISBN 0-387-11745-8 Springer-Verlag New York Heidelberg Berlin

CIP-Kurztitelaufnahme der Deutschen Bibliothek
Marquort, Hermann: Kontraktionsdynamik des Herzens unter Anaesthetika
und Beta-Blockade: tierexperimentelle Untersuchungen.
H. Marquort. – Berlin; Heidelberg; New York: Springer, 1983.
(Anaesthesiologie und Intensivmedizin; 151)
ISBN-13:978-3-540-11745-2   e-ISBN-13:978-3-642-68706-8
DOI:10.1007/978-3-642-68706-8
NE: GT

Satz: Schreibsatz-Service Weihrauch, Würzburg

2119/3321-543210

Vorwort

Die Zahl der verfügbaren Beta-Rezeptor-Antagonisten und Narkosemittel hat in den letzten Jahren erheblich zugenommen. So ist es
sehr willkommen, daß die vorliegende Monographie eine systematische Übersicht darüber gibt, welche Auswirkungen die verschiedenen Beta-Blocker im Vergleich untereinander auf die Kontraktionsfrequenz und -kraft des Herzens haben, welche Rückwirkungen auf
die myokardiale Anpassungsfähigkeit gegenüber Belastungen zu
erwarten sind und welchen zusätzlichen Einfluß die Applikation
von Halothan, Enfluran oder Neuroleptanalgetika hat. Unter den
Beta-Blockern wurden sieben verschiedene Arzneimittelspezialitäten ausgewählt. Die gewonnenen Daten vermitteln eine Vielzahl
von Informationen. Dabei sind zwei Einsichten besonders wichtig:
Einerseits bestehen zwischen den einzelnen Beta-Rezeptor-Blockern
durchaus faßbare und klinisch bedeutsame Unterschiede wie Intrinsic activity, $Beta_1$-Prävalenz und Dosisbreite zwischen $Beta_1$-Antagonismus und negativ inotroper Wirkung, andererseits haben aber
Beta-Rezeptoren-Blocker in adäquater Dosierung keine nennenswerten direkt negativ inotropen Wirkungen.

Außerdem entstehen bei Anwesenheit von Narkotika, soweit
sie hier überprüft wurden, keine nachteiligen Effekte. Das Verdienst
der vorliegenden Arbeit liegt also wesentlich darin, die kontroverse
Diskussion um die Wechselwirkung zwischen Beta-Blockern und
bestimmten, die moderne Narkosetechnik beherrschenden Narkotika ausgeräumt zu haben und darüber hinaus die Vielzahl von
Arzneimittelspezialitäten mit beta-antagonistischer Wirkung hervorragend differenziert und systematisiert zu haben.

In Anbetracht des Gesamtumfanges der Monographie ist es ein
Vorteil, daß die einzelnen Abschnitte in sich abgeschlossene Problemkreise abhandeln und insofern auch gesondert studiert werden
können. Dabei stößt man nicht nur auf eine Fülle von neuen Erkenntnissen, sondern an vielen Stellen wird auch Fundamentalwissen über die Physiologie und Pathophysiologie der Herzfunktion
sowie die Pharmakologie der Beta-Blocker und Narkotika immer
wieder synoptisch aufgearbeitet und unter neuen Aspekten erörtert.
Das vorliegende Buch verdient deshalb besondere Aufmerksamkeit
und ist dabei nicht nur für Anaesthesisten, sondern auch für Internisten, Kardiologen, Pharmakologen und verwandte Disziplinen
von größtem Interesse. Dem Buch sei eine möglichst große Verbreitung und freundliche Aufnahme gewünscht.

Prof. Dr. J. Wawersik

Danksagung

Die experimentellen Untersuchungen der vorliegenden Arbeit wurden am Institut für Pharmakologie der Universität Kiel durchgeführt. Herrn Prof. Dr. med. Heinz Lüllmann sei daher auch auf diesem Wege nicht nur für seine jederzeit bereitwilligst gewährte Unterstützung, sondern insbesonders auch für seine ständige Hilfsbereitschaft und wertvolle Kritik herzlichst gedankt. Ein Gleiches gilt ebenso uneingeschränkt für alle übrigen Mitarbeiter dieses Institutes.

Herrn Prof. Dr. med. Jürgen Wawersik, meinem verehrten Chef, bin ich zu großem Dank verpflichtet. Seine immerfort gewährten direkten und indirekten Hilfen waren für die Realisierung der Studie von unschätzbarem Wert. Seine Anregungen zur Aufarbeitung und Auswertung der Befunde haben das Bild der vorliegenden Arbeit in einem erheblichen Umfang geprägt.

Herrn Dr. med. habil. Klaus-Jürgen Fischer danke ich, daß er es seinerzeit verstanden hat, mein Interesse an der Bearbeitung wissenschaftlicher Fragestellungen entscheidend zu stimulieren.

Den Mitarbeitern der Abteilung Anaesthesiologie sei für das Verständnis gedankt, ohne das diese Studie in dem vorliegenden Umfang nicht hätte durchgeführt werden können.

Inhaltsverzeichnis

Umrechnungstabellen

Alte Maßeinheiten → SI-Einheiten (Diem-Lentner 1975, Lippert 1976, Nemes et al. 1979)

Umrechnungstafel 1. $cm\ H_2O \to kPa$ (Umrechnung: $cm\ H_2O \cdot 0{,}0981 = kPa$)

$cm\ H_2O$	0,00	0,10	0,20	0,30	0,40	0,50	0,60	0,70	0,80	0,90
0	0,00	0,01	0,02	0,03	0,04	0,05	0,06	0,07	0,08	0,09
1	0,10	0,11	0,12	0,13	0,14	0,15	0,16	0,17	0,18	0,19
2	0,20	0,21	0,22	0,23	0,24	0,25	0,26	0,27	0,27	0,28
3	0,29	0,30	0,31	0,32	0,33	0,34	0,35	0,36	0,37	0,38
4	0,39	0,40	0,41	0,42	0,43	0,44	0,45	0,46	0,47	0,48
5	0,49	0,50	0,51	0,52	0,53	0,54	0,55	0,56	0,57	0,58
6	0,59	0,60	0,61	0,62	0,63	0,64	0,65	0,66	0,67	0,68
7	0,69	0,70	0,71	0,72	0,73	0,74	0,75	0,76	0,77	0,77
8	0,78	0,79	0,80	0,81	0,82	0,83	0,84	0,85	0,86	0,87
9	0,88	0,89	0,90	0,91	0,92	0,93	0,94	0,95	0,96	0,97
10	0,98	0,99	1,00	1,01	1,02	1,03	1,04	1,05	1,06	1,07
11	1,08	1,09	1,10	1,11	1,12	1,13	1,14	1,15	1,16	1,17
12	1,18	1,19	1,20	1,21	1,22	1,23	1,24	1,25	1,26	1,27
13	1,28	1,29	1,29	1,30	1,31	1,32	1,33	1,34	1,35	1,36
14	1,37	1,38	1,39	1,40	1,41	1,42	1,43	1,44	1,45	1,46
15	1,47	1,48	1,49	1,50	1,51	1,52	1,53	1,54	1,55	1,56
16	1,57	1,58	1,59	1,60	1,61	1,62	1,63	1,64	1,65	1,66
17	1,67	1,68	1,69	1,70	1,71	1,72	1,73	1,74	1,75	1,76
18	1,77	1,78	1,79	1,80	1,81	1,81	1,82	1,83	1,84	1,85
19	1,86	1,87	1,88	1,89	1,90	1,91	1,92	1,93	1,94	1,95
20	1,96	1,97	1,98	1,99	2,00	2,01	2,02	2,03	2,04	2,05

Umrechnungstafel 2. Torr → kPa (Umrechnung: Torr · 0,1333 = kPa; 1,0 mmHg = 1,00000014 Torr)

Torr	0,00	0,10	0,20	0,30	0,40	0,50	0,60	0,70	0,80	0,90
0	0,00	0,01	0,03	0,04	0,05	0,07	0,08	0,09	0,11	0,12
1	0,13	0,15	0,16	0,17	0,19	0,20	0,21	0,23	0,24	0,25
2	0,27	0,28	0,29	0,31	0,32	0,33	0,35	0,36	0,37	0,39
3	0,40	0,41	0,43	0,44	0,45	0,47	0,48	0,49	0,51	0,52
4	0,53	0,55	0,56	0,57	0,59	0,60	0,61	0,63	0,64	0,65
5	0,67	0,68	0,70	0,71	0,72	0,73	0,75	0,76	0,77	0,79
6	0,80	0,81	0,83	0,84	0,85	0,87	0,88	0,89	0,91	0,92
7	0,93	0,95	0,96	0,97	0,99	1,00	1,01	1,03	1,04	1,05
8	1,07	1,08	1,09	1,11	1,12	1,13	1,15	1,16	1,17	1,19
9	1,20	1,21	1,23	1,24	1,25	1,27	1,28	1,29	1,31	1,32
10	1,33	1,35	1,36	1,37	1,39	1,40	1,41	1,43	1,44	1,45
11	1,47	1,48	1,49	1,51	1,52	1,53	1,55	1,56	1,57	1,59
12	1,60	1,61	1,63	1,64	1,65	1,67	1,68	1,69	1,71	1,72
13	1,73	1,75	1,76	1,77	1,79	1,80	1,81	1,83	1,84	1,85
14	1,87	1,88	1,89	1,91	1,92	1,93	1,95	1,96	1,97	1,99
15	2,00	2,01	2,03	2,04	2,05	2,07	2,08	2,09	2,11	2,12
16	2,13	2,15	2,16	2,17	2,19	2,20	2,21	2,23	2,24	2,26
17	2,27	2,28	2,29	2,31	2,32	2,33	2,35	2,36	2,37	2,39
18	2,40	2,41	2,43	2,44	2,45	2,47	2,48	2,49	2,51	2,52
19	2,53	2,55	2,56	2,57	2,59	2,60	2,61	2,63	2,64	2,65
20	2,67	2,68	2,69	2,71	2,72	2,73	2,75	2,76	2,77	2,79
21	2,80	2,81	2,83	2,84	2,85	2,87	2,88	2,89	2,91	2,92
22	2,93	2,95	2,96	2,97	2,99	3,00	3,01	3,03	3,04	3,05
23	3,07	3,08	3,09	3,11	3,12	3,13	3,15	3,16	3,17	3,19
24	3,20	3,21	3,23	3,24	3,25	3,27	3,28	3,29	3,31	3,32
25	3,33	3,35	3,36	3,37	3,39	3,40	3,41	3,43	3,44	3,45
26	3,47	3,48	3,49	3,51	3,52	3,53	3,55	3,56	3,57	3,59
27	3,60	3,61	3,63	3,64	3,65	3,67	3,68	3,69	3,71	3,72
28	3,73	3,75	3,76	3,77	3,79	3,80	3,81	3,83	3,84	3,85
29	3,87	3,88	3,89	3,91	3,92	3,93	3,95	3,96	3,97	3,99
30	4,00	4,01	4,03	4,04	4,05	4,07	4,08	4,09	4,11	4,12

Umrechnungstafel 3. Torr → kPa (Umrechnung: Torr · 0,1333 = kPa; 1,0 mmHg = 1,00000014 Torr)

Torr	0,0	1,0	2,0	3,0	4,0	5,0	6,0	7,0	8,0	9,0
0	0,0	0,1	0,3	0,4	0,5	0,7	0,8	0,9	1,1	1,2
10	1,3	1,5	1,6	1,7	1,9	2,0	2,1	2,3	2,4	2,5
20	2,7	2,8	2,9	3,1	3,2	3,3	3,5	3,6	3,7	3,9
30	4,0	4,1	4,3	4,4	4,5	4,7	4,8	4,9	5,1	5,2
40	5,3	5,5	5,6	5,7	5,9	6,0	6,1	6,3	6,4	6,5
50	6,7	6,8	6,9	7,1	7,2	7,3	7,5	7,6	7,7	7,9
60	8,0	8,1	8,3	8,4	8,5	8,7	8,8	8,9	9,1	9,2
70	9,3	9,5	9,6	9,7	9,9	10,0	10,1	10,3	10,4	10,5
80	10,7	10,8	10,9	11,1	11,2	11,3	11,5	11,6	11,7	11,9
90	12,0	12,1	12,3	12,4	12,5	12,7	12,8	12,9	13,1	13,2
100	13,3	13,5	13,6	13,7	13,9	14,0	14,1	14,3	14,4	14,5
110	14,7	14,8	14,9	15,1	15,2	15,3	15,5	15,6	15,7	15,9
120	16,0	16,1	16,3	16,4	16,5	16,7	16,8	16,9	17,1	17,2
130	17,3	17,5	17,6	17,7	17,9	18,0	18,1	18,3	18,4	18,5
140	18,7	18,8	18,9	19,1	19,2	19,3	19,5	19,6	19,7	19,9
150	20,0	20,1	20,3	20,4	20,5	20,7	20,8	20,9	21,1	21,2

Umrechnungstafel 4a. Torr/s → kPa/s (Umrechnung: Torr/s · 0,1333 = kPa/s;
1,0 mmHg = 1,00000014 Torr)

Torr/s	00	10	20	30	40	50	60	70	80	90
500	67	68	69	71	72	73	75	76	77	79
600	80	81	83	84	85	87	88	89	91	92
700	93	95	96	97	99	100	101	103	104	105
800	107	108	109	111	112	113	115	116	117	117
900	120	121	123	124	125	127	128	129	131	132
1000	133	135	136	137	139	140	141	143	144	145
1100	147	148	149	151	152	153	155	156	157	159
1200	160	161	163	164	165	167	168	169	171	172
1300	173	175	176	177	179	180	181	183	184	185
1400	187	188	189	191	192	193	195	196	197	199
1500	200	201	203	204	205	207	208	209	211	212
1600	213	215	216	217	219	220	221	223	224	225
1700	227	228	229	231	232	233	235	236	237	239
1800	240	241	243	244	245	247	248	249	251	252
1900	253	255	256	257	259	260	261	263	264	265
2000	267	268	269	271	272	273	275	276	277	279
2100	279	281	282	283	285	286	287	289	290	291
2200	293	294	295	297	298	299	301	302	303	305
2300	306	307	309	310	311	313	314	315	317	318
2400	319	321	322	323	325	326	327	329	330	331
2500	333	334	335	336	338	339	340	342	343	344

Umrechnungstafel 4b. Torr/s → kPa/s (Umrechnung: Torr/s · 0,1333 = kPa/s; 1,0 mmHg = 1,00000014 Torr)

Torr/s	00	10	20	30	40	50	60	70	80	90
2500	333	334	335	336	338	339	340	342	343	344
2600	346	347	348	350	351	352	354	355	356	358
2700	359	360	362	363	364	366	367	368	370	371
2800	372	374	375	376	378	379	380	382	383	384
2900	386	387	388	390	391	392	394	395	396	398
3000	399	400	402	403	404	406	407	408	410	411
3100	412	414	415	416	418	419	420	422	423	424
3200	426	427	428	430	431	432	434	435	436	438
3300	439	440	442	443	444	446	447	448	450	451
3400	452	454	455	456	458	459	460	462	463	464
3500	466	467	468	469	471	472	473	475	476	477
3600	479	480	481	483	484	485	487	488	489	491
3700	492	493	495	496	497	499	500	501	503	504
3800	505	507	508	509	511	512	513	515	516	517
3900	519	520	521	523	524	525	527	528	529	531
4000	532	533	535	536	537	538	540	541	543	544
4100	545	547	549	550	551	552	553	555	556	557
4200	559	560	561	563	564	565	567	568	569	571
4300	572	573	575	576	577	579	580	581	583	584
4400	585	587	588	589	591	592	593	595	597	598
4500	599	600	601	602	604	605	606	608	609	610

1 Einleitung

Die kompetitive Blockierung β-adrenerger Rezeptoren ist heute ein anerkannter Bestandteil der symptomatischen Therapie verschiedener kardiovaskulärer Krankheitsbilder. Das Indikationsspektrum der β-Adrenolytika umfaßt die verschiedenen Formen der arteriellen Hypertonie, die ischämische Herzerkrankung, bestimmte Arten kardialer Dysrhythmien sowie obstruktive Myokardiopathien und vegetative Funktionsstörungen des Herz-Kreislauf-Systems [16, 50, 75, 131, 137, 159, 199, 264–265, 267, 315, 355, 358–360]. Darüber hinaus zählen die β-adrenerg blockierenden Substanzen aber auch zum therapeutischen Konzept nichtkardiovaskulärer Erkrankungen. Beispielsweise werden β-Sympatholytika bei verschiedenen Formen der Hyperthyreose, bei psychiatrischen und neurologischen Erkrankungen sowie bei pathologisch erhöhtem Augeninnendruck eingesetzt [50, 58, 121, 264–265, 267, 315]. Das Grundprinzip der β-adrenolytischen Therapie ist die kompetitive Blockade des über die β-Rezeptoren vermittelten sympathischen Antriebs auf das Erfolgsorgan [5, 20, 40, 50, 107, 133, 267, 292, 321, 358, 362, 386]. Die β-Rezeptoren-blockierenden Substanzen konkurrieren dabei nach dem Prinzip des Massenwirkungsgesetzes mit den Katecholaminen um den gleichen Wirkort. Sie werden ebenso wie die Katecholamine reversibel an diese spezifischen Bindungsstellen angelagert. Der Grad einer β-Rezeptorenblockade wird somit stets durch die aktuellen Konzentrationen von Antagonist und Agonist sowie der Affinität der Wirkstoffe zur Bindungsstelle bestimmt [244].

Für die Funktion des Herzens erwachsen aus diesem therapeutischen Prinzip je nach Stärke der Blockade mehr oder minder ausgeprägte Einschränkungen der Anpassungsfähigkeit des Myokards an akute hämodynamische Belastungen. So vermag das Herz bei vollständiger β-Rezeptorenblockade erhöhte hämodynamische Anforderungen nur noch mittels des Frank-Starling-Mechanismus zu bewältigen [50, 321, 355, 380]. Wird in einer solchen Situation, in der der β-adrenerge Anteil der myokardialen Adaptationsbreite durch β-Rezeptorenblockade bereits mehr oder minder ausgeschaltet ist, die Applikation einer Allgemeinanaesthesie erforderlich, so muß infolge der direkt-myokarddepressiven Wirkung der Narkotika mit einer weiteren Einschränkung der basalen Kontraktilität und damit auch des Wirkungsgrades des Frank-Starling-Mechanismus gerechnet werden [116, 272, 355].

Bei pathologischen Myokardveränderungen ist die Funktion der kontraktilen Elemente bereits vor der Applikation der Narkotika unterschiedlich stark eingeschränkt [56, 221, 410, 434]. Das Ausmaß der Funktionseinbuße ist in der Regel für den einzelnen Patienten ohne eine exakte invasive Diagnostik jedoch nicht sicher abschätzbar. Ist nun darüber hinaus die β-adrenerg vermittelte Kompensationsbreite des Myokards durch eine β-sympatholytische Therapie zusätzlich limitiert, so kann die unkritische Applikation von Narkotika im Einzelfall zu einer so gravierenden Einschränkung der myokardialen Pumpfunktion führen, daß ein Herz-Kreislauf-Zusammenbruch ausgelöst wird. So berichten Viljoen, Estafanous und Kellner (1972) über ihre ausgesprochen negativen Erfahrungen bei Belassung einer oralen Propranolol-Dauermedikation (bis 24 Stunden präoperativ) bei Patienten, die sich wegen einer ischämischen Herzerkrankung einer aortokoronaren Bypassoperation unterziehen mußten. Von 5 mit Methoxyfluran anaesthesierten Patienten verstarben 4 Patienten infolge einer massiven, durch therapeutische Maßnahmen nicht mehr zu behebenden myokardialen Insuffizienz. Da eine mangelhafte Revaskularisation und andere Komplikationen mit Sicherheit ausgeschlossen wurden und bis zu jenem Zeitpunkt alle Patienten, die nicht unter Propranolol-Einwirkung standen, mit der gleichen Anaesthesietechnik erfolgreich versorgt werden konnten, führten Viljoen u. Mitarb. die Herz-Kreislauf-Zusammenbrüche allein auf die bestehende Blockade der myokardialen β-Rezeptoren zurück. Sie empfahlen daher, eine β-adrenolytische Dauertherapie vor allen in Allgemeinanaesthesie durchzuführenden operativen Eingriffen grundsätzlich wenigstens 2 Wochen vor dem geplanten Operationstermin zu beenden.

Alsbald zeigte sich jedoch, daß auch das abrupte Absetzen einer β-Rezeptorenblocker-Dauertherapie bei bestehender koronarer Herzerkrankung ebenfalls im Einzelfall durch schwerwiegende, lebensbedrohliche Komplikationen belastet sein kann [7, 52, 92, 107, 289, 297, 312, 323, 339, 423]. So waren vor allem Symptome der koronaren Mangelperfusion sowie Störungen der spontanen elektrischen Herzaktivität zu beobachten. Ursächlich verantwortlich für den sich ausbildenden Symptomenkomplex, der als β-Rezeptorenblocker-Entzugssyndrom beschrieben ist, wird das ungestörte Einwirken des adrenergen Antriebs auf das durch die koronare Vorschädigung in seiner O_2-Versorgung bereits stark limitierte Herz angesehen. So werden unter anderem erhöhte Serum-Katecholaminspiegel [156, 192, 286, 307, 322], eine verstärkte Sensibilisierung der β-Rezeptoren [52, 107, 157] sowie eine Zunahme der Dichte der β-Rezeptoren [107, 145, 377] diskutiert. Erschwerend kommt sicherlich hinzu, daß vor allem bei einer effektiven, sich über lange Zeiträume erstreckenden Dauermedikation die erlernte Adaptation der Lebensführung an die Leistungslimitierung in Vergessenheit geraten ist [89]. Obendrein mag sich trotz der β-Rezeptoren-Dauertherapie die anatomische Situation zusätzlich weiter verschlechtert haben. Die Häufigkeit dieses pharmakologisch indirekt induzierten Krankheitsbildes wird mit ca. 5% angegeben [289, 405].

Während es bei geplanten operativen Eingriffen möglich ist, die β-Rezeptorenblocker-Medikation entsprechend den Empfehlungen von Viljoen, Estafanous und Kellner (1972) rechtzeitig zu beenden, ist dies im Notfall nicht möglich. Der Anaesthesist steht somit plötzlich vor schwerwiegenden Fragen:

1. Worauf ist bei der Narkose in Gegenwart von β-Rezeptoren-blockierenden Substanzen zu achten?

2. Mit welchen besonderen Risiken muß gerechnet werden?

3. Soll die β-Blocker-Dauertherapie postoperativ weitergeführt werden?

Des weiteren stellt sich aber auch die Frage, ob in einer durch Narkose und Operation herbeigeführten Situation zusätzlich β-Rezeptorenblocker eingesetzt werden dürfen [267].

Eine zumindest teilweise Beantwortung dieser Fragen ist zum gegenwärtigen Zeitpunkt aufgrund der in den nachfolgenden Jahren gesammelten Erfahrungen möglich. Mittels tierexperimenteller und humanmedizinischer Untersuchungen ließ sich demonstrieren, daß die Interpretation der negativen Erfahrungen mit der Belassung der Propranolol-Dauermedikation in Gegenwart einer Methoxyfluran-Anaesthesie [468] sicherlich falsch war. Nicht die Belassung der Propranolol-Dauertherapie, sondern die Kombination des β-Rezeptorenblockers mit dem Narkotikum Methoxyfluran muß, da operationsbedingte Effekte mit Nachdruck ausgeschlossen werden, als ursächlich verantwortlich für die 4 berichteten konsekutiven Todesfälle angesehen werden.

Methoxyfluran verfügt über eine negativ inotrope Eigenwirkung, die fraglos stärker ist als die von Enfluran, die aber auch insgesamt geringer ist als die von Halothan [116]. Die Myokarddepression durch Methoxyfluran wird nicht durch eine Aktivierung sympathischer Reflexmechanismen ausbalanciert. Skovsted und Price konnten an Baro-Rezeptor-denervierten Katzen beobachten, daß durch die Zugabe von Methoxyfluran eine leichte Reduktion der adrenergen Aktivität eintritt [417]. Auch Li u. Mitarb. sahen an Hunden einen Rückgang der Katecholaminkonzentration im Blut der Vena glandula suprarenalis. Das Ausmaß der Reduktion stand in direkter Abhängigkeit zu der zu inspirierenden Methoxyflurankonzentration [248]. Millar u. Mitarb. beobachteten an Katzen, Hunden und Affen, daß Methoxyfluran während einer Chloralosebasisnarkose die Stärke sympathischer Reflexmechanismen abschwächt [296].

Unter dem Einwirken von Methoxyfluran wird der periphere systemarterielle Widerstand nicht gesenkt und die vasokonstringierende Wirkung des Noradrenalins nicht reduziert [41]. Die Applikation einer β-rezeptorenblockierend wirkenden Substanz muß also in Gegenwart von Methoxyfluran infolge Minderung bzw. sogar fast vollständiger Blockierung des β-adrenergen Stimulus auf Myokard und Gefäßperipherie [50] zwangsläufig zu einer Einschränkung der myokardialen Leistungsbreite bei gleichzeitiger akut zunehmender Widerstands- und Volumenbelastung führen. Ist die Myokardfunktion jedoch bereits vorab eingeschränkt und/oder wird eine stark myokarddepressiv wirkende Methoxyflurankonzentration gewählt [388, 468, 469], so muß ein deletärer Ausgang erwartet werden.

Im Gegensatz zu Viljoen, Estafanous und Kellner (1972) vertraten andere Arbeitsgruppen aufgrund ihrer günstigen Erfahrungen mit anderen Substanzkombinationen den Standpunkt, daß die Durchführung einer Anaesthesie bei Patienten, die unter dem Einfluß einer internistisch indizierten β-Rezeptorenblocker-Dauermedikation stehen, im Vergleich zu anderen Patientenkollektiven keine wesentlich größere Risikobelastung beinhaltet. Grundvoraussetzung ist jedoch die ausreichende Berücksichtigung der Tatsache, daß die β-Rezeptorenblockierenden Substanzen als potente Antagonisten der adrenergen Funktion bei der Art und Technik der Narkoseführung, insbesondere aber auch bei der Wahl des Narkotikums, einkalkuliert werden müssen [69, 218, 292].

Im Gegensatz zu Methoxyfluran kann zum Beispiel Halothan sehr gut mit β-Rezeptorenblockierenden Substanzen kombiniert werden. Ausgangspunkt für eine unmittelbar präoperative oder aber intraoperative Gabe von sympatholytisch wirkenden Substanzen im Rahmen von Halothannarkosen war die störende Eigenschaft des Halothans, das Myokard gegenüber endogenen und exogenen Katecholaminen zu sensibilisieren und somit Herzrhythmusstörungen zu induzieren [10, 36, 39, 91, 136, 166, 175, 197, 200, 216, 218, 306, 340, 364]. Durch die Blockierung der myokardialen β-Rezeptoren — entweder mittels einer präoperativen oral [267, 382, 489] oder aber intraoperativ fraktioniert intravenös applizierten β-Blocker-Gabe [36, 80, 110, 132, 178, 194, 201–204, 206, 217, 240, 264, 270, 290, 331, 338, 340, 353, 394, 408, 460, 489] — ließ sich diese unerwünschte und hämodynamisch ungünstige Nebenwirkung erfolgreich therapieren.

Ursächlich verantwortlich für diese weitestgehend nebenwirkungsfreie Kombinationsmöglichkeit von Halothan mit β-Rezeptoren-blockierenden Substanzen (tierexperimentelle Untersuchungen: [88, 124, 186–188, 354, 373–375, 420, 458, 459, 478]; humanmedizinische Untesuchungen: [36, 105, 123, 178–179, 181, 201, 234–235, 290]) ist die beim Halothan neben der direkt myokarddepressiven Wirkung parallellaufende, ausgeprägte Reduktion der sympathoadrenergen Aktivität. Die direkte kardiodepressive Halothan-Eigenwirkung kann also weder durch einen sympathischen Kompensationsmechanismus verdeckt, noch kann sie durch eine vorbestehende β-Blocker-Dauertherapie infolge Ausschaltung des β-adrenergen Antriebs unerwartet und in ihrem Umfang vorhersehbar demaskiert werden [39, 43, 332, 343, 355].

Um das Ausmaß der Einschränkung der kardialen Leistungsbreite bei der Kombination von Narkotika mit β-Rezeptoren-blockierenden Substanzen quantitativ zu erfassen, wurden in der Folgezeit eine Vielzahl von tierexperimentellen Untersuchungen durchgeführt [67, 124, 186–188, 290, 291, 336, 354, 368, 372, 373–375, 420, 449, 450, 458–459, 469, 478]. Hierbei zeigte sich, daß das Kreislaufverhalten insbesondere bei der Interferenz von Halothan mit verschiedenen β-Rezeptoren-Antagonisten nur in mäßigem Umfang und jeweils nur in Relation zum vorbestehenden Sympathikotonus beeinflußt wird.

1973 konnten Prys-Roberts u. Mitarb. erstmals auch an Patienten mit fixierter Hypertonie nachweisen, daß die Kombination von β-Rezeptoren-blockierenden Wirkstoffen mit Halothan nicht nur kein zusätzliches Risiko beinhaltet, sondern daß zumindest für diese Patientengruppe sogar eine Risikominderung nachweisbar wird [353]. Sie verabfolgten sowohl Propranolol wie auch Practolol als orale Prämedikation in üblicher Dosierung für die Dauer von 48 Stunden vor einem geplanten Eingriff oder aber unmittelbar präoperativ vor der Narkoseeinleitung durch intravenöse Injektion. Durch die Vorbehandlung mit den β-Adrenolytika konnte die Häufigkeit der durch die direkte Laryngoskopie und die endotracheale Intubation ausgelösten Herzrhythmusstörungen sowie die im EKG nachweisbaren myokardischämischen Episoden gegenüber einem Vergleichskollektiv von 38 auf 4% reduziert werden. Die über 48 Stunden laufende orale Therapie erwies sich bei dieser Studie als wesentlich effektiver als die unmittelbar pränarkotisch intravenös applizierte β-Rezeptorenblocker-Einzeldosis. Bei keinem der Patienten konnten irgendwelche bedrohlichen Kreislaufkomplikationen registriert werden.

Unter dem Eindruck dieser positiven tierexperimentellen und humanmedizinischen Beobachtungsergenisse wurde das Risiko der Applikation einer Narkose bei bestehender β-Rezeptorenblockade hinsichtlich möglicher kariohämogynamischer Komplikationen zunehmend geringer eingeschätzt [193, 229, 234–235, 356, 362]. Zum gegenwärtigen Zeitpunkt wird in aller Regel sogar die Fortführung der β-Blocker-Dauermedikation bis zum Vorabend eines operativen Eingriffes empfohlen [47, 53, 193, 234, 267, 362, 377, 391, 421].

Trotz der Vielfältigkeit der Untersuchung zum Problem des Herz-Kreislaufverhaltens bei Interferenz von Narkotika mit β-Adrenolytika basiert der heutige Kenntnisstand im wesentlichen auf Erfahrungen, die mit der Kombination des Anaesthetikums Halothan mit dem β-Rezeptorenblocker Propanolol gemacht wurden.

Derzeit werden jedoch für die Durchführung von Narkosen neben Halothan vor allem die Neuroleptanalgesie und in zunehmendem Umfang auch das volatile Anaesthetikum Enfluran eingesetzt. Da die Herz-Kreislauf-Dynamik in Gegenwart von Enfluran bzw. der Kombination Dehydrobenzperidol/Fentanyl nicht identisch mit dem Herz-Kreislauf-Verhalten nach Inhalation äquieffektiver Konzentrationen von Halothan ist [246, 426], lassen sich die bei einer Interferenz von Halothan und Propranolol gesehenen Befunde vorerst nur mit Einschränkung auf die anderen Substanzen übertragen. Darüber hinaus ist auch ungeklärt, ob bei Verwendung von β-Adrenolytika mit einem von Propranolol abweichenden Wirkungsspektrum klinisch relevante Unterschiede der myokardialen Kontraktionsdynamik auftreten können.

Bis zum gegenwärtigen Zeitpunkt konnte die Bedeutung der differenten Wirkprofile der verschiedenen β-Rezeptoren-blockierenden Substanzen hinsichtlich einer unter Umständen klinisch relevanten Modulation des kardiohämodynamischen Reaktionsverhaltens — sei es ohne oder in Gegenwart von Narkotika — aufgrund fehlender oder falsch interpretierter bzw. sogar widersprüchlicher Befunde nicht endgültig abgeklärt werden.

Bislang besteht aber Einvernehmen darüber, daß der membranstabilisierende Effekt von β-Adrenolytika bei klinisch üblichen Dosierungen am wachen Patienten keine nennenswerte

Bedeutung hat [27, 45, 46, 49, 63, 71, 79, 82, 83, 107, 130, 131, 141, 195, 223, 232, 239, 267, 286, 316, 321, 347, 358, 403, 415, 465, 472, 482]. Ob dies auch für den narkotisierten Patienten gilt, ist allerdings nicht eindeutig nachgewiesen.

Im Gegensatz zur membranstabilisierenden Wirkung ist die klinische Bedeutung der β-adrenergen Eigenwirkung des β-Sympatholytika derzeit noch umstritten [66, 85, 129, 131, 287, 321, 386]. Obwohl einige Autoren der intrinsic activity grundsätzlich keine Bedeutung zuerkennen [71, 107, 244, 358], gibt es doch reichlich Hinweise, die eindeutig belegen, daß in bestimmten myokardialen Grenzsituationen den β-Rezeptorenblockern mit intrinsic activity gerade wegen ihrer β-adrenergen Eigenwirkung der Vorzug gegeben werden sollte. Beispielsweise sind die Ruhe-Herzfrequenz durch β-Rezeptoren-blockierende Substanzen mit intrinsic activity im Gegensatz zu Substanzen ohne β-adrenerge Eigenwirkung in aller Regel nicht unter einem unteren Grenzwert von ca. 55 Schlägen pro min abgesenkt [38, 46, 47, 50, 62, 129, 130, 131, 160, 189, 239, 300, 321, 339, 379, 451, 483]. Dieses unterschiedliche Verhalten gegenüber der Ruhe-Herzfrequenz hat jedoch keinen Einfluß auf das Ausmaß der Hemmung einer belastungsinduzierten Tachykardie [50].

Im Tierexperiment wie auch am Patienten ließ sich darüber hinaus zeigen, daß β-Rezeptoren-blockierende Substanzen mit intrinsic activity die atrioventrikuläre Überleitungszeit deutlich geringer beeinträchtigen als β-Rezeptorenblocker ohne β-adrenerge Eigenwirkung [21, 121, 131, 144, 399, 400]. Ob allerdings die auf die β-adrenerge Eigenwirkung zurückzuführende sowohl am isolierten Herzen bzw. unter bestimmten experimentellen Voraussetzungen auch an intakten Ganztieren zu beobachtende positiv inotrope Wirkung [21, 35, 285] für die Humanmedizin insbesondere bei Applikation einer Narkose eine klinische Relevanz hat, läßt sich aufgrund der derzeit vorliegenden Befunde nicht sicher beurteilen.

Die β_1-Rezeptorenprävalenz von β-sympatholytisch wirkenden Substanzen ist im Gegensatz zur intrinsic activity nur in einem ausgesprochen niedrigen Dosierungsbereich nachweisbar [31, 72, 172, 239, 416, 422]. Der Abstand zwischen den Konzentrationen, die zu einer vorwiegenden Besetzung der β_1-Rezeptoren bzw. zu einer gleichwertigen Besetzung der β_1- und β_2-Wirkorte führen, ist bei allen derzeit verfügbaren Wirkstoffen so gering, daß die Vorteile der β_1-Rezeptorenprävalenz bereits bei Dosierungen, wie sie beispielsweise im Rahmen der konservativen Therapie der koronaren Herzkrankheit bzw. der Hypertonie erforderlich sind, verlorengehen [32, 33, 46, 63, 119, 130, 228, 321, 422, 470].

Außer der also derzeit noch nicht exakt zu beurteilenden Bedeutung der unterschiedlichen Wirkprofile β-Rezeptoren-blockierender Substanzen konnte bislang noch nicht ausreichend abgeklärt werden, ob und in welchem Umfang die Leistungsfähigkeit des Frank-Starling-Mechanismus in Gegenwart von Narkotika durch klinisch übliche β-Rezeptorenblocker-Dosierungen über den Narkotikaeffekt hinaus beeinträchtigt wird. Gerade dieser Kompensationsmechanismus des Myokards macht es dem Herzen möglich, auch bei einer zunehmenden bis totalen β-adrenergen Blockierung akute oder auch chronische hämodynamische Belastungen erfolgreich zu überwinden.

In der folgenden Untersuchung soll daher versucht werden, die direkten Myokardeffekte sowohl der β-Adrenolytika wie auch der Narkotika bei isolierter und gemeinsamer Gabe dieser Substanzen quantitativ zu beschreiben. Um diese Effekte jedoch vollkommen unverfälscht, also unter Ausschluß aller indirekt nerval, humoral oder hormonal vermittelten Einflüsse zu differenzieren und zugleich auch den Wirkungsgrad des Frank-Starling-Mechanismus exakt quantitativ zu erfassen, wurden die experimentellen Untersuchungen an einer modifizierten Herz-Lungen-Präparation nach Starling durchgeführt [116]. Dieses tierexperimentelle Modell gestattet, das Kontraktionsverhalten des isolierten Herzens infolge Fehlens einer renalen Eli-

mination und eines hepatischen Metabolismus unter nahezu konstanten Konzentrationsbe-
dingungen zu studieren.

In der vorliegenden Studie werden folgende Fragestellungen abgeklärt:

1. Wie verhalten sich die Kontraktionsfrequenz bzw. die Kontraktionskraft isolierter Herzen bei kumulativer Zugabe von β-Rezeptoren-blockierenden Substanzen mit differenten Wirkprofilen (Propranolol, Acebutolol, Atenolol, Metoprolol, Oxprenolol, Pindolol, Practolol)?

2. In welchem Umfang wird die myokardiale Leistungsbreite der isolierten Herzen durch definierte Dosierungen dieser β-Rezeptorenblocker beeinträchtigt?

3. Welchen Einfluß hat eine zusätzliche Applikation von 0,5 Vol.% Halothan, 1,1 Vol.% Enfluran bzw. einer äquieffektiven Neuroleptanalgesie-Dosierung?

4. Welche Bedeutung haben die gewonnenen Befunde für die klinische Routine?

Die für Acebutolol am Herz-Lungen-Präparat zu erhebenden Befunde haben ohne Frage eine geringere Aussagekraft für die Situation des intakten Organismus als die der übrigen geprüften β-Adrenolytika. Ursächlich verantwortlich ist die Tatsache, daß Acebutolol anders als Propranolol, Atenolol, Metoprolol, Oxprenolol, Pindolol und Practolol im intakten Organismus nicht allein zu inaktiven oder nur äußerst gering aktiven Metaboliten, sondern in einem beträchtlichen Umfang auch zu einem sehr ausgeprägt β-adrenolytisch wirksamen Metaboliten (1-[2-acetyl-4-acetylamidophenoxy]-2-hydroxy-3-isopropylaminopropan) transformiert wird [361, 484]. Beim Menschen werden daher bei oraler Applikation von Acebutolol stets höhere Plasmakonzentrationen des aktiven Metaboliten als der unveränderten Wirksubstanz gefunden [484]. Bei intravenöser Zufuhr übersteigt jedoch verständlicherweise die Plasmakonzentration der Ausgangssubstanz die des β-adrenolytisch wirksamen Metaboliten. Erst vier Stunden nach der parenteralen Applikation konnte ein identischer Wirkspiegel registriert werden [361].

2 Material und Methodik

2.1 Versuchstiere, Basisnarkose

Die vorliegenden Studien wurden an insgesamt 251 nicht prämedizierten Katzen beiderlei
Geschlechts mit einem mittleren Körpergewicht von 2,64 ± 0,42 kg erstellt. Für die Präpa-
ration der Herz-Lungen-Präparate erhielten die Tiere im Anschluß an eine 12- bis 16stündige
Nahrungskarenz jeweils 50,0 mg d-D(+)-Glucochloralose pro Kilogramm Körpergewicht in
Form einer wässrigen, körperwarmen Lösung streng intraperitoneal injiziert [19]. Dieses
Narkotikum eignet sich wegen seines ausgesprochen kreislaufindifferenten Verhaltens be-
sonders gut als Basisnarkotikum für tierexperimentelle kardiohämodynamische Untersuchungen [116].

In aller Regel wird innerhalb von 40 bis 50 min ein ausreichendes chirurgisches Toleranzstadium mit erhaltener Spontanatmung erreicht. Nach Anlegen eines Tracheostomas und
Einführen einer Trachealkanüle wurden die Tiere mit Hilfe einer Starling-Atempumpe
(Fa. Braun, Melsungen) über ein halboffenes System mit einem angefeuchteten O_2/CO_2-Gas-
gemisch im Verhältnis 9:1 maschinell beatmet. Die Atemzugvolumina wurden bei einer Be-
atmungsfrequenz zwischen 25 und 30 Atemzügen pro min so bemessen, daß der partielle
arterielle CO_2-Druck stets im Normbereich lag.

2.2 Erstellung der Herz-Lungen-Präparate

Nach Einführen eines zentralvenösen Katheters über die rechtsseitige bzw. linksseitige Vena
femoralis wurden jeweils 1500 USP-Einheiten Heparin pro kg KG zur Blockierung der physiologischen Blutgerinnung intravenös appliziert. Über die Arteria carotis sinistra, die mittels
einer 1er Braunüle kanüliert war, konnte dem Versuchstier bei intermittierender Kontrolle
des arteriellen (A. carotis) und des zentralvenösen Druckes (V. cava inferior) schrittweise
während der gesamten Präparationsphase Blut entzogen werden. Das entstehende Volumen-
defizit wurde simultan mittels intravenöser Gabe von jeweils 25 ml 10%iger niedermolekularer
Dextranlösung (mittleres Molekulargewicht 40 000 — Rheomacrodex, Fa. Knoll, Ludwigsha-
fen) pro Kilogramm KG exakt ausgeglichen. Dieses durch die isovolämische Hämodilution
gewonnene Blutvolumen diente zur Auffüllung des arteriellen und venösen Schenkels des extrakorporalen artifiziellen Kreislaufs sowie zur Teilauffüllung des venösen Blutreservoirs
(Abb. 1 a, b).

Nach Unterbindung beider Aa. mammariae wurde der Thorax durch eine mediane Ster-
notomie eröffnet. Sodann erfolgte die schrittweise Darstellung und Anschlingung des Truncus brachiocephalicus, der A. subclavia sinistra, des Aortenbogens unmittelbar am Beginn der
Aorta descendens, der V. azygos, der V. cava superior und der V. cava inferior. Im Anschluß
an die proximale Unterbindung der A. subclavia sinistra, des Truncus brachiocephalicus und
der oberen Hohlvene wurde eine großlumige Kanüle, die ihrerseits in direkter Verbindung mit
dem venösen Schenkel des artifiziellen Kreislaufs stand, in die V. cava superior eingeführt

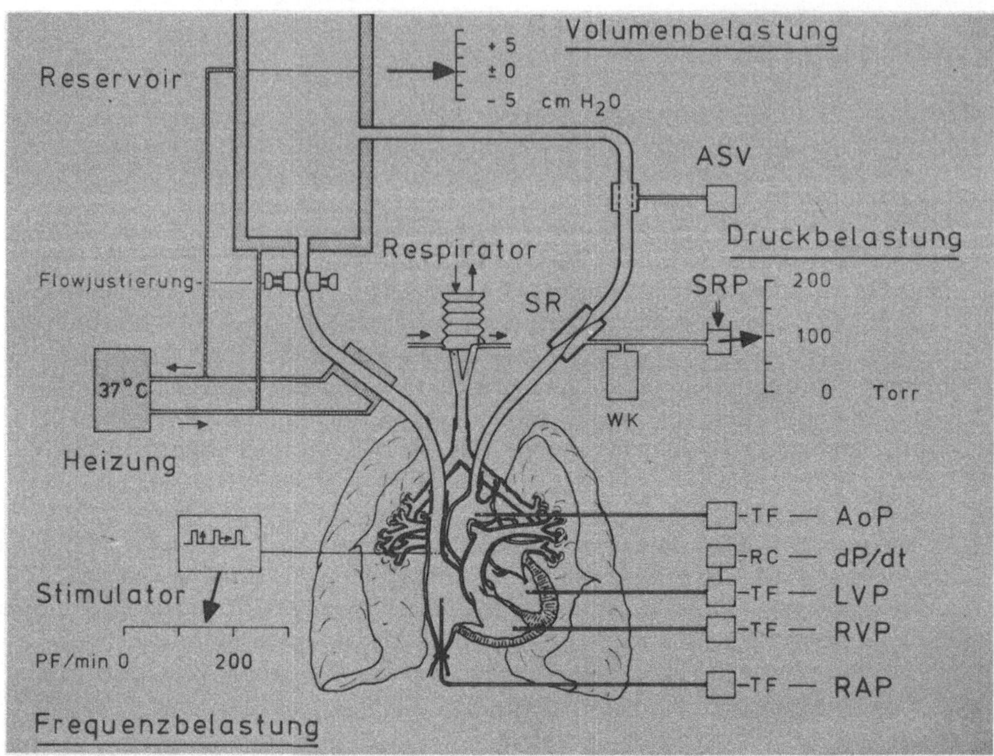

Abb. 1a. Schematische Darstellung des modifizierten Herz-Lungen-Präparates nach Starling. Das auf 37 °C erwärmte und bei dieser Temperatur konstant gehaltene Blut-Dextran-Gemisch fließt aufgrund des vorgegebenen hydrostatischen Gefälles aus dem Blutreservoir über die in die obere Hohlvene eingeführte Kanüle zum rechten Vorhof und weiter in den rechten Ventrikel. Das Zuflußvolumen zum rechten Herzen wird initial bei Standardbedingungen für die Blutreservoirspiegelhöhe, d.h. 25 cm oberhalb des rechten Vorhofs, und für den Druck im Starling-Ventil (SRP), d.h. 100 Torr, mittels einer Flowjustierung auf 25 ml/min·kg KG eingestellt. Der rechte Ventrikel pumpt das angebotene Blutvolumen über die erhaltene Lungenstrombahn durch die mit einem angefeuchteten und definierten Sauerstoff-Kohlendioxyd-Gasgemisch ventilierte Lunge zum linken Vorhof und weiter in den linken Ventrikel. Die linke Herzkammer wirft sodann ihrerseits das oxygenierte Blut gegen den definierten Widerstand des Starling-Ventils (SR) in die Aorta und über den nachgeschalteten artifiziellen arteriellen Kreislaufschenkel in das höhenverstellbare Blutreservoir aus. Um die Elastizität des arteriellen Gefäßsystems nachzuahmen, ist das Starling-Ventil mit einem als Windkessel funktionierenden luftgefüllten Behälter verbunden. Während der Versuche wurden kontinuierlich folgende Parameter registriert: Rechter Vorhofdruck (RAP), rechter Ventrikeldruck (RVP), linker Ventrikeldruck (LVP), Änderung der Druckanstiegsgeschwindigkeit des linken Ventrikels (dP/dt_{LVP}), Aortendruck (AoP), Aortenstromvolumen (ASV) und, nicht eingezeichnet, die spontane bzw. die durch den Stimulator bestimmte Herzfrequenz (HF bzw. PF)

und bis zum rechten Vorhof vorgeschoben. Hieran anschließend erfolgte die Kanülierung des Truncus brachiocephalicus mit einer gleich stark dimensionierten Kanüle, die ihrerseits aber mit dem arteriellen Schenkel des künstlichen Kreislaufs verbunden war.

Unmittelbar vor der Unterbindung des Aortenbogens wurde der artifizielle arterielle Kreislaufschenkel freigegeben. Der Widerstand im Starling-Ventil war hierbei auf 100 Torr eingestellt. Sodann erfolgte in schneller Reihenfolge die Unterbindung der V. azygos sowie der V. cava inferior. Erst jetzt wurde der bis zu diesem Zeitpunkt abgeklemmte venöse Schenkel des artifiziellen Kreislaufs freigegeben.

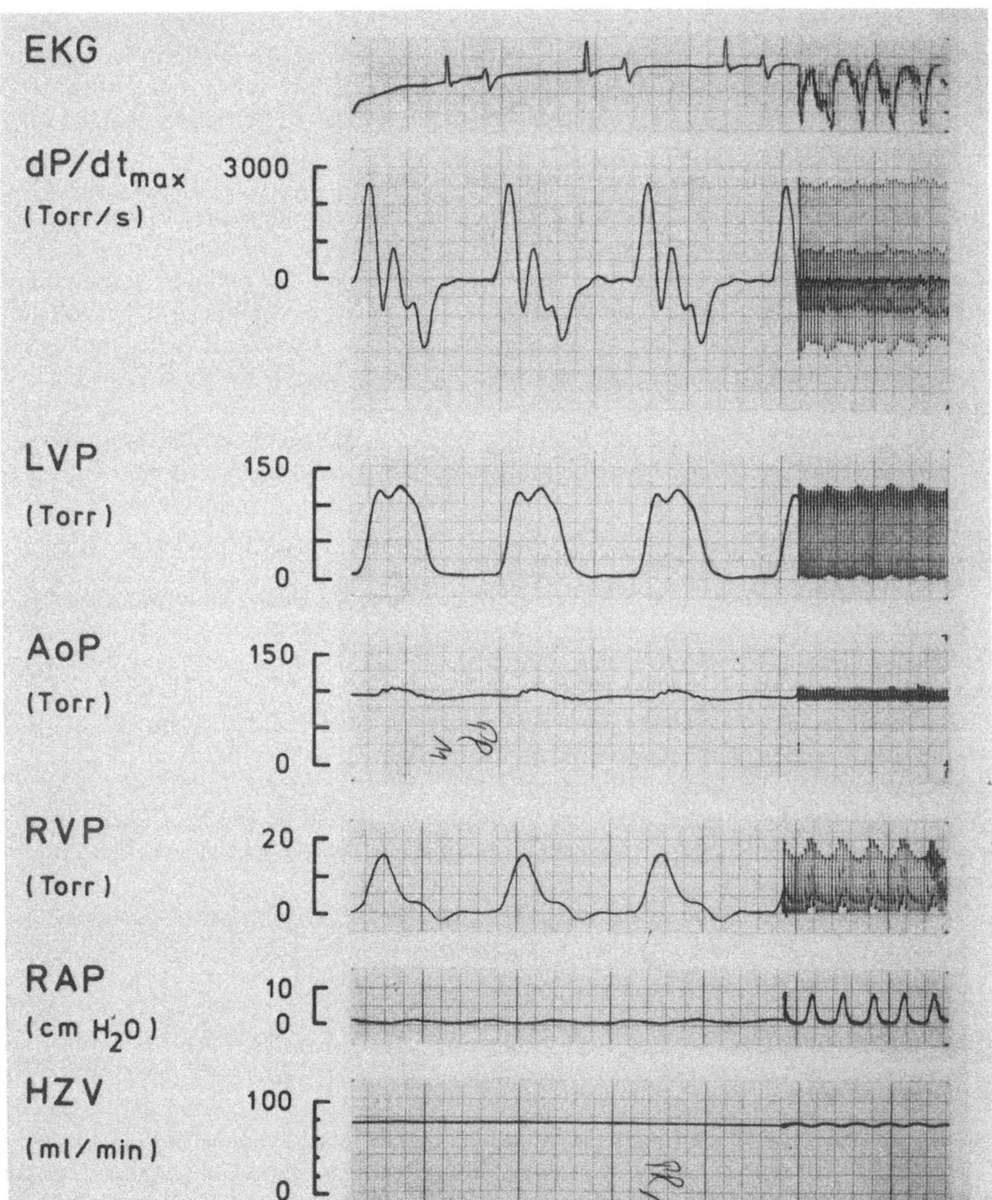

Abb. 1b. Originalregistrierungen (Versuch: 18. 10. 1978; Gewicht des Tieres: 3,2 kg; 1,1 Vol.% Enfluran plus 4,0 mg Pindolol/l; konstante rechtsatriale Vorhofstimulation): Elektrokardiogramm (EKG), maximale linksventrikuläre Druckanstiegsgeschwindigkeit (dP/dt$_{max}$), linksventrikulärer Druck (LVP), Aortendruck (AoP), rechtsventrikulärer Druck (RVP), rechtsatrialer Druck (RAP), Herzzeitvolumen (HZV). Vorschubgeschwindigkeit: 100 mm/s

Der Blutspiegel des Blutreservoirs wurde auf eine Höhe von 25 cm oberhalb des rechten Vorhofs eingestellt und die venöse Zuflußrate auf einen Wert von 25 ml/min kg KG einreguliert. Die Temperatur des zirkulierenden Blutvolumens (ca. 150–200 ml) konnte mittels eines durch Thermostat (NB 22, Fa. Haake, Karlsruhe) regulierten Heizungssystems konstant auf 37 °C eingestellt werden.

Um die Kontraktionsfrequenz der Präparate für den gesamten Versuchsablauf konstanthalten oder aber kontrolliert ändern zu können, wurden jeweils eine Schrittmacherelektrode im Bereich der Einmündung der oberen Hohlvene in den rechten Vorhof und eine Schrittmacherelektrode subdiaphragmal im Bereich der Herzspitze fixiert. Die Stimulation des Vorhofs erfolgte durch Reizimpulse, die eine Breite von 0,5 ms und eine Amplitude von 15 Volt aufwiesen. Die Stimulationsfrequenz war in aller Regel auf einen Wert, der 5 bis 15 Impulse/min oberhalb der spontanen Herzfrequenz lag, eingestellt (Stimulator T, Fa. Hugo Sachs Elektronik, Hugstetten).

Nach Freigabe des artifiziellen Kreislaufs wurden dem zirkulierenden Blutvolumen zur Substratbereitstellung für den zellulären Stoffwechsel des Herz-Lungen-Präparates 400 mg Glukose zugefügt. Nach der Kontrolle des Elektrolyt- und Säure-Basen-Status wurden der Serum-Calcium- und der Serum-Bicarbonatspiegel durch jeweils angepaßte Gaben von 1molarem $CaCL_2$ und 1molarem $NaHCO_3$ korrigiert.

Für die Registrierung der verschiedenen intrakardialen Drucke waren sodann folgende Katheter einzulegen:
1. Ein über die untere Hohlvene in den rechten Vorhof (RA) vorzuschiebender Polyäthylen-Katheter (CH 4, Fa. Braun, Melsungen).
2. Ein durch eine Stichincision im Bereich der Austrittsbahn des rechten Ventrikels in die rechte Herzkammer einzuführender und mittels Tabaksbeutelnaht zu fixierender Polyäthylen-Katheter (CH 4, Fa. Braun, Melsungen).
3. Ein in den linken Ventrikel durch eine im Bereich der Herzspitze angelegte Stichincision einzuführendes und ebenfalls mittels Tabaksbeutelnaht zu fixierendes Katheter-Tipmanometer (PC 350, Fa. Millar).

Der Aortendruck wurde im arteriellen Schenkel des artifiziellen extrakorporalen Kreislaufs unmittelbar vor dem Starling-Ventil gemessen.

2.3 Meßapparaturen

Die mit physiologischer Kochsalzlösung gefüllten und über Intraflo-Reduzierventile (Sorenson Research Co., Salt Lake City, USA) kontinuierlich mit einem minimalen Fluß durchströmten Polyäthylen-Katheter waren mit geeichten Druckwandlern (Eichung mittels Gauer-Quecksilbermanometer) verbunden (Statham P 23 Db und Sanborn 267 BC bzw. 268 B). Die so gewonnenen Meßimpulse wurden mittels Trägerfrequenzbrücken (Modell MA 83, Fa. Hellige, Freiburg) verstärkt. Das Katheter-Tipmanometer war an einen angepaßten Verstärker (Statham SP 1400) angeschlossen. Die Änderungen der linksventrikulären Druckanstiegsgeschwindigkeit wurden mittels direkter elektronischer Differenzierung der Meßimpulse der linksventrikulären Druckwerte erfaßt. Die Quantifizierung der Förderleistung der zu untersuchenden Herzen erfolgte mittels eines zwischen Starling-Ventil und Blutreservoir eingebauten elektromagnetischen Durchflußmeßgerätes (Fa. Liepelt, Ahrensburg). Während des gesamten Versuchsablaufs wurde die Herzstromkurve durch Ableitung eines Elektrokardiogramms, das näherungsweise einer zweiten Extremitätenableitung entsprach, überwacht. Alle gewonnenen

Meßdaten wurden während der Versuche fortlaufend mittels zweier Vierkanal-Hitzeschreiber (Helco-Scriptor 18, Fa. Hellige, Freiburg) bei unterschiedlichen Papiervorschubgeschwindigkeiten registriert.

2.4 Parameter zur Beurteilung der Herzfunktion

Für eine quantitative Beurteilung der Änderungen des Verhaltens der Herzfunktion der isolierten Herzen in Gegenwart der zu prüfenden Substanzen wurden folgende Meßgrößen und errechenbare Parameter ausgewählt:
1. Der myokardiale Competence-Index (M.C.I.)
2. die Ventrikelfunktionskurven,
3. die maximale linksventrikuläre Druckanstiegsgeschwindigkeit ($dP/dt_{max\ LV}$) und
4. der Herzindex (HI).

2.4.1 Myokardialer Competence-Index

Der von Wollenberger [487] inaugurierte Competence-Index, der später von Price und Hellrich [342] modifiziert wurde, ermöglicht eine quantitative Erfassung des myokardialen Suffizienzgrades isolierter Herzen. Dieser Index basiert auf der gesetzmäßigen Beziehung, nach der durch eine Erhöhung des Reservoirblutspiegels über die damit verbundene Steigerung des hydrostatischen Druckes eine korrespondierende Zunahme der rechtsatrialen Füllung induziert wird. Während ein suffizientes Herz dieses vermehrte venöse Angebot innerhalb gewisser Grenzen ohne eine nennenswerte Zunahme des rechten Vorhofdruckes aufnehmen und auch wieder auswerfen kann, steigt der rechtsatriale Füllungsdruck bei myokardialer Insuffizienz jeweils in Relation zur Stärke des Insuffizienzgrades über den Ausgangswert an.

Bei der von Fischer [115, 116] vorgeschlagenen Darstellung des myokardialen Competence-Index (M.C.I.) wird der jeweilige Blutspiegelhöhenunterschied ΔH, bezogen auf den Ausgangswert, zur Differenz $\Delta H-\Delta RAP$ korreliert, die sich aus dem Blutspiegelhöhenunterschied ΔH minus dem konsekutiven Anstieg des rechtsatrialen Füllungsdruckes ΔRAP, wiederum bezogen auf den Ausgangswert, ergibt (Abb. 8, II). Auf diese Weise lassen sich sowohl Korrelationsgrad wie auch Signifikanzniveau der myokardialen Leistungsminderung über eine einfache, lineare Regression berechnen. Fischer fand für suffiziente isolierte Herzpräparationen einen myokardialen Competence-Index von 0,88.

2.4.2 Ventrikelfunktionskurven

Bereits 1914 haben Patterson und Starling [330] aufgrund ihrer Studien am Herz-Lungen-Präparat des Hundes eine Abhängigkeit des Herzzeitvolumens vom jeweiligen rechtsatrialen Füllungsdruck beschreiben können. Durch eine graphische Darstellung dieser gesetzmäßigen Beziehungen lassen sich Ventrikelfunktionskurven gewinnen, die Rückschlüsse auf die Kontraktilität des Arbeitsmyokards gestatten [115, 116, 162]. In neuester Zeit hat Fischer für das Herz-Lungen-Präparat unter den Bedingungen der konstanten Nachlast und einer unveränderten Stimulationsfrequenz die direkte Korrelation zwischen dem jeweiligen myokardialen Kontraktilitätszustand und der vorgefundenen Steilheit des Kurvenverlaufes erneut bestätigen können [116]. Mit zunehmender enddiastolischer Ventrikelfüllung flacht die Ventrikelfunktionskurve jeweils in Relation zum gegebenen myokardialen Kontraktilitätszustand früher oder später zunehmend ab und erreicht schließlich ein Plateau. Wird das venöse Blutangebot über diesen Grenzwert hinaus gesteigert, so kann unter Umständen sogar eine neuerliche Abnahme der Herzauswurfleistung zu beobachten sein. Ursächlich verantwortlich für die gesetzmäßige Abhängigkeit der Herzauswurfleistung von der gegebenen Kontraktilität sind die muskelphysiologischen Gegebenheiten der Herzmuskelzellen [28, 54, 135, 170, 184, 220, 385, 396, 427, 430, 435]. Die durch die enddiastolische Ventrikelfüllung bedingte passive Vordehnung der Myokardzellen führt bei einem suffizienten Myokard mit zunehmender Sarkomerenlänge zu einer Steigerung der Spannungsentwicklung und erreicht bei 2,2 μ schließlich ein Maximum. Wird dieser Grenzwert durch das venöse Blutangebot überschritten, so resultiert zwangsläufig ein Rückgang der maximal möglichen Spannungsentwicklung und damit auch ein Rückgang der Kontraktionskraft. Folglich nimmt auch die Auswurfleistung des Herzens im gleichen Umfang ab.

Positiv inotrop wirkende Substanzen bedingen eine Versteilerung der Ventrikelfunktionskurve und sind im Sinne einer Steigerung der Kontraktilität zu beurteilen. Negativ inotrop wirkende Substanzen führen dagegen als Ausdruck einer Reduktion der myokardialen Kontraktilität zu einer Abflachung und Verschiebung des Kurvenverlaufs zu höheren rechtsatrialen Füllungsdrücken [116, 278, 390].

2.4.3 Maximale linksventrikuläre Druckanstiegsgeschwindigkeit

Die maximale linksventrikuläre Druckanstiegsgeschwindigkeit ($dP/dt_{max\ LV}$) — zuerst von Gleason und Braunwald [146] als Parameter zur Beurteilung der Kontraktilität des linken Ventrikels benutzt — erlaubt, obwohl sie direkt mit der Kontraktilität des Ventrikels korreliert, nur dann eine absolute Aussage über den myokardialen Kontraktilitätszustand, wenn Preload, Afterload und Herzfrequenz konstantgehalten werden [12, 276, 383, 430, 474]. Da diese Bedingungen im Herz-Lungen-Präparat weitestgehend eingehalten werden können, ermöglicht dieser myokardiale Kontraktilitätsparameter eine ausreichend genaue quantitative Abschätzung pharmakologisch induzierter Änderungen der Verkürzungsgeschwindigkeit der kontraktilen Elemente während der isovolometrischen Phase der Herzaktion [116].

2.4.4 Herzindex

Der Herzindex, definiert als das pro Zeiteinheit vom Herzen in die Aorta ausgeworfene und jeweils in Relation zum gegebenen Körpergewicht bzw. zur gegebenen Körperoberfläche gestellte Blutvolumen, ermöglicht zwar keine wesentliche Aussage im Hinblick auf die aktuelle myokardiale Kontraktilität, wohl aber eine sehr gute Beurteilung der Pumpleistung des Herzens [55, 161, 220]. Da die entscheidende Funktionsaufgabe des Herzens die Aufrechterhaltung der Zirkulation des Blutes ist, kommt diesem zu errechnenden Parameter im Rahmen der Einschätzung des kardialen Funktionszustandes eine wichtige Bedeutung zu [116].

2.5 Geprüfte Substanzen

In der hier vorliegenden Studie wurden aus der Vielzahl der derzeit verfügbaren Narkotika und β-Rezeptoren-blockierenden Substanzen nur diejenigen Wirkstoffe untersucht, die zum gegenwärtigen Zeitpunkt in der klinischen Therapie eine dominierende Rolle einnehmen.

2.5.1 β-Rezeptoren-blockierende Substanzen

Von den β-Rezeptoren-blockierenden Substanzen wurden Propranolol, Pindolol und Oxprenolol als ältere, nicht β_1-prävalente und Practolol sowie Metoprolol, Atenolol und Acebutolol als ältere bzw. neuere β_1-prävalente β-Adrenolytika in die Prüfung einbezogen (Tabelle 1) (Abb. 2).

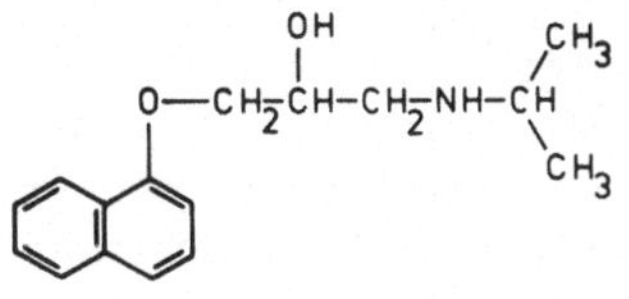

Propranolol

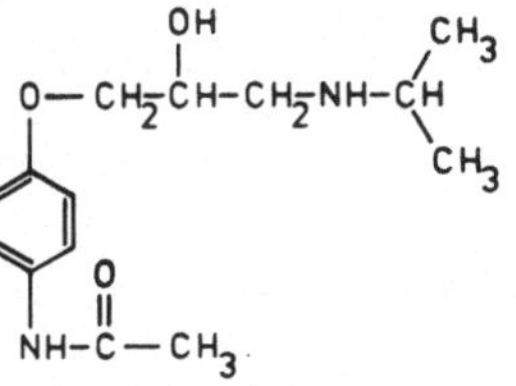

Practolol

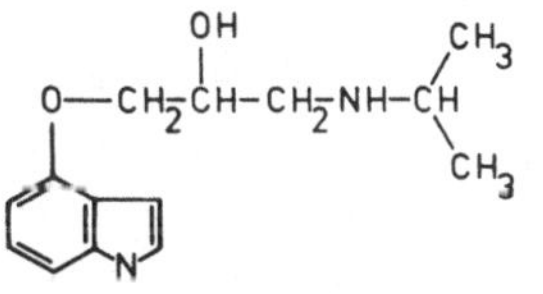

Pindolol

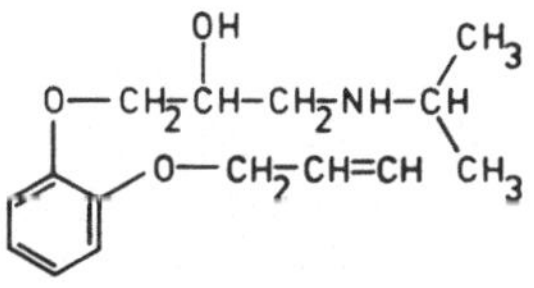

Oxprenolol

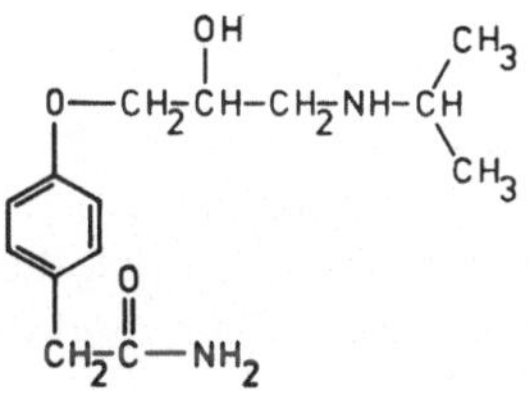

Atenolol

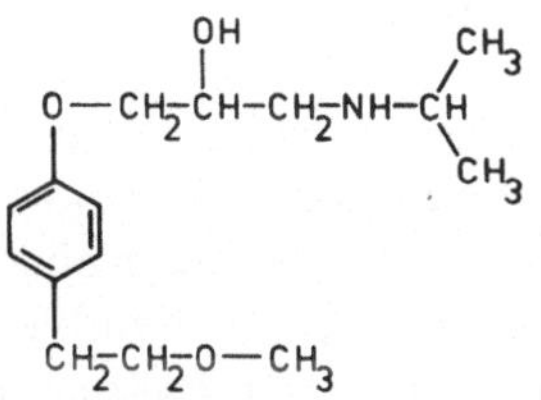

Metoprolol

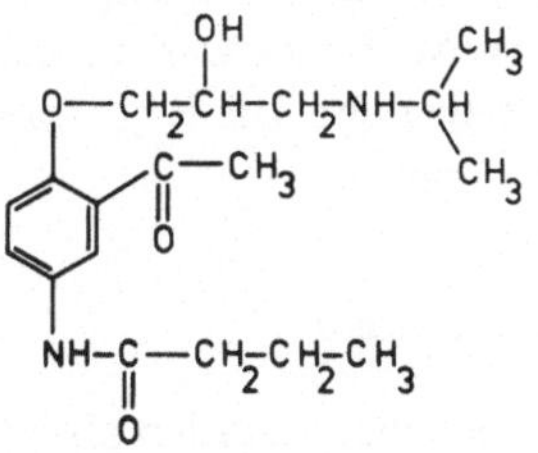

Acebutolol

Abb. 2. Strukturformeln der in der vorliegenden Studie geprüften β-Rezeptoren-blockierenden Substanzen

Tabelle 1. Einteilung der β-Rezeptoren-blockierenden Substanzen nach den verschiedenen Wirkqualitäten. Die Begriffe nicht-kardioselektiv bzw. kardioselektiv sind im Text durch die prägnanteren Ausdrücke nicht-kardioprävalent bzw. kardioprävalent ersetzt. Die Substanzen, die in der vorliegenden Studie untersucht wurden, sind, um sie von den übrigen Wirkstoffen abzugrenzen, oberhalb der gestrichelten Linie horizontal verlaufend eingetragen. * Practolol ist nicht mehr kommerziell verfügbar

Nicht-Kardioselektiv (Nicht-Kardioprävalent)				Kardioselektiv (Kardioprävalent)			
ohne ISA		mit ISA		ohne ISA		mit ISA	
Freiname	Marken-name	Freiname	Marken-name	Freiname	Marken-name	Freiname	Marken-name
Propanolol	Dociton	Oxprenolol	Trasicor	Atenolol	Tenormin	Acebutolol	Prent
		Pindolol	Visken	Metoprolol	Beloc	Practolol*	Dalzic
Solatol	Sotalex	Alreonolol	Aptin	Bunitrolol	Stresson		
Timolol	Temserin	Toliprolol	Doberol				
			Sinorytmal				
Bupranolol	Betadrenol						

Die kommerziell verfügbaren Lösungen wurden entweder unter Zusatz einer 0,9%igen Kochsalzlösung oder aber unverdünnt in das Blut des Blutreservoirs gegeben. In aller Regel stellte sich bereits innerhalb von 5 bis 7 min nach erfolgter Zugabe ein neues hämodynamisches Gleichgewicht ein. Die Messung der substanzinduzierten Änderungen der Kardiohämodynamik erfolgte zwischen der 15. und 20. min nach Applikation der letzten β-Blocker-Dosis.

2.5.2 Anaesthetika

Von den derzeit gebräuchlichen Anaesthetika wurden unter Ausschluß von Lachgas (N_2O) die Substanzen ausgewählt, die zum gegenwärtigen Zeitpunkt am häufigsten zur Aufrechterhaltung langdauernden Narkosen eingesetzt werden. So wurden daher neben Halothan und Enfluran die im Rahmen der Neuroleptanalgesie gebräuchlichen Wirkstoffe Dehydrobenzperidol und Fentanyl in die Prüfung einbezogen (Abb. 3, Abb. 4).

Während die volatilen Anaesthetika mittels geeichter Halothan- bzw. Enfluran-Vaporen (Fa. Dräger, Lübeck) dem Inspirationsgasgemisch zugesetzt wurden, erfolgte die Applikation des Dehydrobenzperidols und des Fentanyls nach vorheriger Verdünnung mit 0,9%iger Kochsalzlösung in das Blut des Blutreservoirs. Auch hier war spätestens nach 7 min ein neues kardiohämodynamisches Gleichgewicht erreicht. Die Registrierung der Änderung der Meßparameter erfolgte frühestens nach der 15. min.

2.5.3 Äquieffektive Dosierung der Anaesthetika

Um klinisch relevante Aussagen zu ermöglichen, wurden als äquieffektive Anaesthetika-Dosierungen folgende, für erwachsene Patienten gebräuchliche Konzentrationen bzw. Dosierungen geprüft: 0,5 Vol.% Halothan, 1,1 Vol.% Enfluran sowie 12,5 mg Dehydrobenzperidol (DHB) in Kombination mit 0,3 mg Fentanyl [111, 313].

Halothan

Enfluran

Abb. 3. Strukturformeln von Halothan und Enfluran

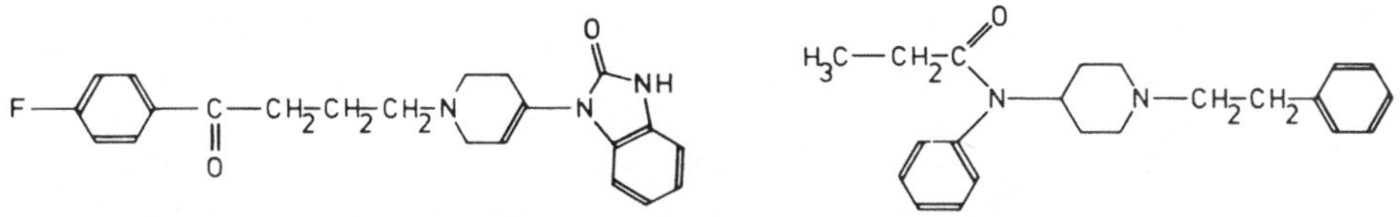

Droperidol

Fentanyl

Abb. 4. Strukturformeln von Dehydrobenzperidol und Fentanyl

Die Übertragung intravenös zu applizierender Pharmaka-Dosierungen vom intakten menschlichen Organismus auf das Herz-Lungen-Präparat ist problematisch. In Anlehnung an Fischer [116] kann jedoch eine approximative Umrechnung realisiert werden, wenn sowohl metabolische Umwandlungen als auch renale Eliminationsvorgänge sowie ein Übertritt der Wirksubstanz in andere Kompartimente vernachlässigt werden. Somit läßt sich beispielsweise die genannte Dehydrobenzperidol-Dosierung des Erwachsenen für das Herz-Lungen-Präparat approximativ auf 3,0 mg DHB pro Liter Blutvolumen kalkulieren. Für Fentanyl errechnet sich eine Dosierung von 0,075 mg Fentanyl pro Liter Blutvolumen.

2.6 Versuchsablauf

Etwa 30 bis 45 Minuten nach Beendigung der Erstellung der Herz-Lungen-Präparate konnte mit den experimentellen Untersuchungen begonnen werden. Zu diesem Zeitpunkt war in aller Regel ein stabiles hämodynamisches Gleichgewicht erreicht. In Anlehnung an Fischer [116] galten grundsätzlich folgende Standardkontrollbedingungen:
1. Reservoirblutspiegel 25 cm oberhalb des rechten Vorhofs,
2. Druck im aortalen Windkessel 100 Torr,
3. frequenzkonstante rechtsatriale Vorhofstimulation, die auf ca. 5 bis 15 Schläge oberhalb der Spontanfrequenz der isolierten Herzen eingestellt wurde und
4. eine venöse Zuflußrate von 25 ml pro min und kg KG.

Zunächst wurden unter Standardbedingungen für alle β-Rezeptoren-blockierenden Substanzen Dosis-Frequenz- und Dosis-dP/dt_{max}-Beziehungen erstellt. Hierzu wurden in Abhängigkeit von einer schrittweise kumulativ erhöhten Substanzkonzentration entweder bei spontan schlagenden Herzen das Verhalten der Herzfrequenz oder bei frequenzkonstanter Vorhofstimulation das Verhalten des Kontraktilitätsparameters dP/dt_{max} des linken Ventrikels fortlaufend registriert.

In einer daran anschließenden Versuchsserie wurde die spezifische Wirksamkeit der untersuchten β-Rezeptoren-blockierenden Substanzen anhand des Hemmeffektes auf eine durch

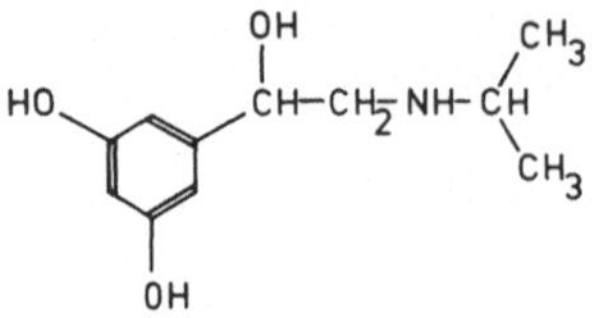

Orciprenalin

Abb. 5. Strukturformel von Orciprenalin

0,05 mg Orciprenalin/l Blutvolumen (= BV) induzierte Tachykardie studiert. Orciprenalin verursacht im Herz-Lungen-Präparat wegen nahezu fehlender Metabolisierungsmöglichkeiten eine vergleichsweise langanhaltende Herzfrequenzsteigerung (Abb. 13). Als Maßzahl für die quantitative Bestimmung der adrenergen Hemmwirkung diente die 75%ige Minderung des sympathikomimetisch ausgelösten Herzfrequenzanstieges.

Bei dem hier gewählten Bestimmungsverfahren zur Quantifizierung der spezifischen Wirkstärke β-Rezeptoren-blockierender Stubstanzen wird, da Orciprenalin die Herzfunktion sowohl über die β_1- wie auch über die β_2-Rezeptoren beeinflußt, für β-Sympatholytika mit einer β_1-Rezeptoren-Prävalenz selbstverständlich eine geringere β-adrenolytische Wirksamkeit gefunden werden als bei einer isolierten Stimulation der β_1-Rezeptoren (z.B. durch Noradrenalin). In Anbetracht der Tatsache, daß die Herztätigkeit des intakten Organismus über die β_1- und β_2-Rezeptoren stimuliert wird, entspricht eine Prüfung der β-adrenolytischen Wirksamkeit β-Rezeptoren-blockierender Substanzen in Gegenwart von Orciprenalin eher der tatsächlichen Situation des intakten Organismus als eine Überprüfung in Gegenwart von nur β_1-mimetisch wirkenden Substanzen.

Aus den Dosierungen, die einerseits zu einer 75%igen Hemmung des pharmakologisch induzierten Herzfrequenzanstieges, andererseits aber zu einer 15%igen Minderung der linksventrikulären Druckanstiegsgeschwindigkeit führen, wurde für jede untersuchte Substanz der sogenannte Sicherheitsabstand errechnet.

In einer weiteren Untersuchungsreihe wurde die hämodynamische Belastbarkeit des unter β-Blocker-Einwirkung stehenden Herzens, das heißt die Leistungsfähigkeit des Frank-Starling-Mechanismus, geprüft. Während für die approximativ auf die Verhältnisse des Herz-Lungen-Präparates übertragenen, klinisch empfohlenen i.v.-Initialdosierungen nur akute Volumen- und Widerstandsbelastungen durchgeführt wurden (Tabelle 2), erfolgte bei den Dosierungen, die aufgrund ihrer unspezifischen kardiodepressiven Eigeneffekte im Herz-Lungen-Präparat bereits einen dP/dt_{max}-Verlust von 15% (= ED_{15}) verursachten, zusätzlich eine Überprüfung des kardialen Reaktionsverhaltens bei isolierten Frequenzbelastungen. Darüber hinaus wurden zur Beurteilung der Leistungsfähigkeit des Herzens in Gegenwart der ED_{15}-β-Blocker-Dosierungen zusätzlich der modifizierte Competence-Index sowie die Ventrikelfunktionskurven bestimmt.

Zur Beschreibung der narkotikabedingten Änderungen der Kontraktionsdynamik des isolierten Herzens wurden für Halothan und Enfluran Dosis-Wirkungsbeziehungen hinsichtlich des Frequenz- und des Inotropieverhaltens erstellt. In einem daran anschließenden Untersuchungsgang wurde sodann die hämodynamische Belastbarkeit, das heißt die Leistungsfähigkeit des Frank-Starling-Mechanismus sowohl in Gegenwart von 0,5 Vol.% Halothan wie auch von 1,1 Vol.% Enfluran sowie 3,0 mg Dehydrobenzperidol (DHB) und 0,075 mg Fentanyl pro Liter Blutvolumen (= BV) überprüft.

Tabelle 2. Empfohlene minimale i.v.-Initialdosierung der in dieser Studie untersuchten β-Rezeptoren-blockierenden Substanzen für die Akuttherapie tachykarder Herzrhythmusstörungen. Approximative Übertragung dieser Dosen auf die Verhältnisse des Herz-Lungen-Präparates

Substanz	untere Dosierung	Dosis HLP	obere Dosierung	Dosis HLP
Propanolol	1,0 mg	0,24 mg/l		
Oxprenolol	1,0 mg	0,24 mg/l	2,0 mg	0,48 mg/l
Pindolol	0,4 mg	0,10 mg/l		
Practolol	10,0 mg	2,42 mg/l		
Atenolol	5,0 mg	1,20 mg/l		
Metoprolol	2,0 mg	0,48 mg/l	10,0 mg	2,40 mg/l
Acebutolol	12,5 mg	3,00 mg/l	25,0 mg	6,00 mg/l

Nach diesen Untersuchungen konnten schließlich in parallellaufenden Serien sowohl die Herzfrequenz- als auch die Inotropie-Dosis-Wirkungskurven von Propranolol, Pindolol und Metoprolol in Gegenwart der drei geprüften Narkotika sowie von Acebutolol und Atenolol in Gegenwart von Halothan erstellt werden. Die Leistungsfähigkeit des Frank-Starling-Mechanismus zur Überwindung akuter hämodynamischer Belastungen wurde sodann ebenfalls in Gegenwart der Narkotika sowohl unter dem Einfluß der approximativ auf die Verhältnisse des Herz-Lungen-Präparates übertragenen, klinisch empfohlenen i.v.-Initialdosierungen als auch unter dem Einfluß von β-Blocker-Dosierungen, die im Herz-Lungen-Präparat bei Erstellung der Dosis-Wirkungskurven zu einem Inotropieverlust von 15% ($= ED_{15}$) geführt hatten, untersucht.

Die zur Beurteilung des Verhaltens der Myokardfunktion notwendigen isolierten Vorlast-, Nachlast- bzw. Frequenzbelastungsstudien lassen sich am Herz-Lungen-Präparat auf folgende Weise realisieren: Die isolierte, kontrolliert durchgeführte linksventrikuläre Druckbelastung kann mittels einer schrittweisen Erhöhung des Druckes im aortalen Starling-Ventil von 75 über 100 auf 125 und 150 Torr geprüft werden. Hierbei wird die Blutspiegelhöhe des Blutreservoirs ebenso wie die artifizielle Stimulationsfrequenz konstantgehalten.

Die isolierte, kontrolliert durchgeführte Volumenbelastung wird mittels einer schrittweisen Anhebung des Blutreservoirspiegels realisiert. Infolge des zunehmenden Höhenunterschiedes steigt der hydrostatische Druck vor dem rechten Herzen und damit entsprechend auch die venöse Zuflußmenge zum rechten Ventrikel. Bei dieser Versuchsanordnung, bei der jeweils Höhenunterschiede von 2,5 cm geprüft werden, müssen die linksventrikuläre Nachbelastung ebenso wie die rechtsatriale Frequenzstimulation konstantgehalten werden. Als Ausgangswert wird eine Blutspiegelhöhe gewählt, die 5 cm unterhalb des Normalniveaus liegt. Der gesamte Untersuchungsbereich überdeckt einen Höhenunterschied von 12,5 cm. Aus den bei der isolierten Volumenbelastung gefundenen Daten wird zusätzlich der myokardiale Competence-Index errechnet.

Die isoliert, ebenfalls kontrolliert durchgeführte Frequenzbelastung läßt sich bei der gegebenen Präparationstechnik mittels der rechtsatrialen Vorhofstimulation realisieren. Um vergleichbare Daten zu erhalten, wurden die Frequenzbelastungsuntersuchungen — soweit dies möglich ist — bei 125, 150, 175, 200, 225 und 250 Stimulationen pro min durchgeführt. Ein wesentliches Unterschreiten der spontanen Kontraktionsfrequenz ist verständlicherweise nicht möglich. Ebenso kann infolge von AV-Überleitungsverzögerungen bei bereits vorbestehender, stark reduzierter spontaner Kontraktionsfrequenz keine erfolgreiche Stimulation im obersten Frequenzbereich erzwungen werden. Bei den Frequenzbelastungsuntersuchungen werden die Vor- und Nachlastbedingungen im jeweiligen Standardbereich konstantgehalten.

Um die hämodynamische Leistungsfähigkeit des unter Substanzeinwirkung stehenden Herzens umfassend beurteilen zu können, wurde desweiteren das Verhalten der Herzauswurfleistung der linken Kammer bei einer schrittweisen Erhöhung der venösen Zuflußrate überprüft. Die rechtsatriale Vorhofstimulation sowie die Nachlastbedingungen sind bei dieser Versuchsanordnung stets konstant im Standardbereich gehalten worden. Die schrittweise Steigerung der venösen Zuflußrate bis zur jeweils maximalen Aufnahmekapazität des Herzens führt zu einer Zunahme der Herzauswurfleistung und des rechtsatrialen Füllungsdruckes. Alle zu beobachtenden Einzelwerte liegen auf der sogenannten Ventrikelfunktionskurve, deren Anstiegssteilheit sowie Gipfelpunkt eine aussagekräftige Charakterisierung der Leistungsfähigkeit des unter Substanzeinfluß stehenden Herzens ermöglicht.

2.7 Auswertung, Berechnung und Statistik

Aus den Originalregistrierungen wurden folgende Meßdaten direkt entnommen: Herzfrequenz (HF), rechtsatrialer Füllungsdruck (RAP), rechtsventrikulärer Spitzen- (RVP) und rechtsventrikulärer enddiastolischer Druck (RVEDP), linksventrikulärer Spitzen- (LVP) und linksventrikulärer enddiastolischer Druck (LVEDP), maximale linksventrikuläre Druckanstiegsgeschwindigkeit (dp/dt_{max}), systolischer und diastolischer Aortendruck (syst./diast. AOP) sowie das Herzminutenvolumen (HMV). Zusätzlich wurden für die hier vorliegenden Untersuchungen der mittlere diastolische Aortendruck (MADP) sowie der Herzindex (HI) errechnet. Die so gefundenen Meßwerte wurden einheitlich in den bislang gebräuchlichsten konventionellen Dimensionen dargestellt. Um einen Vergleich mit Versuchsergebnissen zu erleichtern, die in SI-Einheiten ausgedrückt sind, sind Umrechnungstabellen für die Umrechnung von cm H_2O in kPa, von Torr in kPa sowie von Torr/s in kPa/s beigefügt.

Mit Hilfe eines programmierbaren Tischrechners (Calculator 9810, Fa. Hewlett-Packard, Frankfurt/Main), wurden für alle gewonnenen Meßdaten jeder Versuchsserie sowohl der Mittelwert ($\bar{x}$) als auch die Standardabweichung (s_x) sowie der mittlere Fehler des Mittelwertes ($s_{\bar{x}}$) bestimmt.

Alle Beobachtungsergebnisse wurden auf das Vorliegen einer Normalverteilung überprüft. Dies sei am Beispiel verschiedener Parameter eines größeren Kontrollkollektivs dargestellt (Abb. 6).

Statistische Signifikanzberechnungen erfolgten bei verbundenen Beobachtungsergebnissen mit Hilfe des Student-t-Testes für verbundene Wertepaare [191, 387]. Unabhängige Stichproben wurden dagegen mit Hilfe der einfachen Varianzanalyse [191, 381] und des Duncan-Testes [44] statistisch bearbeitet. Als Signifikanzniveau wurde eine Irrtumswahrscheinlichkeit von weniger als 5% angenommen.

Der Verlauf der Ventrikelfunktionskurven ließ sich mit Hilfe zweigliedriger Polynome darstellen. Hierzu wurde ein mit dem Tischrechner verbundener Plotter (Plotter 9862 A, Fa. Hewlett-Packard, Frankfurt/Main) benutzt.

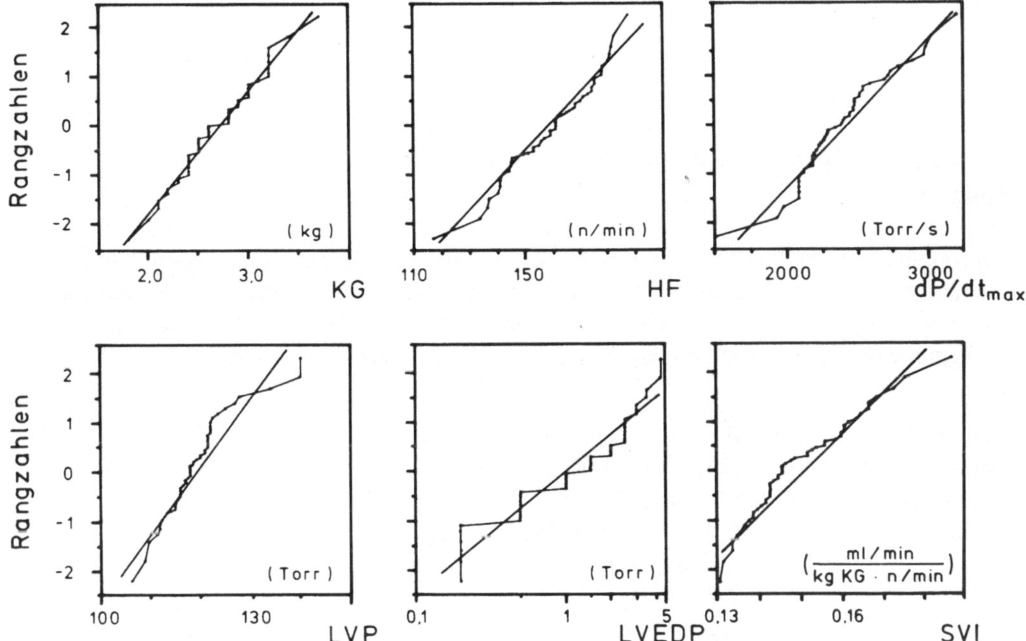

Abb. 6. Prüfung auf Normalverteilung. Kontrollgruppe ($n = 50$). Körpergewicht der Tiere, spontane Herzfrequenz, maximale linksventrikuläre Druckanstiegsgeschwindigkeit, linksventrikulärer systolischer Druck, linksventrikulärer enddiastolischer Druck und Schlagvolumenindex

3 Ergebnisse

3.1 Kontraktionsdynamik des isolierten, intakten und in situ schlagenden Herzens

Im Anschluß an die Stabilisierung der Herz-Kreislauf-Dynamik des Herz-Lungen-Präparates, die im Regelfall spätestens innerhalb von 30 bis 45 min nach Beendigung der Präparationsphase erreicht war, konnten für das Perfusionsgemisch im Mittel folgende, anhand der Kontrollgruppe ($n = 13$) dargestellte laborchemische Befunde erhoben werden:

Hb	$26,3 \pm 0,8$ g%
Serum-Calcium	$4,78 \pm 0,34$ mval/l = $2,39 \pm 0,17$ mmol/l
Serum-Kalium	$4,0 \pm 1,2$ mval/l = $4,00 \pm 1,20$ mmol/l
Serum-Natrium	$152,5 \pm 6,2$ mval/l = $152,5 \pm 6,20$ mmol/l
Biuret	$2,93 \pm 0,39$ g/100 ml = $29,3 \pm 3,9$ g/l
pH	$7,451 \pm 0,081 = -7,451 \pm 0,081$ log molc
pCO_2	$37,1 \pm 2,3$ mm Hg = $4,95 \pm 0,31$ kPa
pO_2	$269 \pm 21,2$ mm Hg = $35,85 \pm 2,83$ kPa
Bikarbonat	$23,8 \pm 1,2$ mval/l = $23,8 \pm 1,2$ mmol/l

Bei allen Untersuchungen wurde grundsätzlich das Verhalten der Herzfrequenz der isolierten Herzen in Gegenwart der verschiedenen Substanzen bei spontan schlagenden Herzen, das Verhalten der Kontraktionsdynamik dagegen bei elektrisch gereizten Herzen überprüft. Prinzipiell besteht nach Erreichen des hämodynamischen Gleichgewichtes im Anschluß an die Präparation bei korrekt plazierten Stimulationselektroden kein signifikanter Unterschied zwischen den hämodynamischen Meßgrößen bei spontaner Herzkontraktion und bei rechtsatrialer Vorhofstimulation (Tabellen 3 u. 4).

Unter Standardbedingungen, das heißt der Blutspiegel im Blutreservoir steht 25 cm oberhalb des rechten Vorhofs, der Druck im aortalen Windkessel ist auf 100 Torr eingestellt und die venöse Zuflußrate beträgt bei konstanter Stimulationsfrequenz oder bei spontan schlagenden Herzen 25 ml/min Kg KG, konnten bei einem Kontrollkollektiv über einen Zeitraum von 3 h mit Ausnahme eines schwach signifikanten Anstieges des rechtsventrikulären enddiastolischen Druckes keine signifikanten Änderungen der restlichen, direkt gemessenen bzw. indirekt errechneten Meßgrößen beobachtet werden (Abb. 7).

3.1.1 Myokardialer Competence-Index

Am Herz-Lungen-Präparat kann der Suffizienzgrad des isolierten Herzens exakt mit Hilfe einer kontrollierten Volumenbelastung, die mittels einer schrittweisen Erhöhung des Reservoirblutspiegels zu realisieren ist, abgeschätzt werden. Bei den Kontrolltieren ist bei einer Anhebung des Blutspiegels um jeweils 2,5 cm im Mittel nur eine Zunahme des rechtsatrialen Füllungsdruckes um jeweils 0,11 cm H_2O zu beobachten. Der maximale Gesamtanstieg beträgt daher nur 0,55 cm H_2O (Abb. 8). Das vermehrte venöse Angebot wird also von den

Tabelle 3. Hämodynamische Meßgrößen einer Kontrollgruppe bei spontan schlagenden Herzen ($n = 12$)

Versuch Nr.	HF (n/min)	RAP (cm H$_2$O)	RVP$_{syst.}$ (Torr)	RVEDP (Torr)	LVP$_{syst.}$ (Torr)	LVEDP (Torr)	dP/dt$_{max}$ (Torr/s)	MAP (Torr)	HI $\left(\frac{ml/min}{kg\,KG}\right)$
1	169	0,1	20,0	0,1	118,0	1,5	2150	94,5	25,7
2	154	0,1	19,5	1,0	112,0	4,5	2100	94,5	25,0
3	175	0,1	12,2	0,1	116,0	1,5	2280	95,0	26,4
4	142	1,3	20,2	1,5	120,0	1,5	2390	95,0	26,0
5	177	0,2	12,6	0,1	112,0	2,0	2420	93,0	25,6
6	181	0,5	15,1	0,5	122,0	3,0	2340	95,0	24,5
7	179	0,3	15,3	1,0	115,0	2,0	2700	94,0	25,4
8	162	0,1	15,5	0,1	119,0	0,5	2080	91,0	24,0
9	150	0,1	13,8	0,1	117,0	1,0	2480	89,0	25,0
10	146	1,8	12,5	0,6	117,0	3,5	3000	86,0	25,0
11	145	1,1	30,2	1,0	124,0	2,5	2450	85,0	25,4
12	160	0,3	20,0	0,5	121,0	1,0	2100	95,0	25,4
$\bar{x}$	162	0,5	17,2	0,6	117,8	2,0	2374	92,3	25,3
$\pm s_x$	14	0,6	5,1	0,5	3,7	1,2	272	3,7	0,6
$\pm s_{\bar{x}}$	4	0,2	1,5	0,1	1,1	0,3	79	1,1	0,2

Tabelle 4. Hämodynamische Meßgrößen derselben Kontrollgruppe wie in Tabelle 3, jedoch bei elektrisch gereizten Herzen ($n = 12$)

Versuch Nr.	PF (n/min)	RAP (cm H$_2$O)	RVP$_{syst.}$ (Torr)	RVEDP (Torr)	LVP$_{syst.}$ (Torr)	LVEDP (Torr)	dP/dt$_{max}$ (Torr/s)	MAP (Torr)	HI $\left(\dfrac{ml/min}{kg\,KG}\right)$
1	182	0,1	20,0	0,4	118,0	1,5	2100	94,5	24,8
2	155	0,1	19,8	1,0	110,0	4,5	2120	94,5	25,0
3	182	0,1	11,8	0,1	116,0	1,5	2300	95,5	26,4
4	158	1,3	20,0	1,6	121,5	1,5	2450	95,0	25,6
5	180	0,1	12,4	0,1	111,5	2,0	2480	93,5	24,8
6	186	0,5	15,1	0,6	122,0	3,0	2350	95,5	24,4
7	180	0,3	15,0	0,5	118,5	1,5	2750	94,5	25,8
8	166	0,1	15,0	0,1	121,5	0,5	2130	90,5	24,8
9	159	0,1	13,8	0,1	117,5	1,0	2490	89,0	25,5
10	150	1,8	12,4	0,5	116,0	3,5	2980	86,0	25,0
11	147	1,3	29,8	1,1	125,0	3,0	2490	85,0	25,4
12	163	0,4	20,2	0,7	121,0	0,5	2100	96,0	25,4
$\bar{x}$	167	0,5	17,1	0,6	118,2	2,0	2395	92,5	25,2
$\pm\,s_x$	14	0,6	5,1	0,5	4,4	1,2	274	3,9	0,5
$\pm\,s_{\bar{x}}$	4	0,2	1,5	0,1	1,3	0,4	79	1,1	0,2

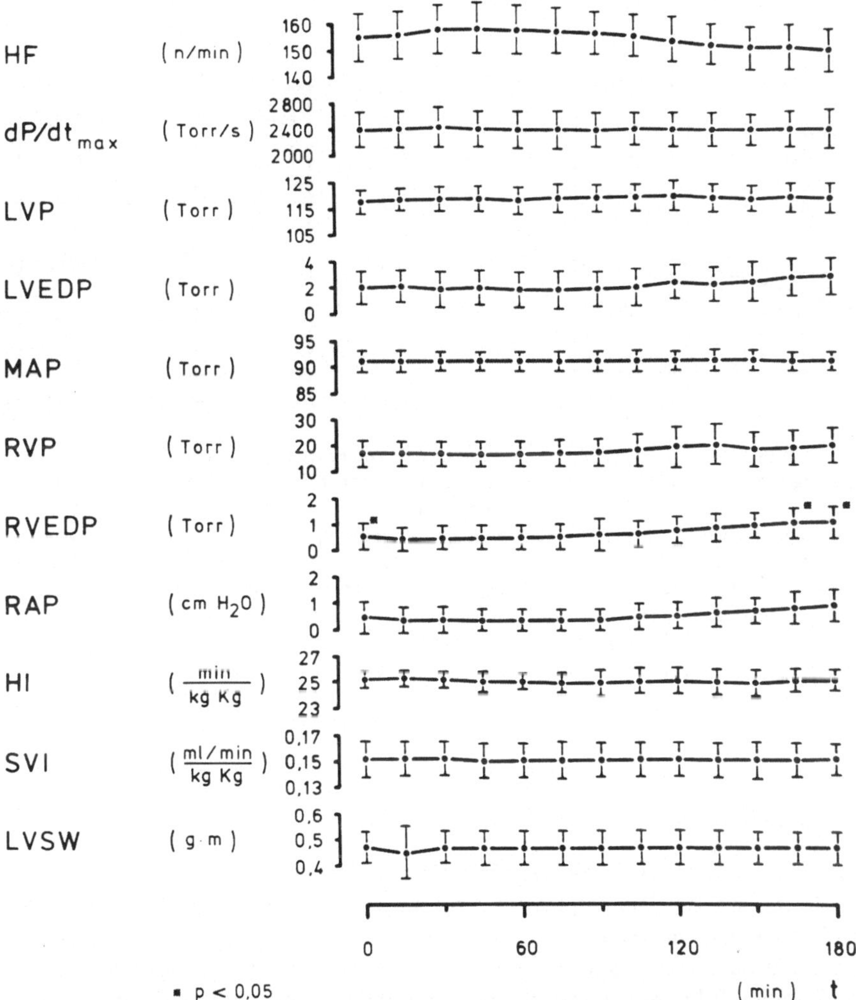

Abb. 7. Verhalten der hämodynamischen Meßgrößen der Kontrollgruppe wie in Tabellen 3 und 4 über einen Zeitraum von 180 min ($n = 12, \bar{x} \pm s_{\bar{x}}$). Alle Parameter, mit Ausnahme der Herzfrequenz, wurden bei elektrisch stimulierten Herzen registriert

Kontrollpräparationen nahezu vollständig wieder in den nachgeschalteten Kreislauf ausgeworfen.

Wird das gleiche Reaktionsverhalten anhand des myokardialen Competence-Index nach der von Fischer [116] vorgeschlagenen graphischen Darstellung überprüft (Abb. 8), so findet sich eine streng lineare, hochkorrelierte Beziehung zwischen dem myokardialen Competence-Index (M.C.I.) und der jeweiligen Reservoirblutspiegelhöhe (r = 0,999). Während im Idealfall bei absoluter Suffizienz des Präparates ein Competence-Index von 1,0 zu erwarten ist, konnte für die eigenen Kontrollpräparationen ein myokardialer Competence-Index von 0,96 errechnet werden.

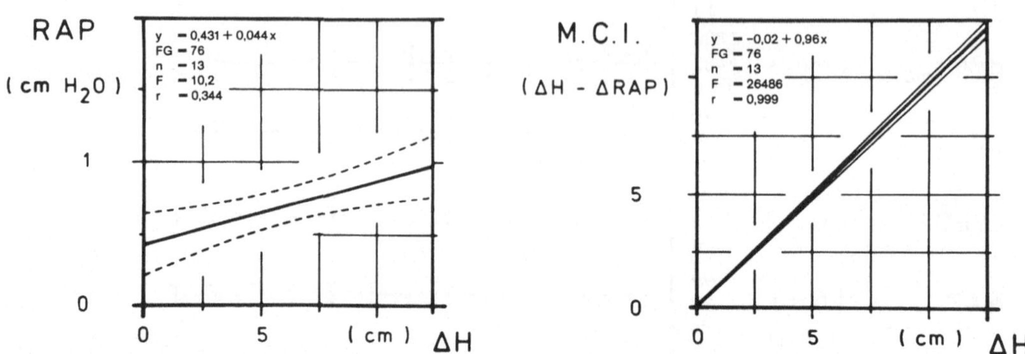

Abb. 8. I. Abhängigkeit des rechtsatrialen Füllungsdruckes (RAP) von einer schrittweisen Erhöhung (ΔH) des Reservoirblutspiegels um insgesamt 12,5 cm bei einem Kontrollkollektiv (n = 13). Abszisse: Zunahme der Reservoirblutspiegelhöhe in cm; Ordinate: rechtsatrialer Füllungsdruck in cm H_2O. Dargestellt ist die lineare Regressionsgrade mit dem 95%-Vertrauensbereich. II. Bestimmung des myokardialen Suffizienzgrades mit Hilfe des myokardialen Competence-Index bei einem Kontrollkollektiv (n = 13). Korrelation zwischen schrittweiser Anhebung des Reservoirblutspiegels um 12,5 cm (ΔH) und dem aus der Höhendifferenz (ΔH) und der rechtsatrialen Druckzunahme (ΔRAP) berechneten myokardialen Competence-Index (M.C.I.). Abszisse: Änderung der Reservoirblutspiegelhöhe (ΔH) in cm; Ordinate: Myokardialer Competence-Index (M.C.I.), errechnet aus der Differenz ΔH − ΔRAP. Dargestellt ist die lineare Regressionsgerade mit der Standardabweichung

3.1.2 Ventrikelfunktionskurve

Die Leistungsfähigkeit der myokardialen Pumpfunktion des Herz-Lungen-Präparates kann anhand von Ventrikelfunktionskurven quantitativ erfaßt werden. Die schrittweise Erhöhung der venösen Zuflußrate führt in Abhängigkeit vom jeweiligen myokardialen Kontraktilitätszustand zu einer mehr oder minder ausgeprägten Steigerung der Herzauswurfleistung. Nähert sich die venöse Gesamtzufuhr der maximal möglichen Pumpkapazität, so ist ein zunehmender Anstieg des rechtsatrialen Vorhofdruckes ohne eine weitere wesentliche Steigerung der Herzauswurfleistung zu beobachten.

Bei den Kontrollpräparationen (Abb. 9) steigt die Herzauswurfleistung — gemessen am Herzindex — bis zu einem rechtsatrialen Vorhofdruck von ca. 1,3 cm H_2O nahezu gleichförmig kontinuierlich an. Erst jenseits dieses Vorhofdruckes ist eine Abschwächung des Kurvenanstieges zu registrieren. Bei einem rechten Vorhofdruck von 2,5 cm H_2O beträgt der Herzindex im Mittel bereits nahezu 40 ml/min kg KG. Das Plateau der Ventrikelfunktionskurve konnte bei dem vorliegenden myokardialen Suffizienzgrad aufgrund apparativ-technischer Grenzen jedoch nicht mehr dargestellt werden.

Die Zugabe positiv inotrop wirkender Substanzen würde eine weitere Zunahme der Kurvensteilheit sowie eine Verschiebung der Ventrikelfunktionskurven nach links, das heißt zu niedrigeren rechtsatrialen Füllungsdrücken, und nach oben, das heißt zu höheren Herz-Minuten-Volumina, zur Folge haben. Negativ inotrope Einflüsse werden dagegen durch eine Abflachung sowie eine Verschiebung der Ventrikelfunktionskurven zu niedrigeren Herz-Minuten-Volumina und höheren rechtsatrialen Druckbereichen charakterisiert [116].

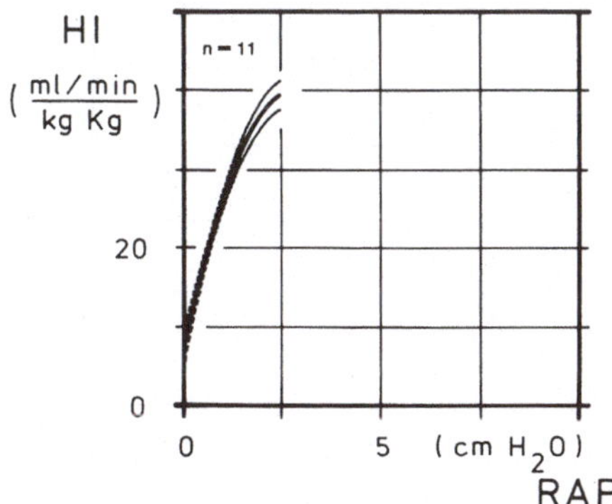

Abb. 9. Ventrikelfunktionskurve zur Quantifizierung der myokardialen Pumpleistung eines Kontrollkollektivs (n = 11). Abszisse: rechtsatrialer Füllungsdruck (RAP) in cm H_2O; Ordinate: Herzindex (HI) in ml/min kg KG. Dargestellt ist der mittlere Verlauf der Ventrikelfunktionskurven mit den Grenzen für den 95%-Vertrauensbereich mittels eines zweigliedrigen Polynoms (y = 23,51 − 4,15x + 6,52x²; FG = 129; n = 11; F_{linear} = 229; $F_{Quadrat}$ = 130)

3.1.3 Verhalten der Kontraktionsdynamik des isolierten, intakten und in situ schlagenden Herzens bei akuten hämodynamischen Belastungen

3.1.3.1 Änderungen der Nachlast

Aufgrund des apparativ-technischen Aufbaus des Herz-Lungen-Präparates ist es möglich (Abb. 1), das kardiohämodynamische Reaktionsverhalten des linken Ventrikels nicht nur unter Standardwiderstandsbedingungen des extrakorporalen Anteils des arteriellen Kreislaufs, sondern darüber hinaus auch bei kontrolliert geänderten Widerstandsverhältnissen zu überprüfen. Die Kontraktionsfrequenz sowie die Blutspiegelhöhe werden bei dieser Untersuchung konstantgehalten.

Der mittlere diastolische Aortendruck (MADP), der das entscheidende Maß einer linksventrikulären Nachbelastung ist [116], zeigt bei den Kontrolluntersuchungen eine hochkorrelierte, lineare Abhängigkeit vom jeweiligen aktuellen aortalen Windkesseldruck (SR) (r = 0,997) (Abb. 10, I). Der Strömungswiderstand (TPR) im arteriellen Schenkel des artifiziellen Kreislaufs, der nach der Formel

$$TPR = \frac{MAP - LVEDP \cdot 1,332 \cdot 60}{HI \ J \ 100} \quad \text{(Fischer 1979)}$$

berechnet wird, steigt von 0,245 Torr/(ml/min · kg KG) bei einem aortalen Windkesseldruck von 75 Torr auf 0,47 Torr/(ml/min · kg KG) bei einem Windkesseldruck von 150 Torr an (r = 0,956) (Abb. 10, II). Um diesen stärkeren Widerstand zu überwinden, kann der linke Ventrikel seine Kontraktionskraft über eine Erhöhung des linksventrikulären enddiastolischen Füllungszustandes mit Hilfe des Frank-Starling-Mechanismus steigern. Dabei erhöht sich der linksventrikuläre enddiastolische Druck (LVEDP), der bei einem aortalen Wind-

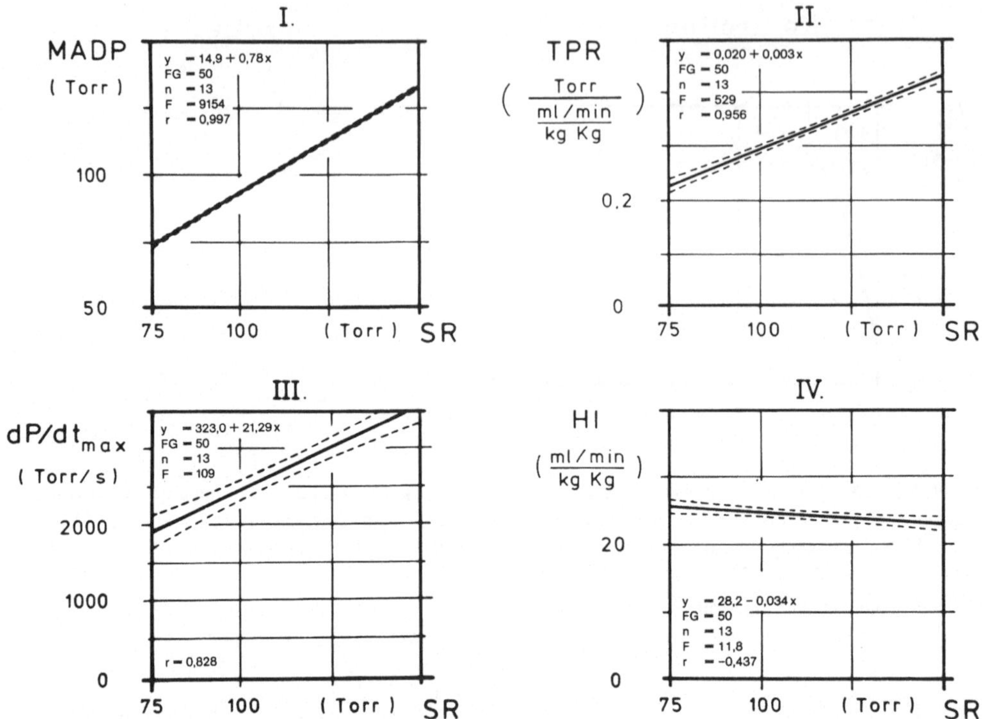

Abb. 10. I. Korrelation zwischen dem Druck im Starling-Ventil (SR) und dem mittleren diastolischen Aortendruck (MADP). Abszisse: aortaler Windkesseldruck (SR) in Torr; Ordinate: mittlerer diastolischer Aortendruck (MADP) in Torr, (n = 13). Dargestellt ist die lineare Regressionsgerade mit dem 95%-Vertrauensbereich. **II.** Korrelation zwischen dem Druck im Starling-Ventil (SR) und dem arteriellen Widerstand (TPR), (n = 13). Abszisse: aortaler Windkesseldruck (SR) in Torr; Ordinate: arterieller Widerstand (TPR) in Torr/(ml/min · kg KG). Dargestellt ist die lineare Regressionsgerade mit dem 95%-Vertrauensbereich. **III.** Korrelation zwischen dem Druck im Starling-Ventil (SR) und der maximalen linksventrikulären Druckanstiegsgeschwindigkeit (dP/dt_{max}), (n = 13). Abszisse: aortaler Windkesseldruck (SR) in Torr; Ordinate: maximale linksventrikuläre Druckanstiegsgeschwindigkeit (dP/dt_{max}) in Torr/s. Dargestellt ist die lineare Regressionsgerade mit dem 95%-Vertrauensbereich. **IV.** Korrelation zwischen dem Druck im Starling-Ventil (SR) und dem Herzindex (HI), (n = 13). Abszisse: aortaler Windkesseldruck (SR) in Torr; Ordinate: Herzindex (HI) in ml/min · kg KG. Dargestellt ist die lineare Regressionsgerade mit dem 95%-Vertrauensbereich

kesseldruck von 75 Torr im Mittel bei 1,3 ± 0,7 Torr liegt, um insgesamt 3,7 Torr (keine graphische Darstellung). Die maximale linksventrikuläre Druckanstiegsgeschwindigkeit (dP/dt_{max}), die eine gut korrelierte, lineare Beziehung zum Druck im aortalen Windkessel aufweist (r = 0,828), steigt hierbei im Mittel von 1.920 Torr/s um 1.596 Torr/s bis auf 3.516 Torr/s an /Abb. 10, III).

Trotz der Zunahme der Kontraktionskraft ist es den Kontrollherzen jedoch nicht möglich, die Herzauswurfleitung über den gesamten Prüfbereich konstantzuhalten. Der Herzindex (HI), der bei einem Druck im Starling-Ventil von 100 Torr im Mittel bei 24,8 ml/min · kg KG liegt, steigt bei 75 Torr auf 25,7 ml/min · kg KG an und wird bei 125 bzw. 150 Torr auf 24,0 bzw. 23,1 ml/min · kg KG reduziert (Abb. 10, IV).

3.1.3.2 Änderungen der Vorlast

Im Herz-Lungen-Präparat kann das Kontraktionsverhalten des isolierten Herzens nicht nur bei verschiedenen Widerstandsbelastungen, sondern ebenso auch bei verschiedenen Vorlastbedingungen überprüft werden. Die kontrollierten Änderungen der Vorlast lassen sich mittels einer schrittweisen Erhöhung des venösen Zuflußgefälles zum rechten Herzen realisieren. Während beim Gesamtkontrollkollektiv aufgrund differierender Ausgangswerte sowie voneinander abweichender LVEDP-Zunahmen für die Beziehung zwischen dem Blutspiegelhöhenunterschied (ΔH) und dem linksventrikulären enddiastolischen Druck (LVEDP) bzw. dem Kontraktilitätsparameter dP/dt_{max} des linken Ventrikels nur ein Korrelationskoeffizient von $r = 0{,}286$ bzw. $r = 0{,}366$ gefunden wird (Abb. 11, I u. II), zeigen die individuellen Regressionsgeraden eine signifikante, lineare Regression auf:

$$\begin{aligned}
y_1 &= 1{,}07 + 0{,}15 \times \quad (F = 112{,}7; \ r = 0{,}983)\\
y_2 &= 1{,}17 + 0{,}20 \times \quad (F = 52{,}3; \ r = 0{,}964)\\
y_3 &= 1{,}57 + 0{,}11 \times \quad (F = 60{,}2; \ r = 0{,}968)\\
y_4 &= 2{,}14 + 0{,}06 \times \quad (F = 10{,}0; \ r = 0{,}845)\\
y_5 &= 3{,}74 + 0{,}15 \times \quad (F = 23{,}0; \ r = 0{,}923)\\
y_6 &= 3{,}91 + 0{,}15 \times \quad (F = 22{,}5; \ r = 0{,}920)\\
y_7 &= 2{,}69 + 0{,}10 \times \quad (F = 26{,}3; \ r = 0{,}932)\\
y_8 &= 0{,}29 + 0{,}07 \times \quad (F = 8{,}9; \ r = 0{,}831)\\
y_9 &= 0{,}33 + 0{,}08 \times \quad (F = 21{,}0; \ r = 0{,}917)\\
y_{10} &= 0{,}33 + 0{,}08 \times \quad (F = 21{,}0; \ r = 0{,}917)\\
y_{11} &= 1{,}69 + 0{,}10 \times \quad (F = 26{,}3; \ r = 0{,}932)\\
y_{12} &= 0{,}76 + 0{,}17 \times \quad (F = 108{,}1; \ r = 0{,}982)\\
y_{13} &= 2{,}12 + 0{,}07 \times \quad (F = 23{,}0; \ r = 0{,}923)
\end{aligned}$$

bzw.

$$\begin{aligned}
y_1 &= 2.857 + 53 \times \quad (F = 229{,}6; \ r = 0{,}991)\\
y_2 &= 2.926 + 35 \times \quad (F = 759{,}6; \ r = 0{,}997)\\
y_3 &= 2.055 + 39 \times \quad (F = 85{,}5; \ r = 0{,}977)\\
y_4 &= 2.061 + 31 \times \quad (F = 327{,}8; \ r = 0{,}994)\\
y_5 &= 2.159 + 26 \times \quad (F = 154{,}0; \ r = 0{,}987)\\
y_6 &= 2.124 + 28 \times \quad (F = 468{,}0; \ r = 0{,}996)\\
y_7 &= 2.817 + 21 \times \quad (F = 309{,}0; \ r = 0{,}994)\\
y_8 &= 2.237 + 41 \times \quad (F = 301{,}6; \ r = 0{,}993)\\
y_9 &= 2.627 + 34 \times \quad (F = 72{,}1; \ r = 0{,}973)\\
y_{10} &= 2.115 + 37 \times \quad (F = 155{,}5; \ r = 0{,}987)\\
y_{11} &= 2.174 + 43 \times \quad (F = 3.510{,}8; \ r = 0{,}999)\\
y_{12} &= 1.743 + 33 \times \quad (F = 1.052{,}3; \ r = 0{,}998)\\
y_{13} &= 1.864 + 37 \times \quad (F = 1.140{,}1; \ r = 0{,}998)
\end{aligned}$$

Aus ebendenselben Gründen findet sich für das Kontrollkollektiv im Mittel sogar nicht einmal eine gesicherte lineare Beziehung zwischen linksventrikulärem enddiastolischem Druck (LVEDP) und linksventrikulärer Druckanstiegsgeschwindigkeit (dP/dt_{max}) (Abb. 11, III). Die Regressionsgeraden weisen demgegenüber wiederum eine jeweils signifikante, lineare Korrelation auf:

$$\begin{aligned}
y_1 &= 2.506 + 340 \times \quad (F = 60{,}0; \ r = 0{,}968)\\
y_2 &= 2.751 + 163 \cdot \times \quad (F = 48{,}9; \ r = 0{,}961)
\end{aligned}$$

$$y_3 = 1.517 + 347 \times \quad (F = 82{,}3; \ r = 0{,}977)$$
$$y_4 = 1.252 + 400 \times \quad (F = 13{,}9; \ r = 0{,}881)$$
$$y_5 = 1.641 + 144 \times \quad (F = 35{,}6; \ r = 0{,}948)$$
$$y_6 = 1.535 + 158 \times \quad (F = 20{,}5; \ r = 0{,}915)$$
$$y_7 = 2.368 + 174 \times \quad (F = 21{,}0; \ r = 0{,}916)$$
$$y_8 = 2.199 + 399 \times \quad (F = 10{,}7; \ r = 0{,}853)$$
$$y_9 = 2.550 + 344 \times \quad (F = 12{,}4; \ r = 0{,}870)$$
$$y_{10} = 2.030 + 380 \times \quad (F = 13{,}0; \ r = 0{,}875)$$
$$y_{11} = 1.588 + 368 \times \quad (F = 28{,}5; \ r = 0{,}936)$$
$$y_{12} = 1.606 + 188 \times \quad (F = 137{,}4; \ r = 0{,}986)$$
$$y_{13} = 1.037 + 408 \times \quad (F = 17{,}0; \ r = 0{,}900)$$

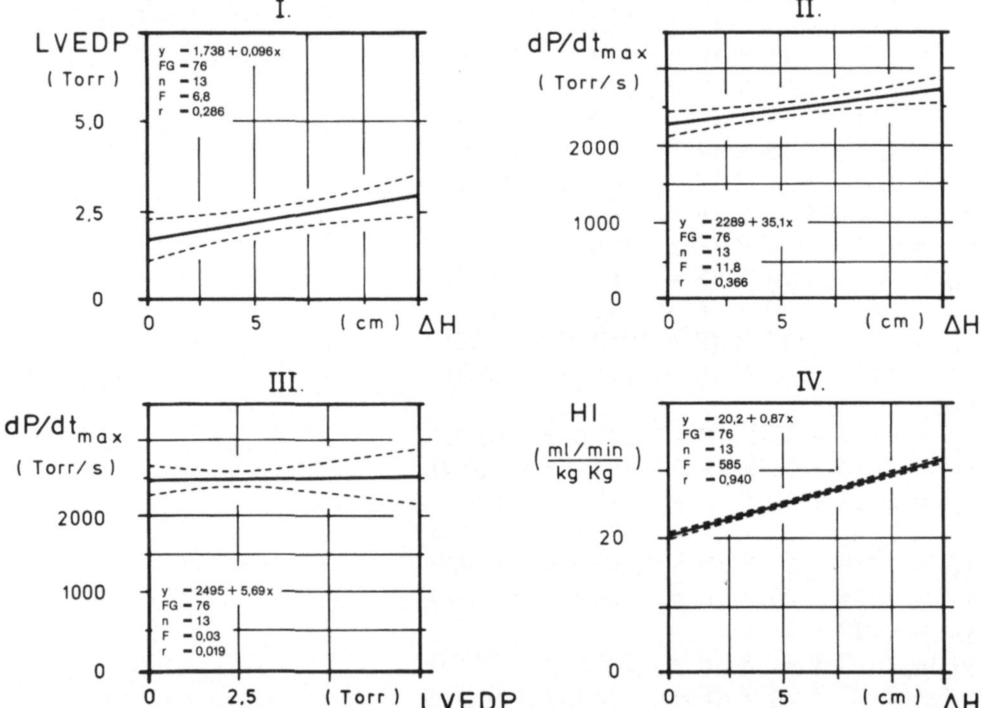

Abb. 11. I. Korrelation zwischen Änderungen der Reservoirblutspiegelhöhe (ΔH) und dem linksventrikulären enddiastolischen Druck (LVEDP), ($n = 13$). Abszisse: Änderungen der Reservoirblutspiegelhöhe (ΔH) in cm; Ordinate: linksventrikulärer enddiastolischer Druck (LVEDP) in Torr. Dargestellt ist die lineare Regressionsgerade und der 95%-Vertrauensbereich. **II.** Korrelation zwischen Änderungen der Reservoirblutspiegelhöhe (ΔH) und der maximalen linksventrikulären Druckanstiegsgeschwindigkeit ($n = 13$). Abszisse: Änderungen der Reservoirblutspiegelhöhe (ΔH) in cm; Ordinate: maximale linksventrikuläre Druckanstiegsgeschwindigkeit (dP/dt_{max}) in Torr/s. Dargestellt ist die lineare Regressionsgerade mit dem 95%-Vertrauensbereich. **III.** Korrelation zwischen linksventrikulärem enddiastolischem Druck (LVEDP) und maximaler linksventrikulärer Druckanstiegsgeschwindigkeit (dP/dt_{max}), ($n = 13$). Abszisse: linksventrikulärer enddiastolischer Druck (LVEDP) in Torr; Ordinate: maximale linksventrikuläre Druckanstiegsgeschwindigkeit (dP/dt_{max}) in Torr/s. Dargestellt ist die lineare Regressionsgerade mit dem 95%-Vertrauensbereich. **IV.** Korrelation zwischen Änderungen der Reservoirblutspiegelhöhe (ΔH) und dem Herzindex (HI), ($n = 13$). Abszisse: Änderungen der Reservoirblutspiegelhöhe (ΔH) in cm; Ordinate: Herzindex (HI) in ml/min · kg KG

Die Erhöhung des venösen Zuflußgefälles um insgesamt 12,5 cm über das Ausgangsniveau hinaus führt also bei den Kontrollherzen im Mittel zu einer LVEDP-Zunahme von insgesamt 1,2 Torr. Der Kontraktilitätsparameter dP/dt_{max} steigt hierbei um 440 Torr/s an. Dieser Kontraktionskraftzugewinn dient dazu, das erhöhte venöse Angebot bei konstantgehaltener Kontraktionsfrequenz sowie unverändertem Afterload wiederum in den arteriellen Schenkel des artifiziellen Kreislaufs auszuwerfen. Für das Kontrollkollektiv besteht eine hochsignifikante Abhängigkeit zwischen dem Blutspiegelhöhenunterschied und der Herzauswurfleistung (r = 0,940) (Abb. 11, IV). Der Herzindex (HI) erhöht sich linear mit jeder Belastungsstufe um 2,18 ml/min · kg KG, so daß die Herzauswurfleistung bei der höchsten Blutspiegeleinstellung um insgesamt 53,8% über dem Ausgangswert liegt.

3.1.3.3 Änderungen der Kontraktionsfrequenz

Das Kontraktionsverhalten des isolierten Herzens läßt sich mit Hilfe des Herz-Lungen-Präparates nicht nur bei definierten Widerstands- und Volumenbelastungen, sondern ebenso auch bei verschiedenen Reizfrequenzen überprüfen. Die Erhöhung der Stimulationsfrequenz von 175 auf 225 Impulse/min löst bei den Kontrolltieren eine nicht signifikante dP/dt_{max}-Zunahme um insgesamt 250 Torr/s aus. Gleichzeitig fällt jedoch der Herzindex (HI) bereits geringfügig ab (p > 0,05) (Abb. 12). Die weitere Steigerung der Kontraktionsfrequenz auf insgesamt 250 Stimulationen pro Minute bedingt dann allerdings einen Abfall des Kontraktilitätsparameters dP/dt_{max} in den Ausgangsbereich. Die Förderleistung des Herzens nimmt bei dieser hohen Reizfrequenz bereits hochsignifikant ab (p < 0,01) und liegt deutlich unter dem Wert, der bei einer Stimulationsfrequenz von 175 Impulsen pro min gefunden wird. Die isolierte Steigerung der Kontraktionsfrequenz führt also bei nicht pharmakologisch beeinträchtigten Herzen in Gegenwart eines konstantgehaltenen venösen Zuflußgefälles zum rechten Herzen sowie unveränderter linksventrikulärer Nachlast zu keiner statistisch zu

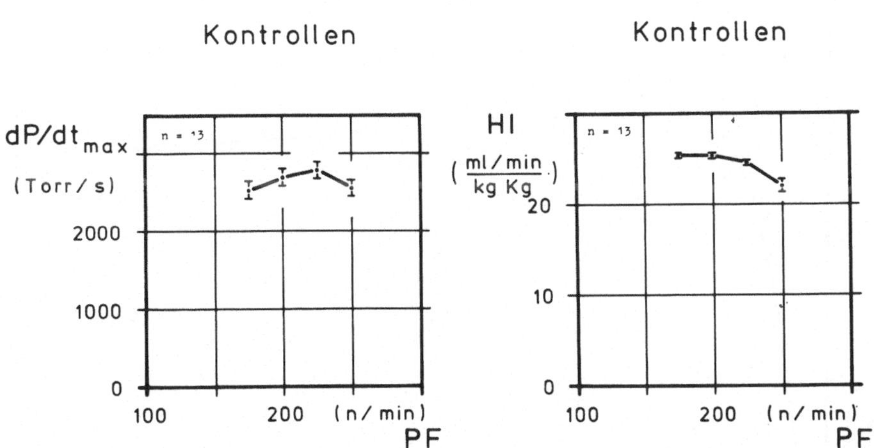

Abb. 12. I. Verhalten der maximalen linksventrikulären Druckanstiegsgeschwindigkeit (dP/dt_{max}) in Abhängigkeit von verschiedenen Stimulationsfrequenzen (PF), (n = 13). Abszisse: Stimulationsfrequenz (PF) in n/min; Ordinate: maximale linksventrikuläre Druckanstiegsgeschwindigkeit (dP/dt_{max}) in Torr/s. Dargestellt sind $\bar{x}$ und $s_{\bar{x}}$. **II.** Verhalten des Herzindex (HI) in Abhängigkeit von verschiedenen Stimulationsfrequenzen (PF), (n = 13). Abszisse: Stimulationsfrequenz (PF) in n/min; Ordinate: Herzindex (HI) in ml/min · kg KG. Dargestellt sind $\bar{x}$ und $s_{\bar{x}}$

sichernden Zunahme der myokardialen Kontraktionskraft. Ebensowenig ist eine Verbesserung der myokardialen Pumpleistung möglich.

3.2 Verhalten der spontanen Kontraktionsfrequenz des isolierten, intakten und in situ schlagenden Herzens in Gegenwart von Orciprenalin

Die spezifische β-blockierende Wirksamkeit der zu untersuchenden β-Rezeptoren-blockierenden Substanzen wird anhand der Stärke der Hemmwirkung auf einen durch Orciprenalin induzierten Herzfrequenzanstieg bestimmt. Es ist daher erforderlich, das Herzfrequenzverhalten des isolierten Herzens unter dem Einfluß einer definierten Dosis Orciprenalin quantitativ zu erfassen.

Wird Orciprenalin in einer Dosierung von 0,05 mg pro Liter Blutvolumen in das Blutreservoir gegeben, so steigt die spontane Herzfrequenz (Abb. 13) innerhalb von 7 min auf einen Maximalwert an, der im Mittel 64 ± 23 Kontraktionen pro min (entsprechend 140,5 ± 14,6%) über der Ausgangsfrequenz von 158 ± 20 Kontraktionen pro min (entsprechend 100%) liegt. Ab der 12. min bis zum Ende des Beobachtungszeitraumes fällt die Kontraktionsfrequenz zunehmend nahezu kontinuierlich ab. So kann bis zur 30. min erst ein Rückgang auf 214 ± 24 Kontraktionen pro min (entsprechend 135,4 ± 12,7%) registriert werden.

Bei 20 Herz-Lungen-Präparationen wurde das Verhalten der spontanen Herzfrequenz nach der Gabe von Orciprenalin über einen kürzeren Zeitraum verfolgt. Werden die Daten beider Kontrollkollektive zusammengefaßt (graphisch nicht dargestellt), so errechnet sich im Mittel ein maximaler Anstieg der Herzschlagfolge von 70 ± 15 Kontraktionen pro min. Dies

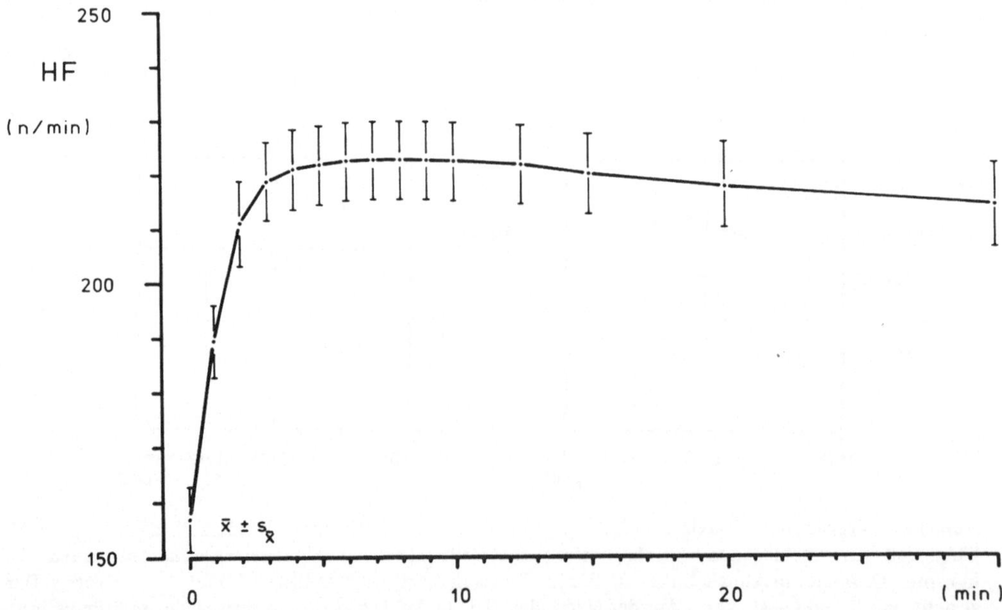

Abb. 13. Verhalten der spontanen Herzfrequenz des Herz-Lungen-Präparates nach Gabe von 0,05 mg Orciprenalin pro Liter Blut, (*n* = 10). Abszisse: Zeit (t) in min; Ordinate: spontane Herzfrequenz (HF) in n/min

entspricht, da die mittlere Ausgangsherzfrequenz bei 162 ± 16 Kontraktionen pro min liegt, einem prozentualen Herzfrequenzanstieg von im Mittel 43,8 ± 9,3%.

3.3 Verhalten der spontanen Kontraktionsfrequenz sowie der Kontraktionsdynamik des isolierten, intakten und in situ schlagenden Herzens in Gegenwart β-Rezeptoren-blockierender Substanzen

3.3.1 Propranolol

Die spontane Kontraktionsfrequenz der isolierten Herzen wird durch Propranolol bereits in einem sehr niedrigen Dosierungsbereich negativ chronotrop beeinflußt. Die Applikation von 0,24 mg Propranolol/l, diese Dosierung entspricht approximativ der für die Humantherapie empfohlenen minimalen i.v.-Initialdosierung, führt zu einer Minderung der Herzschlagfolge der untersuchten Herzpräparate von im Mittel 1,5% (Abb. 14).

Im Gegensatz zum Verhalten der spontanen Herzfrequenz kann bei gleicher Propranolol-Dosierung für das Kontraktionskraftverhalten noch keine Abweichung gefunden werden. Bei einer frequenzkonstanten rechtsatrialen Vorhofstimulation beträgt der Wert des Kontraktilitätsparameters dP/dt_{max} des linken Ventrikels 2.397 ± 119 Torr/s. Der initial bestimmte mittlere Ausgangswert liegt bei 2.404 ± 119 Torr/s (Abb. 15, Tabelle 5).

Wird die Propranolol-Gesamtkonzentration durch weitere Propranolol-Einzeldosen schrittweise kumulativ gesteigert, so kann ein dosisabhängiger, zunehmend negativ chronotroper Effekt registriert werden. Gleichzeitig wird auch die linksventrikuläre Kontraktionskraft in einem zunehmenden Umfang als Ausdruck der Minderung der basalen Myokardkontraktilität reduziert. 10,0 mg Propranolol/l verringern die spontane Kontraktionsfrequenz im Mittel um 18%, wohingegen die linksventrikuläre Druckanstiegsgeschwindigkeit erst um 15% abfällt. Bei 11,6 mg Propranolol/l beläuft sich sowohl die Reduktion der spontanen Herzfrequenz wie auch der Kontraktionskraft des linken Ventrikels bereits auf 20%. Wird die Pro-

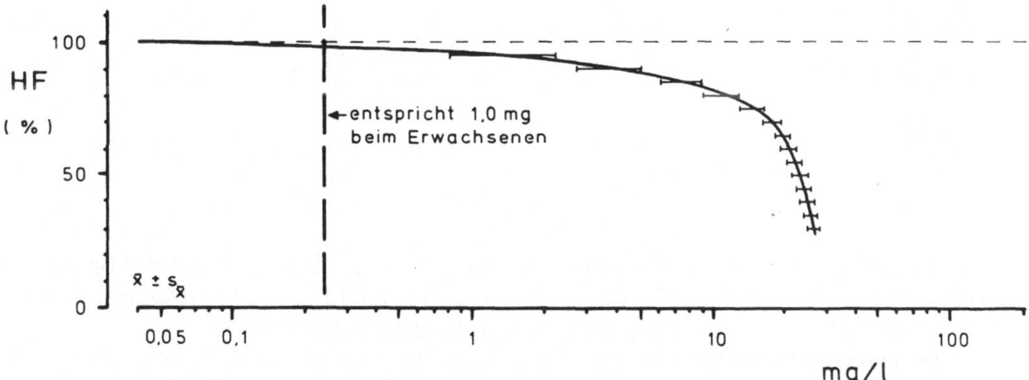

Abb. 14. Verhalten der spontanen Herzfrequenz bei kumulativer Steigerung der Propranolol-Gesamtdosierung (*n* = 7). Abszisse: kumulative Propranolol-Gesamtdosierung in mg/l; Ordinate: Änderung der spontanen Herzfrequenz (HF) in %. Die approximativ auf die Verhältnisse des Herz-Lungen-Präparates übertragene, für die Akuttherapie tachykarder Herzrhythmusstörungen empfohlene minimale i.v.-Initialdosierung von Propranolol ist durch eine senkrecht verlaufende, unterbrochene Linie gekennzeichnet

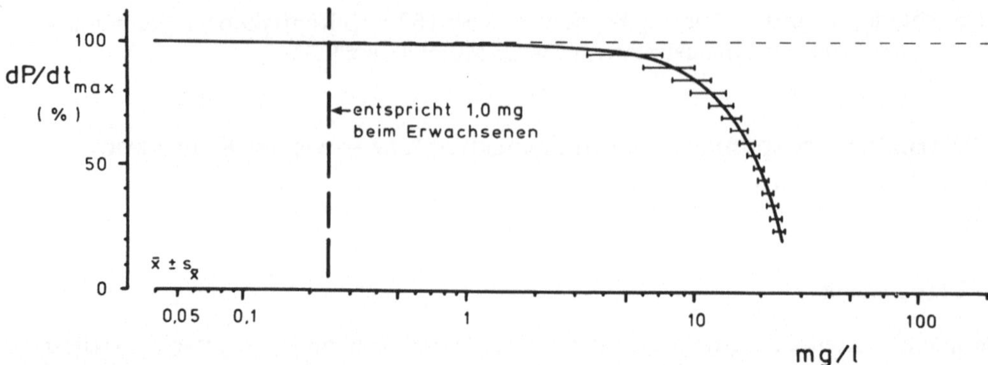

Abb. 15. Verhalten der maximalen linksventrikulären Druckanstiegsgeschwindigkeit bei kumulativer Steigerung der Propranolol-Gesamtdosierung (n = 7). Abszisse: kumulative Propranolol-Gesamtdosierung in mg/l; Ordinate: Änderung der maximalen linksventrikulären Druckanstiegsgeschwindigkeit (dP/dt_{max}) in %. Die approximativ auf die Verhältnisse des Herz-Lungen-Präparates übertragene, für die Akuttherapie tachykarder Herzrythmusstörungen empfohlene minimale i.v.-Initialdosierung von Propranolol ist durch eine senkrecht verlaufende, unterbrochene Linie gekennzeichnet

Tabelle 5. Verhalten verschiedener kardiohämodynamischer Parameter vor und nach Zugabe von 0,24 mg Propranolol/l (diese Dosierung entspricht approximativ der emfohlenen minimalen i.v. zu applizierenden Initialdosis) bzw. von 10,0 mg Propranolol/l (diese Dosierung mindert den Wert des Inotropieparameters dP/dt_{max} im Mittel um 15% = ED_{15}) bei konstanter rechtsatrialer Vorhofstimulation. (n = 7); ($\bar{x}$ ± $s_{\bar{x}}$); Belastungskollektiv

	Ausgangswert	Propanolol 0,24 mg/l	Propanolol 10,0 mg/l
PR (n/min)	164 ± 12	164 ± 12	164 ± 12
LV dP/dt_{max} (Torr/s)	2404 ± 119	2397 ± 119	2121 ± 149
LVP (Torr)	119,2 ± 6,7	119,0 ± 6,6	117,1 ± 3,7
LVEDP (Torr)	1,8 ± 1,0	1,8 ± 1,0	4,2 ± 3,5
RVP (Torr)	21,1 ± 7,8	21,2 ± 7,7	21,0 ± 8,0
RVEDP (Torr)	0,8 ± 0,6	0,8 ± 0,6	2,1 ± 1,7
RAP (cm H_2O)	0,7 ± 0,5	0,7 ± 0,5	4,0 ± 4,2
HI $\left(\dfrac{ml/min}{kg\,KG}\right)$	24,6 ± 0,5	24,5 ± 0,4	21,8 ± 3,5

pranolol-Gesamtdosis weiter erhöht, so resultiert alsbald eine schwerste Beeinträchtigung der myokardialen Leistungsbreite. So führen 20,0 mg Propranolol/l zu einer Frequenzreduktion von im Mittel 36 und zu einer Kontraktionskrafteinbuße von im Mittel 52%.

Die für die Humantherapie empfohlene und approximativ auf die Verhältnisse des Herz-Lungen-Präparates übertragene minimale Propranolol i.v.-Initialdosierung (0,24 mg Propranolol/l) verursacht bei einer frequenzkonstanten rechtsatrialen Vorhofstimulation nicht nur keine Minderung der myokardialen Kontraktionskraft, sondern ebenso auch keine nennenswerte Beeinträchtigung der übrigen gemessenen bzw. errechneten kardiohämodynamischen Parameter (Tabelle 5). Desgleichen kommt es auch, wie die isolierte Widerstands- und Volumenbelastung demonstriert, zu keiner zusätzlichen Beeinträchtigung der Effektivität des Frank-Starling-Mechanismus (Abb. 16, Abb. 17). Selbst in den höchsten Belastungsstufen (aortaler Windkesseldruck 150 Torr bzw. Blutreservoirspiegel 12,5 cm oberhalb des Ausgangsniveaus) werden dP/dt_{max}-Werte bzw. Herzminutenvolumina gemessen, die nicht signifikant von den Kontrollwerten abweichen. Statt 3.509 ± 538 Torr/s und 30,8 ± 1,14 ml/min · kg KG werden 3.409 ± 280 Torr/s und 29,5 ± 1,8 ml/min · kg KG registriert (p jeweils > 0,05).

Um eine durch 0,05 mg Orciprenalin/l ausgelöste Steigerung der spontanen Herzfrequenz mittels Propranolol-Gabe um 75% zu reduzieren, ist im Mittel eine Propranolol-Gesamtdosis von 0,15 mg Propranolol/l erforderlich (Abb. 18). Da andererseits jedoch eine Propranolol-Gesamtdosis von 10,0 mg Propranolol/l einen mittleren Kontraktionskraftverlust

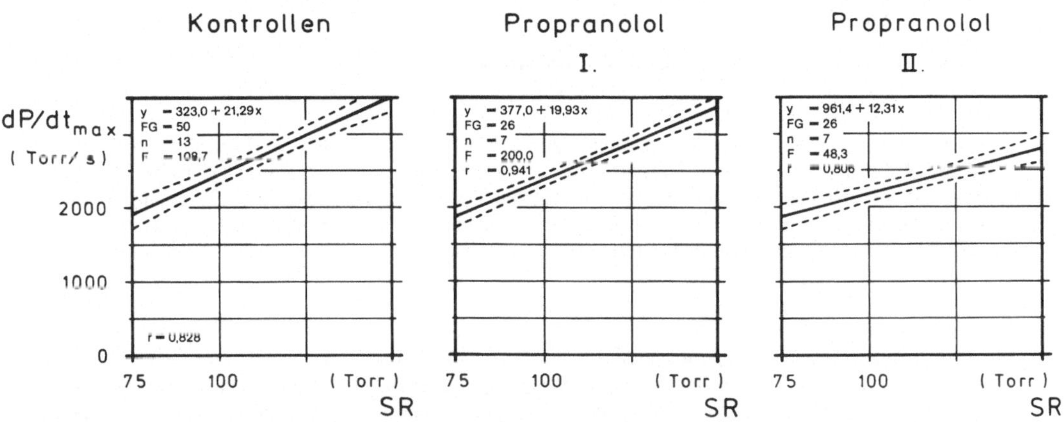

Abb. 16. Linksventrikuläre Widerstandsbelastung bei einem Kontrollkollektiv ($n = 13$) sowie in Gegenwart von 0,24 mg Propranolol/l (**I.**) bzw. 10,0 mg Propranolol/l (**II.**) (jeweils $n = 7$). Abszisse: Druck im aortalen Windkessel (SR) in Torr; Ordinate: maximale linksventrikuläre Druckanstiegsgeschwindigkeit (dP/dt_{max}) in Torr/s. Dargestellt sind die linearen Regressionsgeraden mit dem 95%-Vertrauensbereich

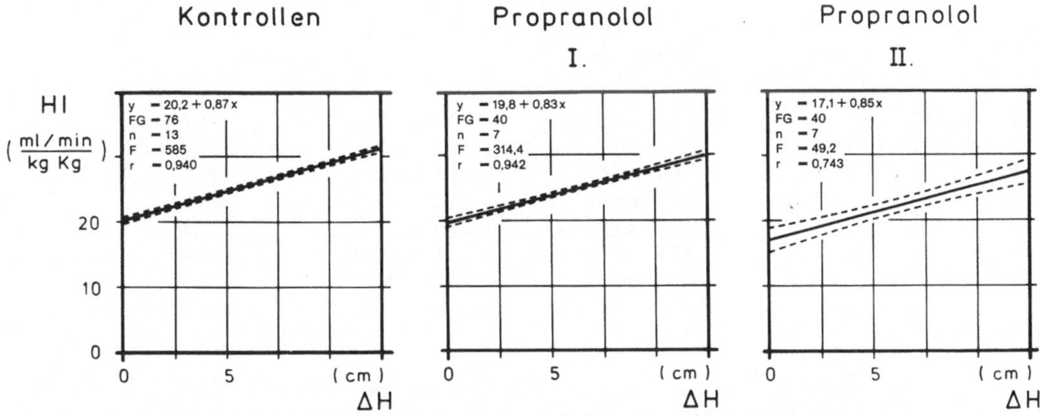

Abb. 17. Volumenbelastung des Herzens bei einem Kontrollkollektiv ($n = 13$) sowie in Gegenwart von 0,24 mg Propranolol/l (**I.**) bzw. 10,0 mg Propranolol/l (**II.**) (jeweils $n = 7$). Abszisse: Änderung der Reservoirblutspiegelhöhe (ΔH) in cm; Ordinate: Herzindex (HI) in ml/min · kg KG. Dargestellt sind die linearen Regressionsgeraden mit dem 95%-Vertrauensbereich

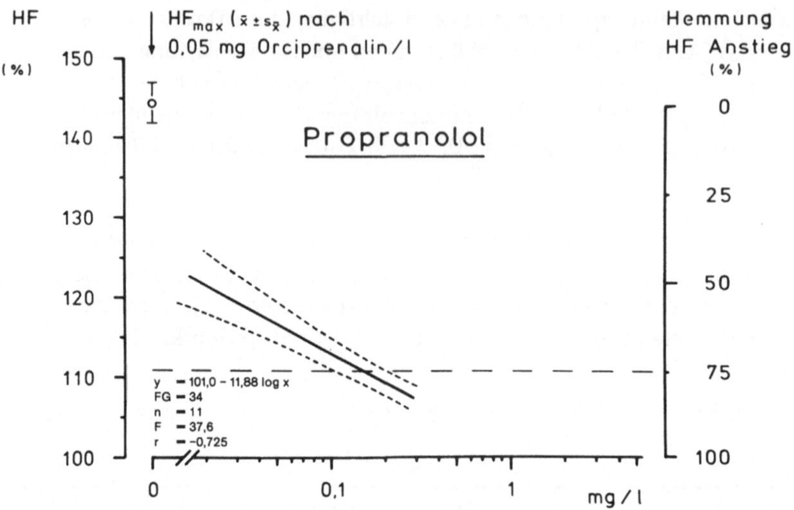

Abb. 18. Spezifische β-Rezeptoren-blockierende Wirkstärke von Propranolol ($n = 11$). Abszisse: Propranolol-Gesamtdosierung in mg/l. Linke Ordinate: Änderung der spontanen Herzfrequenz (HF) in %. Rechte Ordinate: Hemmung des durch Orciprenalin induzierten Herzfrequenzanstieges in %. 0% entspricht der mittleren Herzfrequenz nach Gabe von 0,05 mg Orciprenalin/l, 100% entspricht der Ausgangsherzfrequenz bei Versuchsbeginn. Dargestellt ist die lineare Regressionsgerade mit dem 95%-Vertrauensbereich

Tabelle 6. Konzentrationen der geprüften β-Rezeptoren-blockierenden Substanzen, die eine 75%ige Minderung des orciprenalininduzierten Herzfrequenzanstieges (β-Blockade) bzw. eine 15%ige Reduktion der maximalen linksventrikulären Druckanstiegsgeschwindigkeit (Inotropie) verursachen. Aus dem Verhältnis der Konzentration für die definierte Inotropie- bzw. Herzfrequenzminderung errechnet sich der Sicherheitsabstand der Wirkstoffe

Substanz	β-Blockade (75%ige Minderung des orciprenalininduzierten HF-Anstiegs = ED_{75})	Inotropie (Minderung von dP/dt_{max} um 15% = ED_{15})	Sicherheitsabstand (Inotropieminderung ED_{15}/β-Blockade ED_{75})
Propanolol	0,15 mg/l	10,0 mg/l	66,7
Oxprenolol	0,07 mg/l	17,5 mg/l	250,0
Pindolol	0,007 mg/l	7,9 mg/l	1129,0
Practolol	1,79 mg/l	78,0 mg/l	43,6
Atenolol	1,36 mg/l	29,0 mg/l	21,3
Metoprolol	0,53 mg/l	58,0 mg/l	109,4
Acebutolol	2,6 mg/l	40,0 mg/l	15,0

von 15% verursacht (Abb. 15), beträgt der Sicherheitsabstand zwischen der effektiv spezifisch wirksamen und der unspezifisch definiert myokarddepressiv wirkenden Propranolol-Dosierung 9,85 mg Propranolol/l. Dies entspricht einer Steigerungsmöglichkeit der spezifisch wirksamen Dosis um den Faktor 66,7 (Tabelle 6).

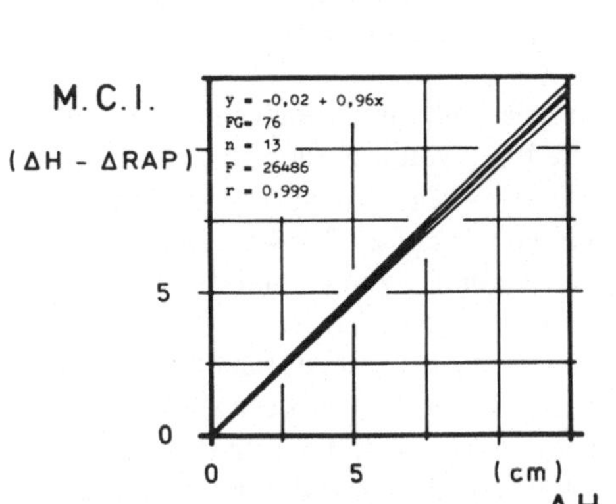
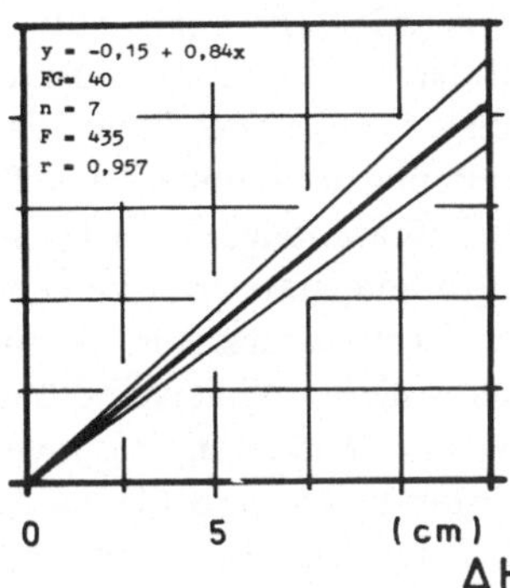

Abb. 19. Myokardialer Competence-Index bei Kontrollen ($n = 13$) sowie nach Gabe von 10,0 mg Propranolol/l ($n = 7$). Abszisse: Änderungen der Reservoirblutspiegelhöhe (ΔH) in cm; Ordinate: myokardialer Competence-Index (M.C.I.), errechnet aus der Differenz ΔH $-$ ΔRAP. Dargestellt ist die lineare Regressionsgerade mit der Standardabweichung

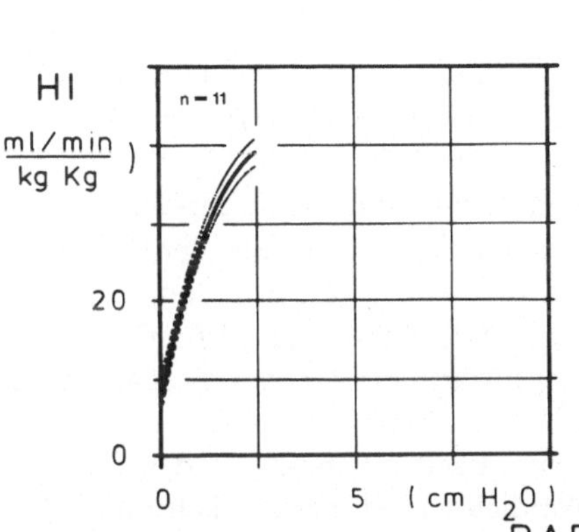
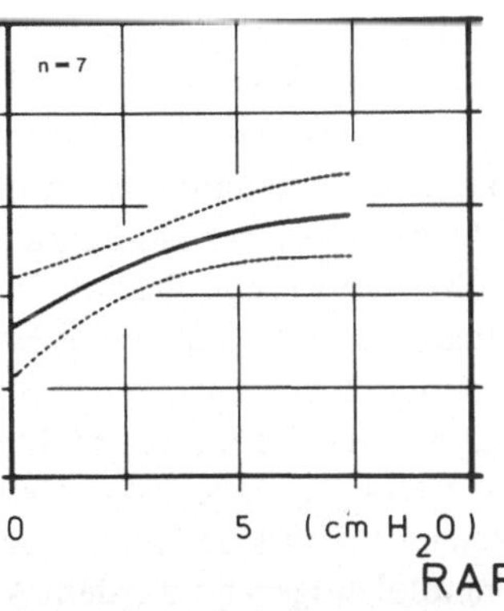

Abb. 20. Ventrikelfunktionskurven zur Quantifizierung der myokardialen Pumpleistung eines Kontroll- sowie eines unter Einwirkung von 10,0 mg Propranolol/l stehenden Kollektivs ($n = 11$ bzw. $n = 7$). Abszisse: rechtsatrialer Füllungsdruck (RAP) in cm H_2O; Ordinate: Herzindex (HI) in ml/min $\cdot$ kg KG. Dargestellt ist der mittlere Verlauf der Ventrikelfunktionskurven mit den Grenzen für den 95%-Vertrauensbereich

Die ED_{15} von Propranolol (10,0 mg Propranolol/l) führt im Gegensatz zu der für die Humantherapie empfohlenen und approximativ auf die Verhältnisse des Herz-Lungen-Präparates übertragenen minimalen i.v.-Initialdosierung zu einer signifikanten Beeinträchtigung aller gemessenen und errechneten kardiohämodynamischen Parameter. Obendrein wird die myokardiale Kompensationsfähigkeit bei der Überwindung hämodynamischer Belastungen stark beeinträchtigt. Beispielsweise wird bei der Bestimmung des myokardialen Competence-Index in Gegenwart der ED_{15} von Propranolol in der höchsten Belastungsstufe bereits ein signifikant niedrigerer Wert für die Differenz $\Delta H - \Delta RAP$ ermittelt als bei den Kontrollpräparaten. Statt eines Differenzbetrages von $11,9 \pm 0,3$ cm H_2O wird ein Wert von $10,8 \pm 1,2$ cm H_2O registriert ($p > 0,05$) (Abb. 19).

Der Verlauf der Ventrikelfunktionskurve demonstriert allerdings noch eindrucksvoller als der myokardiale Competence-Index, daß durch die ED_{15} von Propranolol bereits eine ausgeprägte Minderung der myokardialen Pumpfunktion vorliegt. Bei der maximal möglichen venösen Zuflußrate steigt das Herzminutenvolumen nur auf $29,0 \pm 4,5$ ml/min $\cdot$ kg KG an. Die Kontrollpräparate erreichen einen vergleichbaren Herzindex bereits bei einem mittleren rechten Vorhofdruck von $1,1$ cm H_2O ($p < 0,01$) (Abb. 20).

Auch bei der isolierten Widerstandsbelastung ist eine signifikante, durch die ED_{15} von Propranolol ausgelöste Minderung der myokardialen Leistungsfähigkeit nachweisbar. Während in der höchsten Belastungsstufe bei den Kontrolltieren im Mittel der dP/dt_{max}-Wert bei 3.508 ± 538 Torr/s liegt, kann unter dem Einwirken der ED_{15} von Propranolol trotz vergleichbarer Ausgangswerte (2.455 ± 394 bzw. 2.404 ± 119 Torr/s) nur noch eine maximale linksventrikuläre Druckanstiegsgeschwindigkeit von 2.803 ± 458 Torr/s gemessen werden ($p < 0,05$) (Abb. 16). Ursache dieser Kontraktionskraftminderung ist die Reduktion des Umfangs des nachlastabhängigen Inotropiegewinnes. Im Gegensatz zu den Kontrolltieren, bei denen durch die Erhöhung des Druckes im aortalen Windkessel von 75 auf 150 Torr eine Kontraktionskraftzunahme von im Mittel 1.593 Torr/s registriert werden kann, reduziert sich die Zunahme der linksventrikulären Druckanstiegsgeschwindigkeit in Gegenwart der ED_{15} von Propranolol auf im Mittel 874 Torr/s ($p < 0,01$).

Die Herzminutenvolumenleistung wird durch $10,0$ mg Propranolol/l ebenfalls deutlich reduziert. Statt eines Herzindex von $24,6 \pm 0,5$ ml/min $\cdot$ kg KG kann nur noch eine Auswurfleistung von $21,8 \pm 3,5$ ml/min $\cdot$ kg KG gemessen werden ($p < 0,05$) (Abb. 17). Trotz dieser ausgesprochen starken Einschränkung der myokardialen Pumpleistung kann gegenüber den Kontrollherzen keine wesentliche Minderung der vorlastabhängigen Zunahme der Herzauswurfleistung beobachtet werden. Während bei den Kontrollen durch die Erhöhung des Blutspiegels im Blutreservoir um $12,5$ cm das Herzvolumen im Mittel um $11,0 \pm 1,6$ ml/min $\cdot$ kg KG angehoben werden kann, beträgt der Gewinn in Gegenwart der ED_{15} von Propanolol im Mittel $10,6 \pm 4,2$ ml/min $\cdot$ kg KG ($p > 0,05$).

Bei der isolierten Frequenzbelastung kann ebenso wie bei den vorausgehenden Untersuchungsschritten eine deutliche Minderung der myokardialen Leistungsfähigkeit durch die ED_{15} von Propranolol aufgezeigt werden. Aufgrund der ausgeprägt negativ chronotropen Propranolol-Eigenwirkung kann jedoch im Vergleich zu den Kontrollen nur ein niedrigerer, aber insgesamt auch breiterer Frequenzbereich abgegriffen werden. Die Erhöhung der Stimulationsfrequenz von 175 auf 200 Impulse/min führt unter dem Einfluß von $10,0$ mg Propranolol/l zu einer Kontraktionskraftsteigerung um 70 ± 89 Torr/s. Für das Vergleichskollektiv liegt der entsprechende Wert bei 176 ± 96 Torr/s ($p < 0,05$) (Abb. 21). Im Gegensatz zu diesem signifikant voneinander abweichenden Inotropiegewinn ist die maximal mögliche Kontraktionskraftsteigerung bei Ausnutzung des gesamten jeweils zur Verfügung stehenden Frequenzbereiches nicht signifikant unterschiedlich. In Gegenwart der ED_{15} von Propranolol steigt die linksventrikuläre Druckanstiegsgeschwindigkeit um 317 ± 148 Torr/s an. Für die Kontrollherzen liegt der entsprechende Wert bei 263 ± 123 Torr/s ($p > 0,05$).

Während also die Kontraktionskraft der isolierten Herzen durch die schrittweise Steigerung der Stimulationsfrequenz auch unter dem Einfluß der ED_{15} von Propanolol bis zu einem Maximalwert von 200 Impulsen/min angehoben werden kann — die Grenze für die pharmakologisch nicht beeinträchtigten Herzen liegt bei 225 Impulsen/min —, fällt das

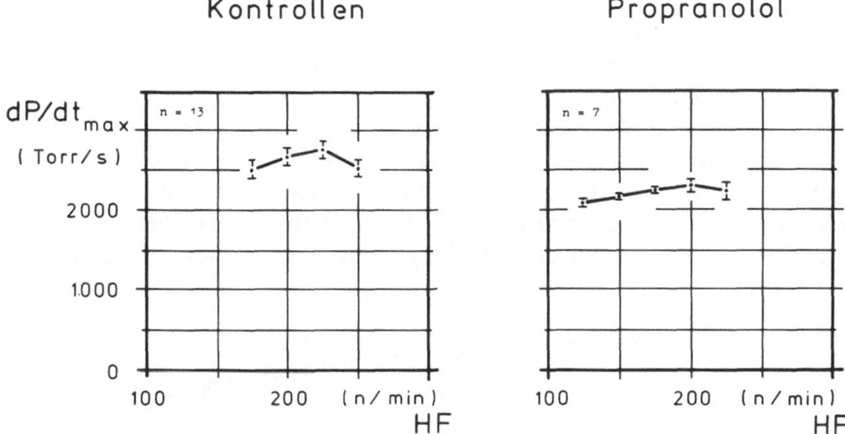

Abb. 21. Verhalten der maximalen linksventrikulären Druckanstiegsgeschwindigkeit in Abhängigkeit von verschiedenen Stimulationsfrequenzen bei einem Kontroll- sowie einem unter Einwirkung von 10,0 mg Propanolol/l stehenden Kollektiv (n = 13 bzw. n = 7). Abszisse: Stimulationsfrequenz (PF) in n/min; Ordinate: maximale linksventrikuläre Druckanstiegsgeschwindigkeit (dP/dt_{max}) in Torr/s. Dargestellt sind $\bar{x}$ und $s_{\bar{x}}$

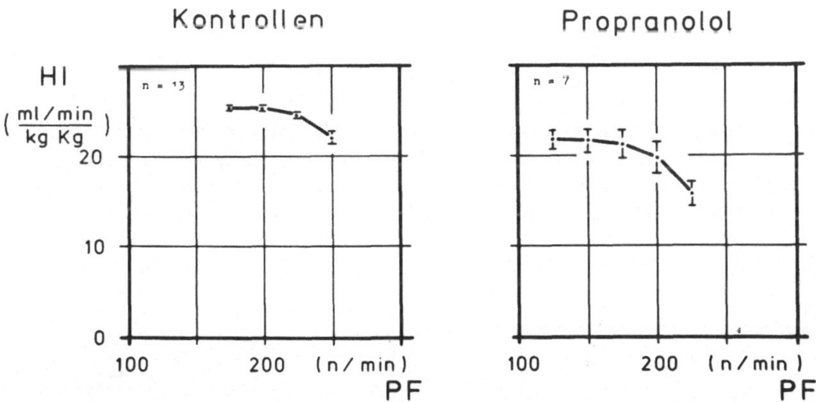

Abb. 22. Verhalten des Herzindex in Abhängigkeit von verschiedenen Stimulationsfrequenzen bei einem Kontroll- sowie einem unter Einwirkung von 10,0 mg Propranolol/l stehenden Kollektiv (n = 13 bzw. n = 7). Abszisse: Stimulationsfrequenz (PF) in n/min; Ordinate: Herzindex (HI) in ml/min · kg KG. Dargestellt sind $\bar{x}$ und $s_{\bar{x}}$

Herzminutenvolumen spätestens ab einer Stimulationsfrequenz von 175 Impulsen/min zunehmend und schließlich hochsignifikant ($p < 0,01$) ab. Bei den Kontrolltieren liegt diese Grenze oberhalb von 200 Impulsen/min (Abb. 22).

In Gegenwart der ED_{15} von Propranolol werden für alle Frequenzbelastungsstufen signifikant niedrigere Auswurfvolumina als bei den Kontrolltieren gemessen. Bei einer Stimulationsfrequenz von 175 bzw. 200 Impulsen/min beträgt das Herzminutenvolumen in Gegenwart von Propranolol 21,3 ± 4,0 bzw. 19,8 ± 4,6 ml/min · kg KG, wohingegen für die Normalherzen Werte von 25,4 ± 0,9 bzw. 25,3 ± 1,0 ml/min · kg KG registriert werden ($p < 0,01$).

3.3.2 Acebutolol

Acebutolol ist ein β-Rezeptoren-Blocker, der die adrenergen Wirkorte nicht nur kompetitiv blockiert, sondern gleichzeitig auch in einem gewissen Umfang stimuliert. Aufgrund dieses sympathomimetischen Acebutolol-Effektes steigt bei einer schrittweisen, kumulativen Zugabe von Acebutolol sowohl die spontane Kontraktionsfrequenz wie auch die myokardiale Kontraktionskraft in einem niedrigen β-Rezeptoren-Blocker-Dosierungsbereich über die Ausgangswerte an (Abb. 23, Abb. 24). Bei gleich starker Dosierung übertrifft allerdings die prozentuale Zunahme der Herzschlagfolge in aller Regel den jeweiligen prozentualen Gewinn

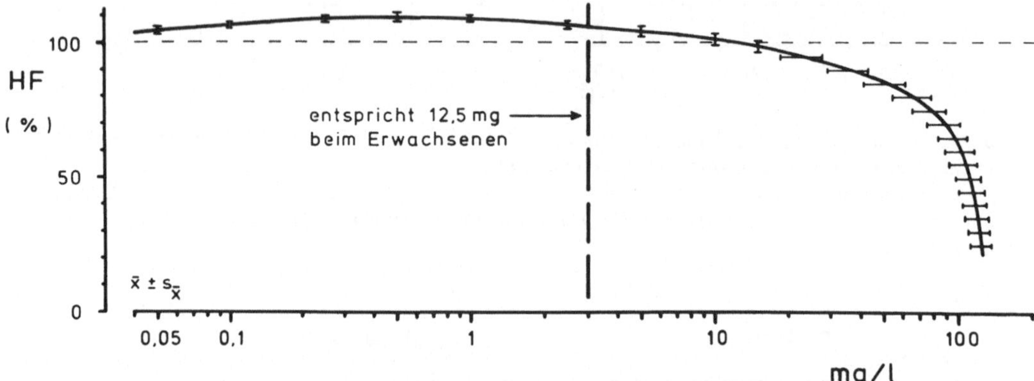

Abb. 23. Verhalten der spontanen Herzfrequenz bei kumulativer Steigerung der Acebutolol-Gesamtdosierung ($n = 5$). Abszisse: kumulative Acebutolol-Gesamtdosierung in mg/l; Ordinate: Änderung der spontanen Herzfrequenz (HF) in %. Die approximativ auf die Verhältnisse des Herz-Lungen-Präparates übertragene, für die Akuttherapie tachykarder Herzrhythmusstörungen empfohlene minimale i.v.-Initialdosierung von Acebutolol ist durch eine senkrecht verlaufende, unterbrochene Linie gekennzeichnet

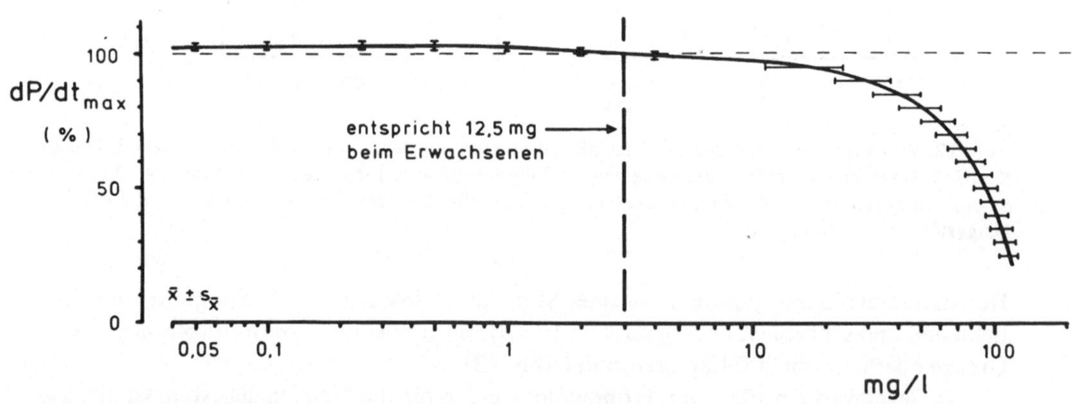

Abb. 24. Verhalten der maximalen linksventrikulären Druckanstiegsgeschwindigkeit bei kumulativer Steigerung der Acebutolol-Gesamtdosierung ($n = 5$). Abszisse: kumulative Acebutolol-Gesamtdosierung in mg/l; Ordinate: Änderung der maximalen linksventrikulären Druckanstiegsgeschwindigkeit (dP/dt$_{max}$) in %. Die approximativ auf die Verhältnisse des Herz-Lungen-Präparates übertragene, für die Akuttherapie tachykarder Herzrhythmusstörungen empfohlene minimale i.v.-Initialdosierung von Acebutolol ist durch eine senkrecht verlaufende, unterbrochene Linie gekennzeichnet

an myokardialer Kontraktionskraft. Bei einer Dosierung von 0,5 mg Acebutolol/l beträgt die Herzfrequenzsteigerung im Mittel 9%, wohingegen der Wert des Kontraktilitätsparameters dP/dt_{max} nur um 2,8% ansteigt. Statt 2.182 ± 431 Torr/s werden 2.234 ± 411 Torr/s gemessen (Abb. 24).

Wird die Acebutolol-Gesamtdosis durch weitere Einzelgaben über diese Dosierung hinaus gesteigert, so werden die adrenergen Stimuli des Acebutolols in einem zunehmenden Umfang durch die unspezifisch direkt kardiodepressiv wirkenden β-Rezeptoren-Blocker-Effekte überdeckt. Zwar kann selbst bei einer Gesamtdosierung von 3,0 mg Acebutolol/l, diese Dosis entspricht approximativ der klinisch empfohlenen i.v.-Initialdosierung, noch ein deutlich positiv chronotroper Effekt beobachtet werden (6,5%), doch ist die Kontraktionskraft der Ventrikelmuskulatur bereits wieder in den Bereich des Ausgangswertes abgefallen (Tabelle 7).

Auch für die anderen kardiohämodynamischen Parameter können keine relevanten Abweichungen weder im Sinne einer Funktionssteigerung noch im Sinne einer Funktionseinschränkung nachgewiesen werden (Tabelle 7). Dies gilt vor allem für die intraventrikulären Spitzendrucke, die enddiastolischen Ventrikeldrucke sowie die Herzauswurfleistung (p jeweils > 0,05).

Ebenso wie unter Standardbedingungen keine myokardiale Funktionsbeeinträchtigung gefunden wird, läßt sich auch unter Belastungsbedingungen keine Beeinflussung der Myokardleistung aufzeigen (Abb. 25, Abb. 26). Weder bei der akuten Widerstands- noch bei der akuten Volumenbelastung können irgendwelche signifikanten Änderungen der maximalen linksventrikulären Druckanstiegsgeschwindigkeit oder der Herzminutenvolumenleistung im Vergleich zu den Kontrollbefunden registriert werden (p > 0,05).

Eine weitere Erhöhung der Acebutolol-Gesamtdosierung über 3,0 mg Acebutolol/l hinaus führt zu einer dosisabhängigen, stark zunehmenden Beeinträchtigung der myokardialen Funktion des isolierten Herzens (Abb. 23, Abb. 24). 40,0 mg Acebutolol/l bedingen bereits im Mittel einen dP/dt_{max}-Verlust von 15,0% (= ED_{15}). Die spontane Kontraktionsfrequenz fällt zugleich im Mittel um 11,0% ab. Aufgrund dieser doch bereits schwerwiegenden Beeinträchtigung der basalen myokardialen Kontraktilität steigen die enddiastolischen links- und rechtsventrikulären Drücke von 1,7 ± 1,1 bzw. 0,7 ± 0,5 auf 6,1 ± 3,5 (p < 0,01) bzw. 1,4 ±

Tabelle 7. Verhalten verschiedener kardiohämodynamischer Parameter vor und nach Zugabe von 3,0 mg Acebutolol/l (diese Dosierung entspricht approximativ der empfohlenen minimalen i.v. zu applizierenden Initialdosis) bzw. von 40,0 mg Acebutolol/l (diese Dosierung mindert den Inotropieparameter dP/dt_{max} im Mittel um 15% = ED_{15}) bei konstanter rechtsatrialer Vorhofstimulation. (n = 7); ($\bar{x}$ ± s_x); Belastungskollektiv

PR (n/min)	167 ± 13	167 ± 13	167 ± 13
LV dP/dt_{max} (Torr/s)	2314 ± 265	2317 ± 262	2041 ± 231
LVP (Torr)	118,0 ± 2,6	118,2 ± 2,5	119,6 ± 3,3
LVEDP (Torr)	1,7 ± 1,1	1,7 ± 1,1	6,1 ± 3,5
RVP (Torr)	17,4 ± 3,7	17,5 ± 3,8	19,4 ± 5,9
RVEDP (Torr)	0,7 ± 0,5	0,7 ± 0,5	1,4 ± 1,2
RAP (cm H_2O)	0,4 ± 0,5	0,4 ± 0,5	2,0 ± 1,6
HI $\left(\dfrac{ml/min}{kg\,KG}\right)$	25,1 ± 0,7	25,0 ± 0,8	22,5 ± 1,1

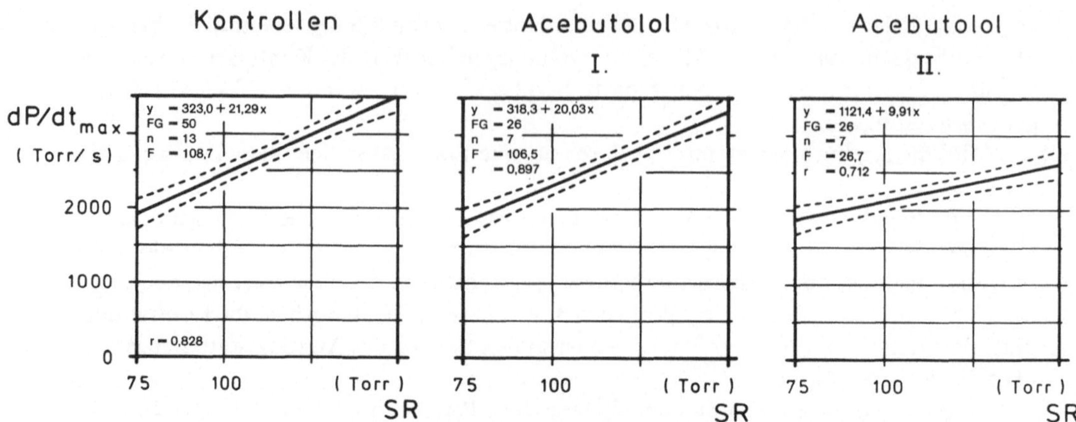

Abb. 25. Linksventrikuläre Widerstandsbelastung bei einem Kontrollkollektiv ($n = 13$) sowie in Gegenwart von 3,0 mg Acebutolol/l (**I.**) bzw. 40,0 mg Acebutolol/l (**II.**) (jeweils $n = 7$). Abszisse: Druck im aortalen Windkessel (SR) in Torr; Ordinate: maximale linksventrikuläre Druckanstiegsgeschwindigkeit (dP/dt_{max}) in Torr/s. Dargestellt sind die linearen Regressionsgeraden mit dem 95%-Vertrauensbereich

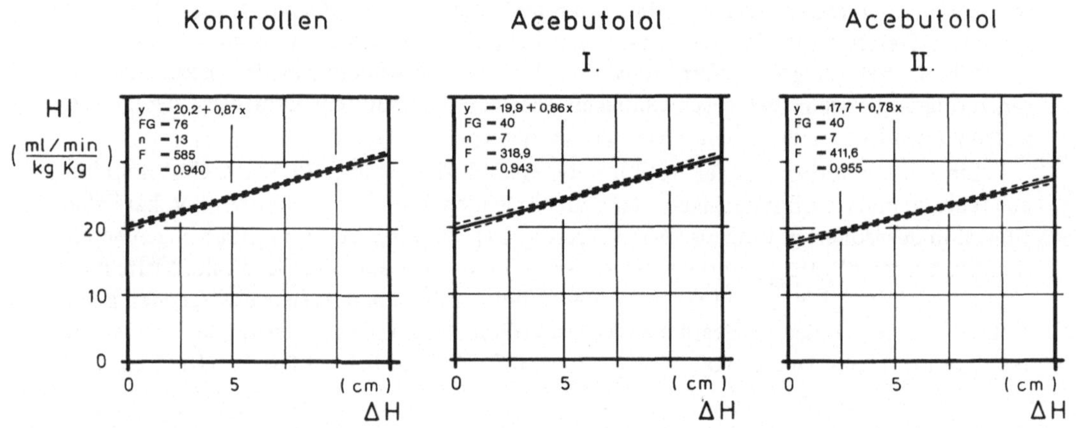

Abb. 26. Volumenbelastung des Herzens bei einem Kontrollkollektiv ($n = 13$) sowie in Gegenwart von 3,0 mg Acebutolol/l (**I.**) bzw. 40,0 mg Acebutolol/l (**II.**) (jeweils $n = 7$). Abszisse: Änderung der Reservoirblutspiegelhöhe (ΔH) in cm; Ordinate: Herzindex (HI) in ml/min · kg KG. Dargestellt sind die linearen Regressionsgeraden mit dem 95%-Vertrauensbereich

1,2 Torr ($p < 0{,}05$) an (Tabelle 7). Gleichzeitig fällt das Herzminutenvolumen von 25,1 ± 0,7 auf 22,5 ± 1,1 ml/min · kg KG ab ($p < 0{,}01$).

Wird die Acebutolol-Gesamtkonzentration im Herz-Lungen-Präparat noch weiter erhöht, so resultiert alsbald eine hochgradige myokardiale Funktionsreduktion (Abb. 23, Abb. 24). Bereits bei einer Acebutolol-Dosierung von 92 mg Acebutolol/l wird die maximale linksventrikuläre Druckanstiegsgeschwindigkeit des linken Ventrikels im Mittel um 50% reduziert. Ein derart geschädigtes Herz ist nicht mehr imstande, akute oder chronische hämodynamische Belastungen adäquat zu kompensieren, es folgt der myokardiale Zusammenbruch.

Um einen durch 0,05 mg Orciprenalin/l ausgelösten Anstieg der spontanen Kontraktionsfrequenz mittels einer durch Acebutolol herbeigeführten kompetitiven β-Rezeptoren-

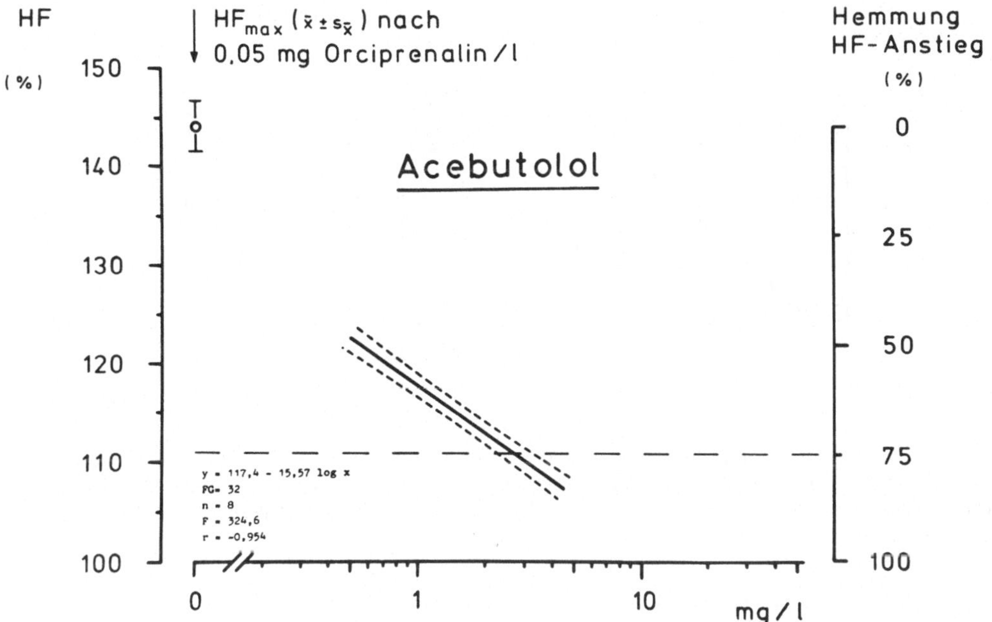

Abb. 27. Spezifische β-Rezeptoren-blockierende Wirkstärke von Acebutolol ($n = 8$). Abszisse: Acebutolol-Gesamtdosierung in mg/l; linke Ordinate: Änderung der spontanen Herzfrequenz (HF) in %. Rechte Ordinate: Hemmung des durch Orciprenalin induzierten Herzfrequenzanstieges in %. 0% entspricht der mittleren Herzfrequenz nach Gabe von 0,05 mg Orciprenalin/l, 100% entspricht der Ausgangsherzfrequenz bei Versuchsbeginn. Dargestellt ist die lineare Regressionsgerade mit dem 95%-Vertrauensbereich

Blockade effektiv um 75% zu mindern, sind im Mittel 2,6 mg Acebutolol/l erforderlich (Abb. 27). Somit ergibt sich für Acebutolol ein Dosierungsabstand zwischen der spezifisch wirksamen und einer definiert direkt myokarddepressiv wirkenden Dosis (ED_{15}) von 37,4 mg Acebutolol/l. Dies entspricht einer Steigerungsmöglichkeit der spezifisch wirksamen Dosis um den Faktor 15,0 (Tabelle 6).

Die myokarddepressive Wirkung der ED_{15} von Acebutolol führt jedoch nicht nur zu einer Minderung der Kontraktionskraft und der Herzauswurfleistung, sondern verursacht gleichfalls auch eine Einschränkung der myokardialen Funktionsreserven.

Bei der Bestimmung des myokardialen Competence-Index wird in der höchsten Belastungsstufe für die Differenz $\Delta H - \Delta RAP$ in Gegenwart von Acebutolol ein Wert von 10,5 $\pm$ 0,9 cm H_2O gefunden. Bei den Kontrollherzen liegt das vergleichbare Ergebnis bei 11,9 $\pm$ 0,3 cm H_2O (p < 0,01) (Abb. 28). Es zeigt sich also, daß das durch die ED_{15} von Acebutolol geschädigte Herz bei gleichem venösem Angebot im Vergleich zu den Kontrollherzen eine wesentlich stärkere enddiastolische Vordehnung benötigt, um das ihm angebotene Blutvolumen wieder vollständig in den Kreislauf auszuwerfen.

Der jeweilige Verlauf der Ventrikelfunktionskurven bestätigt diesen Befund (Abb. 29). In Gegenwart von Acebutolol ist die Ventrikelfunktionskurve im Vergleich zu den Kontrollen deutlich zu niedrigeren Herzminutenvolumina und höheren rechtsatrialen Drücken verlagert. Während unter dem Einfluß von 40,0 mg Acebutolol/l bei einem Vorhofdruck von im Mittel 6,5 cm H_2O bereits die maximale Herzauswurfleistung mit 32,5 $\pm$ 3,5 ml/min $\cdot$ kg KG erreicht wird, fördern die Kontrollherzen bereits bei einem mittleren Vorhofdruck von

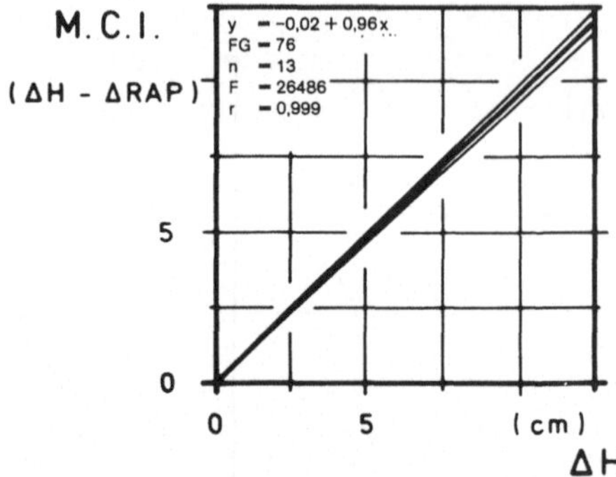
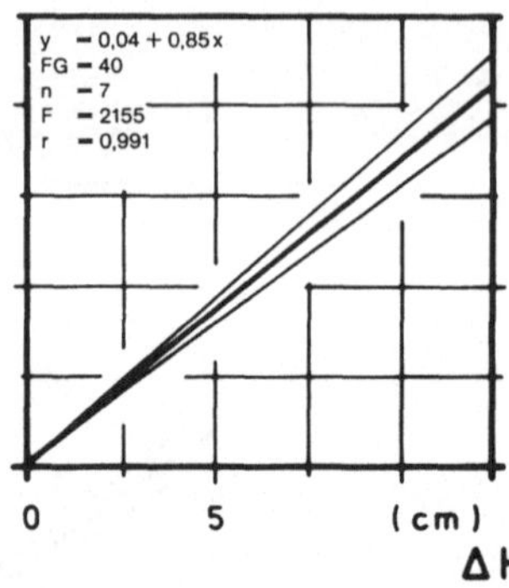

Abb. 28. Myokardialer Competence-Index bei Kontrollen ($n = 13$) sowie nach Gabe von 40,0 mg Acebutolol/l ($n = 7$). Abszisse: Änderungen der Reservoirblutspiegelhöhe (ΔH) in cm; Ordinate: Myokardialer Competence-Index (M.C.I.), errechnet aus der Differenz $\Delta H - \Delta RAP$. Dargestellt ist die lineare Regressionsgerade mit der Standardabweichung

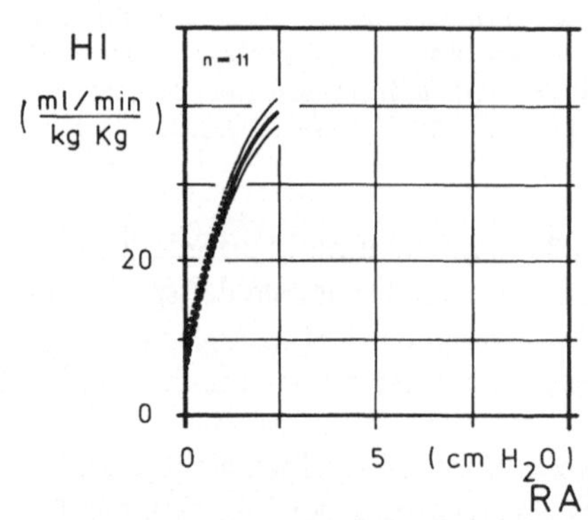
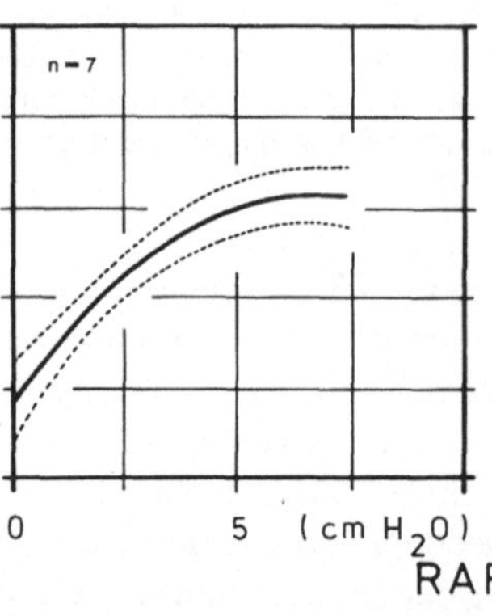

Abb. 29. Ventrikelfunktionskurven zur Quantifizierung der myokardialen Pumpleistung eines Kontroll- sowie eines unter Einwirkung von 40,0 mg Acebutolol/l stehenden Kollektivs ($n = 11$ bzw. $n = 7$). Abszisse: rechtsatrialer Füllungsdruck (RAP) in cm H_2O; Ordinate: Herzindex (HI) in ml/min · kg KG. Dargestellt ist der mittlere Verlauf der Ventrikelfunktionskurven mit den Grenzen für den 95%-Vertrauensbereich

2,5 cm H_2O ein Auswurfvolumen von 39,4 ± 3,7 ml/min · kg KG, ohne daß mit dieser Auswurfleistung bereits die Grenze der Pumpleistung erreicht wird.

In Gegenwart der ED_{15} von Acebutolol verringert sich der maximal mögliche nachlastinduzierte Inotropiegewinn bei Erhöhung des Druckes im Starling-Ventil von 75 auf 150 Torr ebenfalls signifikant. Statt einer Zunahme der maximalen linksventrikulären Druckanstiegsgeschwindigkeit um 1593 ± 385 Torr/s, wie er bei den Kontrolltieren beobachtet werden kann, erhöht sich die Kontraktionskraft unter dem Einfluß von Acebutolol nur noch um 754 ± 250 Torr/s (p < 0,01) (Abb. 25).

Im Gegensatz zu den vorausgehenden Untersuchungen kann im Rahmen der kontrollierten Volumenbelastung neben der in allen Belastungsstufen gleich starken Reduktion des Herzindex keine zusätzliche signifikante Minderung der vorlastabhängigen myokardialen Pumpleistung gefunden werden (Abb. 26). Während bei einer Anhebung des Blutreservoirspiegels um insgesamt 12,5 cm die Herzauswurfleistung der Kontrollpräparate im Mittel um $11,0 \pm 1,6$ ml/min · kg KG zunimmt, liegt der Anstieg in Gegenwart von Acebutolol bei $9,7 \pm 1,7$ ml/min · kg KG (p > 0,05).

Unter dem Einfluß der ED_{15} von Acebutolol können die kontrollierten Frequenzbelastungsuntersuchungen in einem sehr weiten Frequenzbereich (125−225 Stimulationen pro Minute) durchgeführt werden. Bei den Kontrollen liegen die jeweiligen Frequenzgrenzen für die erfolgreiche rechtsatriale Frequenzstimulation bei 175 bzw. 250 Impulsen/min (Abb. 30, Abb. 31).

Die maximale linksventrikuläre Druckanstiegsgeschwindigkeit liegt in Gegenwart von 40,0 mg Acebutolol/l bei allen Stimulationsfrequenzen stets signifikant unter den Werten, die bei den Kontrollpräparaten registriert werden (p < 0,05). Darüber hinaus wird das Kontraktionskraftmaximum bei einem Einwirken von Acebutolol bereits bei einer Stimulationsfrequenz von 200 Impulsen/min und nicht wie bei den Kontrollherzen erst bei 225 Impulsen/min erreicht. Wird die Stimulationsfrequenz von 175 auf 200 Impulse/min erhöht, so resultiert aus der Stimulationsfrequenzsteigerung bei den Kontrollpräparaten eine Zunahme der Kontraktionskraft, die im Mittel bei 176 ± 96 Torr/s liegt. Wird die gleiche Untersuchung nach Gabe der ED_{15} von Acebutolol durchgeführt, so läßt sich nur noch ein Zuwachs von 99 ± 83 Torr/s (p > 0,05) aufzeichnen.

Der maximal mögliche Inotropiegewinn, der durch das Ausnutzen des gesamten zur Verfügung stehenden Frequenzbereiches erzielt werden kann, weicht in Gegenwart von Acebutolol nicht signifikant von den Kontrollwerten ab. Statt einer Zunahme der linksventrikulären Kontraktionskraft um 263 ± 123 Torr/s, wie sie bei der Stimulationsfrequenzsteigerung von

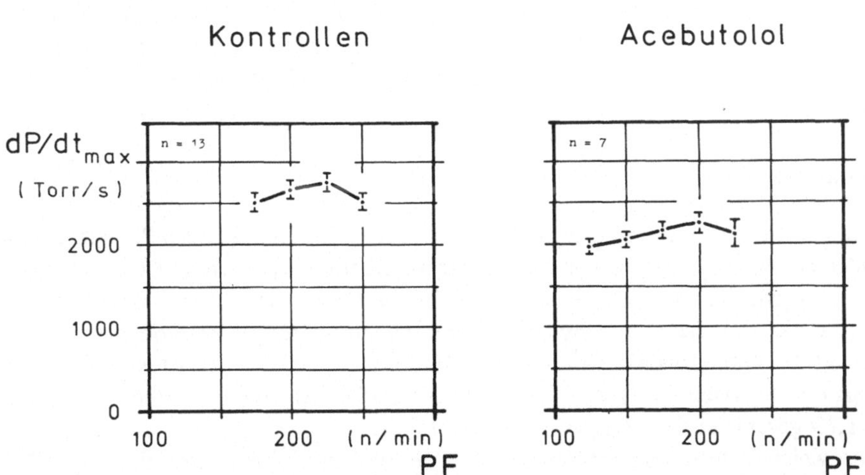

Abb. 30. Verhalten der maximalen linksventrikulären Druckanstiegsgeschwindigkeit in Abhängigkeit von verschiedenen Stimulationsfrequenzen bei einem Kontroll- sowie einem unter Einwirkung von 40,0 mg Acebutolol/l stehenden Kollektiv ($n = 13$ bzw. $n = 7$). Abszisse: Stimulationsfrequenz (PF) in n/min; Ordinate: maximale linksventrikuläre Druckanstiegsgeschwindigkeit (dP/dt_{max}) in Torr/s. Dargestellt sind $\bar{x}$ und $s_{\bar{x}}$

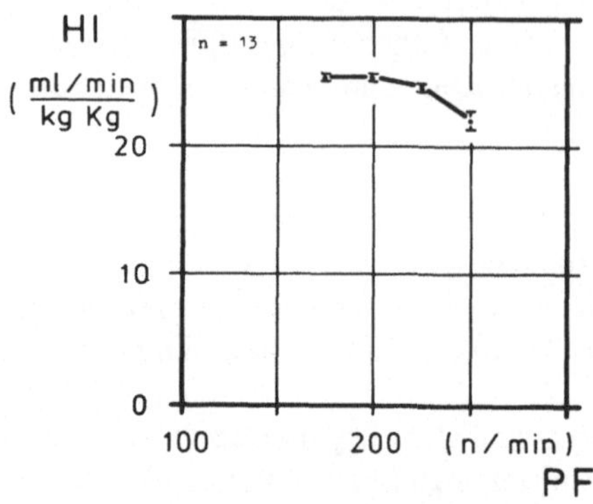
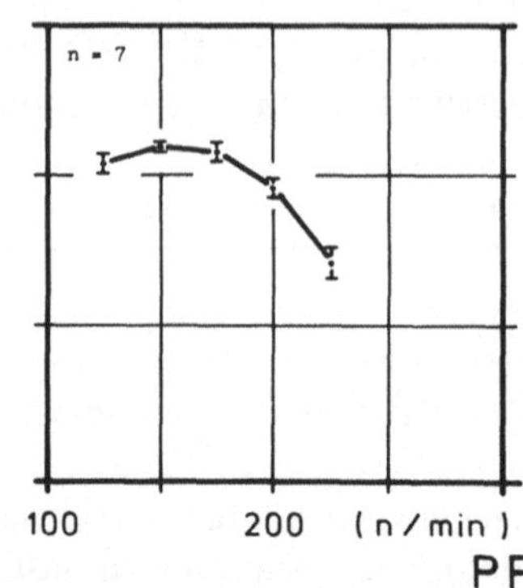

Abb. 31. Verhalten des Herzindex in Abhängigkeit von verschiedenen Stimulationsfrequenzen bei einem Kontroll- sowie einem unter Einwirkung von 40,0 mg Acebutolol/l stehenden Kollektiv (n = 13 bzw. n = 7). Abszisse: Stimulationsfrequenz (PF) in n/min; Ordinate: Herzindex (HI) in ml/min · kg KG. Dargestellt sind $\bar{x}$ und $s_{\bar{x}}$

175 auf 225 Impulse/min für das Vergleichskollektiv gemessen wird, beläuft sich die Steigerung der maximalen linksventrikulären Druckanstiegsgeschwindigkeit unter dem Einfluß von Acebutolol und einer Herzfrequenzerhöhung um insgesamt 75 Impulse/min im Mittel auf 300 ± 154 Torr/s ($p > 0{,}05$).

Die Herzauswurfleistung, die in Gegenwart von 40,0 mg Atenolol/l für einen Frequenzbereich zwischen 125 und 175 Impulsen/min annähernd konstantgehalten werden kann, fällt bei weiterer Frequenzerhöhung, obgleich die Kontraktionskraft ihren Gipfelpunkt noch nicht erreicht hat, zunehmend ab. Wird die rechtsatriale Vorhofstimulation von 175 Impulsen/min um 25 bzw. 50 Impulse/min gesteigert, so fällt das Herzzeitvolumen in Gegenwart von Acebutolol im Mittel bereits um 2,3 ± 0,6 bzw. 7,2 ± 2,1 ml/min · kg KG ab. Bei den Kontrollen mindert sich der Herzindex dagegen nur um 0,1 ± 0,2 bzw. 1,0 ± 0,6 ml/min · kg KG ($p < 0{,}01$).

3.3.3 Atenolol

Bei einer kumulativen Atenolol-Zugabe in das Blutreservoir des Herz-Lungen-Präparates läßt sich erst ab einer Gesamtdosierung von 1,0 mg Atenolol/l ein mit steigender Dosierung zunehmender Rückgang der spontanen Kontraktionsfrequenz registrieren (Abb. 32).

Bei der für die Akuttherapie tachykarder Herzrhythmusstörungen empfohlenen und approximativ auf die Verhältnisse des Herz-Lungen-Präparates übertragenen Atenolol i.v.-Initialdosierung (1,2 mg Atenolol/l) wird die spontane Herzfrequenz der isolierten Herzen im Mittel um 1,2% gegenüber dem Ausgangswert abgesenkt.

Wird bei gleicher Dosierung das Verhalten des Kontraktilitätsparameters dP/dt$_{max}$ des linken Ventrikels überprüft, so kann bei konstanter rechtsatrialer Vorhofstimulation im Mittel nur ein Rückgang um 5 Torr/s = 0,2% registriert werden (Abb. 33, Tabelle 8). Auch für die übrigen aufgezeichneten kardiohämodynamischen Parameter ist bei dieser Dosierung keine Abweichung nachweisbar, die als Hinweis für eine pharmakologische Beeinträchtigung der Herzfunktion interpretiert werden könnte (Tabelle 8).

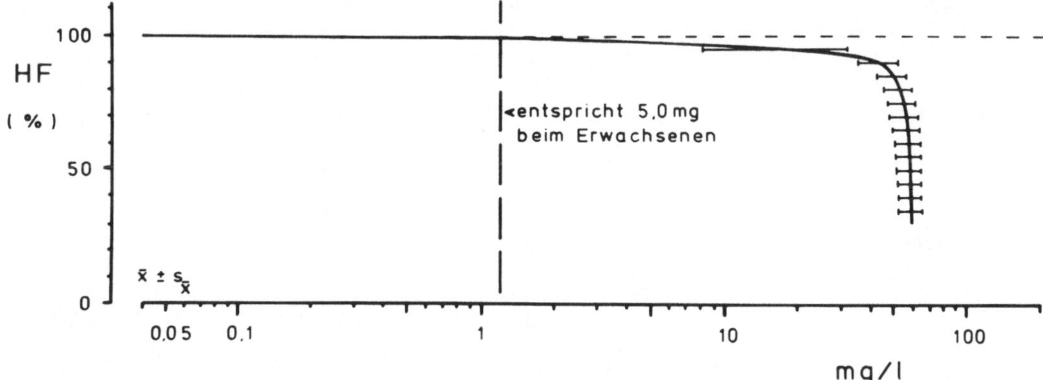

Abb. 32. Verhalten der spontanen Herzfrequenz bei kumulativer Steigerung der Atenolol-Gesamtdosierung (n = 7). Abszisse: kumulative Atenolol-Gesamtdosierung in mg/1; Ordinate: Änderung der spontanen Herzfrequenz (HF) in %. Die approximativ auf die Verhältnisse des Herz-Lungen-Präparates übertragene, für die Akuttherapie tachykarder Herzrhythmusstörungen empfohlene minimale i.v.-Initialdosierung von Atenolol ist durch eine senkrecht verlaufende, unterbrochene Linie gekennzeichnet

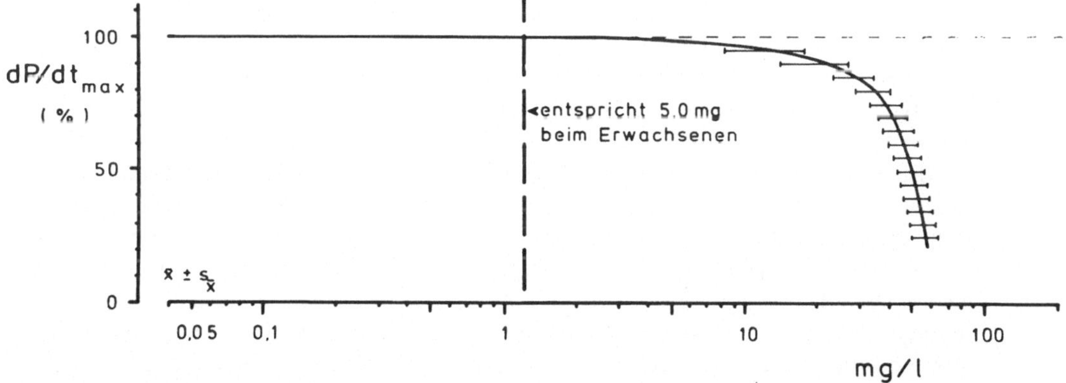

Abb. 33. Verhalten der maximalen linksventrikulären Druckanstiegsgeschwindigkeit bei kumulativer Steigerung der Atenolol-Gesamtdosierung (n = 7). Abszisse: kumulative Atenolol-Gesamtdosierung in mg/mg; Ordinate: Änderung der maximalen linksventrikulären Druckanstiegsgeschwindigkeit (dP/dt_{max}) in %. Die approximativ auf die Verhältnisse des Herz-Lungen-Präparates übertragene, für die Akuttherapie tachykarder Herzrhythmusstörungen empfohlene minimale i.v.-Initialdosierung von Atenolol ist durch eine senkrecht verlaufende, unterbrochene Linie gekennzeichnet

Eine weitere Erhöhung der Atenolol-Gesamtdosis verursacht einen zunehmenden Rückgang der spontanen Herzfrequenz sowie eine jeweils prozentual noch stärker ausgeprägte Einbuße der maximalen linksventrikulären Druckanstiegsgeschwindigkeit. In Gegenwart von 15,0 mg Atenolol/l beläuft sich die Minderung der Kontraktionsfrequenz im Mittel auf 4,5% und der Rückgang der Kontraktionskraft im Mittel auf 6,0%. Die kumulative Steigerung der Atenolol-Gesamtdosis auf 29,0 mg Atenolol/l verursacht einen Herzfrequenzabfall von im Mittel 7,0% und einen Kontraktionskraftverlust von im Mittel bereits 15% (ED_{15}!) (Abb. 32, Abb. 33).

Tabelle 8. Verhalten verschiedener kardiohämodynamischer Parameter vor und nach Zugabe von 1,20 mg Atenolol/l (diese Dosierung entspricht approximativ der empfohlenen minimalen, i.v. zu applizierenden Initialdosierung) bzw. von 29,0 mg Atenolol/l (diese Dosierung mindert den Wert des Inotropieparameters dP/dt_{max} im Mittel um 15% = ED_{15}) bei konstanter rechtsatrialer Vorhofstimulation. (n = 7); ($\bar{x} \pm s_{\bar{x}}$); Belastungskollektiv

	Ausgangswert	Atenolol 1,20 mg/l	Atenolol 29,0 mg/l
PR (n/min)	172 ± 11	172 ± 11	172 ± 11
LV dP/dt_{max} (Torr/s)	2539 ± 190	2534 ± 181	2184 ± 193
LVP (Torr)	118,8 ± 5,1	118,6 ± 5,0	112,0 ± 2,6
LVEDP (Torr)	1,3 ± 0,8	1,3 ± 0,8	5,6 ± 2,0
RVP (Torr)	16,2 ± 1,7	16,3 ± 1,7	18,5 ± 2,9
RVEDP (Torr)	0,6 ± 0,4	0,6 ± 0,4	2,4 ± 1,2
RAP (cm H_2O)	0,5 ± 0,4	0,5 ± 0,4	2,9 ± 1,0
HI $\left(\dfrac{ml/min}{kg\,KG}\right)$	24,9 ± 0,4	24,8 ± 0,4	22,6 ± 1,6

Diese 15,0%ige Minderung der myokardialen Kontraktionskraft der isolierten Herzen bedingt eine signifikante Minderung der Herzauswurfleistung. Der Herzindex fällt von 24,9 ± 0,4 auf 22,6 ± 1,6 ml/min · kg KG (p < 0,01) (Tabelle 8). Als Ausdruck der eingeschränkten Myokardfunktion steigen auch die links- und rechtsventrikulären enddiastolischen Drukke von 1,3 ± 0,8 bzw. 0,6 ± 0,4 auf 5,6 ± 2,0 bzw. 2,4 ± 1,2 Torr an (p jeweils < 0,01).

Eine zusätzliche, über die ED_{15} hinausgehende schrittweise Erhöhung der Atenolol-Gesamtdosierung verursacht alsbald eine stark zunehmende hochgradige Kontraktilitätsminderung. Bei einer Gesamtdosierung von 50,0 mg Atenolol/l wird die maximale linksventrikuläre Druckanstiegsgeschwindigkeit der Herzpräparate im Mittel bereits um 50% reduziert. Bei einer Atenolol-Gesamtdosierung von 53,5 mg Atenolol/l kann schließlich nur noch ein dP/dt_{max}-Wert gemessen werden, der im Mittel bereits 75% unter dem Ausgangswert liegt. Der endgültige Zusammenbruch der Herzfunktion ist nun nicht mehr aufzuhalten.

Wird die spontane Kontraktionsfrequenz der isolierten Herzen durch die Applikation von 0,05 mg Orciprenalin/l im Mittel um 64 Schläge/min gesteigert, so genügen im Mittel 1,36 mg Atenolol/l, um den Herzfrequenzanstieg mittels kompetitiver β-Rezeptoren-Teilblockade wieder um im Mittel 75% zu senken (Abb. 34). Diese spezifisch wirksame Atenolol-Dosis kann unbedenklich um das 21,3fache gesteigert werden, ohne daß ein stärkerer Kontraktilitätsverlust von mehr als 15% erwartet werden muß (Tabelle 6).

Die hämodynamische Belastbarkeit der isolierten Herzen, die durch die für die Humantherapie empfohlene, approximativ auf die Verhältnisse des Herz-Lungen-Präparates übertragene Atenolol i.v.-Initialdosierung weder hinsichtlich des Kontraktionskraft- noch des Pumpverhaltens beeinträchtigt wird (Abb. 35, Abb. 36), nimmt in Gegenwart der ED_{15} von Atenolol (29,0 mg Atenolol/l) signifikant ab. Bei der Bestimmung des myokardialen Competence-Index findet sich in der höchsten Belastungsstufe bereits ein signifikanter Unterschied zwischen der Differenz $\Delta H - \Delta RAP$ der Kontroll- bzw. der unter Einwirkung von 29,0 mg Atenolol/l stehenden Herzen (Abb. 37). Während bei den Kontrollpräparaten ein Differenzbetrag von 11,9 ± 0,3 cm H_2O errechnet wird, beläuft sich der Unterschied in Gegenwart der ED_{15} von Atenolol nur noch auf 10,6 ± 0,2 cm H_2O (p < 0,05).

Auch der Verlauf der Ventrikelfunktionskurve bestätigt die Atenolol-bedingte Minderung der myokardialen Leistungsfähigkeit (Abb. 38). Während die Kontrollherzen bei einem rechten

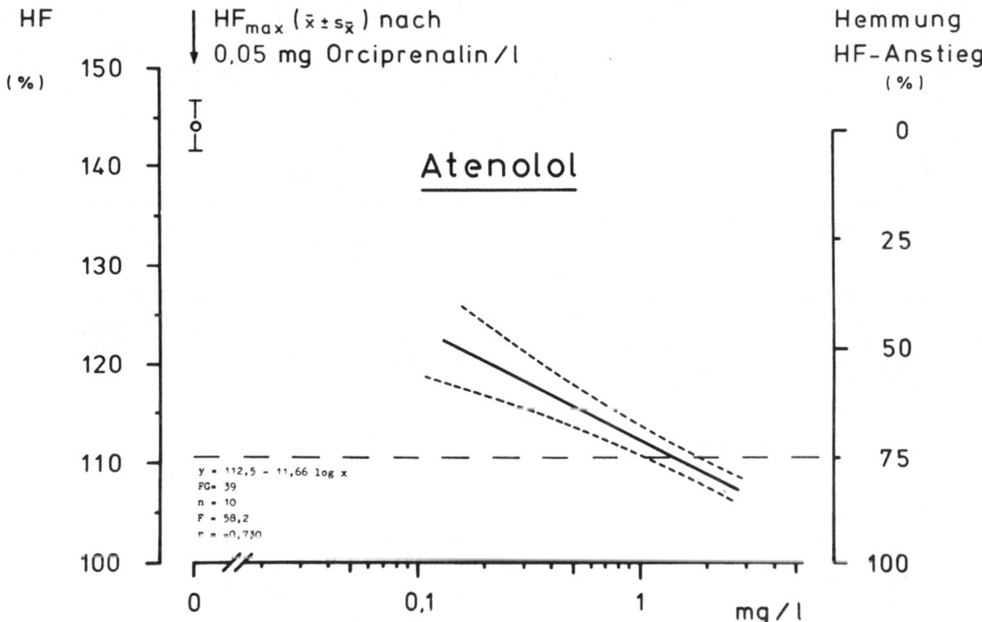

Abb. 34. Spezifische β-rezeptorenblockierende Wirkstärke von Atenolol (n = 10). Abszisse: Atenolol-Gesamtdosierung in mg/l; linke Ordinate: Änderung der spontanen Herzfrequenz (HF) in %. Rechte Ordinate: Hemmung des durch Orciprenalin induzierten Herzfrequenzanstieges in %. 0% entspricht der mittleren Herzfrequenz nach Gabe von 0,05 mg Orciprenalin/l, 100% entspricht der Ausgangsherzfrequenz bei Versuchsbeginn. Dargestellt ist die lineare Regressionsgerade mit dem 95%-Vertrauensbereich

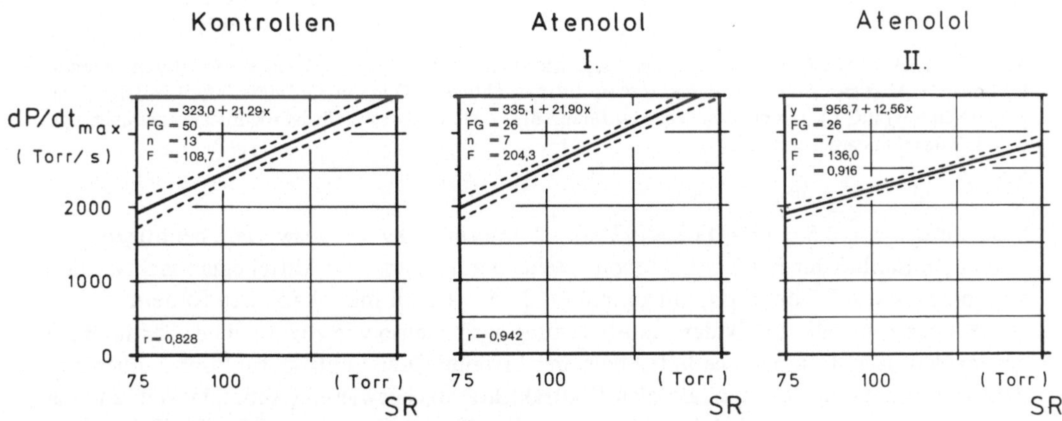

Abb. 35. Linksventrikuläre Widerstandsbelastung bei einem Kontrollkollektiv (n = 13) sowie in Gegenwart von 1,20 mg Atenolol/l (**I.**) bzw. 29,0 mg Atenolol/l (**II.**) (jeweils n = 7). Abszisse: Druck im aortalen Windkessel (SR) in Torr; Ordinate: maximale linksventrikuläre Druckanstiegsgeschwindigkeit (dP/dt$_{max}$) in Torr/s. Dargestellt sind die linearen Regressionsgeraden mit dem 95%-Vertrauensbereich

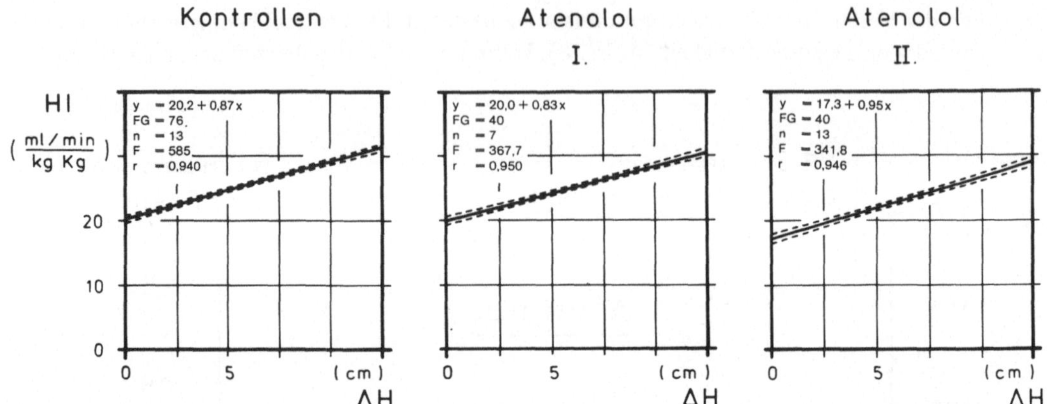

Abb. 36. Volumenbelastung des Herzens bei einem Kontrollkollektiv ($n = 13$) sowie in Gegenwart von 1,20 mg Atenolol/l (**I.**) bzw. 29,0 mg Atenolol/l (**II.**) (jeweils $n = 7$). Abszisse: Änderung der Reservoirblutspiegelhöhe (ΔH) in cm; Ordinate: Herzindex in ml/min · kg KG. Dargestellt sind die linearen Regressionsgeraden mit dem 95%-Vertrauensbereich

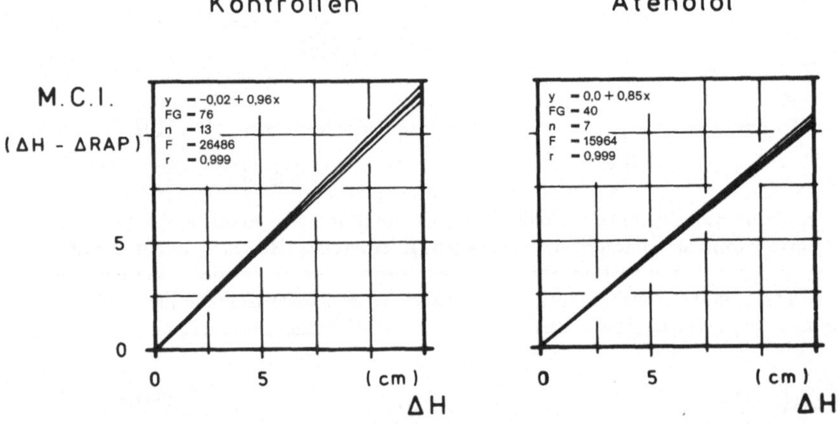

Abb. 37. Myokardialer Competence-Index bei Kontrollen ($n = 13$) sowie nach Gabe von 29,0 mg Atenolol/l ($n = 7$). Abszisse: Änderung der Reservoirblutspiegelhöhe (ΔH) in cm; Ordinate: Myokardialer Competence-Index (M.C.I.), errechnet aus der Differenz ΔH $-$ ΔRAP. Dargestellt ist die lineare Regressionsgerade mit der Standardabweichung

Vorhofdruck von 2,5 cm H_2O bereits 39,4 $\pm$ 3,7 ml/min · kg KG auswerfen, benötigen die unter dem Einfluß der ED_{15} von Atenolol stehenden Präparate im Mittel einen rechtsatrialen Vorhofdruck von 7,5 cm H_2O, um zumindest 35,5 $\pm$ 4,5 ml/min · kg KG zu fördern.

Bei der kontrollierten Widerstandsbelastung wird ebenso wie zuvor bei der Bestimmung des myokardialen Competence-Index bzw. der Erstellung der Ventrikelfunktionskurven eine deutliche Minderung der myokardialen Kontraktilität nachgewiesen (Abb. 35). Während bei den Kontrollherzen die Anhebung des aortalen Windkesseldruckes von 75 auf 150 Torr zu einem Inotropiegewinn von 1.593 $\pm$ 385 Torr/s führt, steigt der Wert des Kontraktilitätsparameters dP/dt_{max} in Gegenwart der ED_{15} von Atenolol nur noch um 936 $\pm$ 158 Torr/s ($p < 0,01$).

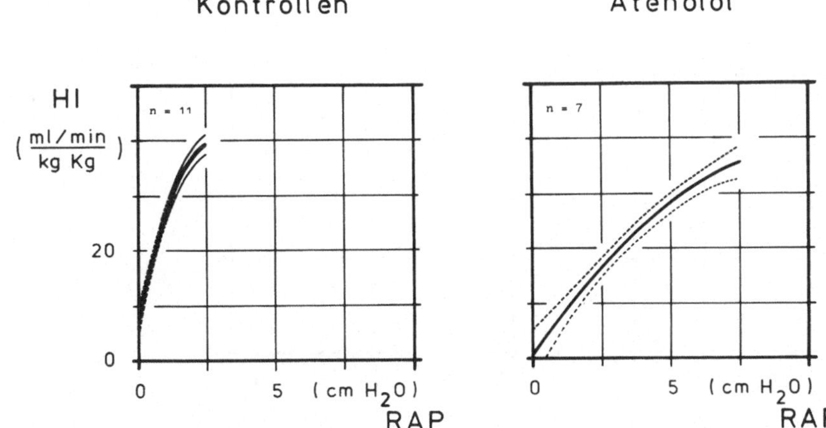

Abb. 38. Ventrikelfunktionskurven zur Quantifizierung der myokardialen Pumpleistung eines Kontroll- sowie eines unter Einwirkung von 29,0 mg Atenolol/l stehenden Kollektivs ($n = 11$ bzw. $n = 7$). Abszisse: rechtsatrialer Füllungsdruck (RAP) in cm H_2O; Ordinate: Herzindex (HI) in ml/min · kg KG. Dargestellt ist der mittlere Verlauf der Ventrikelfunktionskurven mit den Grenzen für den 95%-Vertrauensbereich

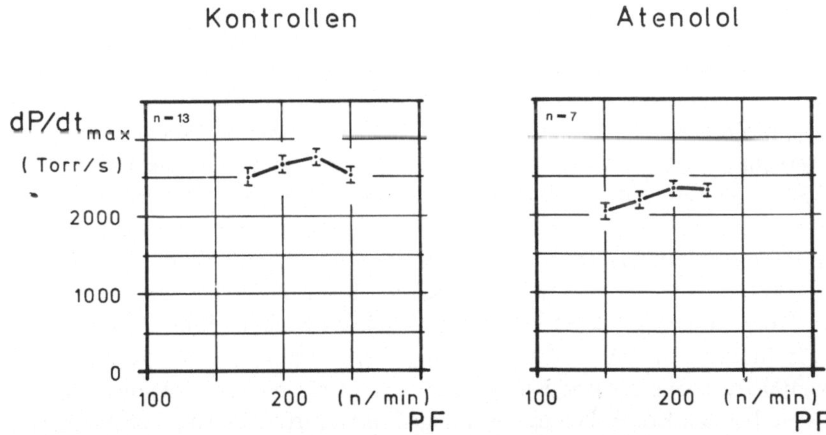

Abb. 39. Verhalten der maximalen linksventrikulären Druckanstiegsgeschwindigkeit in Abhängigkeit von verschiedenen Stimulationsfrequenzen bei einem Kontroll- sowie einem unter Einwirkung von 29,0 mg Atenolol/l stehenden Kollektiv ($n = 13$ bzw. $n = 7$). Abszisse: Stimulationsfrequenz (PF) in n/min; Ordinate: maximale linksventrikuläre Druckanstiegsgeschwindigkeit (dP/dt_{max}) in Torr/s. Dargestellt sind $\bar{x}$ und $s_{\bar{x}}$

Im Gegensatz zur kontrollierten Widerstandsbelastung wird bei der kontrollierten Volumenbelastung im untersuchten Belastungsbereich keine Einschränkung der vorlastabhängigen Steigerungsfähigkeit der myokardialen Pumpfunktion registriert, obwohl die absolute Auswurfleistung durch die ED_{15} von Atenolol bereits signifikant reduziert ist (Abb. 36, Tab. 8). Statt einer mittleren Zunahme des Herzminutenvolumens um $11,0 \pm 1,6$ ml/min · kg KG, wie sie durch die Anhebung des Blutspiegelreservoirs um insgesamt 12,5 cm bei den Kontrolltieren ausgelöst werden kann, steigt die Förderleistung nach Gabe von 29,0 mg Atenolol/l um insgesamt $11,7 \pm 1,6$ ml/min · kg KG an ($p > 0,05$).

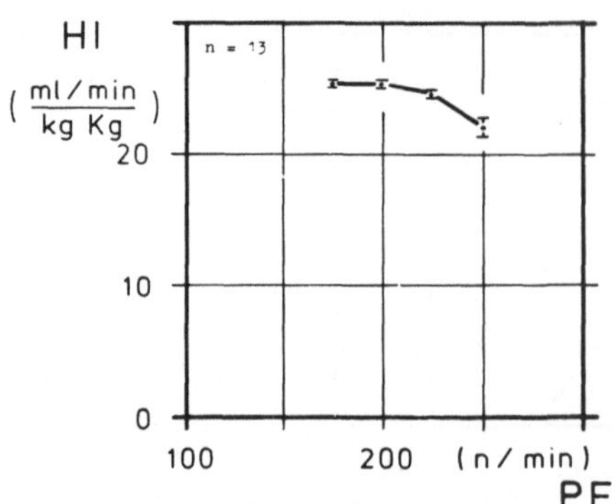
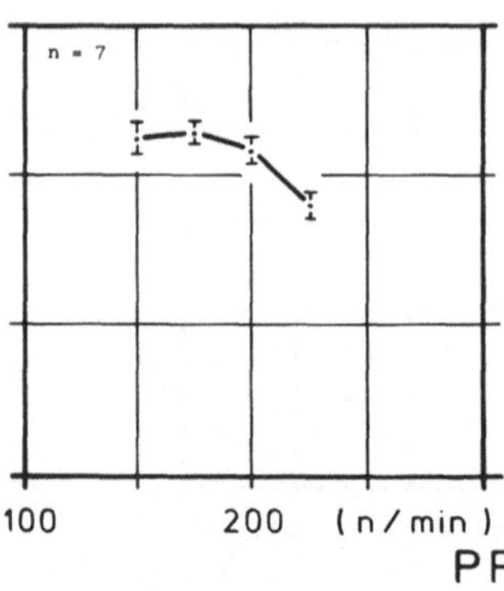

Abb. 40. Verhalten des Herzindex in Abhängigkeit von verschiedenen Stimulationsfrequenzen bei einem Kontroll- sowie einem unter Einwirkung von 29,0 mg Atenolol/l stehenden Kollektivs (n = 13 bzw. n = 7). Abszisse: Stimulationsfrequenz (PF) in n/min; Ordinate: Herzindex (HI) in ml/min · kg KG. Dargestellt sind $\bar{x}$ und $s_{\bar{x}}$

Aufgrund des relativ geringen, direkt negativ chronotropen Atenolol-Eigeneffektes kann die isolierte Frequenzbelastung für die ED_{15} von Atenolol nur für einen Frequenzbereich von 150 bis 225 Stimulationen/min verwirklicht werden (Abb. 32, Abb. 39, Abb. 40). In Gegenwart von 29,0 mg Atenolol/l liegt die linksventrikuläre Druckanstiegsgeschwindigkeit, obwohl der Ausgangswert für dP/dt_{max} in der Atenolol-Gruppe sogar noch höher liegt als bei den Kontrollen (2.539 ± 191 bzw. 2.455 ± 394 Torr/s), in allen Belastungsstufen signifikant unter den Werten, die bei den Kontrolltieren zu beobachten sind. Darüber hinaus wird in Gegenwart von 29,0 mg Atenolol/l das Kontraktionskraftmaximum bereits bei einer Stimulationsfrequenz von 200 Impulsen/min und nicht wie bei den Kontrolltieren erst bei 225 Impulsen/min erreicht. Trotz dieser signifikanten Unterschiede kann bei einer Stimulationsfrequenzerhöhung um 25 Impulse/min von 175 auf 200 Impulse/min gegenüber den Kontrollherzen kein signifikanter Rückgang des frequenzbedingten Kontraktionskraftgewinnes registriert werden. Während bei den Kontrollen die maximale linksventrikuläre Druckanstiegsgeschwindigkeit um 176 ± 96 Torr/s ansteigt, beträgt der Zugewinn unter dem Einfluß von Atenolol noch 153 ± 82 Torr/s (p > 0,05).

Obwohl also die Kontraktionskraft des linken Ventrikels unter dem Einwirken der ED_{15} von Atenolol bis zu einer Stimulationsfrequenz von 200 Impulsen/min ansteigt und auch bei 225 Impulsen/min kein signifikant abweichender Wert registriert werden kann (p > 0,05), fällt die Herzminutenvolumenleistung bereits bei einer Anhebung der Stimulationsfrequenz auf über 175 Impulse/min zunehmend ab (Abb. 40). Während die Kontrolltiere bei einer Stimulationsfrequenz von 175 bzw. 200 Impulsen/min nahezu identische Herzminutenvolumina fördern (25,4 ± 0,9 bzw. 25,3 ± 1,0 ml/min · kg KG), reduziert sich die Pumpleistung in Gegenwart der ED_{15} von Atenolol doch schon um 1,1 ml/min · kg KG (p > 0,05). Die weitere Steigerung der Impulsfrequenz auf insgesamt 225 Impulse/min verursacht in Gegenwart von Atenolol bereits eine Minderung der Herzauswurfleistung um 4,9 ± 1,7 ml/min · kg KG. Für die Kontrollen liegt der entsprechende Wert dagegen nur bei 1,0 ± 0,6 ml/min · kg KG (p < 0,01).

3.3.4 Metoprolol

Die schrittweise kumulative Metoprolol-Applikation führt im niedrigen und mittleren Metoprolol-Dosierungsbereich zu einer dosisabhängigen, insgesamt aber nur geringfügig zunehmenden Reduktion der spontanen Kontraktionsfrequenz (Abb. 41). Der Kontraktilitätsparameter dP/dt_{max} des linken Ventrikels zeigt ein ähnliches Verhalten (Abb. 42). Während jedoch bei einer niedrigen Metoprolol-Gesamtdosierung der negative Frequenzeffekt stärker ausgeprägt ist als der negativ inotrope Effekt, überwiegt bei mittlerer und hoher Metoprolol-Gesamtdosierung zunehmend der prozentuale Umfang der Kontraktionskraftminderung.

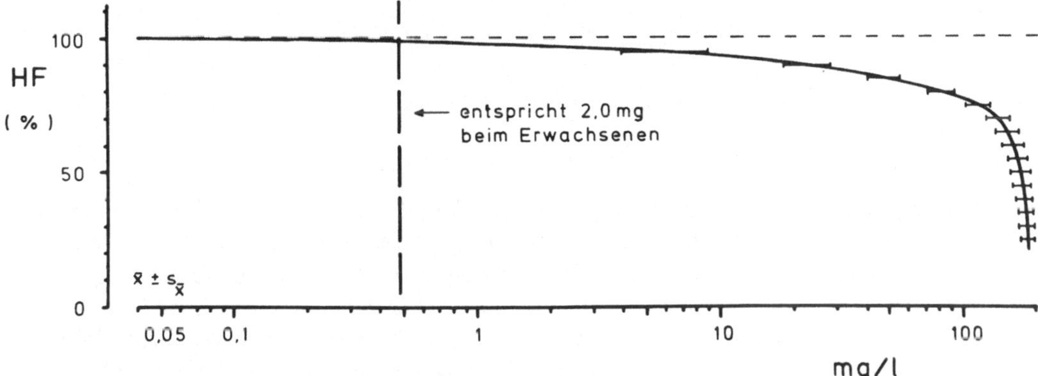

Abb. 41. Verhalten der spontanen Herzfrequenz bei kumulativer Steigerung der Metoprolol-Gesamtdosierung ($n = 6$). Abszisse: kumulative Metoprolol-Gesamtdosierung in mg/l; Ordinate: Änderung der spontanen Herzfrequenz (HF) in %. Die approximativ auf die Verhältnisse des Herz-Lungen-Präparates übertragene, für die Akuttherapie tachykarder Herzrhythmusstörungen empfohlene minimale i.v.-Initialdosierung von Metoprolol ist durch eine senkrecht verlaufende, unterbrochene Linie gekennzeichnet

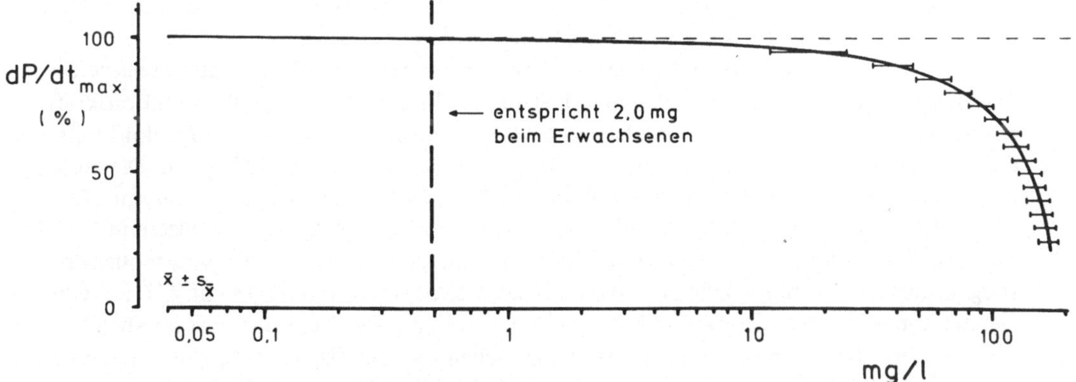

Abb. 42. Verhalten der maximalen linksventrikulären Druckanstiegsgeschwindigkeit bei kumulativer Steigerung der Metoprolol-Gesamtdosierung ($n = 6$). Abszisse: kumulative Metoprolol-Gesamtdosierung in mg/l; Ordinate: Änderung der maximalen linksventrikulären Druckanstiegsgeschwindigkeit (dP/dt_{max}) in %. Die approximativ auf die Verhältnisse des Herz-Lungen-Präparates übertragene, für die Akuttherapie tachykarder Herzrhythmusstörungen empfohlene minimale i.v.-Initialdosierung von Metoprolol ist durch eine senkrecht verlaufende, unterbrochene Linie gekennzeichnet

Tabelle 9. Verhalten verschiedener kardiohämodynamischer Parameter vor und nach Zugabe von 0,48 mg Metoprolol/l (diese Dosierung entspricht approximativ der empfohlenen minimalen, i.v. zu applizierenden Initialdosis) bzw. von 58,0 mg Metoprolol/l (diese Dosierung mindert den Wert des Inotropieparameters dP/dt_{max} im Mittel um 15% = ED_{15}) bei konstanter rechtsatrialer Vorhofstimulation. (n = 7); ($\bar{x} \pm s_x$); Belastungskollektiv

	Ausgangswert	Metoprolol 0,48 mg/l	Metoprolol 58,0 mg/l
PR (n/min)	157 ± 12	157 ± 12	157 ± 12
LV dP/dt_{max} (Torr/s)	2324 ± 164	2320 ± 162	2046 ± 143
LVP (Torr)	120,1 ± 10,0	120,0 ± 9,8	117,8 ± 9,2
LVEDP (Torr)	1,4 ± 1,2	1,4 ± 1,2	4,0 ± 2,8
RVP (Torr)	17,6 ± 5,9	17,6 ± 5,9	17,3 ± 6,9
RVEDP (Torr)	0,6 ± 0,6	0,6 ± 0,6	1,4 ± 0,8
RAP (cm H_2O)	0,3 ± 0,3	0,3 ± 0,3	0,8 ± 0,7
HI $\left(\dfrac{ml/min}{kg\,KG}\right)$	25,7 ± 0,8	25,7 ± 0,8	24,3 ± 1,1

Eine Metoprolol-Gesamtdosis von 0,48 mg Metoprolol/l, die approximativ der für die Humantherapie empfohlenen Metoprolol i.v.-Initialdosierung entspricht, reduziert die spontane Herzschlagfolge im Mittel um 1,0%. Die linksventrikuläre Druckanstiegsgeschwindigkeit wird ebenso wie die übrigen gemessenen und errechneten kardiohämodynamischen Parameter durch diese Dosierung nicht beeinträchtigt (Tabelle 9). Wird diese niedrige Metoprolol-Dosierung durch weitere kumulative Metoprolol-Applikationen um das 10fache auf 4,8 mg Metoprolol/l gesteigert, so fällt die Herzfrequenz erst um 4,5% und dP/dt_{max} erst um 1,5% ab.

Eine Metoprolol-Gesamtdosierung von 58,0 mg Metoprolol/l verursacht schließlich eine Kontraktionskrafteinbuße von im Mittel 15% (= ED_{15}). Die spontane Herzfrequenz wird bei gleicher Dosierung im Mittel um 16,5% gemindert. Als Folge des bereits ausgeprägten Kontraktilitätsverlustes steigen sowohl die links- wie auch die rechtsventrikulären enddiastolischen Drucke signifikant an (Tabelle 9). Statt 1,4 ± 1,2 bzw. 0,6 ± 0,6 werden 4,0 ± 2,8 ($p < 0,01$) bzw. 1,4 ± 0,8 Torr ($p < 0,05$) gemessen. Aus dem gleichen Grund fällt der Herzindex von 25,7 ± 0,8 auf 24,3 ± 1,1 ml/min · kg KG ab ($p < 0,05$).

Wird die Metoprolol-Gesamtdosierung über 58,0 mg Metoprolol/l hinaus gesteigert, so läßt sich eine stark zunehmende Beeinträchtigung der linksventrikulären Kontraktionskraft registrieren. Bei einer kumulativen Metoprolol-Gesamtdosis von 100 mg Metoprolol/l fällt der Wert des Kontraktilitätsparameters dP/dt_{max} im Mittel bereits um 27,5% ab. Die zusätzliche Gabe von 43,0 mg Metoprolol/l erhöht den Kontraktilitätsverlust auf insgesamt 50%.

Aufgrund der starken β-adrenolytischen Wirksamkeit von Metoprolol genügen im Mittel 0,53 mg Metoprolol/l, um einen durch 0,05 mg Orciprenalin/l ausgelösten Herzfrequenzanstieg mittels einer Teilblockade der myokardialen β-Rezeptoren um insgesamt 75% zu reduzieren (Abb. 43). Da andererseits 58,0 mg Metoprolol/l die Kontraktionskraft im Mittel um 15% einschränken, beträgt der Dosisabstand zwischen der spezifisch wirksamen und der definiert kontraktilitätsmindernden Metoprolol-Dosis 57,47 mg Metoprolol/l. Die spezifisch wirksame Dosis kann also entsprechend der für die Definition des Sicherheitsabstandes angenommenen Grenzen unbedenklich um den Faktor 109,4 gesteigert werden (Tabelle 6).

Die kardiohämodynamische Belastbarkeit der unter dem Einfluß von 0,48 mg Metoprolol/l stehenden isolierten Herzen unterscheidet sich von der der Kontrollherzen weder hinsichtlich des Kontraktionskraft- noch des Pumpverhaltens (Abb. 44, Abb. 45). Sowohl bei der kontrollierten Widerstands- als auch bei der kontrollierten Volumenbelastungsuntersuchung werden in jeweils allen Belastungsstufen dP/dt_{max}- bzw. Herzindexwerte registriert, die nicht signifikant von den Befunden abweichen, die bei den Kontrollpräparaten erhoben werden.

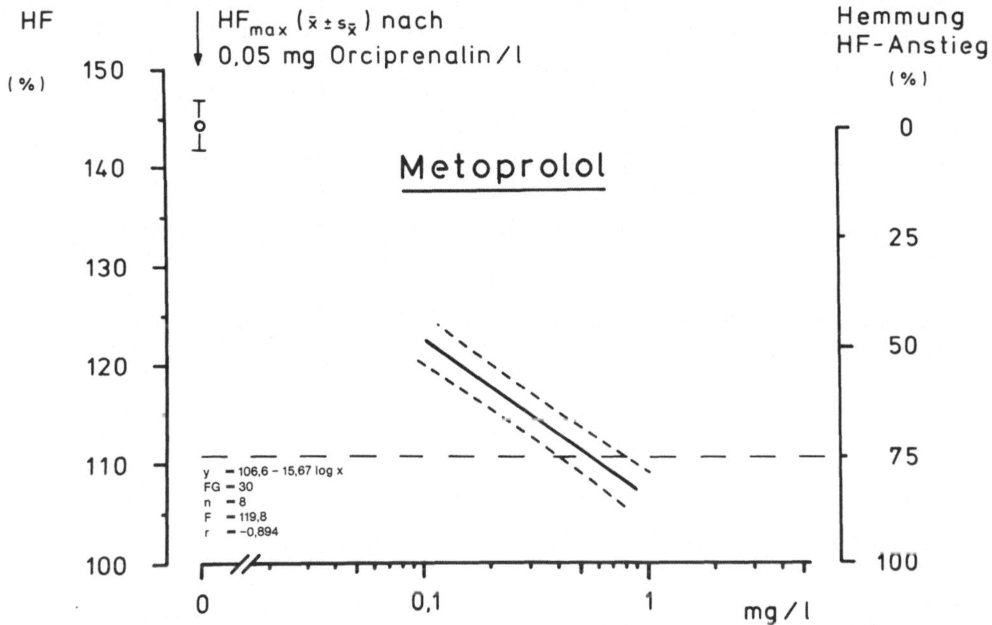

Abb. 43. Spezifische β-Rezeptoren-blockierende Wirkstärke von Metoprolol (n = 8). Abszisse: Metoprolol-Gesamtdosierung in mg/l; linke Ordinate: Änderung der spontanen Herzfrequenz (HF) in %; rechte Ordinate: Hemmung des durch Orciprenalin induzierten Herzfrequenzanstieges in %. 0% entspricht der mittleren Herzfrequenz nach Gabe von 0,05 mg Orciprenalin/l, 100% entspricht der Ausgangsherzfrequenz bei Versuchsbeginn. Dargestellt ist die lineare Regressionsgerade mit dem 95%-Vertrauensbereich

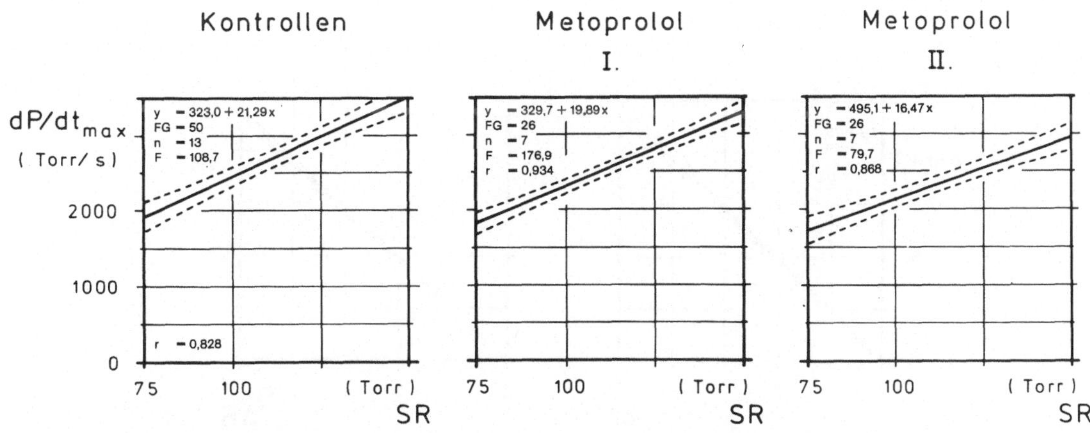

Abb. 44. Linksventrikuläre Widerstandsbelastung bei einem Kontrollkollektiv (n = 13) sowie in Gegenwart von 0,48 mg Metoprolol/l (I.) bzw. 58,0 mg Metoprolol/l (II.) (jeweils n = 7). Abszisse: Druck im aortalen Windkessel (SR) in Torr; Ordinate: maximale linksventrikuläre Druckanstiegsgeschwindigkeit (dP/dt_{max}) in Torr/s. Dargestellt sind die linearen Regressionsgeraden mit dem 95%-Vertrauensbereich

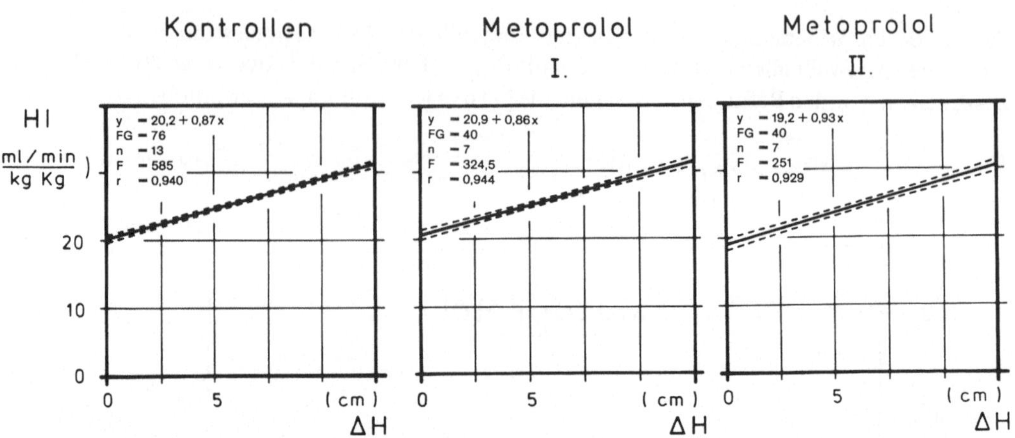

Abb. 45. Volumenbelastung des Herzens bei einem Kontrollkollektiv ($n = 13$) sowie in Gegenwart von 0,48 mg Metoprolol/l (**I.**) bzw. 58,0 mg Metoprolol/l (**II.**) (jeweils $n = 7$). Abszisse: Änderung der Reservoirblutspiegelhöhe (ΔH) in cm; Ordinate: Herzindex in ml/min · kg KG. Dargestellt sind die linearen Regressionsgeraden mit dem 95%-Vertrauensbereich

Im Gegensatz zu dieser niedrigen Metoprolol-Dosierung verursacht die ED_{15} von Metoprolol (= 58,0 mg Metoprolol/l) nicht nur eine Reduktion der Absolutwerte der maximalen linksventrikulären Druckanstiegsgeschwindigkeit und der myokardialen Förderleistung, sondern darüber hinaus auch eine Einschränkung der gesamten zur Verfügung stehenden Kompensationsbreite.

Diese starke Einschränkung der myokardialen Funktionsbreite läßt sich allerdings noch nicht mit Hilfe des myokardialen Competence-Index erfassen (Abb. 46). In Gegenwart der ED_{15} von Metoprolol beläuft sich der Differenzbetrag $\Delta H - \Delta RAP$ in der höchsten Belastungsstufe noch auf 11,8 ± 0,3 cm H_2O. Bei den Kontrollpräparaten beträgt der entsprechende Wert 11,9 ± 0,3 cm H_2O ($p > 0,05$).

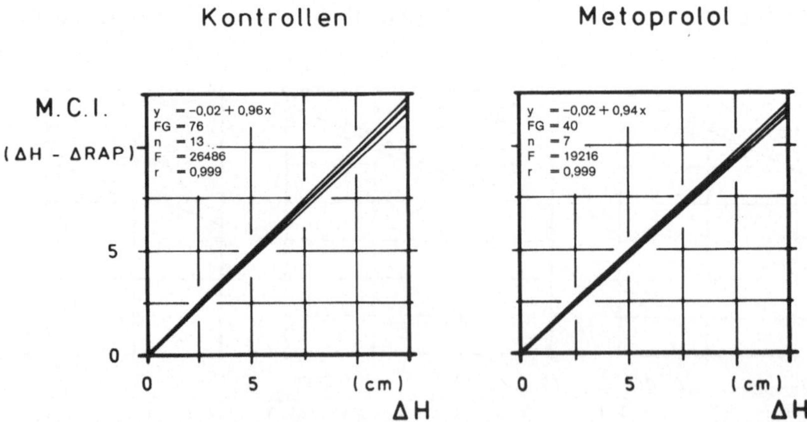

Abb. 46. Myokardialer Competence-Index bei Kontrollen ($n = 13$) sowie nach Gabe von 58,0 mg Metoprolol/l ($n = 7$). Abszisse: Änderung der Reservoirblutspiegelhöhe (ΔH) in cm; Ordinate: Myokardialer Competence-Incex (M.C.I.) errechnet aus der Differenz $\Delta H - \Delta RAP$. Dargestellt ist die lineare Regressionsgerade mit der Standardabweichung

Im Gegensatz zum myokardialen Competence-Index bestätigt jedoch der Verlauf der Ventrikelfunktionskurven die signifikante Minderung der myokardialen Pumpleistung (Abb. 47). Statt eines Herzindex von 39,4 ± 3,7 ml/min · kg KG, wie er bei den Kontrollen in Gegenwart eines rechtsatrialen Vorhofdruckes von im Mittel 2,5 cm H_2O gefunden wird, erreichen die unter der Einwirkung der ED_{15} von Metoprolol stehenden Herzen nur einen Herzindex von 28,0 ± 2,8 ml/min · kg KG (p < 0,01). Auch bei einer Erhöhung des rechtsatrialen Druckes auf 5 cm H_2O wird noch nicht die Auswurfleistung erreicht, die die Kontrollpräparate bei einem Vorhofdruck von 2,5 cm H_2O erzielen. Im Mittel kann hier nur ein Herzindex von 37,3 ± 3,6 ml/min · kg KG registriert werden.

Unter dem Einfluß von 58,0 mg Metoprolol/l wird gleichfalls auch der durch eine definierte Nachlaststeigerung zu erzielende Inotropiegewinn eingeschränkt (Abb. 44). Eine Erhöhung des Druckes im Starling-Ventil von 75 auf 150 Torr verursacht bei den Kontrollherzen eine Zunahme der maximalen linksventrikulären Druckanstiegsgeschwindigkeit von im Mittel 1.593 ± 385 Torr/s. Unter dem Einfluß der ED_{15} von Metoprolol verringert sich dieser Zuwachs auf 1.254 ± 410 Torr/s. Dieser Unterschied ist allerdings noch nicht signifikant (p (p > 0,05).

Wird das Volumenangebot an das rechte Herz schrittweise durch eine Anhebung des Blutspiegels im Blutreservoir erhöht, so ist zwar das Herzminutenvolumen aller Belastungsstufen im Vergleich zu den Kontrollbefunden geringfügig erniedrigt (p > 0,05), doch läßt sich darüber hinaus keine zusätzliche Änderung der vorlastabhängigen Steigerungsfähigkeit der Herzauswurfleistung nachweisen (Abb. 45). So beträgt die maximale Zunahme des Herzminutenvolumens bei den Kontrollpräparaten bei einer Anhebung des Blutspiegels im Blutreservoir um 12,5 cm 11,0 ± 1,6 ml/min 9J kg KG, bei den mit Metoprolol belasteten Herzen dagegen 11,3 ± 0,9 ml/min · kg KG (p > 0,05).

Besser als das Ergebnis der kontrollierten Widerstands- und Volumenbelastung dokumentiert das Resultat der kontrollierten Frequenzbelastung die Metoprolol-bedingte Myo-

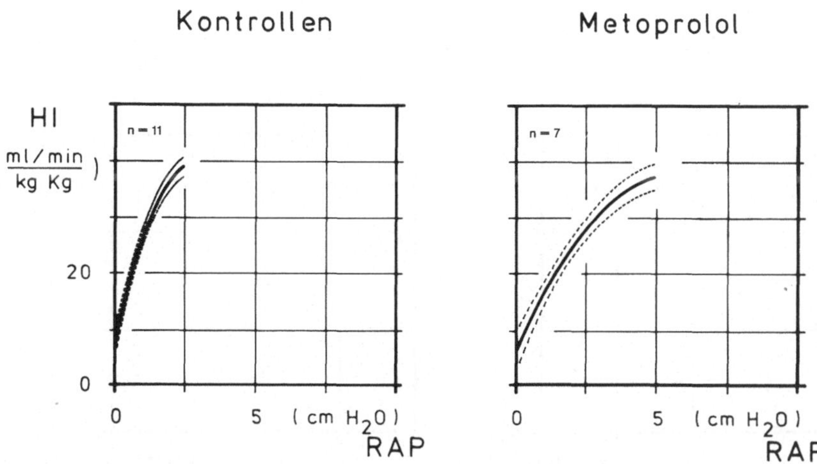

Abb. 47. Ventrikelfunktionskurven zur Quantifizierung der myokardialen Pumpleistung eines Kontroll- sowie eines unter Einwirkung von 58,0 mg Metoprolol/l stehenden Kollektivs (n = 11 bzw. n = 7). Abszisse: rechtsatrialer Füllungsdruck (RAP) in cm H_2O; Ordinate: Herzindex (HI) in ml/min · kg KG. Dargestellt ist der mittlere Verlauf der Ventrikelfunktionskurven mit den Grenzen für den 95%-Vertrauensbereich

kardfunktionseinschränkung (Abb. 48, Abb. 49). Die Erhöhung der Stimulationsfrequenz
von 175 auf 200 bzw. 225 Impulse/min führt in Gegenwart von Metoprolol zu einer Zunahme der maximalen linksventrikulären Druckanstiegsgeschwindigkeit um 61 ± 51 bzw. 53 ±
282 Torr/s. Die entsprechenden Werte der Vergleichsherzen liegen bei 176 ± 96 (p < 0,05)
bzw. 256 ± 95 Torr/s (p < 0,05). Gleichzeitig fällt die Herzauswurfleistung unter dem Einfluß der ED_{15} von Metoprolol um 1,1 ± 1,3 bzw. 4,3 ± 3,4 ml/min · kg KG und bei den
Kontrollen um 0,1 ± 0,2 (p < 0,05) bzw. 1,0 ± 0,6 ml/min · kg KG ab (p < 0,05).

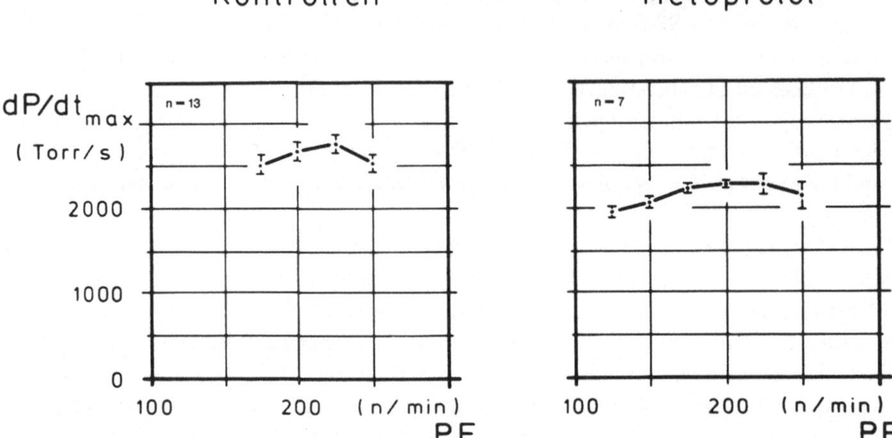

Abb. 48. Verhalten der maximalen linksventrikulären Druckanstiegsgeschwindigkeit in Abhängigkeit von
verschiedenen Stimulationsfrequenzen bei einem Kontroll- sowie einem unter Einwirkung von 58,0 mg
Metoprolol/l stehenden Kollektiv (n = 13 bzw. n = 7). Abszisse: Stimulationsfrequenz (PF) in n/min; Ordinate: maximale linksventrikuläre Druckanstiegsgeschwindigkeit (dP/dt_{max}) in Torr/s. Dargestellt sind
$\bar{x}$ und $s_{\bar{x}}$

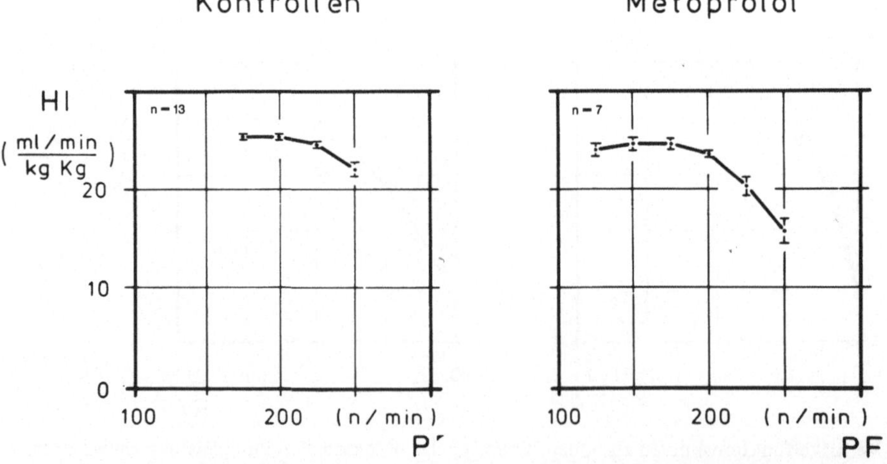

Abb. 49. Verhalten des Herzindex in Abhängigkeit von verschiedenen Stimulationsfrequenzen bei einem
Kontroll- sowie einem unter Einwirkung von 58,0 mg Metoprolol/l stehenden Kollektiv (n = 13 bzw.
n = 7). Abszisse: Stimulationsfrequenz (PF) in n/min; Ordinate: Herzindex (HI) in ml/min · kg KG. Dargestellt sind $\bar{x}$ und $s_{\bar{x}}$

3.3.5 Pindolol

Pindolol, ein β-Rezeptoren-Blocker mit ausgeprägter β-adrenerger Stimulationswirkung, verursacht im niedrigen und mittleren Dosierungsbereich eine nahezu gleichstarke prozentuale Zunahme sowohl der spontanen Kontraktionsfrequenz wie auch der linksventrikulären Kontraktionskraft (Abb. 50, Abb. 51). Durch die Gabe von 0,1 mg Pindolol/l, diese Dosierung entspricht approximativ der für die Akuttherapie tachykarder Herzrhythmusstörungen empfohlenen minimalen i.v.-Initialdosierung, wird die Herzfrequenz im Mittel um 5,0% und der Wert des Kontraktilitätsparameters dP/dt_{max} des linken Ventrikels im Mittel um 2,8% angehoben. Bedingt durch diese Kontraktilitätszunahme steigt auch konsekutiv das Herzzeitvolumen geringfügig von 25,3 ± 1,1 auf 25,6 ± 1,0 ml/min · kg KG.

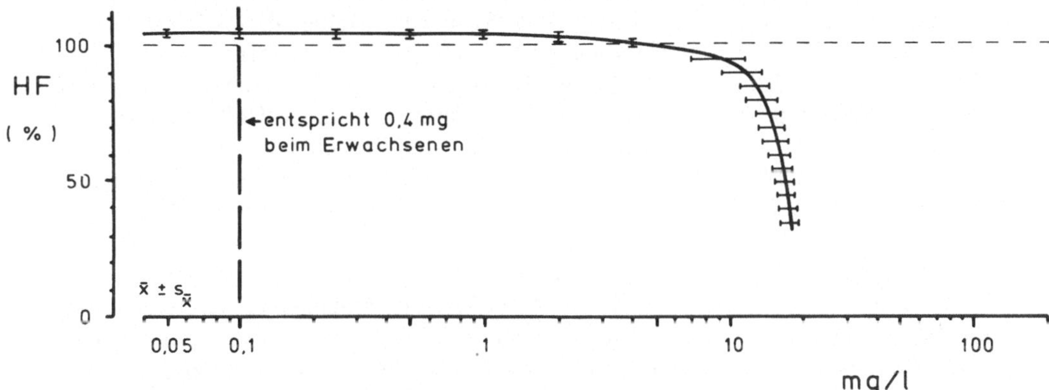

Abb. 50. Verhalten der spontanen Herzfrequenz bei kumulativer Steigerung der Pindolol-Gesamtdosierung ($n = 7$). Abszisse: kumulative Pindolol-Gesamtdosierung in ml/l; Ordinate: Änderung der spontanen Herzfrequenz (HF) in %. Die approximativ auf die Verhältnisse des Herz-Lungen-Präparates übertragene, für die Akuttherapie tachykarder Herzrhythmusstörungen empfohlene minimale i.v.-Initialdosierung von Pindolol ist durch eine senkrecht verlaufende, unterbrochene Linie gekennzeichnet

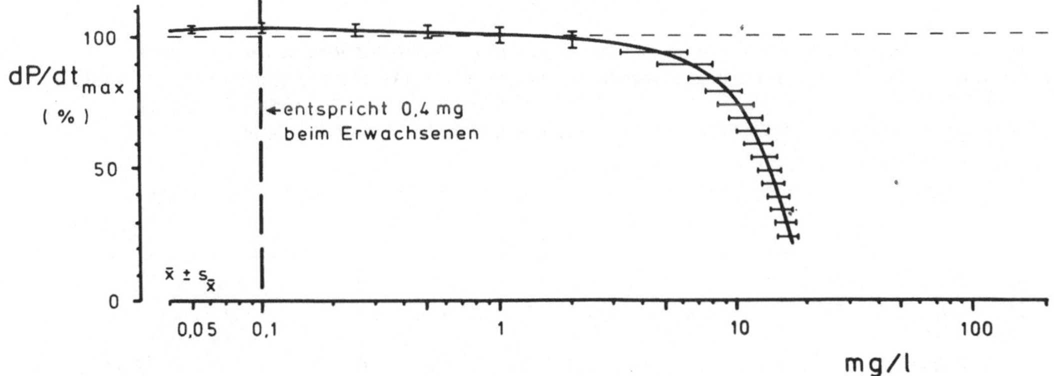

Abb. 51. Verhalten der maximalen linksventrikulären Druckanstiegsgeschwindigkeit bei kumulativer Steigerung der Pindolol-Gesamtdosierung ($n = 7$). Abszisse: kumulative Pindolol-Gesamtdosierung in mg/l; Ordinate: Änderung der maximalen linksventrikulären Druckanstiegsgeschwindigkeit (dP/dt_{max}) in %. Die approximativ auf die Verhältnisse des Herz-Lungen-Präparates übertragene, für die Akuttherapie tachykarder Herzrhythmusstörungen empfohlene minimale i.v.-Initialdosierung von Pindolol ist durch eine senkrecht verlaufende, unterbrochene Linie gekennzeichnet

Wird die Pindolol-Gesamtdosierung schrittweise weiter erhöht, so wird das Ausmaß der
β-adrenergen Stimulationswirkung in einem zunehmenden Umfang durch unspezifisch myokarddepressive Pindolol-Effekte abgeschwächt. Bei einer mittleren Pindolol-Gesamtdosierung
von 1,25 mg Pindolol/l bewegt sich die Kontraktionskraft des linken Ventrikels wieder in
dem Bereich, der auch vor Zugabe von Pindolol registriert werden konnte. Die spontane
Kontraktionsfrequenz liegt dagegen bei gleicher Dosierung noch oberhalb des Ausgangswertes (+ 4,0%). Erst bei einer Pindolol-Gesamtdosis von im Mittel 4,5 mg Pindolol/l erreicht
auch sie wieder den bei Versuchsbeginn gemessenen Wert.

Wird die kumulative Pindolol-Zufuhr bis auf eine Gesamtdosierung von 7,9 mg Pindolol/l
gesteigert, so fällt die spontane Herzschlagfolge im Mittel bereits um 3,5% und der Wert für
dP/dt_{max} im Mittel sogar um 15% (= ED_{15}). Als Folge der Kontraktilitätsminderung steigen
die links- und rechtsventrikulären enddiastolischen Drücke von 1,3 ± 1,1 bzw. 0,6 ± 0,6 auf
3,4 ± 2,2 (p < 0,05) bzw. 1,9 ± 1,8 Torr (p < 0,05) an. Gleichzeitig fällt die Herzauswurfleistung von 25,3 ± 1,1 auf 23,6 ± 1,7 ml/min · kg KG ab (p < 0,05) (Tabelle 10).

Eine noch weitere Erhöhung der Pindolol-Gesamtdosierung führt sodann zu einer stark
zunehmenden Funktionsbeeinträchtigung der Herzpräparate. Während 10,0 mg Pindolol/l
noch zu einer Minderung der maximalen linksventrikulären Druckanstiegsgeschwindigkeit
von im Mittel 23,5% führen, erhöht sich dieser Rückgang in Gegenwart von 15,0 mg Pindo-
lol/l bereits auf 59,0%. Damit ist der myokardiale Funktionszusammenbruch nahezu erreicht.

Pindolol hat eine ausgeprägte Affinität zu den β-Rezeptoren und kann daher bereits bei
einer Dosierung von 0,007 mg Pindolol/l die durch 0,05 mg Orciprenalin/l verursachte Herzfrequenzsteigerung im Mittel um 75% reduzieren (Abb. 52). Somit unterscheiden sich die
spezifisch bzw. die definiert myokarddepressiv wirksamen Pindolol-Gesamtdosen entsprechend der eingangs gemachten Definition um den Faktor 1.129,0 (Tabelle 6).

Ebenso wie nach Gabe von 0,1 mg Pindolol/l unter Standardbedingungen eine nicht signifikante Zunahme der Kontraktionskraft des linken Ventrikels zu beobachten ist, kann
auch eine vergleichbare Steigerung des im Rahmen einer kontrollierten Widerstandsbelastung
auslösbaren Kontraktionskraftgewinns registriert werden. Die Anhebung des aortalen Wind-

Tabelle 10. Verhalten verschiedener kardiohämodynamischer Parameter vor und nach Zugabe von
0,10 mg Pindolol/l (diese Dosierung entspricht approximativ der empfohlenen minimalen i.v. zu applizierenden Initialdosis) bzw. von 7.9 mg Pindolol/l (diese Dosierung mindert den Inotropieparameter
dP/dt_{max} im Mittel um 15% = ED_{15}) bei konstanter rechtsatrialer Vorhofstimulation. (n = 7); ($\bar{x}$ ± s_x);
Belastungskollektiv

	Ausgangswert	Pindolol 0,10 mg/l	Pindolol 7,9 mg/l
PR (n/min)	170 ± 9	170 ± 9	170 ± 9
LV dP/dt_{max} (Torr/s)	2620 ± 181	2694 ± 182	2243 ± 107
LVP (Torr)	121,0 ± 5,4	121,5 ± 5,7	119,3 ± 3,8
LVEDP (Torr)	1,3 ± 1,1	1,3 ± 0,9	3,4 ± 2,2
RVP (Torr)	17,7 ± 3,9	17,9 ± 4,1	22,8 ± 10,1
RVEDP (Torr)	0,6 ± 0,6	0,6 ± 0,6	1,9 ± 1,8
RAP (cm H_2O)	0,7 ± 0,6	0,7 ± 0,6	2,1 ± 2,9
HI $\left(\frac{ml/min}{kg\,KG}\right)$	25,3 ± 1,1	25,6 ± 1,0	23,6 ± 1,7

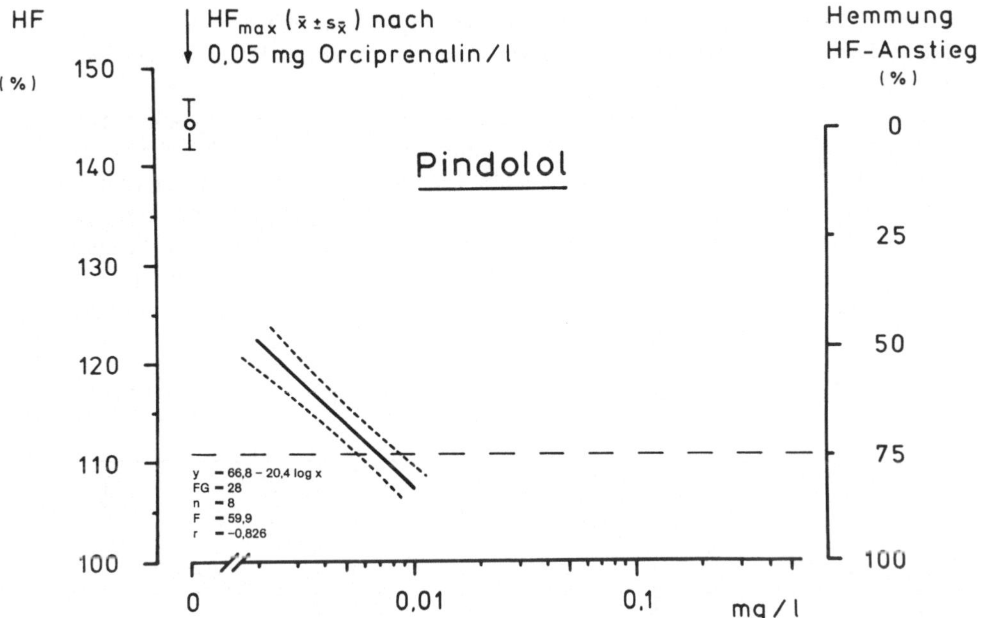

Abb. 52. Spezifische β-Rezeptoren-blockierende Wirkstärke von Pindolol (*n* = 8). Abszisse: Pindolol-Gesamtdosierung in mg/l; linke Ordinate: Änderung der spontanen Herzfrequenz (HF) in %; rechte Ordinate: Hemmung des durch Orciprenalin induzierten Herzfrequenzanstieges in %. 0% entspricht der mittleren Herzfrequenz nach Gabe von 0,05 mg Orciprenalin/l, 100% entspricht der Ausgangsherzfrequenz bei Versuchsbeginn. Dargestellt ist die lineare Regressionsgerade mit dem 95%-Vertrauensbereich

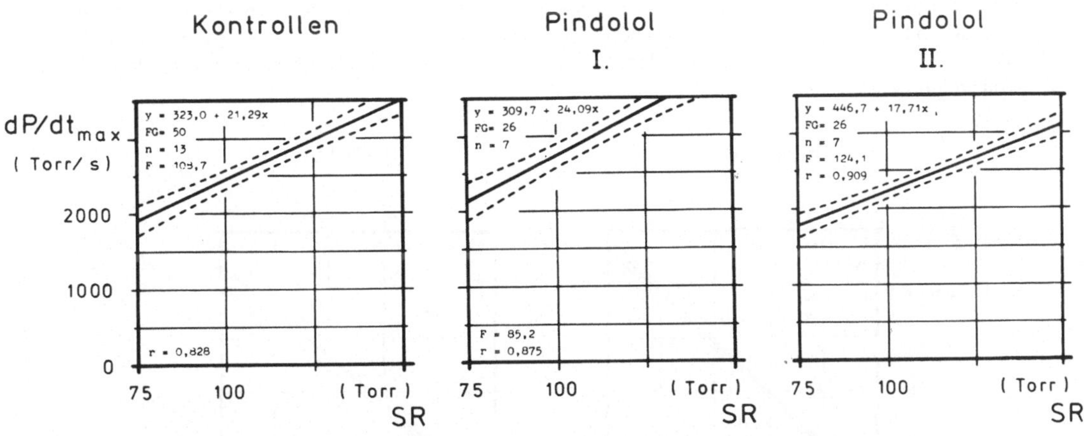

Abb. 53. Linksventrikuläre Widerstandsbelastung bei einem Kontrollkollektiv (*n* = 13) sowie in Gegenwart von 0,10 mg Pindolol/l (**I.**) bzw. 7,9 mg Pindolol/l (**II.**) (jeweils *n* = 7). Abszisse: Druck im aortalen Windkessel (SR) in Torr; Ordinate: maximale linksventrikuläre Druckanstiegsgeschwindigkeit (dP/dt$_{max}$) in Torr/s. Dargestellt sind die linearen Regressionsgeraden mit dem 95%-Vertrauensbereich

kesseldruckes von 75 auf 150 Torr verursacht bei den Kontrollherzen einen dP/dt$_{max}$-Anstieg um 1.593 ± 385 Torr/s. Bei den unter Pindolol-Einfluß stehenden Herzen beträgt der Inotropiegewinn dagegen bereits 1681 ± 389 Torr/s (p > 0,05) (Abb. 53).

Auch im Rahmen der kontrollierten Volumenbelastung kann nach Gabe von 0,1 mg Pindolol/l eine mäßige myokardiale Leistungssteigerung registriert werden. Der zu errechnende Herzindex liegt bei allen Belastungsstufen jeweils geringfügig über den Werten, die für die Kontrollpräparate bestimmt worden sind (p jeweils $> 0,05$) (Abb. 54). Da der β-adrenerge Stimulationseffekt dieser Pindolol-Dosierung jedoch nur sehr begrenzt ist, läßt sich neben der Erhöhung der Herzauswurfleistung keine Zunahme der vorlastabhängigen Steigerungsfähigkeit der myokardialen Pumpfunktion nachweisen. Die Anhebung des Blutreservoirspiegels um 12,5 cm über das Ausgangsniveau steigert das Herzminutenvolumen der Kontrollen um $11,0 \pm 1,6$ ml/min · kg KG und das der unter Pindolol-Einwirkung stehen Herzen um $11,0 \pm 2,5$ ml/min · kg KG (p $> 0,05$).

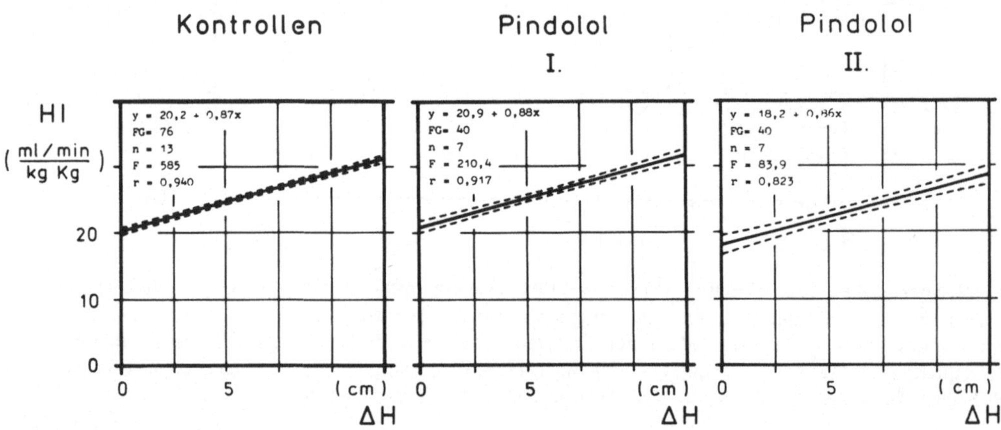

Abb. 54. Volumenbelastung des Herzens bei einem Kontrollkollektiv ($n = 13$) sowie in Gegenwart von 0,10 mg Pindolol/l (**I.**) bzw. 7,9 mg Pindolol/l (**II.**) (jeweils $n = 7$). Abszisse: Änderung der Reservoirblutspiegelhöhe (ΔH) in cm; Ordinate: Herzindex in ml/min · kg KG. Dargestellt sind die linearen Regressionsgeraden mit dem 95%-Vertrauensbereich

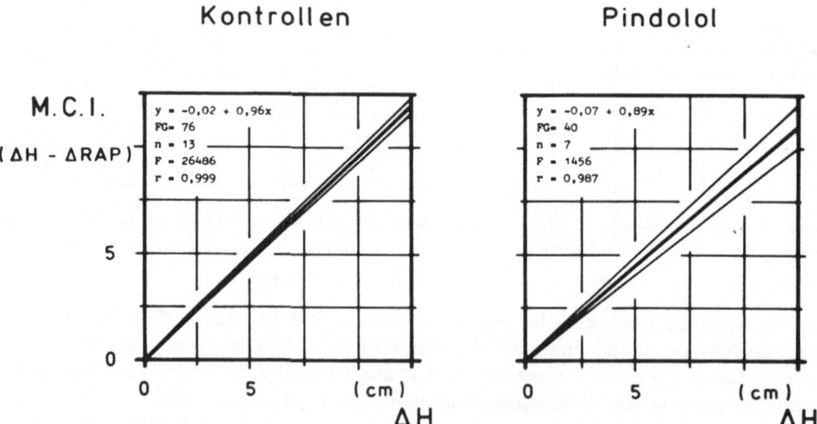

Abb. 55. Myokardialer Competence-Index bei Kontrollen ($n = 13$) sowie nach Gabe von 7,9 mg Pindolol/l ($n = 7$). Abszisse: Änderung der Reservoirblutspiegelhöhe (ΔH) in cm; Ordinate: Myokardialer Competence-Index (M.C.I.) errechnet aus der Differenz ΔH − ΔRAP. Dargestellt sind die linearen Regressionsgeraden mit der Standardabweichung

Wie zu erwarten, läßt sich in Gegenwart der ED_{15} von Pindolol nicht nur unter Standard-sondern auch unter Belastungsbedingungen eine eindeutige Einschränkung der myokardialen Leistungsbreite der Herzpräparate nachweisen. Bei der Bestimmung des myokardialen Competence-Index kann in der höchsten Belastungsstufe für $\Delta H - \Delta RAP$ bereits ein signifikanter Unterschied zwischen den Kontroll- und den unter Pindolol-Einfluß stehenden Herzen errechnet werden. Statt einer Differenz von $11,9 \pm 0,3$ cm H_2O wird eine Differenz von $11,1 \pm 1,0$ cm H_2O bestimmt ($p < 0,05$) (Abb. 55).

Die Pindolol-bedingte Einschränkung der myokardialen Pumpleistung wird durch den Verlauf der Ventrikelfunktionskurve noch eindrucksvoller demonstriert. In Gegenwart von 7,9 mg Pindolol/l wird die Ventrikelfunktionskurve bei vergleichbaren rechtsatrialen Drukken gegenüber der Kontrollkurve bereits hochsignifikant zu niedrigeren Herzindices verlagert. Die Kontrollherzen erzielen bei einem rechten Vorhofdruck von 2,5 cm H_2O im Mittel ein Herzminutenvolumen von $39,4 \pm 3,7$ ml/min $\cdot$ kg KG. Unter dem Einfluß der ED_{15} von Pindolol beträgt das Auswurfvolumen bei identischem rechten Vorhofdruck dagegen nur $23,5 \pm 3,4$ ml/min $\cdot$ kg KG ($p < 0,01$). Selbst bei einem rechten Vorhofdruck von 5,0 cm H_2O wird erst ein Auswurfvolumen von $30,1 \pm 4,3$ ml/min $\cdot$ kg KG erreicht ($p < 0,01$) (Abb. 56).

Obwohl die Kontraktionskraft der Herzpräparate für die Belastungsuntersuchungen durch eine Gabe von 7,9 mg Pindolol/l im Mittel um 14,4% von 2.620 ± 181 auf 2.243 ± 107 Torr/s abgesenkt wird ($p < 0,01$) (Tabelle 10), weicht die Minderung der nachlastabhängigen Kontraktionskraftsteigerung, wie sie durch eine Erhöhung des aortalen Windkesseldruckes von 75 auf 150 Torr erzielt werden kann, nicht signifikant von den bei den Kontrollpräparaten gefundenen Werten ab. Statt einer dP/dt_{max}-Erhöhung um 1.593 ± 385 Torr/s kann noch ein Zuwachs von 1.327 ± 379 Torr/s gemessen werden ($p > 0,05$) (Abb. 53).

Auch eine schrittweise Steigerung der venösen Zuflußrate zum rechten Herzen wird in Gegenwart der ED_{15} von Pindolol gleichfalls, obgleich die Herzauswurfleistung unter Standardbedingungen ebenfalls signifikant ($p < 0,05$) von $25,3 \pm 1,1$ auf $23,6 \pm 1,7$ ml/min $\cdot$ kg KG abnimmt (Tabelle 10), noch mit einer Erhöhung der Auswurfleistung beantwortet, die

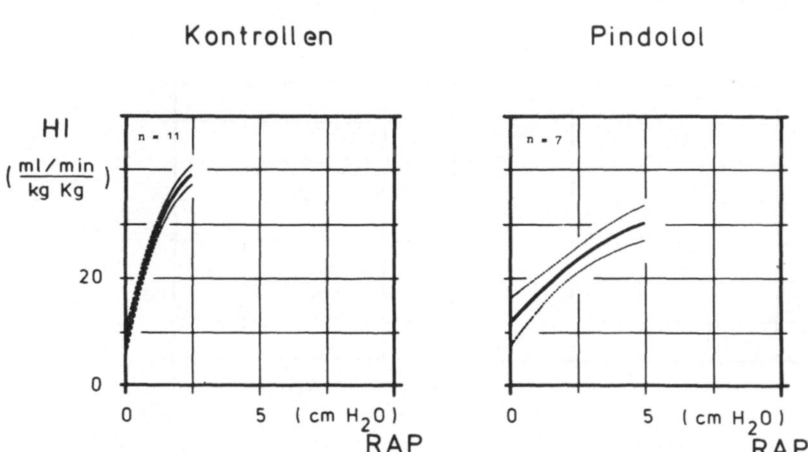

Abb. 56. Ventrikelfunktionskurven zur Quantifizierung der myokardialen Pumpleistung eines Kontroll-sowie eines unter Einwirkung von 7,9 mg Pinolol/l stehenden Kollektivs ($n = 11$ bzw. $n = 7$). Abszisse: rechtsatrialer Füllungsdruck (RAP) in cm H_2O; Ordinate: Herzindex (HI) in ml/min $\cdot$ kg KG. Dargestellt ist der mittlere Verlauf der Ventrikelfunktionskurven mit den Grenzen für den 95%-Vertrauensbereich

auch in einem vergleichbaren Umfang bei den Kontrollpräparaten zu beobachten ist. Bei einer Anhebung des Blutspiegels um insgesamt 12,5 cm steigt das Herzminutenvolumen bei den Kontrollherzen im Mittel um 11,0 ± 1,6 und bei den Pindolol-beeinträchtigten Herzen dagegen im Mittel noch um 10,6 ± 1,4 ml/min · kg KG an (p > 0,05) (Abb. 54).

Bei der kontrollierten Frequenzbelastung kann ebenso wie bei der kontrollierten Volumen- bzw. kontrollierten Widerstandsbelastung eine Einschränkung der myokardialen Leistungsfähigkeit verifiziert werden. Zwar wird im Vergleich zu den Kontrollen bei einer Erhöhung der Stimulationsfrequenz von 175 auf 200 Impulse/min noch kein signifikanter Unterschied des Kontraktionskraftgewinnes registriert, doch vermögen die Kontrollherzen im Gegensatz zu den durch Pindolol beeinträchtigten Herzen die Kontraktionskraft auch noch bei einer Anhebung der Stimulationsfrequenz auf insgesamt 225 Impulse/min zu vergrößern. Die maximale linksventrikuläre Druckanstiegsgeschwindigkeit steigt bei diesem Frequenzschritt bei den Kontrollherzen um 80 ± 91 Torr/s auf insgesamt 2.783 ± 385 Torr/s an, wohingegen in Gegenwart von Pindolol der Wert des Kontraktilitätsparameters dP/dt_{max} von 2.526 ± 264 bereits geringfügig auf 2.501 ± 264 Torr/s abfällt (Abb. 57).

Die Herzauswurfleistung, die durch das Einwirken der ED_{15} von Pindolol schon unter Standardbedingungen reduziert ist (Tabelle 10), kann bei einer Anhebung der Stimulationsfrequenz von 175 auf 200 Impulse/min nahezu unverändert auf diesem niedrigeren Niveau gehalten werden (Abb. 58). Der Herzindex fällt nur minimal um 0,1 ± 0,5 ml/min · kg KG (p > 0,05). Erst die weitere Erhöhung der Stimulationsfrequenz führt zu einem ausgeprägten Rückgang der Herzauswurfleistung. Das Ausmaß dieser Leistungseinbuße übersteigt signifikant den Umfang der unter gleichen Bedingungen zu beobachtenden Herzminutenvolumenreduktion der Kontrollherzen. Statt einer Minderung des Herzindex um 1,0 ± 0,6 ml/min · kg KG beläuft sich die Reduktion in Gegenwart der ED_{15} von Pindolol auf 2,3 ± 1,4 ml/min · kg KG (p < 0,05).

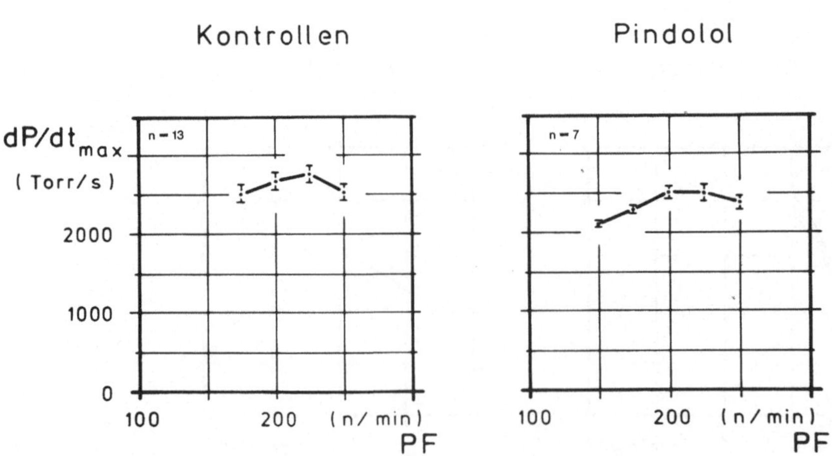

Abb. 57. Verhalten der maximalen linksventrikulären Druckanstiegsgeschwindigkeit in Abhängigkeit von verschiedenen Stimulationsfrequenzen bei einem Kontroll- sowie einem unter Einwirkung von 7,9 mg Pindolol/l stehenden Kollektiv (n = 13 bzw. n = 7). Abszisse: Stimulationsfrequenz (PF) in n/min; Ordinate: maximale linksventrikuläre Druckanstiegsgeschwindigkeit (dP/dt_{max}) in Torr/s. Dargestellt sind $\bar{x}$ und $s_{\bar{x}}$

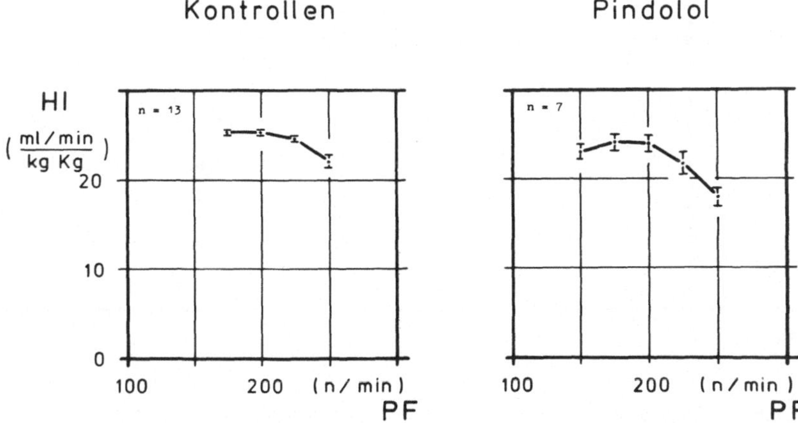

Abb. 58. Verhalten des Herzindex in Abhängigkeit von verschiedenen Stimulationsfrequenzen bei einem Kontroll- sowie einem unter Einwirkung von 7,9 mg Pindolol/l stehenden Kollektiv (n = 13 bzw. n = 7). Abszisse: Stimulationsfrequenz (PF) in n/min; Ordinate: Herzindex (HI) in ml/min · kg KG. Dargestellt sind $\bar{x}$ und $s_{\bar{x}}$

3.3.6 Oxprenolol

Aufgrund der β-adrenergen Eigenwirkung von Oxprenolol steigt die spontane Kontraktionsfrequenz sowie die maximale linksventrikuläre Druckanstiegsgeschwindigkeit der isolierten Herzpräparate sowohl im niedrigen wie auch im mittleren Dosierungsbereich über die Ausgangswerte an (Abb. 59, Abb. 60). Bei einer kumulativen Gesamtdosierung von 0,24 mg Oxprenolol/l, diese Dosis entspricht approximativ der für die Humantherapie empfohlenen minimalen i.v.-Initialdosierung, liegt die Herzschlagfolge im Mittel 2,5% und der Kontraktilitätsparameter dP/dt$_{max}$ im Mittel 1,5% über den vor der Oxprenolol-Gabe registrierten Wer-

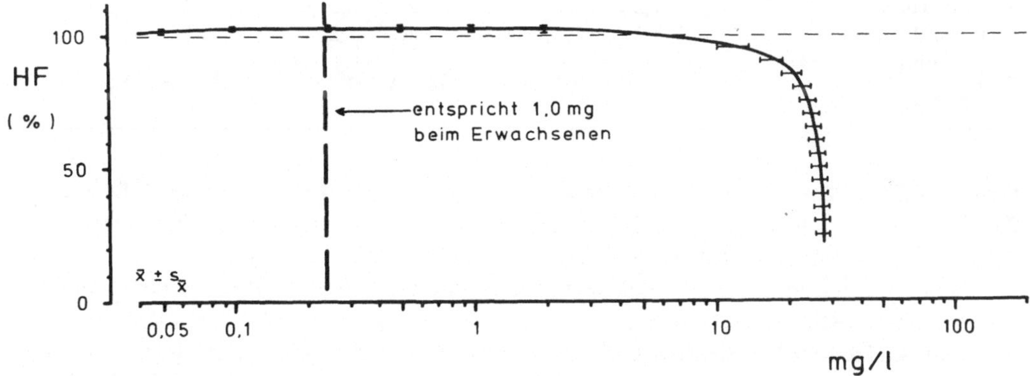

Abb. 59. Verhalten der spontanen Herzfrequenz bei kumulativer Steigerung der Oxprenolol-Gesamtdosierung (n = 7). Abszisse: kumulative Oxprenolol-Gesamtdosierung in mg/l; Ordinate: Änderung der spontanen Herzfrequenz (HF) in %. Die approximativ auf die Verhältnisse des Herz-Lungen-Präparates übertragene, für die Akuttherapie tachykarder Herzrhythmusstörungen empfohlene minimale i.v.-Initialdosierung von Oxprenolol ist durch eine senkrecht verlaufende, unterbrochene Linie gekennzeichnet

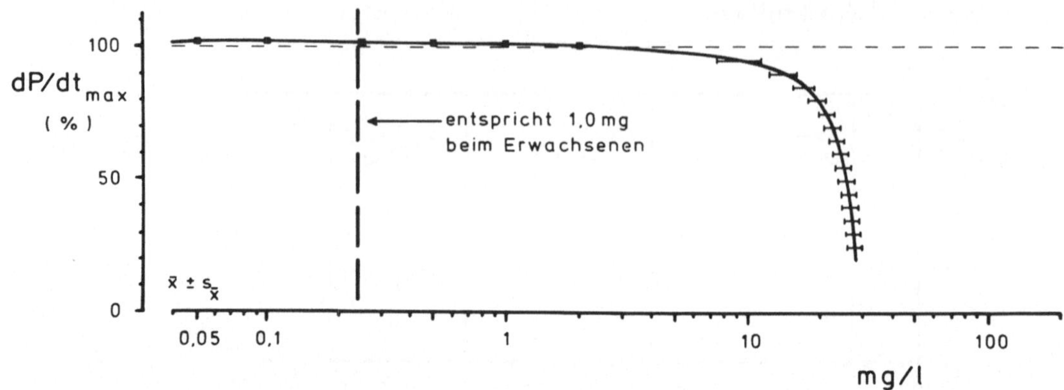

Abb. 60. Verhalten der maximalen linksventrikulären Druckanstiegsgeschwindigkeit bei kumulativer Steigerung der Oxprenolol-Gesamtdosierung (n = 7). Abszisse: kumulative Oxprenolol-Gesamtdosierung in mg/l; Ordinate: Änderung der maximalen linksventrikulären Druckanstiegsgeschwindigkeit (dP/dt_{max}) in %. Die approximativ auf die Verhältnisse des Herz-Lungen-Präparates übertragene, für die Akuttherapie tachykarder Herzrhythmusstörungen empfohlene minimale i.v.-Initialdosierung von Oxprenolol ist durch eine senkrecht verlaufende, unterbrochene Linie gekennzeichnet

Tabelle 11. Verhalten verschiedener kardiohämodynamischer Parameter vor und nach Zugabe von 0,24 mg Oxprenolol/l (diese Dosierung entspricht approximativ der empfohlenen minimalen i.v. zu applizierenden Initialdosis) bzw. von 17,5 mg Oxprenolol/l (diese Dosierung mindert den Inotropieparameter dP/dt_{max} im Mittel um 15% = ED_{15}) bei konstanter rechtsatrialer Vorhofstimulation. (n = 7); ($\bar{x} \pm s_x$)

	Ausgangswert	Oxprenolol 0,24 mg/l	Oxprenolol 17,5 mg/l
PR (n/min)	174 ± 15	174 ± 15	174 ± 15
LV dP/dt_{max} (Torr/s)	2633 ± 384	2673 ± 397	2236 ± 296
LV (Torr)	123,1 ± 8,1	123,9 ± 8,2	119,6 ± 6,9
LVEDP (Torr)	1,3 ± 1,2	1,3 ± 1,2	4,5 ± 2,1
RVP (Torr)	17,8 ± 3,1	17,9 ± 2,9	17,8 ± 2,0
RVEDP (Torr)	1,2 ± 0,7	1,2 ± 0,8	4,5 ± 1,5
RAP (cm H_2O)	1,3 ± 1,2	1,4 ± 1,2	4,7 ± 0,9
HI $\left(\dfrac{\text{ml/min}}{\text{kg KG}}\right)$	24,9 ± 0,5	24,9 ± 0,5	22,4 ± 1,5

ten (p > 0,05). Während die Kontraktionskraft des linken Ventrikels von 2.633 ± 384 auf 2.673 ± 397 Torr/s ansteigt (p > 0,05), können für die übrigen kardiohämodynamischen Parameter keine Änderungen registriert werden (Tabelle 11).

Bei weiter steigender Oxprenolol-Gesamtdosis wird der Effekt der β-adrenergen Stimulation zunehmend schwächer, so daß in Gegenwart von 2,6 mg Oxprenolol/l die maximale linksventrikuläre Druckanstiegsgeschwindigkeit und in Gegenwart von 5,3 mg Oxprenolol/l auch die spontane Kontraktionsfrequenz die Ausgangswerte wieder erreichen. Wird die Oxprenolol-Gesamtdosierung über 10,0 mg Oxprenolol/l erhöht, so resultiert eine dosisabhängige und stark zunehmende Einschränkung der Leistungsfähigkeit der Herzpräparate.

In Gegenwart von 17,5 mg Oxprenolol/l fällt die linksventrikuläre Kontraktionskraft um 15,0% von 2.633 ± 384 auf 2.236 ± 335 Torr/s ab (= ED_{15}). Für die spontane Herzschlagfolge kann ein Rückgang um 9,5% registriert werden. Als Folge der Inotropieminderung steigen die links- und rechtsventrikulären enddiastolischen Drücke von 1,3 ± 1,2 bzw. 1,2 ± 0,7 auf 4,5 ± 2,1 (p < 0,01) bzw. 4,5 ± 1,5 Torr an (p < 0,01). Die Herzauswurfleistung fällt von 24,9 ± 0,5 auf 22,4 ± 1,5 ml/min · kg KG signifikant ab (p < 0,01) (Tabelle 11).

Wird die Oxprenolol-Gesamtdosis noch weiter auf insgesamt 25,0 mg bzw. 27,5 mg Oxprenolol/l erhöht, so resultiert eine gravierende Beeinträchtigung der myokardialen Kontraktilität. Der Wert des Kontraktilitätsparameters dP/dt_{max} des linken Ventrikels erreicht im Mittel nur noch einen Wert, der 42,5 bzw. 64,0% unterhalb des Ausgangswertes liegt.

Um einen durch 0,05 mg Orciprenalin ausgelösten Herzfrequenzanstieg wirkungsvoll durch eine Teilblockade der β-Rezeptoren mittels Oxprenolol um 75% zu reduzieren, werden im Mittel 0,07 mg Oxprenolol/l benötigt (Abb. 61). Da erst bei einer Dosierung von im Mittel 17,5 mg Oxprenolol/l ein dP/dt_{max}-Verlust des linken Ventrikels von 15% registriert werden kann, läßt sich die spezifisch wirksame Oxprenolol-Dosis unbedenklich um den Faktor 250 erhöhen, ohne daß befürchtet werden muß, die Kontraktilität des Myokards infolge direkter Effekte um mehr als 15% zu reduzieren. Für Oxprenolol wurden keine Belastungsuntersuchungen durchgeführt.

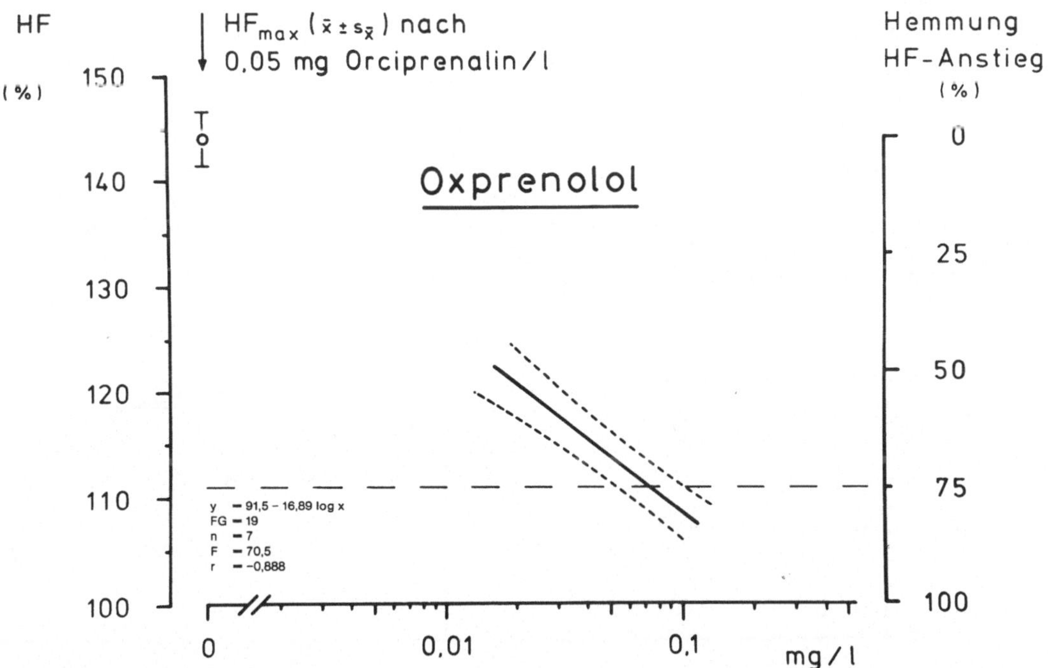

Abb. 61. Spezifische β-Rezeptoren-blockierende Wirkstärke von Oxprenolol (n = 7). Abszisse: Oxprenolol-Gesamtdosierung in mg/l; linke Ordinate: Änderung der spontanen Herzfrequenz (HF) in %; rechte Ordinate: Hemmung des durch Orciprenalin induzierten Herzfrequenzanstieges in %. 0% entspricht der mittleren Herzfrequenz nach Gabe von 0,05 mg Orciprenalin/l, 100% entspricht der Ausgangsfrequenz bei Versuchsbeginn. Dargestellt ist die lineare Regressionsgerade mit dem 95%-Vertrauensbereich

3.3.7 Practolol

In Gegenwart niedriger Dosierungen von Practolol werden sowohl die spontane Kontraktionsfrequenz wie auch die maximale linksventrikuläre Druckanstiegsgeschwindigkeit der isolierten Herzpräparate aufgrund der β-adrenergen Eigenwirkung dieser Substanz um jeweils
einen geringen Betrag erhöht (Abb. 62, Abb. 63). Bei identischen Dosierungen übertrifft
der prozentuale Umfang des Herzfrequenzanstieges jedoch stets den prozentualen Zuwachs
der myokardialen Kontraktionskraft. Bei einer Dosierung von 2,4 mg Practolol/l, diese Dosierung entspricht approximativ der für die Humantherapie empfohlenen minimalen i.v.-Ini-
tialdosierung, läßt sich am isolierten Herzpräparat bereits kein adrenerger Stimulationseffekt

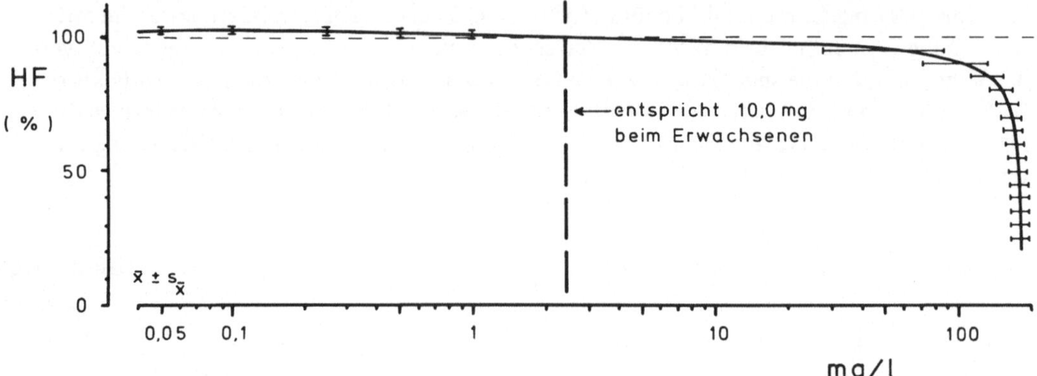

Abb. 62. Verhalten der spontanen Herzfrequenz bei kumulativer Steigerung der Practolol-Gesamtdosierung (n = 7). Abszisse: kumulative Practolol-Gesamtdosierung in mg/l; Ordinate: Änderung der spontanen
Herzfrequenz (HF) in %. Die approximativ auf die Verhältnisse des Herz-Lungen-Präparates übertragene,
für die Akuttherapie tachykarder Herzrhythmusstörungen empfohlene minimale i.v.-Initialdosierung von
Practolol ist durch eine senkrecht verlaufende, unterbrochene Linie gekennzeichnet

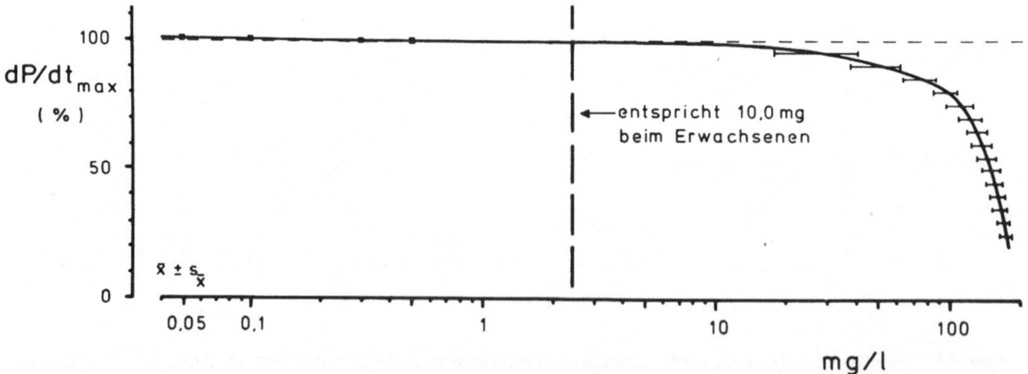

Abb. 63. Verhalten der maximalen linksventrikulären Druckanstiegsgeschwindigkeit bei kumulativer Steigerung der Practolol-Gesamtdosierung (n = 7). Abszisse: kumulative Practolol-Gesamtdosierung in mg/l;
Ordinate: Änderung der maximalen linksventrikulären Druckanstiegsgeschwindigkeit (dP/dt$_{max}$) in %.
Die approximativ auf die Verhältnisse des Herz-Lungen-Präparates übertragene, für die Akuttherapie
tachykarder Herzrhythmusstörungen empfohlene minimale i.v.-Initialdosierung von Practolol ist durch
eine senkrecht verlaufende, unterbrochene Linie gekennzeichnet

mehr nachweisen. Sowohl die Herzfrequenz wie auch der Wert des Kontraktilitätsparameters dP/dt_{max} liegen wieder im Ausgangsbereich. Ein vergleichbares Verhalten kann auch bei den übrigen gemessenen bzw. errechneten kardiohämodynamischen Parametern registriert werden (Tabelle 12).

Tabelle 12. Verhalten verschiedener kardiohämodynamischer Parameter vor und nach Zugabe von 0,10 mg Practolol/l (diese Dosierung entspricht approximativ der empfohlenen minimalen i.v. zu applizierenden Initialdosis) bzw. von 7,9 mg Practolol/l (diese Dosierung mindert den Inotropieparameter dP/dt_{max} im Mittel um 15% = ED_{15}) bei konstanter rechtsatrialer Vorhofstimulation. (n = 7); ($\bar{x} \pm s_{\bar{x}}$)

	Ausgangswert	Practolol 2,40 mg/l	Practolol 78,0 mg/l
PR (n/min)	172 ± 12	172 ± 12	172 ± 12
LV dP/dt_{max} (Torr/s)	2431 ± 382	2430 ± 372	2044 ± 394
LVP (Torr)	114,6 ± 6,8	114,0 ± 7,0	108,4 ± 6,0
LVEDP (Torr)	2,0 ± 2,2	2,1 ± 2,1	5,5 ± 1,7
RVP (Torr)	16,9 ± 2,7	17,0 ± 2,8	20,0 ± 3,8
RVEDP (Torr)	0,8 + 0,9	0,8 + 0,9	5,0 ± 1,4
RAP (cm H_2O)	1,5 ± 1,6	1,6 ± 1,5	5,9 ± 1,9
HI $\left(\dfrac{ml/min}{kg\,KG}\right)$	25,2 ± 0,2	25,1 ± 0,2	20,9 ± 2,7

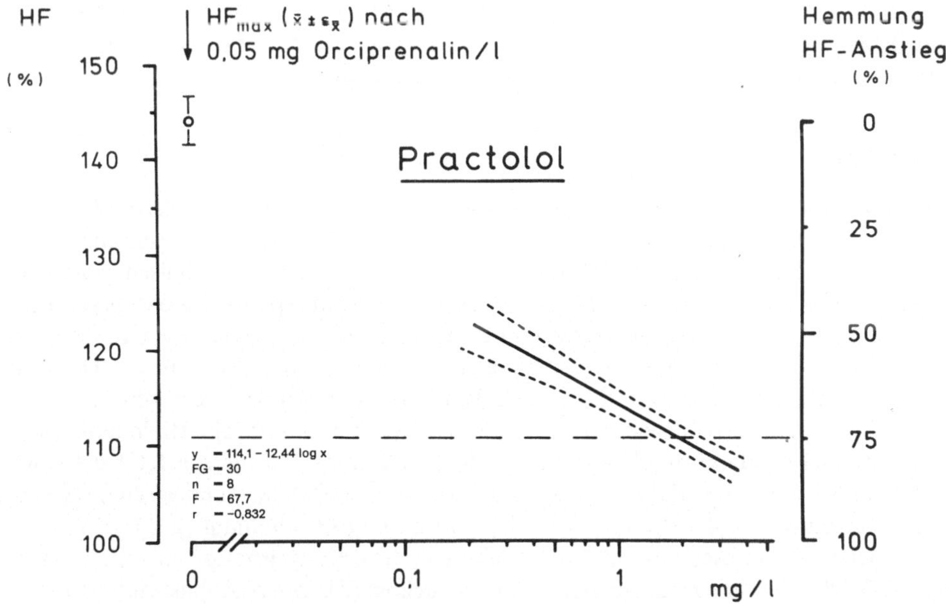

Abb. 64. Spezifische β-Rezeptoren-blockierende Wirkstärke von Practolol (n = 8). Abszisse: Practolol-Gesamtdosierung in mg/l; linke Ordinate: Änderung der spontanen Herzfrequenz (HF) in %; rechte Ordinate: Hemmung des durch Orciprenalin reduzierten Herzfrequenzanstieges in %. 0% entspricht der mittleren Herzfrequenz nach Gabe von 0,05 mg Orciprenalin/l, 100% entspricht der Ausgangsherzfrequenz bei Versuchsbeginn. Dargestellt ist die lineare Regressionsgerade mit dem 95%-Vertrauensbereich

Wird die Practolol-Gesamtdosierung schrittweise durch kumulative Einzelgaben weiter gesteigert, so kann bis zu einer Practolol-Gesamtdosis von insgesamt 20,0 mg/l ein dosisabhängiger und nur langsam zunehmender Rückgang der spontanen Herzschlagfolge wie auch der maximalen linksventrikulären Druckanstiegsgeschwindigkeit beobachtet werden.

Die noch weitere Erhöhung der Practolol-Gesamtmenge führt dann zu einer prozentual wesentlich stärkeren Beeinträchtigung der myokardialen Kontraktionskraft als der spontanen Herzfrequenz. Bei einer Gesamtdosis von 78,0 mg Practolol/l beläuft sich der Inotropieverlust im Mittel auf 15,0% (= ED_{15}), wohingegen die spontane Herzfrequenz erst um 7,0% abfällt. Als Folge dieser Kontraktionskraftminderung steigen die links- und rechtsventrikulären enddiastolischen Drücke von 2,0 ± 2,2 bzw. 0,8 ± 0,9 auf 5,5 ± 1,7 (p < 0,01) bzw. 5,0 ± 1,4 Torr an (p < 0,01). Die Herzminutenvolumenleistung fällt gleichzeitig von 25,2 ± 0,2 auf 20,9 ± 2,7 ml/min · kg KG ab (p < 0,01) (Tabelle 12).

Eine durch die Gabe von 0,05 mg Orciprenalin/l ausgelöste Herzfrequenzsteigerung läßt sich durch die Applikation von 1,79 mg Practolol/l infolge der daraus resultierenden Teilblockade der β-Rezeptoren auf 25% reduzieren (Abb. 64). Diese spezifisch wirksame Practolol-Dosis kann entsprechend der gewählten Definition des Sicherheitsabstandes unbedenklich um den Faktor 43,6 gesteigert werden, ohne daß der durch direkte Einwirkung verursachte Kontraktilitätsverlust die 15%-Grenze überschreitet.

Für den β-Rezeptoren-Blocker Practolol wurden keine Belastungsuntersuchungen durchgeführt.

3.4 Verhalten der spontanen Kontraktionsfrequenz sowie der Kontraktionsdynamik des isolierten, intakten und in situ schlagenden Herzens in Gegenwart von Halothan, Enfluran sowie der Neuroleptanalgesie

3.4.1 Halothan

In Gegenwart von Halothan wird die myokardiale Leistungsfähigkeit der isolierten Herzen bereits ab einer Konzentration von 0,1 Vol.% Halothan sowohl direkt negativ chronotrop wie auch direkt negativ inotrop beeinflußt (Abb. 65, Abb. 66). Bei einer klinisch gebräuchlichen Halothan-Konzentration von 0,5 Vol.% Halothan fällt die spontane Kontraktionsfrequenz der isolierten Herzpräparate im Mittel bereits um 6,5% ab. Gleichzeitig wird die maximale linksventrikuläre Druckanstiegsgeschwindigkeit im Mittel um 7,7% reduziert. Der Wert des Kontraktilitätsparameters dP/dt_{max} des linken Ventrikels verringert sich von 2.413 ± 275 auf 2.226 ± 307 Torr/s (Tabelle 13). Als Folge dieser Kontraktionskraftminderung steigen die links- und rechtsventrikulären enddiastolischen Ventrikeldrücke von 1,1 ± 0,4 bzw. 0,8 ± 0,4 auf 3,1 ± 2,2 (p < 0,05) bzw. 1,4 ± 1,0 Torr (p > 0,05) an, wohingegen das Herzminutenvolumen von 25,4 ± 0,7 auf 23,3 ± 1,8 ml/min · kg KG abnimmt (p < 0,05).

Bei einer Konzentration von 0,8 Vol.% Halothan, diese Konzentration entspricht nahezu dem MAC-Wert des erwachsenen Menschen bei alleiniger Halothan-Applikation (0,77 Vol.%) [96], beläuft sich der Rückgang der spontanen Herzschlagfolge im Mittel bereits auf 12,5%, wohingegen die maximale linksventrikuläre Druckanstiegsgeschwindigkeit im Mittel sogar um insgesamt 21,0% abfällt. Jede weitere Erhöhung der Halothan-Konzentration führt zu einer stark zunehmenden Einbuße der kardialen Leistungsfähigkeit. In Gegenwart von 1,0 Vol.% Halothan kann für die spontane Herzfrequenz ein Rückgang um 15,0% und für die

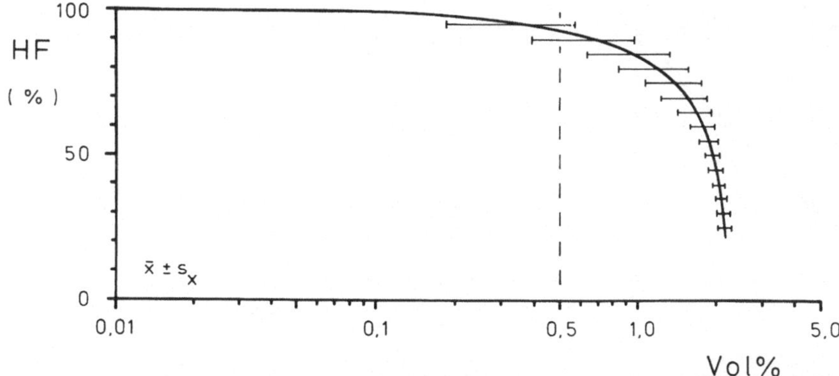

Abb. 65. Verhalten der spontanen Herzfrequenz bei schrittweiser Steigerung der Halothan-Konzentration (n = 5). Abszisse: Halothan-Konzentration in Vol.%; Ordinate: Änderung der spontanen Herzfrequenz (HF) in Prozent (%). Die bei den nachfolgenden Untersuchungen überprüfte Halothan-Konzentration ist durch eine senkrecht verlaufende, durchbrochene Linie gekennzeichnet

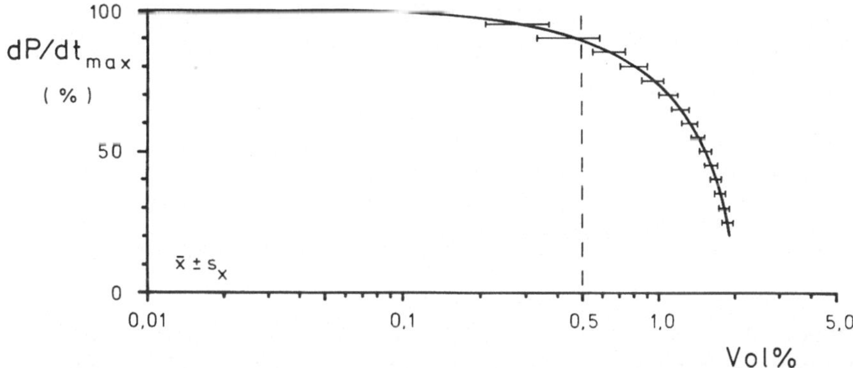

Abb. 66. Verhalten der maximalen linksventrikulären Druckanstiegsgeschwindigkeit bei schrittweiser Steigerung der Halothan-Konzentration (n = 5). Abszisse: Halothan-Konzentration in Vol.%; Ordinate: Änderung der maximalen linksventrikulären Druckanstiegsgeschwindigkeit (dP/dt_{max}) in Prozent (%). Die bei den nachfolgenden Untersuchungen überprüfte Halothan-Konzentration ist durch eine senkrecht verlaufende, durchbrochene Linie gekennzeichnet

Tabelle 13. Verhalten verschiedener kardiohämodynamischer Parameter vor und nach Zugabe von 0.5 Vol.% Halothan bei konstanter rechtsatrialer Vorhofstimulation. (n = 7), ($\bar{x} \pm s_x$); Belastungskollektiv

	Ausgangswert	Halothan 0,5 Vol.%
PR (n/min)	173 ± 5	173 ± 5
LV dP/dt_{max} (Torr/s)	2413 ± 275	2226 ± 307
LVP (Torr)	122,5 ± 10,9	122,2 ± 9,1
LVEDP (Torr)	1,1 ± 0,4	3,1 ± 2,2
RVP (Torr)	15,4 ± 2,3	15,5 ± 2,7
RVEDP (Torr)	0,8 ± 0,4	1,4 ± 1,0
RAP (cm H_2O)	0,8 ± 0,7	1,7 ± 1,2
HI $\left(\dfrac{ml/min}{kg\,KG}\right)$	25,4 ± 0,7	23,3 ± 1,8

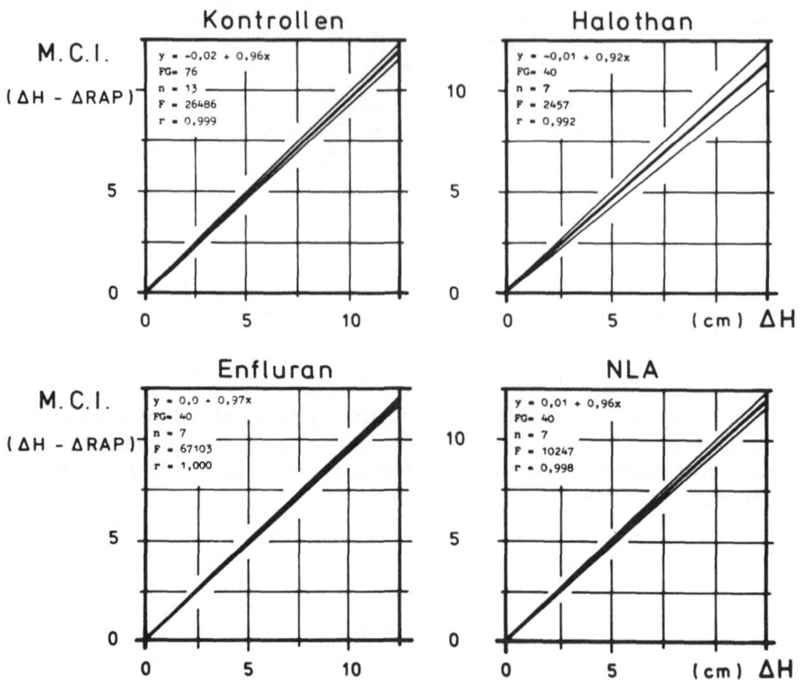

Abb. 67. Myokardialer Competence-Index bei Kontrollen (n = 13), bei Gabe von 0,5 Vol.% Halothan (n = 7), 1,1 Vol.% Enfluran (n = 7) bzw. 3,0 mg Dehydrobenzperidol/l plus 0,075 mg Fentanyl/l (n = 7). Abszisse: Änderung der Reservoirblutspiegelhöhe (ΔH) in cm; Ordinate: Myokardialer Competence-Index (M.C.I.) errechnet aus der Differenz ΔH — ΔRAP. Dargestellt ist die lineare Regression mit der Standardabweichung

Kontraktionskraft des linken Ventrikels eine Reduktion um insgesamt 26,0% registriert werden. Bei 1,5 Vol.% Halothan liegen die prozentualen Einbußen bereits bei 27,0 bzw. 48,0%.

Durch eine Halothan-Konzentration von 0,5 Vol.% Halothan werden die myokardialen Kompensationsmechanismen der isolierten Herzpräparate bereits in einem nicht zu vernachlässigenden Umfang beeinträchtigt. Die Bestimmung des myokardialen Competence-Index zeigt, daß durch 0,5 Vol.% Halothan die kardiale Pumpfunktion in einem bereits signifikanten Umfang eingeschränkt wird (Abb. 67). Während bei den Kontrollpräparaten für die Differenz ΔH — ΔRAP in der höchsten Belastungsstufe ein Wert von 11,9 ± 0,3 cm H_2O errechnet werden kann, beläuft sich der vergleichbare Differenzbetrag in Gegenwart von 0,5 Vol.% Halothan auf 11,4 ± 0,9 cm H_2O (p > 0,05).

Die durch Halothan verursachte Reduktion der myokardialen Pumpleistung wird durch den Verlauf der Ventrikelfunktionskurve noch eindrucksvoller als durch das Ergebnis des myokardialen Competence-Index dokumentiert (Abb. 68). Statt eines Herzindex von 39,4 ± 3,7 ml/min · kg KG, wie er für die Kontrolltiere bei einem rechtsatrialen Vorhofdruck von 2,5 cm H_2O errechnet wird, beläuft sich der Herzindex unter dem Einfluß von 0,5 Vol.% Halothan und identischem Vorhofdruck nur auf 30,8 ± 6,9 ml/min · kg KG (p < 0,01). Bei einem rechten Vorhofdruck von 5 cm H_2O wird in Gegenwart von 0,5 Vol.% Halothan bereits im Mittel die maximal mögliche Herzauswurfleistung mit 38,3 ± 5,1 ml/min · kg KG erreicht. Dieses Herzminutenvolumen liegt immer noch unterhalb des Wertes, der bei den Kontrollen in Gegenwart eines rechten Vorhofdruckes von 2,5 cm H_2O gefunden wird.

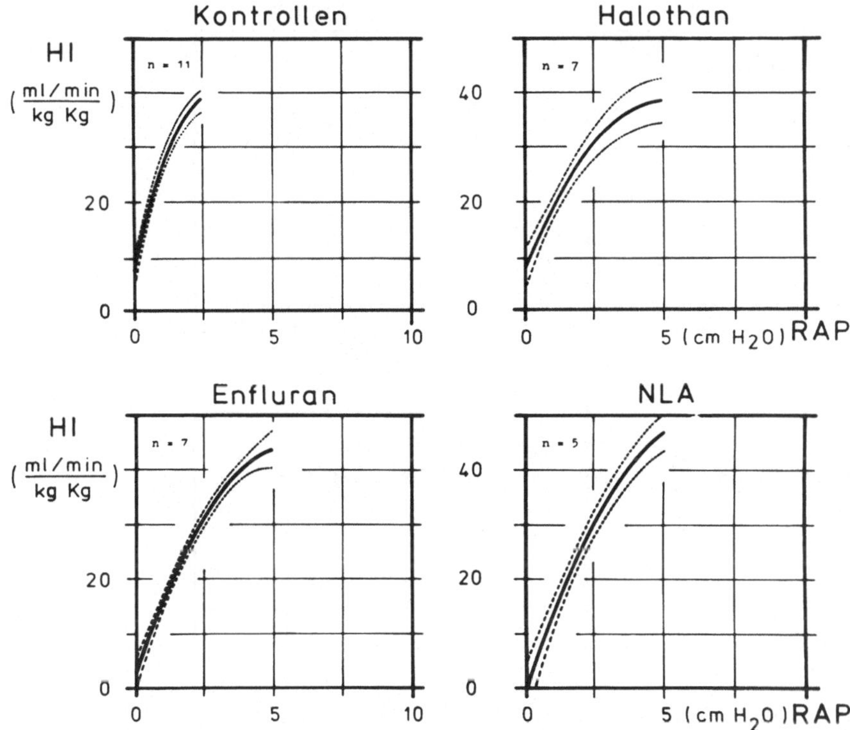

Abb. 68. Ventrikelfunktionskurven zur Quantifizierung der myokardialen Pumpleistung eines Kontroll-
sowie eines unter Einwirkung von 0,5 Vol.% Halothan bzw. 1,1 Vol.% Enfluran bzw. 3,0 mg Dehydro-
benzperidol/l plus 0,075 mg Fentanyl/l stehenden Kollektivs (n = 11; n = 7; n = 7; n = 5). Abszisse:
rechtsatrialer Füllungsdruck (RAP) in cm H_2O; Ordinate: Herzindex (HI) in ml/min · kg KG. Dargestellt
ist der mittlere Verlauf der Ventrikelfunktionskurven mit den Grenzen für den 95%-Vertrauensbereich

Die signifikante Einschränkung der myokardialen Leistungsfähigkeit der isolierten Herzpräparate durch die Gabe von 0,5 Vol.% Halothan wird auch durch die kontrollierten Wider-
stands-, Volumen- und Frequenzbelastungsuntersuchungen bestätigt (Abb. 69, Abb. 70,
Abb. 71, Abb. 72). Neben einer Reduktion der Absolutwerte der maximalen linksventrikulären Druckanstiegsgeschwindigkeiten sowie der Herzauswurfleistungen in den verschiedenen
Belastungsstufen wird zusätzlich eine Einschränkung der myokardialen Kompensationsbreite aufgedeckt. Die Erhöhung des aortalen Windkesseldruckes von 75 auf 150 Torr, die bei
den Kontrollen eine Kontraktionskraftsteigerung um 1.593 ± 385 Torr/s verursacht, führt
in Gegenwart von 0,5 Vol.% Halothan nur noch zu einem Kontraktionskraftgewinn von 900
± 280 Torr/s (p > 0,01). Die Erhöhung des hydrostatischen Druckes vor dem rechten Herzen um insgesamt 12,5 cm H_2O löst bei den Kontrollpräparaten eine Herzminutenvolumensteigerung um 11,0 ± 1,6 ml/min · kg KG und bei den unter Halothan-Einwirkung stehenden
Herzen um 10,0 ± 2,5 ml/min · kg KG aus (p > 0,05).
Die Steigerung der rechtsatrialen Stimulationsfrequenz von 175 auf 200 Impulse/min
führt bei den Vergleichspräparaten zu einer Erhöhung der Kontraktionskraft um 176 ± 96
Torr/s. In Gegenwart von 0,5 Vol.% Halothan beläuft sich der Kontraktionskraftzuwachs dagegen auf 100 ± 79 Torr/s (p > 0,05). Die weitere Anhebung der Stimulationsfrequenz auf
insgesamt 225 Impulse/min wird von den Kontrollen mit einer zusätzlichen Steigerung der

Kontrollen
Halothan
dP/dt_max
(Torr/s)
y = 323,0 + 21,29 x
FG = 50
n = 13
F = 108,7
r = 0,828
y = 966,6 + 12,07 x
FG = 26
n = 7
F = 24,3
r = 0,695
3000
2000
1000
0
75   100   125   150
75   100   (Torr)   SR
Enfluran
NLA
dP/dt_max
(Torr/s)
y = 391,6 + 20,21 x
FG = 30
n = 8
F = 73,2
r = 0,842
y = 337,1 + 19,97 x
FG = 26
n = 7
F = 72,5
r = 0,858
3000
2000
1000
0
75   100   125   150
75   100   (Torr)   SR

Abb. 69

Kontrollen
Halothan
HI
(ml/min / kg Kg)
y = 20,2 + 0,87 x
FG = 76
n = 13
F = 585,0
r = 0,940
y = 18,9 + 0,83 x
FG = 40
n = 7
F = 154,6
r = 0,891
30
20
10
0
0   5   10
0   5   (cm)   ΔH
Enfluran
NLA
HI
(ml/min / kg Kg)
y = 19,2 + 0,94 x
FG = 46
n = 7
F = 490,7
r = 0,956
y = 20,0 + 1,01 x
FG = 40
n = 7
F = 1113,7
r = 0,983
30
20
10
0
0   5   10
0   5   (cm)   ΔH

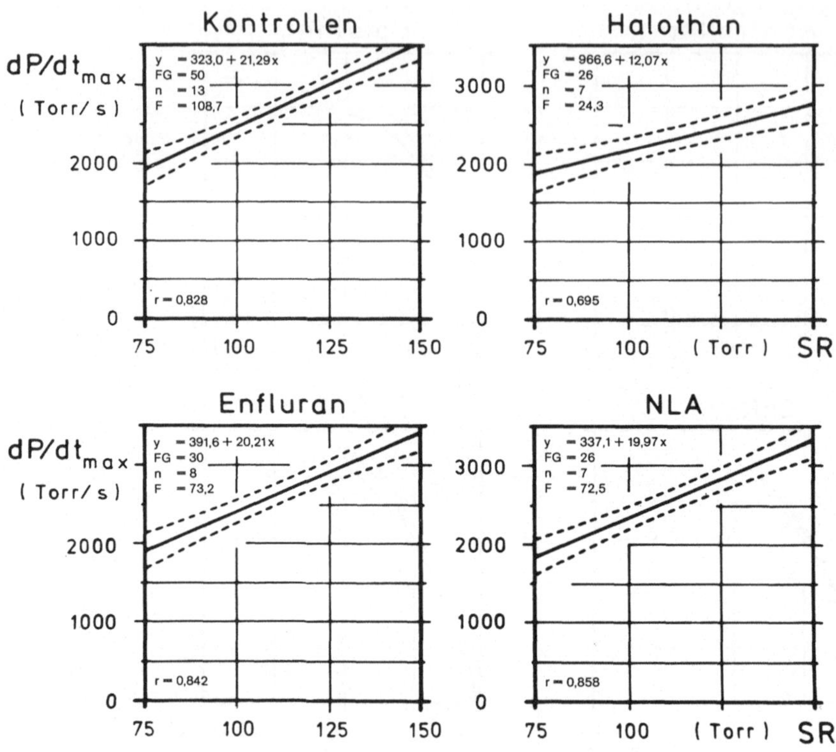

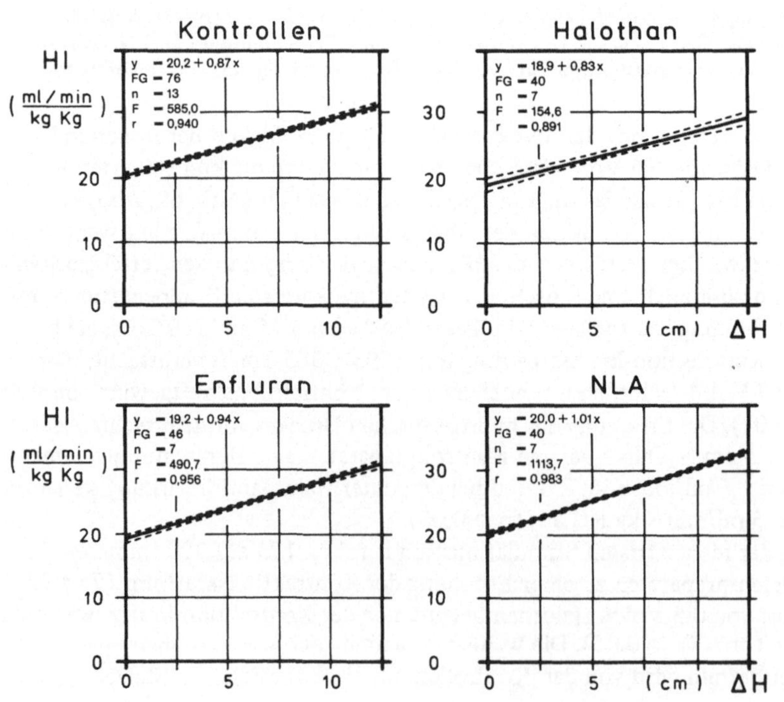

Abb. 70

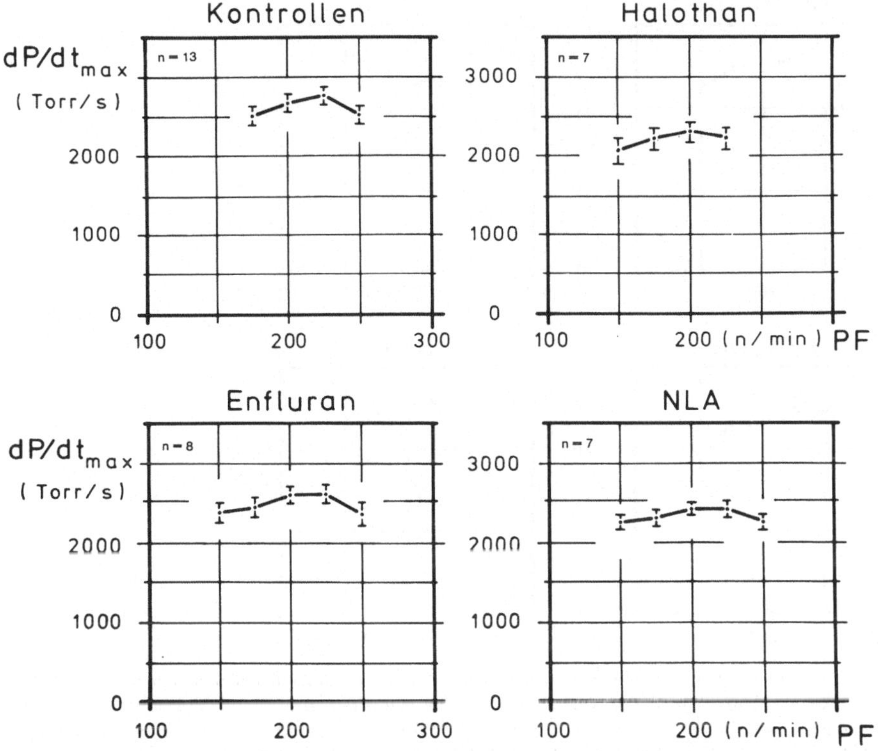

Abb. 71. Verhalten der maximalen linksventrikulären Druckanstiegsgeschwindigkeit in Abhängigkeit von verschiedenen Stimulationsfrequenzen bei einem Kontrollkollektiv (n = 13) sowie in Gegenwart von 0,5 Vol.% Halothan (n = 7), 1,1 Vol.% Enfluran (n = 8) bzw. 3,0 mg Dehydrobenzperidol plus 0,075 mg Fentanyl/l (n = 7). Abszisse: Stimulationsfrequenz (PF) in n/min; Ordinate: maximale linksventrikuläre Druckanstiegsgeschwindigkeit (dP/dt$_{max}$) in Torr/s. Dargestellt sind $\bar{x}$ und $s_{\bar{x}}$

maximalen linksventrikulären Druckanstiegsgeschwindigkeit um 99 $\pm$ 92 Torr/s beanwortet. Im Mittel wird ein dP/dt$_{max}$-Wert von 2.783 $\pm$ 385 Torr/s erreicht. Wird jedoch diese Belastungsuntersuchung in Gegenwart von 0,5 Vol.-% Halothan durchgeführt, so ist bereits ein Abfall des dP/dt$_{max}$-Wertes auf 2.261 $\pm$ 353 Torr/s zu beobachten (p < 0,05).

Neben dieser Beeinträchtigung des Kontraktionskraftverhaltens durch die Gabe von 0,5 Vol.-% Halothan kann im Rahmen der kontrollierten Frequenzbelastung auch eine Reduktion der maximal möglichen Herzauswurfleistung in den verschiedensten Belastungsstufen

---

◄**Abb. 69.** Linksventrikuläre Widerstandsbelastung bei einem Kontrollkollektiv (n = 13) sowie in Gegenwart von 0,5 Vol.% Halothan (n = 7), 1,1 Vol.% Enfluran (n = 8) bzw. 3,0 mg Dehydrobenzperidol/l plus 0,075 mg Fentanyl/l (n = 7). Abszisse: Druck im aortalen Windkessel (SR) in Torr; Ordinate: maximale linksventrikuläre Druckanstiegsgeschwindigkeit (dP/dt$_{max}$) in Torr/s. Dargestellt sind die linearen Regressionsgeraden mit dem 95%-Vertrauensbereich

Abb. 70. Volumenbelastung des Herzens bei einem Kontrollkollektiv (n = 13) sowie in Gegenwart von 0,5 Vol.% Halothan (n = 7), 1,1 Vol.% Enfluran (n = 7) bzw. 3,0 mg Dehydrobenzperidol/l plus 0,075 mg Fentanyl (n = 7). Abszisse: Änderung der Reservoirblutspiegelhöhe (ΔH) in cm; Ordinate: Herzindex in ml/min · kg KG. Dargestellt sind die linearen Regressionsgeraden mit dem 95%-Vertrauensbereich

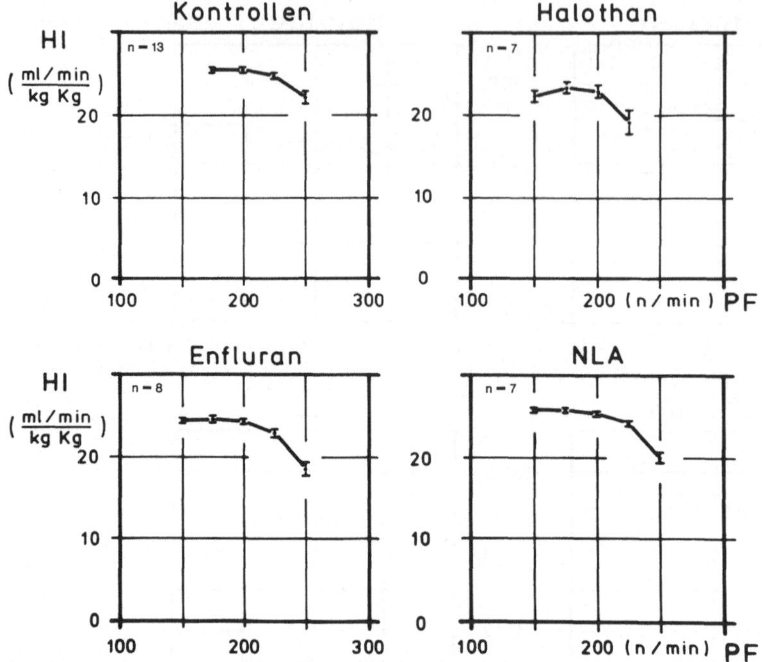

Abb. 72. Verhalten des Herzindex in Abhängigkeit von verschiedenen Stimulationsfrequenzen bei einem Kontrollkollektiv ($n = 13$) sowie in Gegenwart von 0,5 Vol.% Halothan ($n = 7$), 1,1 Vol.% Enfluran ($n = 8$) bzw. 3,0 mg Dehydrobenzperidol/l plus 0,075 mg Fentanyl/l ($n = 7$). Abszisse: Stimulationsfrequenz (PF) in n/min; Ordinate: Herzindex (HI) in ml/min · kg KG. Dargestellt sind $\bar{x}$ und $s_{\bar{x}}$

registriert werden. Während die Kontrollpräparate das Herzminutenvolumen bei einer Frequenzerhöhung von 175 auf 200 Impulse/min noch nahezu konstanthalten ($-0,1 \pm 0,2$ ml/min · kg KG) ($p > 0,05$). Die weitere Erhöhung der Stimulationsfrequenz auf 225 Impulse/min verursacht bei den Kontrollen schließlich einen Rückgang der Herzauswurfleistung — jeweils bezogen auf den Wert bei einer Stimulationsfrequenz von 175 Impulsen/min — um $1,0 \pm 0,6$ und bei den unter Halothan-Einfluß stehenden Herzen bereits um $4,2 \pm 4,1$ ml/min · kg KG ($p < 0,05$).

3.4.2 Enfluran

Enfluran verfügt über eine ausgeprägte, direkt negativ chronotrope Eigenwirkung (Abb. 73). Bereits ab einer Konzentration von 0,15 Vol.-% Enfluran kann ein mit steigender Enfluran-Konzentration zunehmender Rückgang der spontanen Kontraktionsfrequenz der isolierten Herzen registriert werden. Bei 1,1 Vol.-% Enfluran, diese Konzentration ist äquieffektiv zu 0,5 Vol.-% Halothan, fällt die spontane Kontraktionsfrequenz im Mittel bereits um 12,0% gegenüber dem Ausgangswert ab. Bei einer Konzentration von 1,7 Vol.-% Enfluran, diese Konzentration entspricht nahezu dem MAC-Wert des Menschen (1,68 Vol.-% Enfluran) [143] beträgt die Frequenzminderung bereits 16,0%.

Vergleicht man das prozentuale Ausmaß der durch Enfluran induzierten Frequenzreduktion mit dem korrespondierenden prozentualen Umfang der Minderung der maximalen links-

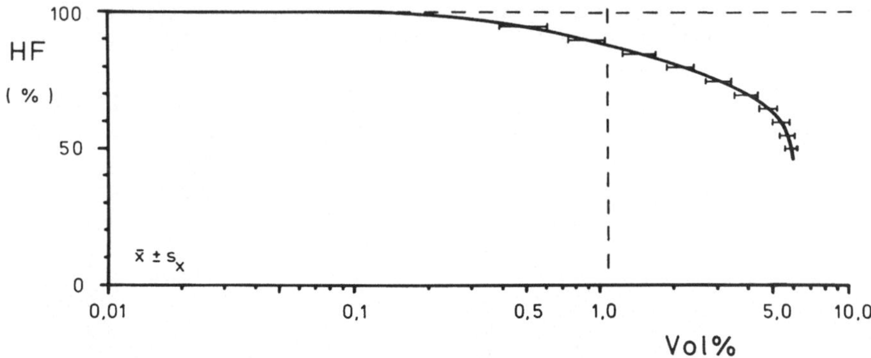

Abb. 73. Verhalten der spontanen Herzfrequenz bei schrittweiser Steigerung der Enfluran-Konzentration (n = 7). Abszisse: Enfluran-Konzentration in Vol.%; Ordinate: Änderung der spontanen Herzfrequenz (HF) in Prozent (%). Die bei den nachfolgenden Untersuchungen überprüfte Enfluran-Konzentration ist durch eine senkrecht verlaufende, durchbrochene Linie gekennzeichnet

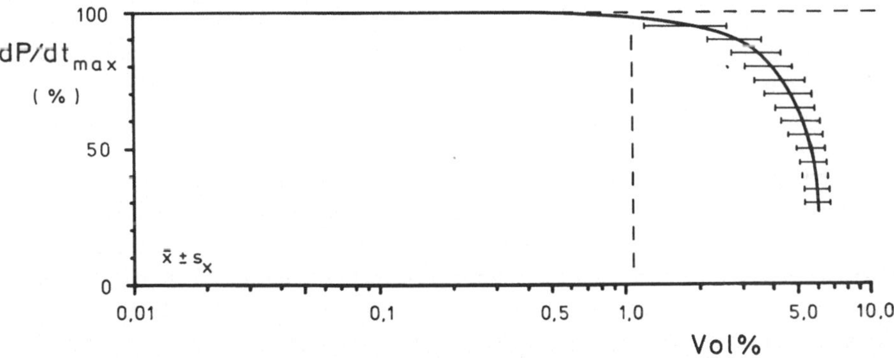

Abb. 74. Verhalten der maximalen linksventrikulären Druckanstiegsgeschwindigkeit bei schrittweiser Steigerung der Enfluran-Konzentration (n = 7). Abszisse: Enfluran-Konzentration in Vol.%; Ordinate: Änderung der maximalen linksventrikulären Druckanstiegsgeschwindigkeit (dP/dt_{max}) in Prozent (%). Die bei den nachfolgenden Untersuchungen überprüfte Enfluran-Konzentration ist durch eine senkrecht verlaufende, durchbrochene Linie gekennzeichnet

ventrikulären Druckanstiegsgeschwindigkeit, so zeigt sich, daß der direkt negativ chronotrope Effekt des Enflurans mit Ausnahme extrem hoher Enfluran-Konzentrationen wesentlich stärker ausgebildet ist, als der direkt negativ inotrope Effekt (Abb. 74). Ab einer Konzentration von 0,55 Vol.-% Enfluran kann erstmals überhaupt ein Rückgang der Kontraktionskraft des linken Ventrikels registriert werden. Bei 1,1 Vol.-% Enfluran beträgt die Inotropieeinbuße erst 3,9%, dP/dt_{max} fällt im Mittel von 2.443 ± 384 auf 2.348 ± 350 Torr/s ab (p > 0,05) bzw. 0,5 ± 0,4 Torr (p > 0,05) ab (p > 0,05) (Tabelle 14). Als Folge dieser nur mäßigen Kontraktionskraftminderung steigt sowohl der links- wie auch der rechtsventrikuläre enddiastolische Füllungsdruck nur geringfügig von 1,8 ± 1,0 bzw. 0,4 ± 0,4 auf 2,3 ± 1,5 (p > 0,05) bzw. 0,5 ± 0,4 Torr (p > 0,05) an. Die Herzauswurfleistung fällt gleichzeitig nur um einen Minimalbetrag von 24,9 ± 0,6 auf 24,4 ± 0,7 ml/min · kg KG ab (p > 0,05).

Wird die Enfluran-Konzentration weiter gesteigert, so läßt sich auch im höheren Konzentrationsbereich ein deutlich geringerer Effekt auf die maximale linksventrikuläre Druckan-

Tabelle 14. Verhalten verschiedener kardiohämodynamischer Parameter vor und nach Zugabe von 1,1 Vol.% Enfluran bei konstanter rechtsatrialer Vorhofstimulation. ($n = 8$); ($\bar{X} \pm s_X$); Belastungskollektiv

	Ausgangswert	Enfluran 1,1 Vol.%
PR (n/min)	166 ± 9	166 ± 9
LV dP/dt$_{max}$ (Torr/s)	2443 ± 384	2348 ± 350
LVP (Torr)	120,9 ± 6,6	118,9 ± 6,1
LVEDP (Torr)	1,8 ± 1,0	2,3 ± 1,5
RVP (Torr)	16,6 ± 3,1	15,0 ± 2,2
RVEDP (Torr)	0,4 ± 0,4	0,5 ± 0,4
RAP (cm H$_2$O)	0,1 ± 0,1	0,2 ± 0,2
HI $\left(\dfrac{ml/min}{kg\,KG} \right)$	24,9 ± 0,6	24,4 ± 0,7

stiegsgeschwindigkeit als auf die spontane Herzschlagfolge registrieren. Bei 1,7 Vol.-% Enfluran beträgt der dP/dt$_{max}$-Verlust im Mittel 4,0%, wohingegen die spontane Herzfrequenz bereits um 16,0% abnimmt. In Gegenwart einer Enfluran-Konzentration von 3,5 Vol.-% liegt die Inotropiereduktion bei 15,0% und die Minderung der spontanen Kontraktionsfrequenz dagegen bereits bei 27%.

Die hämodynamische Leistungsbreite der isolierten Herzpräparate wird durch eine Zufuhr von 1,1 Vol.-% Enfluran nur in einem sehr begrenzten Umfang eingeschränkt. Bei der Bestimmung des myokardialen Competence-Index kann für die höchste Belastungsstufe ein Differenzbetrag ΔH − ΔRAP von 12,1 ± 0,3 cm H$_2$O errechnet werden (Abb. 67). Bei den Kontrollpräparaten beträgt der entsprechende Wert dagen 11,9 ± 0,8 cm H$_2$O (p > 0,05).

Während also aufgrund des myokardialen Competence-Index sogar eine minimale Verbesserung der Pumpfunktion der isolierten Herzen zu erwarten ist, demonstriert demgegenüber der Verlauf der Ventrikelfunktionskurven, daß die Gabe von 1,1 Vol.-% Enfluran unzweifelhaft eine Reduktion der Herzauswurfleistung zur Folge hat (Abb. 68). Während die Kontrollherzen bei einem rechten Vorhofdruck von 2,5 cm H$_2$O im Mittel ein Herzminutenvolumen von 39,4 ± 3,7 ml/min · kg KG fördern, kann für die unter Einwirkung von 1,1 Vol.-% Enfluran stehenden Herzen bei indentischem Vorhofdruck nur ein Herzindex von 33,1 ± 2,0 ml/min · kg KG (p < 0,01) errechnet werden. Erst die durch Steigerung der venösen Zufuhr ausgelöste Erhöhung des rechtsatrialen Druckes auf 3,25 cm H$_2$O führt zu einer Anhebung der Auswurfleistung auf insgesamt 39,5 ± 3,4 ml/min · kg KG.

Die nachlastabhängige Steigerungsfähigkeit der maximalen linksventrikulären Druckanstiegsgeschwindigkeit wird durch die Applikation von 1,1 Vol.-% Enfluran nicht signifikant beeinträchtigt. Während die schrittweise Erhöhung des aortalen Windkesseldruckes von 75 auf 150 Torr bei den Kontrollpräparaten zu einer Erhöhung der Kontraktionskraft um insgesamt 1.593 ± 385 Torr/s führt, kann unter dem Einfluß von 1,1 Vol.-% Enfluran noch ein Inotropiegewinn von 1.508 ± 244 Torr/s (p > 0,05) registriert werden (Abb. 69).

Auch die kontrollierte Volumenbelastung der isolierten Herzpräparate zeigt, daß die myokardialen Kompensationsmechanismen durch die Applikation von 1,1 Vol.-% Enfluran höchstens in einem geringfügigen Umfang beeinträchtigt werden (Abb. 70). Durch das Erhöhen des Blutspiegels im Blutreservoir um insgesamt 12,5 cm über das Ausgangsniveau steigt die Herzauswurfleistung der unter dem Einfluß von 1,1 Vol.-% stehenden Herzen um

11,5 ± 1,1 ml/min · kg KG an. Bei den Kontrollpräparaten kann dagegen ein Zuwachs von 11,0 ± 1,6 ml/min · kg KG (p > 0,05) registriert werden.

Ein vergleichbares Verhalten der Herzfunktion wie bei den vorhergehenden Belastungsuntersuchungen kann auch bei der kontrollierten Frequenzbelastung beobachtet werden (Abb. 71, Abb. 72). Die Erhöhung der Stimulationsfrequenz von 175 auf 200 Impulse/min führt in Gegenwart von 1,1 Vol.-% Enfluran zu einer Kontraktionskraftsteigerung um insgesamt 158 ± 94 Torr/s. Bei den Kontrollherzen nimmt die maximale linksventrikuläre Druckanstiegsgeschwindigkeit unter identischen Versuchsbedingungen um 176 ± 96 Torr/s (p > 0,05) zu. Trotz dieser Kontraktionskraftsteigerung kommt es zu keiner weiteren Erhöhung des Herzminutenvolumens. Während unter dem Einfluß von Enfluran ein Rückgang um 0,2 ± 0,3 ml/min · kg KG (p > 0,05) beobachtet wird, liegt der entsprechende Wert der Kontrolltiere bei 0,1 ± 0,2 ml/min · kg KG.

Eine weitere Erhöhung der rechtsatrialen Stimulationsfrequenz auf insgesamt 225 Impulse/min führt in beiden Kollektiven zu einem geringfügigen zusätzlichen Kontraktionskraftgewinn. Diese Kontraktionskraftsteigerung genügt jedoch nicht, eine zunehmende Einschränkung der Herzauswurfleistung hintanzuhalten. In Gegenwart von 1,1 Vol.-% Enfluran beläuft sich die Reduktion des Herzindex, bezogen auf den Wert bei 175 Impulsen/min, bereits auf 1,7 ± 1,1 ml/min · kg KG (p < 0,05). Bei den Kontrollpräparaten ist der Rückgang etwas weniger stark ausgeprägt. Die Herzauswurfleistung fällt im Mittel um 1,0 ± 0,6 ml/min · kg KG (p > 0,05) ab.

3.4.3 Neuroleptanalgesie

Die im klinischen Routinebetrieb für den erwachsenen Patienten gebräuchliche Dosiskombination von 12,5 mg Dehydrobenzperidol und 0,3 mg Fentanyl führt, wie die approximative Übertragung dieser Dosierung auf die Verhältnisse des Herz-Lungen-Präparates demonstriert, zu keiner signifikanten Änderung des inotropen Zustandes der isolierten Herzen. Die maximale linksventrikuläre Druckanstiegsgeschwindigkeit der isolierten Herzen wird durch diese approximativ übertragene Dosierung von 3,0 mg Dehydrobenzperidol/1 plus 0,075 mg Fentanyl/1 um weniger als 1,0% gemindert. Der Wert von dP/dt_{max} verringert sich

Tabelle 15. Verhalten verschiedener kardiohämodynamischer Parameter vor und nach Zugabe von 3,0 mg Dehydrobenzperidol/1 plus 0,075 mg Fentanyl/1 bei konstanter rechtsatrialer Vorhofstimulation. ($n = 7$); ($\bar{x} \pm s_X$); Belastungskollektiv

	Ausgangswert		NLA	
PR (n/min)	179	± 7	179	± 7
LV dP/dt_{max} (Torr/s)	2381	± 231	2359	± 254
LVP (Torr)	118,3 ±	5,5	118,4 ±	5,6
LVEDP (Torr)	2,1 ±	1,0	2,1 ±	1,3
RVP (Torr)	23,6 ±	6,0	24,7 ±	7,6
RVEDP (Torr)	0,8 ±	0,4	0,9 ±	0,4
RAP (Torr)	0,6 ±	0,6	0,3 ±	0,2
HI $\left(\dfrac{ml/min}{kg\,KG}\right)$	25,7 ±	0,5	25,7 ±	0,6

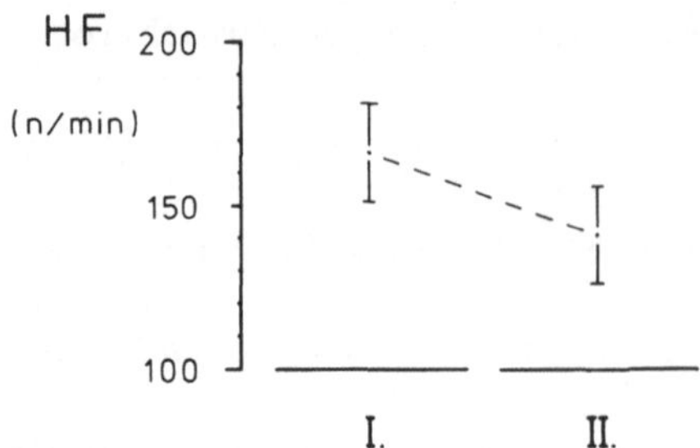

Abb. 75. Verhalten der spontanen Herzfrequenz in Gegenwart von 3,0 mg Dehydrobenzperidol/l plus
0,075 mg Fentanyl/l ($n = 30$). Abszisse: I. Kontrolle, II. 3,0 mg Dehydrobenzperidol/l plus 0,075 mg
Fentanyl/l. Ordinate: spontane Herzfrequenz (HF) in n/min. Dargestellt sind $\bar{x}$ und s_x

von 2.381 ± 231 auf 2.539 ± 254 Torr/s ($p > 0,05$). Für die übrigen gemessenen bzw. errechneten kardiohämodynamischen Parameter können gleichfalls keine signifikanten Abweichungen registriert werden (Tabelle 15).

Während die ausgewählte Neuroleptanalgesie-Dosierung praktisch keinen negativen Einfluß auf das Kontraktionskraftverhalten der isolierten Herzpräparate ausübt, wird die spontane Herzschlagfolge bereits signifikant negativ chronotrop beeinflußt (Abb. 75). Bei insgesamt 30 unabhängig voneinander untersuchten Herzen fällt die Herzfrequenz im Mittel von
166 ± 15 auf 151 ± 15 Kontraktionen/min ab ($p < 0,05$). Ebenso wie unter Standardbedingungen in Gegenwart der approximativ auf die Verhältnisse des Herz-Lungen-Präparates
übertragenen Neuroleptanalgesie-Dosierung keine Änderung der linksventrikulären Kontraktionskraft gesehen wird, kann auch unter kontrollierten Belastungsbedingungen keine
signifikante Beeinträchtigung der myokardialen Kompensationsmechanismen der isolierten
Herzen durch die Dosierung von 3,0 mg Dehydrobenzperidol/1 plus 0,075 mg Fentanyl/1
beobachtet werden.

Bei der Bestimmung des myokardialen Competence-Index findet sich in der höchsten
Belastungsstufe ein Differenzbetrag $\Delta H - \Delta RAP$ von $12,5 \pm 0,4$ cm H_2O (Abb. 67). Dieser
Wert unterscheidet sich nicht signifikant von dem vergleichbaren Kontrollwert von $11,9 \pm$
$0,3$ cm H_2O ($p > 0,05$).

Unter dem Einfluß der Neuroleptanalgesie wird die Ventrikelfunktionskurve gleichfalls
wie in Gegenwart von Halothan und Enfluran in Richtung auf niedrigere Herzminutenvolumina sowie höhere rechtsatriale Drücke verlagert. Bei einem rechten Vorhofdruck von
$2,5$ mg H_2O beträgt die Herzauswurfleistung der Kontrollherzen im Mittel $39,4 \pm 3,7$ ml/min
· kg KG, wohingegen in Gegenwart von 3,0 mg Dehydrobenzperidol/1 plus 0,075 mg Fen-
tanyl/l eine Auswurfleistung von $31,4 \pm 4,7$ ml/min · kg KG bestimmt wird ($p < 0,05$).
Während jedoch bei einem rechtsatrialen Druck von 5,0 cm H_2O unter dem Einwirken von
0,5 Vol.-% Halothan bereits das Kurvenmaximum erreicht wird ($38,3 \pm 5,1$ ml/min · kg KG),
zeigt die Ventrikelfunktionskurve in Gegenwart von 1,1 Vol.-% Enfluran ($43,8 \pm 4,4$ ml/min
· kg KG) und erst recht in Gegenwart der überprüften Neuroleptanalgesiedosierung noch einen deutlich ansteigenden Verlauf ($46,6 \pm 4,1$ ml/min · kg KG) (Abb. 68).

Die kontrollierten Widerstands-, Volumen- und Frequenzbelastungsuntersuchungen bestätigen ebenfalls den nur geringfügigen Rückgang der myokardialen Leistungsbreite nach
Gabe von Dehydrobenzperidol und Fentanyl (Abb. 69, 70, 71, 72). So erhöht sich beispielsweise die Kontraktionskraft der Kontrollpräparate bei einer Steigerung des Druckes
im Starling-Ventil von 75 auf 150 Torr um insgesamt 1.593 ± 385 Torr/s, wohingegen nach

Gabe von 3,0 mg Dehydrobenzperidol plus 0,075 mg Fentanyl/1 sich der Kontraktionskraftzugewinn noch immer auf 1.453 ± 582 Torr/s beläuft (p > 0,05).

Die Erhöhung des hydrostatischen Druckes vor dem rechten Herzen um insgesamt 12,5 cm H_2O verursacht bei den Kontrollpräparaten eine Steigerung des Herzminutenvolumens um 11,0 ± 1,6 ml/min · kg KG. In Gegenwart der Neuroleptanalgesie kann sogar ein Zuwachs von 12,6 ± 0,9 ml/min · kg KG gemessen werden (p < 0,05).

Die Erhöhung der rechtsatrialen Stimulationsfrequenz von 175 auf 200 bzw. 225 Impulse/min führt in Gegenwart der Neuroleptanalgesiedosierung von 3,0 mg Dehydrobenzperidol plus 0,075 mg Fentanyl/1 zu einem insgesamt geringeren Frequenzinotropiegewinn wie auch stärkeren Rückgang der Herzauswurfleistung als bei den Kontrollpräparaten. Während die maximale linksventrikuläre Druckanstiegsgeschwindigkeit bei den Kontrolltieren um 176 ± 96 bzw. zusätzlich um 99 ± 92 Torr/s ansteigt und das Herzminutenvolumen um 0,1 ± 0,2 bzw. insgesamt um 1,0 ± 0,6 ml/min · kg KG abfällt, wird in Gegenwart der Neuroleptanalgesiedosierung ein Zuwachs der Kontraktionskraft um 116 ± 84 bzw. ein Abfall um 1 ± 90 Torr/s sowie ein Rückgang des Herzindex um 0,4 ± 0,1 bzw. 1,6 ± 0,7 ml/min · kg KG registriert (p jeweils > 0,05).

3.5 Verhalten der spontanen Kontraktionsfrequenz sowie der Kontraktionsdynamik des isolierten, intakten und in situ schlagenden Herzens in Gegenwart β-Rezeptoren-blockierender Substanzen bei gleichzeitigem Einwirken von Halothan, Enfluran oder der Neuroleptanalgesie

3.5.1 Propranolol und Halothan bzw. Enfluran bzw. Neuroleptanalgesie

Die kumulativen Propranolol-Dosis-Wirkungskurven zur Ermittlung des dosisabhängigen Verhaltens der spontanen Herzfrequenz sowie der linksventrikulären Druckanstiegsgeschwindigkeit werden in Gegenwart der untersuchten Narkotika jeweils um einen Betrag verschoben, der allein dem narkotikabedingten Effekt anzulasten ist (Abb. 76, Abb. 77). Eine Propranolol-Gesamtdosis von 0,24 mg Propranolol/1 mindert die spontane Kontraktionsfrequenz der isolierten Herzen im Mittel um 6,0%. Werden jedoch gleichzeitig Anaesthetika zugeführt, so beträgt der Gesamtverlust in Gegenwart von 0,5 Vol.-% Halothan 10,5%, in Gegenwart von 1,1 Vol.-% Enfluran 9,0% und in Gegenwart der Kombination von 3,0 mg Dehydrobenzperidol/1 und 0,075 mg Fentanyl/1 10,5%. Der jeweilige direkt negativ chronotrope Effekt der Anaesthetika beläuft sich hierbei — diese Untersuchung wurde jeweils vor der kumulativen Gabe von ß-Rezeptorenblocker-Substanzen durchgeführt — bei 0,5 Vol.-% Halothan im Mittel auf 8,5% bei 1,1 Vol.-% Enfluran im Mittel auf 7,0% und bei der Neuroleptanalgesie im Mittel auf 9,0%. Somit verbleibt eine Frequenzeinbuße von 2,0, 2,0 bzw. 1,5%, die allein durch die zusätzliche Gabe von Propranolol zu erklären ist.

Ein vergleichbares Verhalten kann auch bei höheren Propranolol-Dosierungen beobachtet werden. Beispielsweise fällt die spontane Herzschlagfolge bei einer alleinigen Gabe von 10,0 mg Propranolol/1 im Mittel um 17,5% ab. Werden jedoch Propanolol und 0,5 Vol.-% Halothan gleichzeitig zugeführt, so wird die Herzfrequenz um insgesamt 24,0% gemindert. Bei einem Austausch von Halothan gegen die äquieffektiven Dosierungen von Enfluran bzw. der Neuroleptanalgesie beläuft sich die Frequenzminderung auf insgesamt 25,0 bzw. 28,0%. Da die initial bestimmte narkotikabedingte Frequenzabnahme jeweils 8,5, 7,0 bzw. 9,0% be-

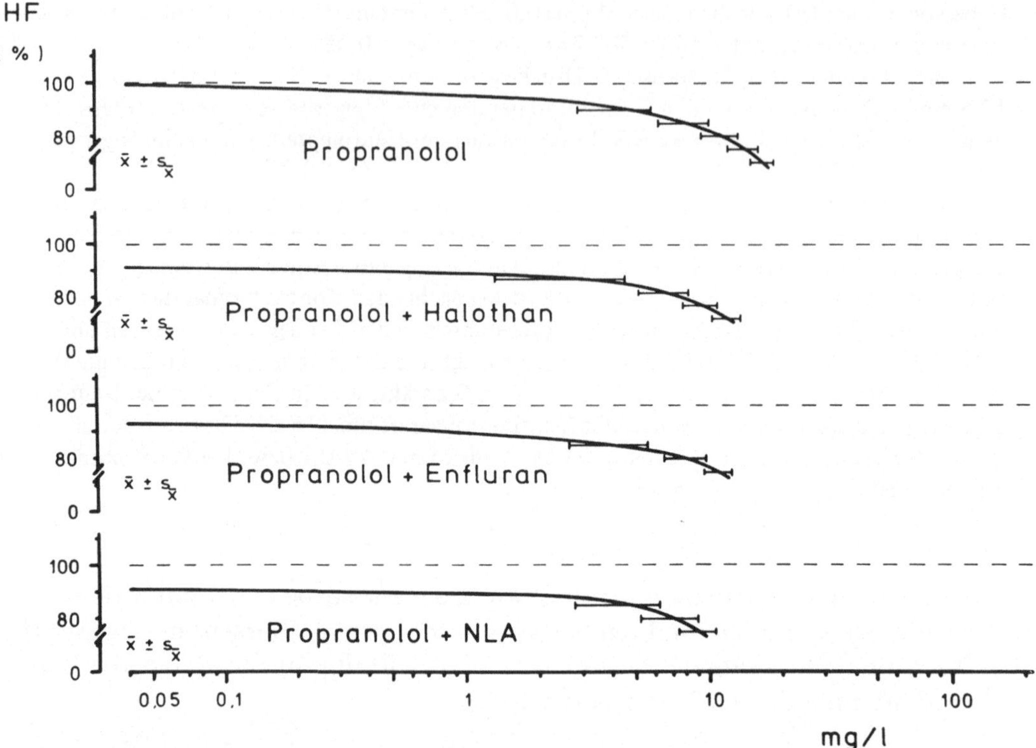

Abb. 76. Verhalten der spontanen Herzfrequenz bei schrittweiser Steigerung der Propranolol-Gesamtdosierung ohne Zugabe eines Narkotikums (n = 7) bzw. in Gegenwart von 0,5 Vol.% Halothan, 1,1 Vol.%
Enfluran oder 3,0 mg Dehydrobenzperidol/l plus 0,075 mg Fentanyl/l (jeweils n = 5). Abszisse: kumulative Propranolol-Gesamtdosierung in mg/l; Ordinate: Änderung der spontanen Herzfrequenz (HF) in
Prozent (%)

trägt, muß der Differenzbetrag von 1,5, 1,8 bzw. 19,0% allein dem negativen chronotropen
Propranolol-Effekt zugeschrieben werden.

Der Verlauf der Dosis-dP/dt$_{max}$-Wirkungskurven bei alleiniger Gabe von Propranolol
oder aber bei gleichzeitiger Zufuhr von 0,5 Vol.-% Halothan bzw. 1,1 Vol.-% Enfluran bzw.
der äquieffektiven Neuroleptanalgesie-Dosierung zeigt, daß die direkt myokarddepressiven
Propranolol- und Narkotikaeigeneffekte sich gleichfalls additiv auf das Kontraktionskraftverhalten der isolierten Herzen auswirken. Beispielsweise wird die maximale linksventrikuläre
Druckanstiegsgeschwindigkeit durch die alleinige Gabe von 0,5 Vol.-% Halothan von 2.401 ±
auf 2.261 ± 142 Torr/s (p < 0,05) gemindert (Tabelle 16). Werden statt Halothan jeweils
die entsprechenden Dosierungen von Enfluran bzw. der Neuroleptanalgesie appliziert, so
kann ein Rückgang der Kontraktionskraft von 2.301 ± 431 auf 2.210 ± 403 (p > 0,05)
bzw. von 2.403 ± 296 auf 2.383 ± 292 Torr/s (p > 0,05) registriert werden (Tabelle 17,
Tabelle 18).

Wird in Gegenwart dieser Narkotikadosierungen zusätzlich 0,24 mg Propranolol/l appliziert, so verursacht dies in keiner Untersuchungsgruppe einen relevanten zusätzlichen Inotropieverlust. Die dP/dt$_{max}$-Werte belaufen sich nach der Gabe von Propranolol auf 2.250 ±
134 bzw. 2.201 ± 398 bzw. 2.371 ± 286 Torr/s (p jeweils > 0,05). Wird diese Propranolol-
Dosis ohne Narkotikazusatz in das venöse Reservoir gegeben, so läßt sich ebenfalls kein

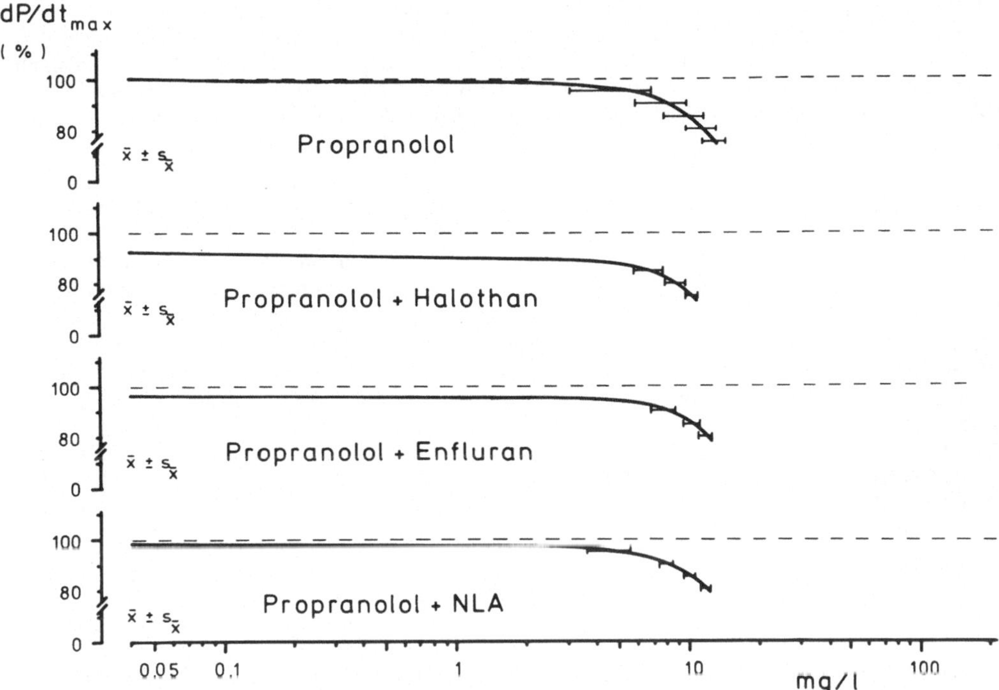

Abb. 77. Verhalten der maximalen linksventrikulären Druckanstiegsgeschwindigkeit bei schrittweiser Steigerung der Propranolol-Gesamtdosierung ohne Zugabe eines Narkotikums ($n = 7$) bzw. in Gegenwart von 0,5 Vol.% Halothan, 1,1 Vol.% Enfluran oder 3,0 mg Dehydrobenzperidol/l plus 0,075 mg Fentanyl/l (jeweils $n = 5$). Abszisse: kumulative Propranolol-Gesamtdosierung in mg/l; Ordinate: Änderung der maximalen linksventrikulären Druckanstiegsgeschwindigkeit (dP/dt_{max}) in Prozent (%)

Tabelle 16. Verhalten verschiedener kardiohämodynamischer Parameter vor und nach Zugabe von 0,5 Vol.% Halothan bzw. 0,5 Vol.% Halothan plus 0,24 mg Propanolol/l (diese Dosierung entspricht approximativ der empfohlenen minimalen i.v. zu applizierenden Initialdosis) bzw. 0,5 Vol.% Halothan plus 10,0 mg Propranolol/l (diese Dosierung mindert den Inotropieparameter dP/dt_{max} im Mittel um 15% = ED_{15}) bei konstanter rechtsatrialer Vorhofstimulation. ($n = 7$); ($\bar{x} \pm s_x$); Belastungskollektiv

	Ausgangswert	Halothan 0,5 Vol.%	Halothan 0,5 Vol.% + Propranolol 0,24 mg/l	Halothan 0,5 Vol.% + Propranolol 10,0 mg/l
PR (n/min)	168 ± 14	168 ± 14	168 ± 14	168 ± 14
LV dP/dt_{max} (Torr/s)	2401 ± 106	2261 ± 142	2250 ± 134	1873 ± 103
LVP (Torr)	121,8 ± 4,7	119,4 ± 4,8	119,3 ± 4,7	114,6 ± 4,1
LVEDP (Torr)	1,6 ± 1,1	4,1 ± 1,3	4,3 ± 1,0	6,8 ± 3,0
RVP (Torr)	19,2 ± 6,7	18,6 ± 7,2	18,5 ± 7,2	18,3 ± 7,5
RVEDP (Torr)	0,8 ± 0,7	1,4 ± 0,3	1,4 ± 0,6	2,5 ± 1,3
RAP (cm H_2O)	0,6 ± 0,5	1,7 ± 0,6	1,7 ± 0,7	4,2 ± 2,1
HI $\left(\dfrac{ml/min}{kg\,KG}\right)$	24,6 ± 0,4	23,0 ± 0,6	22,9 ± 0,6	19,9 ± 2,9

Tabelle 17. Verhalten verschiedener kardiohämodynamischer Parameter vor und nach Zugabe von
1,1 Vol.% Enfluran bzw. 1,1 Vol.% Enfluran plus 0,24 mg Propranolol/l (diese Dosierung entspricht
approximativ der empfohlenen minimalen i.v. zu applizierenden Initialdosis) bzw. 1,1 Vol.% Enfluran plus
10,0 mg Propranolol/l (diese Dosierung mindert den Inotropieparameter dP/dt_{max} im Mittel um 15% =
ED_{15}), bei konstanter rechtsatrialer Vorhofstimulation. (n = 7); ($\bar{x} \pm s_{\bar{x}}$); Belastungskollektiv

	Ausgangswert	Enfluran 1,1 Vol.%	Enfluran 1,1 Vol.% + Propranolol 0,24 mg/l	Enfluran 1,1 Vol.% + Propranolol 10,0 mg/l
PR (n/min)	180 ± 7	180 ± 7	180 ± 7	180 ± 7
LV dP/dt_{max} (Torr/s)	2301 ± 431	2210 ± 403	2201 ± 398	2031 ± 390
LVP (Torr)	116,9 ± 7,0	114,8 ± 6,5	114,6 ± 6,4	112,2 ± 4,7
LVEDP (Torr)	2,9 ± 1,0	3,7 ± 1,1	3,7 ± 1,3	6,2 ± 1,2
RVP (Torr)	15,8 ± 3,2	15,9 ± 2,5	15,9 ± 2,4	14,6 ± 2,2
RVEDP (Torr)	1,2 ± 0,6	1,4 ± 0,7	1,4 ± 0,6	2,0 ± 0,9
RAP (cm H_2O)	0,7 ± 0,7	1,0 ± 0,7	1,0 ± 0,8	2,3 ± 1,1
HI $\left(\dfrac{ml/min}{kg\ KG}\right)$	25,5 ± 0,7	25,2 ± 0,8	25,1 ± 0,9	22,1 ± 2,1

Tabelle 18. Verhalten verschiedener kardiohämodynamischer Parameter vor und nach Zugabe von
3,0 mg Dehydrobenzperidol/l plus 0,075 mg Fentanyl/l bzw. der gleichen Neuroleptanalgesie-Dosierung
plus 0,24 mg Propranolol/l (diese Dosierung entspricht approximativ der empfohlenen minimalen i.v. zu
applizierenden Initialdosis) oder plus 10,0 mg Propranolol/l (diese Dosierung mindert den Inotropieparameter dP/dt_{max} im Mittel um 15% = ED_{15}) bei konstanter rechtsastrialer Vorhofstimulation. (n = 7);
($\bar{x} \pm s_{\bar{x}}$); Belastungskollektiv

	Ausgangswert	NLA	NLA + Propranolol 0,24 mg/l	NLA + Propranolol 10,0 mg/l
PR (n/min)	169 ± 19	169 ± 19	169 ± 19	169 ± 19
LV dP/dt_{max} (Torr/s)	2403 ± 296	2383 ± 292	2371 ± 286	2097 ± 307
LVP (Torr)	114,8 ± 4,6	114,2 ± 4,6	114,1 ± 4,2	110,9 ± 7,4
LVEDP (Torr)	1,6 ± 0,9	1,7 ± 1,0	1,7 ± 0,9	3,2 ± 2,0
RVP (Torr)	17,2 ± 2,2	17,3 ± 1,8	17,5 ± 1,8	16,1 ± 1,7
RVEDP (Torr)	0,9 ± 0,5	1,0 ± 0,5	1,0 ± 0,5	1,3 ± 0,6
RAP (cm H_2O)	0,7 ± 0,4	0,8 ± 0,2	0,8 ± 0,2	1,6 ± 0,7
HI $\left(\dfrac{ml/min}{kg\ KG}\right)$	25,2 ± 0,6	25,0 ± 0,7	25,0 ± 0,7	22,5 ± 2,2

relevanter Rückgang der linksventrikulären Kontraktionskraft beobachten: dP/dt_{max} vermindert sich geringfügig von 2.404 ± 119 um 0,5% auf 2.397 ± 119 Torr/s (p > 0,05)
(Tabelle 5).

Ein vergleichbares additives Einwirken der direkt myokarddepressiven ß-Rezeptoren-
blocker- und Narkotikaeigeneffekte kann auch bei höheren Propranolol-Dosierungen be-

stätigt werden (Abb. 77). Eine Dosis von 9,0 mg Propranolol/l verringert die linksventrikuläre Kontraktionskraft im Mittel um 11,5%. Wird die identische Propranolol-Dosis zusammen mit 0,5 Vol.-% Halothan bzw. 1,1 Vol.-% Enfluran oder 3,0 mg Dehydrobenzperidol plus 0,075 mg Fentanyl/l appliziert, so beläuft sich der totale Kontraktionskraftverlust auf insgesamt 20,5, 12,0 bzw. 12,0%. Da die initial vor Zugabe von β-Rezeptorenblocker-Wirksubstanz bestimmte narkotikabedingte Inotropieeinbuße in Gegenwart von 0,5 Vol.-% und in Gegenwart von 1,1 Vol.-% Enfluran 3,0% sowie in Gegenwart der Neuroleptanalgesie 1,0% beträgt, kann eine Propranolol-bedingte Kontraktionskraftminderung von jeweils 13,0, 9,0 bzw. 11,0% errechnet werden.

In den Belastungskollektiven läßt sich dieses additive Einwirken der myokarddepressiven Eigeneffekte von 10,0 mg Propranolol/l und den untersuchten Narkotikadosierungen nicht so eindeutig aufzeigen (Tabelle 16, Tabelle 17, Tabelle 18). So beläuft sich die Kontraktionskraftminderung in Gegenwart von gemeinsam zugeführtem Propranolol und Halothan auf 22,0 und in Gegenwart von allein appliziertem Propranolol auf 5,8%. Hieraus errechnet sich ein Propranolol-Anteil von 16,2%. Bei einer gemeinsamen Gabe von Propranolol und Enfluran kann dagegen, obwohl aufgrund der Propranolol-Dosierung eine 15%ige Minderung der myokardialen Kontraktionskraft zu erwarten ist, nur ein Propranolol-Effekt von 7,7% errechnet werden. Für die Kombination Propranolol und Neuroleptanalgesie liegt der Wert bei 11,9%. Alle übrigen während dieser Untersuchungen gemessenen und errechneten kardiohämodynamischen Parameter zeigen ein dem Frequenz- und Inotropieverhalten vergleichbares Reaktionsmuster (Tabelle 16, Tabelle 17, Tabelle 18). Dies gilt auch für die in der Humantherapie gebräuchliche und approximativ auf die Verhältnisse des Herz-Lungen-Präparates übertragene i.v.-Initialdosierung von Propranolol (= 0,24 mg Propranolol/l).

Die kardiale Leistungsreserve der isolierten Herzpräparate wird durch die Gabe von 0,24 mg Propranolol/l nicht signifikant gegenüber den Kontrollbefunden eingeschränkt (Abb. 78, Abb. 79). Ebenso kann auch bei einer gemeinsamen Zufuhr dieser ß-Rezeptorenblocker-Dosis und den jeweils äquieffekten Narkotikadosen keine signifikant über die bereits durch die narkotikabedingte Einbuße hinausgehende zusätzliche Einschränkung der myokardialen Leistungsbreite registriert werden (Abb. 78, Abb. 79). So wird bei der kontrollierten Widerstandsbelastung in Gegenwart von Propranolol und Halothan in der höchsten Belastungsstufe ein dP/dt_{max}-Wert von 2.456 ± 235 Torr/s, in Gegenwart von Propranolol und Enfluran ein Wert von 3.094 ± 472 Torr/s und in Gegenwart von Propranolol und der Neuroleptanalgesie ein Wert von 3.399 ± 381 Torr/s gemessen. Diese maximalen linksventrikulären Druckanstiegsgeschwindigkeiten unterscheiden sich nicht signifikant von den Werten, die unter dem alleinigen Einwirken von 0,5 Vol.-% Halothan bzw. 1,1 Vol.-% Enfluran bzw. der vergleichbaren Neuroleptanalgesie-Dosierung beobachtet werden: 3.351 ± 442 und 3.358 ± 519 Torr/s (p jeweils > 0,05). Ein entsprechendes Verhalten kann auch für die Steigerung der Kontraktionskraft bei Erhöhung des Druckes im aortalen Windkessel von 75 auf 150 Torr registriert werden.

Die Erhöhung des hydrostatischen Gefälles vor dem rechten Herzen um insgesamt 12,5 cm führt bei den Kontrollen zu einer Steigerung der Herzauswurfleistung um 11,0 ± 1,6 ml/min · kg KG. In Gegenwart von 0,24 mg Propranolol/l liegt der Zuwachs bei 10,7 ± 2,2 ml/min · kg KG (p > 0,05). Wird diese Propranolol-Dosis dem venösen Blut in Gegenwart von 0,5 Vol.-% Halothan bzw. 1,1 Vol.-% Enfluran oder der äquieffekten NLA-Dosierung beigegeben, so kann gleichfalls keine signifikante, über das narkotikabedingte Ausmaß hinausreichende Einschränkung des myokardialen Pumpverhaltens registriert werden. Statt einer Steigerung des Herzindex um 10,0 ± 2,5 bzw. 11,5 ± 1,1 oder 12,6 ± 0,9 ml/min · kg KG

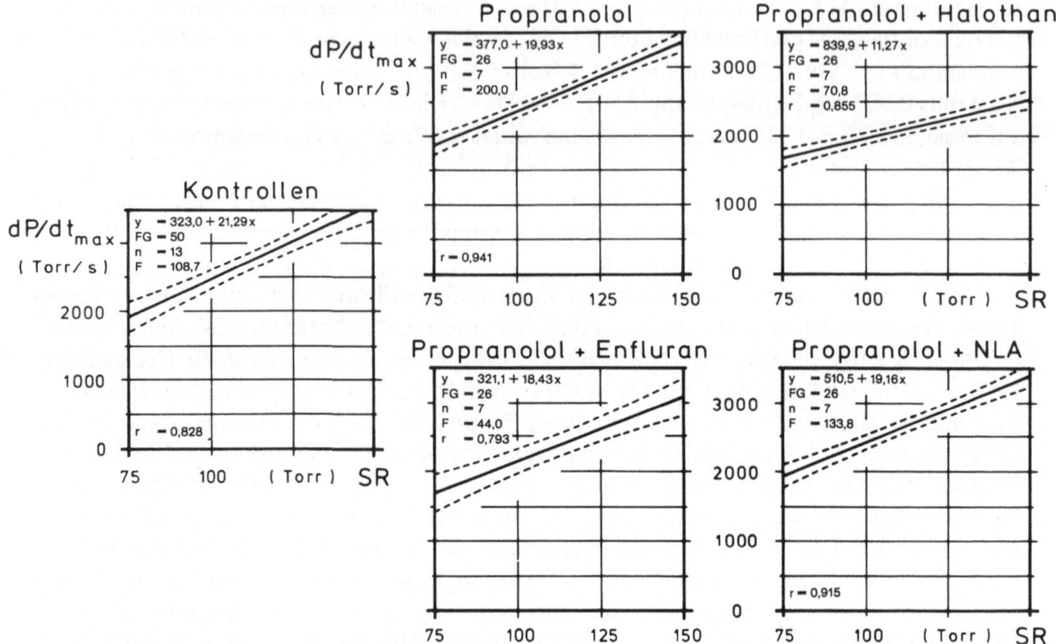

Abb. 78. Linksventrikuläre Widerstandsbelastung bei einem Kontrollkollektiv (n = 13) sowie in Gegenwart von 0,24 mg Propranolol/l ohne Zugabe eines Narkotikums bzw. in Gegenwart von 0,5 Vol.% Halothan, 1,1 Vol.% Enfluran oder 3,0 mg Dehydrobenzperidol/l plus 0,075 mg Fentanyl/l (jeweils n = 7). Abszisse: Druck im aortalen Windkessel (SR) in Torr; Ordinate: maximale linksventrikuläre Druckanstiegsgeschwindigkeit (dP/dt$_{max}$) in Torr/s. Dargestellt sind die linearen Regressionsgeraden mit dem 95%-Vertrauensbereich

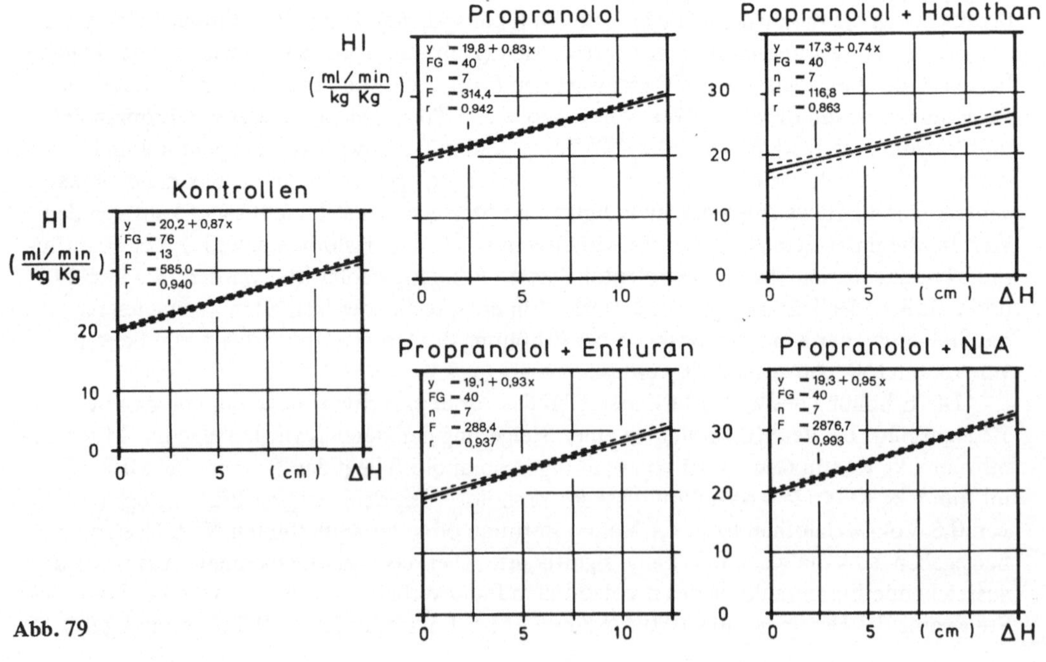

Abb. 79

werden Zunahmen um $9,0 \pm 2,0$ bzw. $11,3 \pm 1,0$ oder $11,7 \pm 0,7$ ml/min $\cdot$ kg KG gefunden (p jeweils $> 0,05$).

Wird an Stelle der für die Humantherapie empfohlenen und approximativ auf die Verhältnisse des Herz-Lungen-Präparates übertragenen minimalen Propranolol i.v.-Initialdosierung (= 0,24 mg Propranolol/l) 10,0 mg Propranolol/l in Gegenwart von 0,5 Vol.-% Halothan bzw. 1,1 Vol.-% Enfluran bzw. der äquieffektiven Neuroleptanalgesie-Dosierung in das venöse Reservoir appliziert, so resultiert eine deutliche Einschränkung der kardialen Leistungsbreite der isolierten Herzen. Ebenso wie am Verlauf der Dosis-Wirkungs-Kurven kann auch bei den verschiedenen Belastungsuntersuchungen in Gegenwart dieser relativ hohen Propranolol-Dosierung ein additives Einwirken der myokarddepressiven Eigeneffekte des ß-Rezeptorenblockers und der jeweiligen Narkotika aufgezeigt werden.

Bei der Bestimmung des myokardialen Competence-Index wird nach Gabe der ED_{15} von Propanolol für die Differenz $\Delta H - \Delta RAP$ in der höchsten Belastungsstufe in Gegensatz zu den Kontrollherzen, für die ein Betrag von $11,9 \pm 0,3$ cm H_2O errechnet wird, ein Wert von $10,8 \pm 1,2$ cm H_2O ($p < 0,05$) gefunden. Wird die gleiche Propranolol-Dosis jedoch zusammen mit 0,5 Vol.-% Halothan bzw. 1,1 Vol.-% Enfluran bzw. 3,0 mg Dehydrobenzperidol/l plus 0,075 mg Fentanyl/l appliziert, so läßt sich ein Differenzbetrag von $10,1 \pm 1,1$ bzw. $10,7 \pm 0,7$ oder $11,3 \pm 0,5$ cm H_2O errechnen (Abb. 80). Bei einer alleinigen Gabe der Narkotika beläuft sich diese Differenz $\Delta H - \Delta RAP$ jeweils auf $11,4 \pm 0,9$ ($p < 0,05$) bzw. $12,1 \pm 0,2$ ($p < 0,05$) und $12,0 \pm 0,4$ cm H_2O ($p > 0,05$).

Noch augenscheinlicher als die bei der Bestimmung des myokardialen Competence-Index zu errechnenden Unterschiede für die Differenz $\Delta H - \Delta RAP$ demonstrieren die Kurvenverläufe der verschiedenen Ventrikelfunktionskurven die deutliche Minderung der myokardialen Pumpleistung bei einer gleichzeitigen Gabe der ED_{15} von Propranolol und den jeweils äquieffektiv wirkenden Narkotikadosen (Abb. 81). Darüber hinaus zeigt sich wiederum, daß die Funktionseinbuße in Gegenwart der Kombination von Propranolol und Halothan wesentlich stärker ausgeprägt ist, als bei einer gemeinsamen Gabe von Propranolol und Enfluran bzw. der Neuroleptanalgesie. Während die Kontrollpräparate bei einem rechtsatrialen Druck von 2,5 cm H_2O ein Herzminutenvolumen von $39,4 \pm 3,7$ ml/min $\cdot$ kg KG auswerfen, liegt die Pumpleistung in Gegenwart von Propranolol und Halothan bzw. Propranolol und Enfluran bzw. Propranolol und der Neuroleptanalgesie bei $18,0 \pm 4,1$ bzw. $17,1 \pm 3,5$ und $16,5 \pm 3,1$ ml/min $\cdot$ kg KG. Wird der rechte Vorhofdruck über eine Steigerung der venösen Zuflußrate auf insgesamt 7,5 cm H_2O angehoben, so erreicht die Auswurfleistung der geschädigten Herzen trotzdem nicht die Pumpleistung der Kontrollpräparate. Die zu errechnenden Herzindices liegen bei $25,6 \pm 5,2$ bzw. $33,4 \pm 4,5$ sowie $32,4 \pm 2,8$ ml/min $\cdot$ kg KG (p jeweils $< 0,01$).

Der Umfang der nachlastabhängigen Steigerungsfähigkeit der linksventrikulären Kontraktionskraft, die im Rahmen der kontrollierten Widerstandsbelastung überprüft wird, ist bei gemeinsamer Gabe von Propranolol und Halothan wesentlich stärker eingeschränkt, als bei einer

---

◄ **Abb. 79.** Volumenbelastung des Herzens bei einem Kontrollkollektiv ($n = 13$) sowie in Gegenwart von 0,24 mg Propranolol/l ohne Zugabe eines Narkotikums bzw. in Gegenwart von 0,5 Vol.% Halothan, 1,1 Vol.% Enfluran oder 3 0 mg Dehydrobenzperidol/l plus 0,075 mg Fentanyl/l (jeweils $n = 7$). Abszisse: Änderung der Reservoirblutspiegelhöhe (ΔH) in cm; Ordinate: Herzindex (HI) in ml/min $\cdot$ kg KG. Dargestellt sind die linearen Regressionsgeraden mit dem 95%-Vertrauensbereich

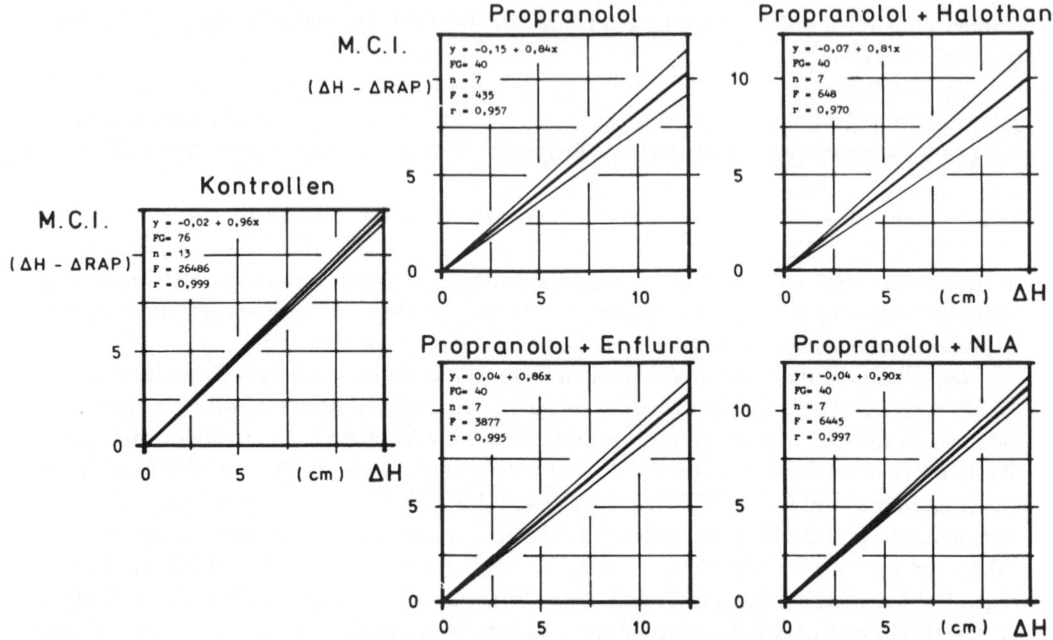

Abb. 80. Myokardialer Competence-Index bei Kontrollen (n = 13) sowie nach Gabe von 10,0 mg Propranolol/l ohne bzw. in Gegenwart von 0,5 Vol.% Halothan, 1,1 Vol.% Enfluran oder 3,0 mg Dehydrobenzperidol/l plus 0,075 mg Fentanyl/l (jeweils n = 7). Abszisse: Änderungen der Reservoirblutspiegelhöhe (ΔH) in cm, Ordinate: Myokardialer Competence-Index (M.C.I.) errechnet aus der Differenz ΔH−ΔRAP. Dargestellt ist die lineare Regressionsgerade mit der Standardabweichung

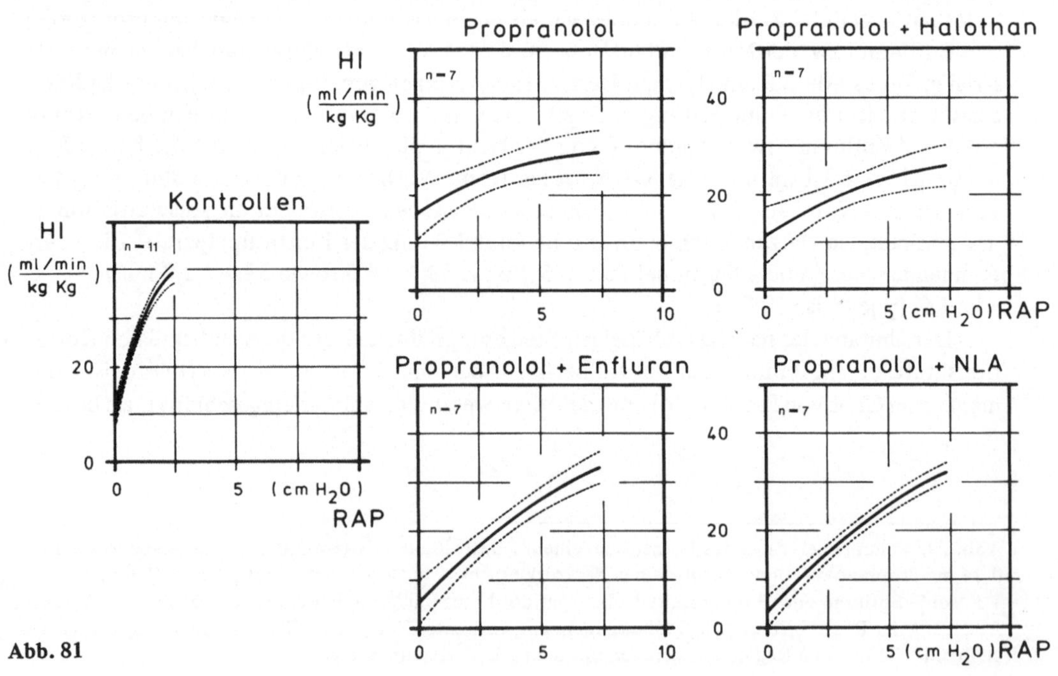

Abb. 81

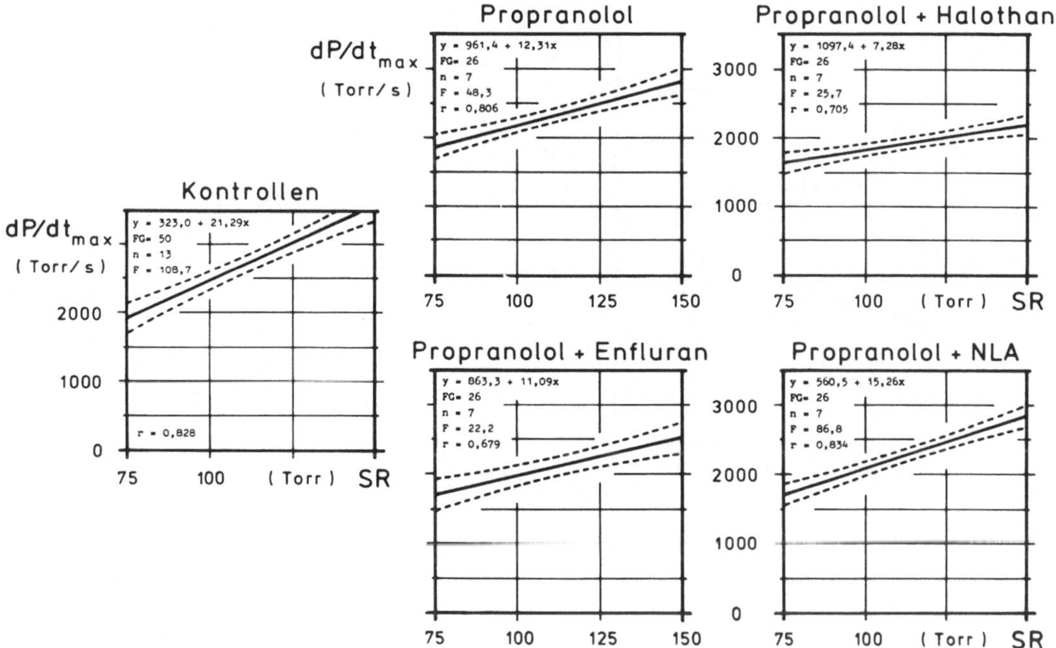

Abb. 82. Linksventrikuläre Widerstandsbelastung bei einem Kontrollkollektiv (*n* = 13) sowie in Gegenwart von 10,0 mg Propranolol/l ohne Zugabe eines Narkotikums bzw. in Gegenwart von 0,5 Vol.% Halothan, 1,1 Vol.% Enfluran oder 3,0 mg Dehydrobenzperidol/l plus 0,075 mg Fentanyl/l (jeweils *n* = 7). Abszisse: Druck im aortalen Windkessel (SR) in Torr; Ordinate: maximaler linksventrikuläre Druckanstiegsgeschwindigkeit (dP/dt$_{max}$) in Torr/s. Dargestellt sind die linearen Regressionsgeraden mit dem 95%-Vertrauensbereich

Kombination von Propranolol mit Enfluran bzw. mit der Neuroleptanalgesie. Während für die Kontrollherzen bei einer Erhöhung des aortalen Windkesseldruckes von 75 auf 150 Torr ein Kontraktionskraftzugewinn von 1.593 ± 385 Torr/s bestimmt wird, fällt dieser Zuwachs nach Gabe von 10,0 mg Propranolol/l auf 874 ± 487 Torr/s ab (p < 0,01) (Abb. 82). Wird die gleiche Untersuchung jedoch bei einer gemeinsamen Gabe der ED$_{15}$ von Propranolol sowie den verschiedenen äquieffektiven Anaesthetikadosierungen durchgeführt, so liegt der Kontraktionskraftzugewinn in Gegenwart von 0,5 Vol.-% Halothan bei 551 ± 419 Torr/s und in Gegenwart von 1,1 Vol.-% Enfluran bei 836 ± 247 Torr/s. Für die Kombination Propranolol und Dehydrobenzperidol/Fentanyl wird dagegen ein Wert registriert, der den Umfang des Kontraktionskraftgewinnes bei alleiniger Propranolol-Applikation trotz identischer Ausgangswerte vor Versuchsbeginn (2.403 ± 296 bzw. 2.404 ± 119 Torr/s — Tabelle 18, Tabelle 5) und vergleichbarer Minderung der maximalen linksventrikulären Druckan-

---

◄ **Abb. 81.** Ventrikelfunktionskurven zur Quantifizierung der myokardialen Pumpleistung bei Kontrollen sowie in Gegenwart von 10,0 mg Propranolol/l ohne Zugabe eines Narkotikums bzw. in Gegenwart von 0,5 Vol.% Halothan, 1,1 Vol.% Enfluran oder 3,0 mg Dehydrobenzperidol/l plus 0,075 mg Fentanyl/l (jeweils *n* = 7). Abszisse: rechtsatrialer Füllungsdruck (RAP) in cm H$_2$O; Ordinate: Herzindex (HI) in ml/min · kg KG. Dargestellt ist der mittlere Verlauf der Ventrikelfunktionskurven mit den Grenzen für den 95%-Vertrauensbereich

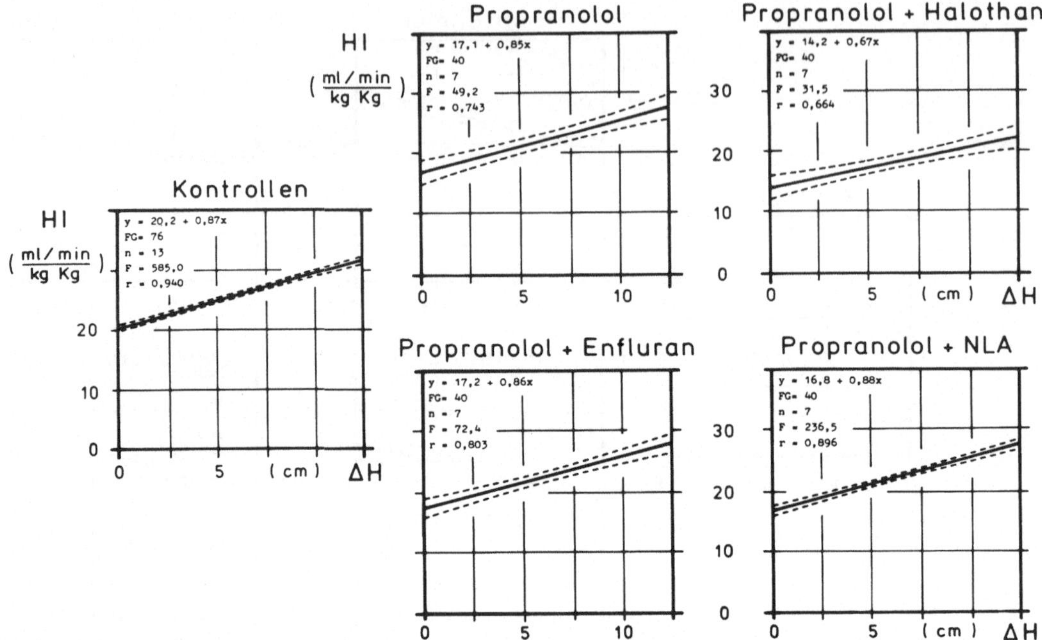

Abb. 83. Volumenbelastung des Herzens bei einem Kontrollkollektiv (*n* = 13) sowie in Gegenwart von 10,0 mg Propranolol/l ohne Zugabe eines Narkotikums bzw. in Gegenwart von 0,5 Vol.% Halothan, 1,1 Vol.% Enfluran oder 3,0 mg Dehydrobenzperidol/l plus 0,075 mg Fentanyl/l (jeweils *n* = 7). Abszisse: Änderung der Reservoirblutspiegelhöhe (ΔH) in cm; Ordinate: Herzindex (HI) in ml/min · kg KG. Dargestellt sind die linearen Regressionsgeraden mit dem 95%-Vertrauensbereich

stiegsgeschwindigkeit unter Standardbedingungen (2.097 ± 307 bzw. 2.121 ± 149 Torr/s — Tabelle 18, Tabelle 5) sogar noch übersteigt: 1.110 ± 301 Torr/s (p > 0,05).

Im Rahmen der kontrollierten Volumenbelastung kann ein vergleichbares Einwirken der direkt myokarddepressiven Effekte von Propranolol und den jeweils applizierten Narkotika registriert werden (Abb. 83). Die Pumpleistung der isolierten Herzen wird durch die gemeinsame Gabe von 10,0 mg Propranolol/l und 0,5 Vol.-% Halothan wesentlich stärker reduziert, als durch die Kombination von Propranolol mit 1,1 Vol.-% Enfluran bzw. durch die Kombination mit der äquieffektiven Neuroleptanalgesie-Dosierung. Die Erhöhung des hydrostatischen Zuflußgefälles vor dem rechten Herzen um insgesamt 12,5 cm verursacht bei den Kontrolltieren einen Anstieg des Herzminutenvolumens um 11,0 ± 1,6 ml/min · kg KG. Bei einer alleinigen Gabe von 10,0 mg Propranolol/l wird ein Rückgang auf 10,6 ± 4,2 ml/min · kg KG registriert (p > 0,05). Wird diese Belastungsuntersuchung jedoch in Gegenwart von Propranolol und den jeweils äquieffektiven Narkotikadosierungen durchgeführt, so liegen die Steigerungsraten der Herzauswurfleistung stets unter den Werten, die bei einer alleinigen Narkotikaeinwirkung beobachtet werden. Während bei einer Kombination der Wirkstoffe der Herzindex in Gegenwart von Halothan um 8,8 ± 3,3 ml/min · kg KG, in Gegenwart von Enfluran um 10,6 ± 2,0 ml/min · kg KG und in Gegenwart der Neuroleptanalgesie um 11,7 ± 1,0 ml/min · kg KG ansteigt, beträgt der Zuwachs bei einer alleinigen Gabe der Narkotika jeweils 10,0 ± 2,5 (p > 0,05), 11,5 ± 1,1 (p > 0,05) bzw. 12,6 ± 0,9 ml/min · kg KG (p > 0,05).

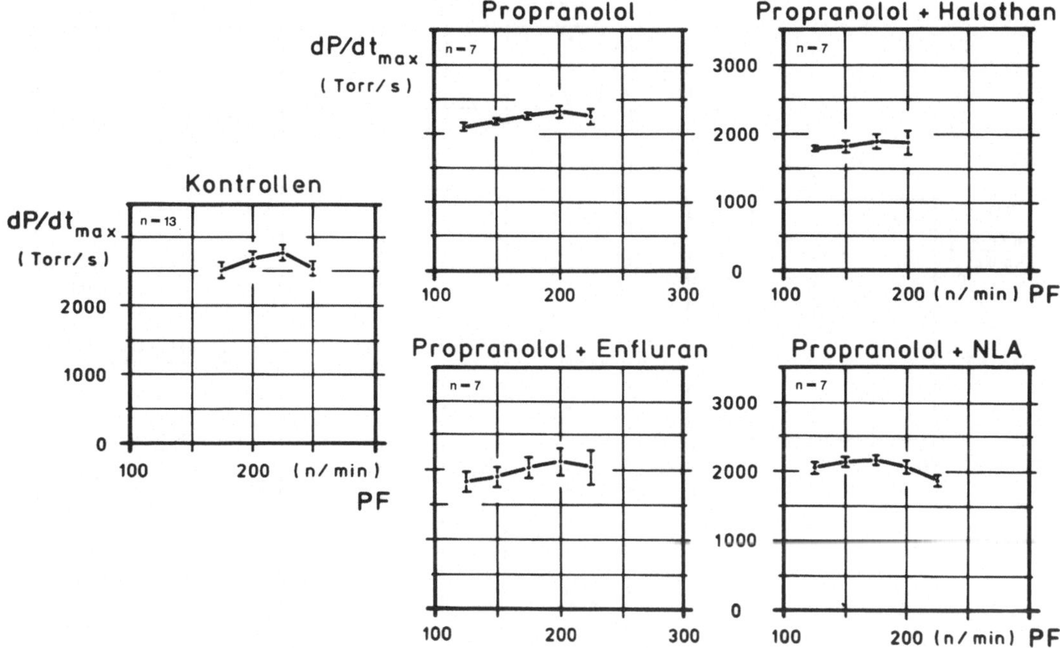

Abb. 84 Verhalten der maximalen linksventrikulären Druckanstiegsgeschwindigkeit in Abhängigkeit von verschiedenen Stimulationsfrequenzen bei Kontrollen (n = 13) sowie in Gegenwart von 10,0 mg Propranolol/l ohne Zugabe eines Narkotikums bzw. in Gegenwart von 0,5 Vol.% Halothan, 1,1 Vol.% Enfluran oder 3,0 mg Dehydrobenzperidol/l plus 0,075 mg Fentanyl/l (jeweils n = 7). Abszisse: Stimulationsfrequenz (PF) in n/min; Ordinate: maximale linksventrikuläre Druckanstiegsgeschwindigkeit (dP/dt$_{max}$) in Torr/s. Dargestellt sind $\bar{x} \pm s_{\bar{x}}$

Bei einem gemeinsamen Einwirken von 10,0 mg Propranolol/l und den äquieffektiv wirkenden Narkotikadosierungen sind die untersuchten Herzpräparate im Gegensatz zu den Kontrollen nicht mehr imstande, die Kontraktionskraft bei einer Anhebung der Stimulationsfrequenz von 175 auf 200 Impulse/min entscheidend zu verbessern (Abb. 84). Während die maximale linksventrikuläre Druckanstiegsgeschwindigkeit bei den Kontrollherzen noch um 176 ± 96 Torr/s steigt, beträgt der Zuwachs bei gemeinsamer Gabe der Wirkstoffe in Gegenwart von 1,1 Vol.-% Enfluran nur noch 87 ± 170 Torr/s (p > 0,05). Bei gleichzeitiger Gabe von Propranolol und 0,5 Vol.-% Halothan bzw. der Neuroleptanalgesie resultiert sogar eine Kontraktionskraftminderung um 10 ± 170 bzw. 46 ± 76 Torr/s (p < 0,05).

Bei der Herzfrequenzsteigerung von 175 auf 200 Impulse/min fällt die Herzauswurfleistung in Gegenwart aller untersuchten Substanzkombinationen signifikant ab (Abb. 85). Während durch die ED$_{15}$ von Propranolol das Herzminutenvolumen bereits auf 19,8 ± 4,6 ml/min · kg KG reduziert wird (Kontrollen: 25,3 ± 0,9 ml/min · KG), kann unter dem Einwirken von 10,0 mg Propranolol/l plus 0,5 Vol.-% Halothan nur noch ein Herzindex von 14,0 ± 5,3 ml/min · kg KG errechnet werden (p < 0,01). Wird dagegen Halothan durch 1,1 Vol.-% Enfluran bzw. 3,0 mg Dehydrobenzperidol/l plus 0,075 mg Fentanyl/l ersetzt, so liegt das Herzminutenvolumen bei 20,3 ± 0,5 bzw. 18,5 ± 2,2 ml/min · kg KG (p jeweils > 0,05). Bei alleiniger Gabe von 0,5 Vol.-% Halothan bzw. 1,1 Vol.-% Enfluran oder 3,0 mg Dehydrobenzperidol/l plus 0,075 mg Fentanyl/l beträgt die Herzauswurfleistung 23,0 ± 1,9, 24,2 ± 0,9 bzw. 25,4 ± 0,8 ml/min · kg KG (Abb. 72).

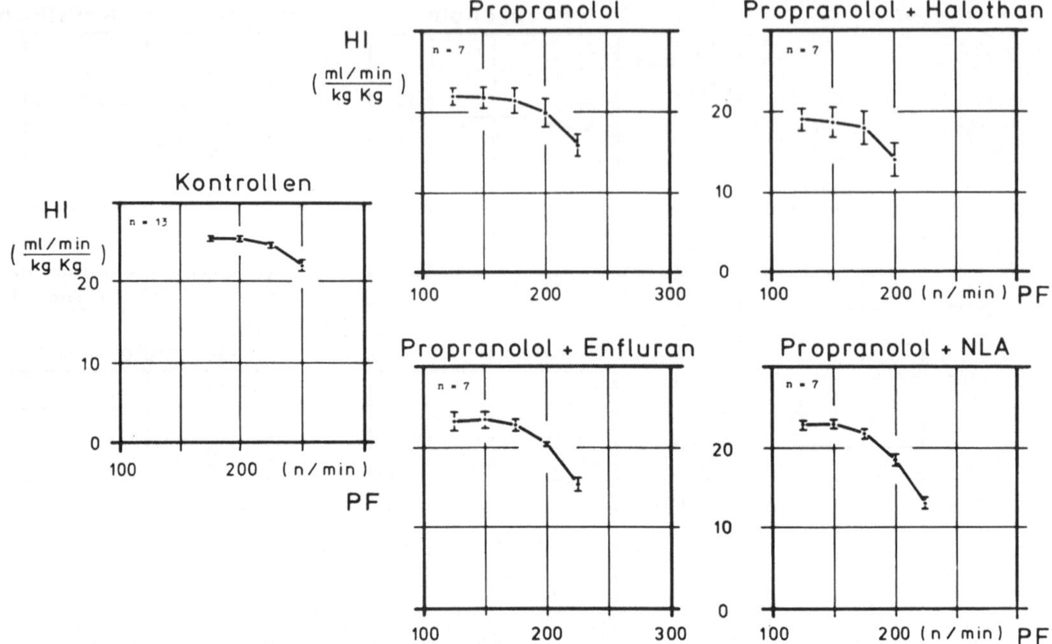

Abb. 85. Verhalten des Herzindex in Abhängigkeit von verschiedenen Stimulationsfrequenzen bei Kontrollen (n = 13) sowie in Gegenwart von 10,0 mg Propranolol/l ohne Zugabe eines Narkotikums bzw. in Gegenwart von 0,5 Vol.% Halothan, 1,1 Vol.% Enfluran oder 3,0 mg Dehydrobenzperidol/l plus 0,075 mg Fentanyl/l (jeweils n = 7). Abszisse: Stimulationsfrequenz (PF) in n/min; Ordinate: maximale linksventrikuläre Druckanstiegsgeschwindigkeit (dP/dt_{max}) in Torr/s. Dargestellt sind $\bar{x} \pm s_{\bar{x}}$

Das unter Standardbedingungen gesehene additive Verhalten der direkt myokarddepressiven Propranolol- und Narkotikaeffekte läßt sich auch im Rahmen dieser kontrollierten Frequenzbelastungen aufzeigen. So wird beispielsweise die Kontraktionskraft des linken Ventrikels bei einer rechtsatrialen Stimulationsfrequenz von 200 Impulsen/min durch die ED_{15} von Propranolol im Vergleich zu den Kontrollpräparaten im Mittel um 13,8% eingeschränkt (370 ± 32 Torr/s). Wird dagegen Propranolol gemeinsam mit den verschiedenen äquieffektiv wirkenden Narkotikadosierungen appliziert, so fällt der Wert von dP/dt_{max} in Gegenwart von 0,5 Vol.-% Halothan um insgesamt 30,7% (737 ± 208 Torr/s) und in Gegenwart von 1,1 Vol.-% Enfluran um 16,6% (425 ± 101 Torr/s) und in Gegenwart der Neuroleptanalgesie um 21,7% (614 ± 85 Torr/s) ab. Die alleinige Gabe von 0,5 Vol.-% Halothan, 1,1 Vol.-% Enfluran bzw. 3,0 mg Dehydrobenzperidol/l plus 0,075 mg Fentanyl/l verursacht ihrerseits einen Kontraktionskraftverlust von 12,7% (341 ± 46 Torr/s), 4,1% (111 ± 12 Torr/s) und 7,9% (208 ± 17 Torr/s).

3.5.2 Metoprolol und Halothan bzw. Enfluran bzw. Neuroleptanalgesie

Bei einer gemeinsamen Applikation von Metoprolol und 0,5 Vol.-% Halothan bzw. 1,1 Vol.-% Enfluran bzw. 3,0 mg Dehydrobenzperidol/l plus 0,075 mg Fentanyl/l fällt die spontane Kontraktionsfrequenz der isolierten Herzen im niedrigen und mittleren ß-Rezepto-

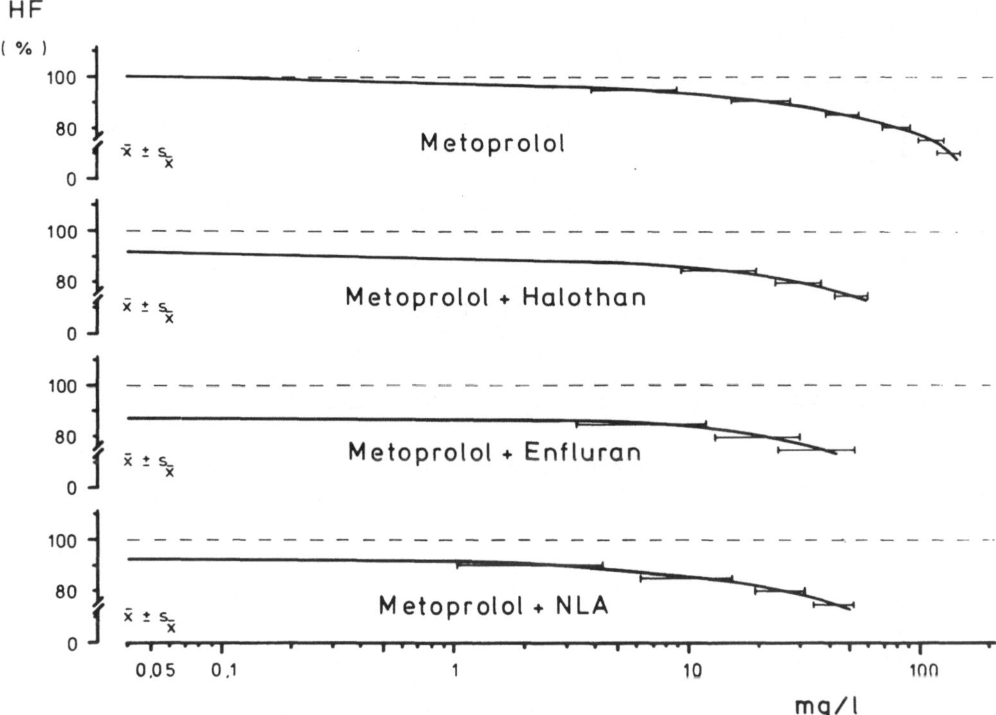

Abb. 86. Verhalten der spontanen Herzfrequenz bei schrittweiser Steigerung der Metoprolol-Gesamtdosierung ohne Zugabe eines Narkotikums (n = 7) bzw. in Gegenwart von 0,5 Vol.% Halothan, 1,1 Vol.% Enfluran oder 3,0 mg Dehydrobenzperidol/l plus 0,075 mg Fentanyl/l (jeweils n = 5). Abszisse: kumulative Metoprolol-Gesamtdosierung in mg/l; Ordinate: Änderung der spontanen Herzfrequenz (HF) in Prozent (%)

renblocker-Dosierungsbereich jeweils in einem prozentualen Umfang ab, der der Summe der substanzspezifischen negativ chronotropen Eigeneffekte entspricht (Abb. 86). So vermindert sich die Herzfrequenz unter dem alleinigen Einfluß von 0,48 mg Metoprolol/l, diese Dosierung entspricht approximativ der für die Akuttherapie tachykarder Herzrhythmusstörungen empfohlenen minimalen i.v. Initialdosierung, im Mittel um 1,5%. Bei gleichzeitiger Gabe von 0,5 Vol.-% Halothan bzw. 1,1 Vol.-% Enfluran bzw. der äquieffektiven Neuroleptanalgesie-Dosierung, die ihrerseits die Herzschlagfolge in diesen Untersuchungskollektiven vor der Zugabe von Metoprolol jeweils um 8,0, 12,5 bzw. 7,5% reduzieren, liegt der totale Frequenzrückgang bei 10,0, 13,5 bzw. 8,5%. Selbst bei einer kumulativen Gesamtdosis von 30,0 mg Metoprolol/l läßt sich dieses additive Verhalten der negativ chronotropen Substanzeffekte nachweisen. So fällt die spontane Herzfrequenz bei der alleinigen Gabe dieser Metoprolol-Dosis im Mittel um 10,5% ab. Bei einem gleichzeitigen Einwirken der jeweils äquieffektiven Narkotikakonzentrationen erhöht sich die prozentuale Minderung der Herzschlagfolge auf insgesamt 20,0, 22,0 bzw. 20,5%.

Ein ähnlich additives Verhalten wie bei den negativ chronotropen Effekten ist auch bei der Beeinflussung des Kontraktilitätsparameters dP/dt_{max} des linken Ventrikels zu beobachten. Die direkt negativ inotropen Wirkungen von Metoprolol sowie der jeweils beigefügten Narkotika führen zu einer Kontraktionskrafteinbuße, deren prozentualer Umfang jeweils der Summe der Einzeleffekt entspricht. Dies gilt für den gesamten überprüften Dosie-

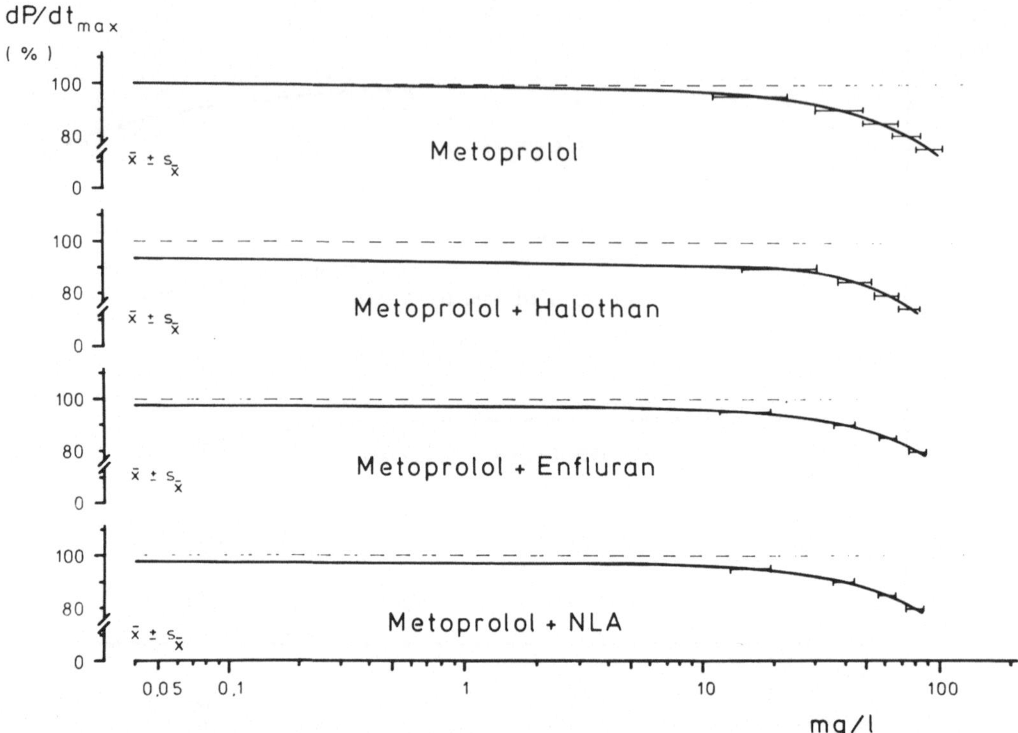

Abb. 87. Verhalten der maximalen linksventrikulären Druckanstiegsgeschwindigkeit bei schrittweiser Steigerung der Metoprolol-Gesamtdosierung ohne Zugabe eines Narkotikums (n = 7) bzw. in Gegenwart von 0,5 Vol.% Halothan, 1,1 Vol.% Enfluran oder 3,0 mg Dehydrobenzperidol/l plus 0,075 mg Fentanyl/l (jeweils n = 5). Abszisse: kumulative Metoprolol-Gesamtdosierung in mg/l; Ordinate: Änderung der maximalen linksventrikulären Druckanstiegsgeschwindigkeit (dP/dt$_{max}$) in Prozent (%)

rungsbereich (Abb. 87). Bei einer Metoprolol-Dosis von 0,48 mg Metoprolol/l ist noch keine signifikante Minderung der linksventrikulären Druckanstiegsgeschwindigkeit zu beobachten (−0,2%). Bei einem zusätzlichen Einwirken von Halothan, Enfluran oder der Neuroleptanalgesie liegt der Rückgang dagegen bereits bei 7,5, 3,0 bzw. 3,0%. Da sich der narkotikabedingte dP/dt$_{max}$-Verlust bei diesen Untersuchungskollektiven auf jeweils 6,5, 25 bzw. 2,5% beläuft, ist die additive Wirkung der direkten Myokardeffekte offensichtlich. Ähnliche Relationen können auch bei höheren Metoprolol-Dosierungen nachgewiesen werden. Beispielsweise erhöht sich der Kontraktionskraftverlust bei einer Gabe von 40,0 mg Metoprolol/l um 9,5%. Bei gleichzeitiger Zufuhr der jeweils äquieffektiven Narkotika-Dosierungen erhöht sich die Inotropieeinbuße auf 14,0, 10,0 bzw. 10,5%.

Die myokardiale Leistungsfähigkeit der unter Narkotikaeinwirkung stehenden Herzen wird durch die Gabe der für die Akuttherapie tachykarder Herzrhythmusstörungen empfohlenen und approximativ auf die Verhältnisse des Herz-Lungen-Präparates übertragenen minimalen i.v.-Initialdosierung von Metoprolol nicht über den Narkotika-induzierten Umfang hinaus beeinträchtigt. Bei der akuten Widerstandsbelastung reduziert sich der Nachlast-bedingte Kontraktionskraftgewinn, der durch eine Steigerung des Druckes im aortalen Windkessel von 75 auf 150 Torr erzielt werden kann, unter dem alleinigen Einwirken von 0,5 Vol.-% Halothan von 1.593 ± 385 auf 900 ± 280 Torr/s (p < 0,01). In Gegenwart von 1,1 Vol.-% Enflu-

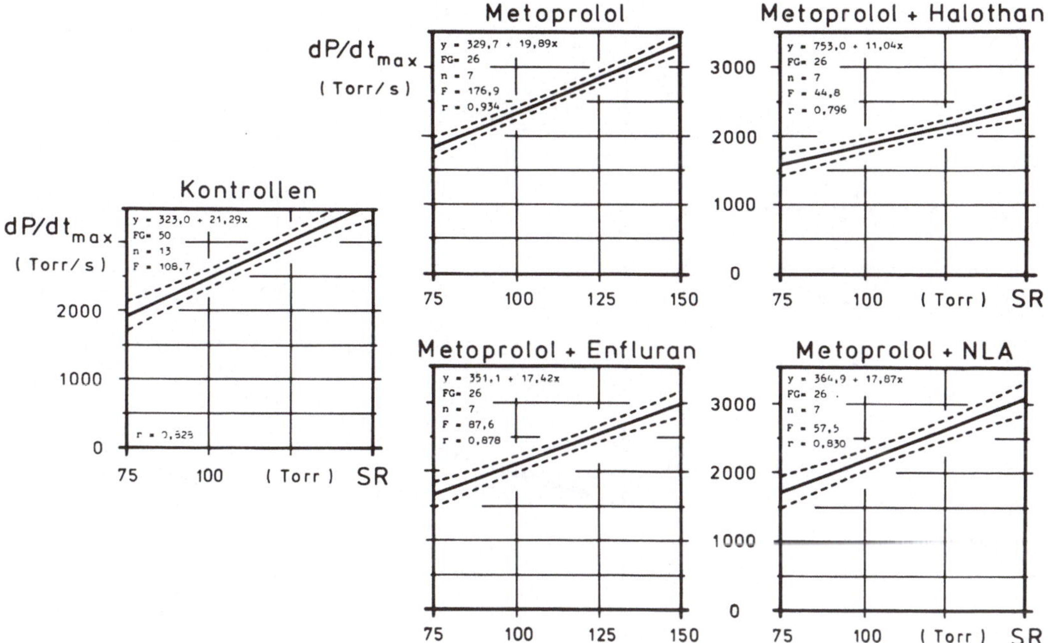

Abb. 88. Linksventrikuläre Widerstandsbelastung bei einem Kontrollkollektiv ($n = 13$) sowie in Gegenwart von 0,48 mg Metoprolol/l ohne Zugabe eines Narkotikums bzw. in Gegenwart von 0,5 Vol.% Halothan, 1,1 Vol.% Enfluran oder 3,0 mg Dehydrobenzperidol/l plus 0,075 mg Fentanyl/l (jeweils $n = 7$). Abszisse: Druck im aortalen Windkessel (SR) in Torr; Ordinate: maximale linksventrikuläre Druckanstiegsgeschwindigkeit (dP/dt_max) in Torr/s. Dargestellt sind die linearen Regressionsgeraden mit dem 95%-Vertrauensbereich

ran bzw. der äquieffektiven Neuroleptanalgesie-Dosierung liegen die vergleichbaren Werte bei 1.508 ± 244 bzw. 1.453 ± 582 Torr/s (p jeweils > 0,05) (Abb. 69). Bei einer gleichzeitigen Gabe von 0,48 mg Metoprolol/l und 0,5 Vol.-% Halothan bzw. 1,1 Vol.-% Enfluran bzw. der Kombination Dehydrobenzperidol und Fentanyl beträgt der Kontraktionskraftzugewinn 814 ± 166, 1.323 ± 207 bzw. 1.370 ± 380 Torr/s (p jeweils > 0,05) (Abb. 88).

Ebenso wie das Kontraktionskraftverhalten erfährt auch die myokardiale Pumpfunktion durch die zusätzliche Gabe von 0,48 mg Metoprolol/l keine über den Narkotikaeffekt hinausreichende Einschränkung (Abb. 89). Das Herzminutenvolumen steigt bei der maximal möglichen Erhöhung des Blutspiegels im Blutreservoir unter dem isolierten Einwirken der Narkotika um jeweils 10,0 ± 2,5, 11,5 ± 1,1 bzw. 12,6 ± 0,9 ml/min · kg KG an (Abb. 70). Wird gleichzeitig 0,48 mg Metoprolol/l in das Perfusionsmedium gegeben, so liegen die Auswurfvolumina im Mittel 9,8 ± 2,0, 11,2 ± 1,0 bzw. 12,5 ± 0,8 ml/min · kg KG über den zugehörigen Ausgangswerten (p jeweils > 0,05).

Bei einem gemeinsamen Einwirken der geprüften Narkotikadosierungen und der ED_{15} von Metoprolol (= 58,0 mg Metoprolol/l) wird die myokardiale Leistungsfähigkeit der Herzpräparate verständlicherweise wesentlich stärker als bei der gleichzeitigen Gabe von nur 0,48 mg Metoprolol/l eingeschränkt.

In Gegenwart der ED_{15} von Metoprolol und gleichzeitiger Anwesenheit von 0,5 Vol.-% Halothan wird die linksventrikuläre Druckanstiegsgeschwindigkeit unter Standardbedingun-

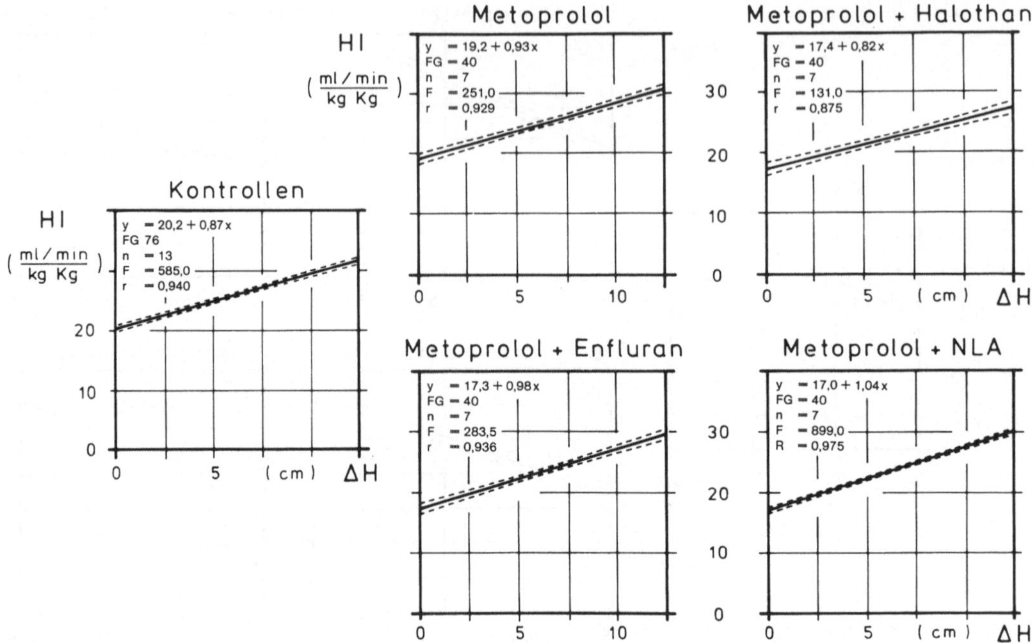

Abb. 89. Volumenbelastung des Herzens bei einem Kontrollkollektiv ($n = 13$) sowie in Gegenwart von 0,48 mg Metoprolol/l ohne Zugabe eines Narkotikums bzw. in Gegenwart von 0,5 Vol.% Halothan, 1,1 Vol.% Enfluran oder 3,0 mg Dehydrobenzperidol/l plus 0,075 mg Fentanyl/l (jeweils $n = 7$). Abszisse: Änderung der Reservoirblutspiegelhöhe (ΔH) in cm; Ordinate: Herzindex (HI) in ml/min · kg KG. Dargestellt sind die linearen Regressionsgeraden mit dem 95%-Vertrauensbereich

Tabelle 19. Verhalten verschiedener kardiohämodynamischer Parameter vor und nach Zugabe von 0,5 Vol.% Halothan bzw. o,5 Vol.% Halothan plus 0,48 mg Metoprolol/l (diese Dosierung entspricht approximativ der empfohlenen minimalen i.v. zu applizierenden Initialdosis) bzw. 0,5 Vol.% Halothan plus 58,0 mg Metoprolol/l (diese Dosierung mindert den Inotropieparameter dP/dt_{max} im Mittel um 15% = ED_{15}) bei konstanter rechtsatrialer Vorhofstimulation. ($n = 7$); ($\bar{x} \pm s_X$); Belastungskollektiv

	Ausgangswert	Halothan 0,5 Vol.%	Halothan o,5 Vol.% + Metoprolol 0,48 mg/l	Halothan 0,5 Vol.% + Metoprolol 58,0 mg/l
PR (n/min)	160 ± 17	160 ± 17	160 ± 17	160 ± 17
LV dP/dt_{max} (Torr/s)	2277 ± 172	2131 ± 177	2121 ± 170	1831 ± 177
LVP (Torr)	119,6 ± 9,2	117,6 ± 9,7	117,6 ± 9,3	114,7 ± 8,9
LVEDP (Torr)	1,9 ± 1,4	2,9 ± 1,3	3,0 ± 1,3	6,3 ± 3,1
RVP (Torr)	17,6 ± 5,7	16,5 ± 5,9	16,5 ± 6,3	18,0 ± 5,6
RVEDP (Torr)	0,4 ± 0,5	1,1 ± 0,9	1,1 ± 0,9	2,2 ± 0,7
RAP (cm H_2O)	0,4 ± 0,5	0,7 ± 0,6	0,7 ± 0,5	2,7 ± 1,3
HI $\left(\dfrac{ml/min}{kg\,KG}\right)$	25,5 ± 1,0	23,9 ± 0,7	23,9 ± 0,7	22,7 ± 1,5

Tabelle 20. Verhalten verschiedener kardiohämodynamischer Parameter vor und nach Zugabe von 1,1 Vol.% Enfluran bzw. 1,1 Vol.% Enfluran plus 0,48 mg Metoprolol/l (diese Dosierung entspricht approximativ der empfohlenen minimalen i.v. zu applizierenden Initialdosis) bzw. 1,1 Vol.% Enfluran plus 58,0 mg Metoprolol/l (diese Dosierung mindert den Inotropieparameter dP/dt_{max} im Mittel um 15% = ED_{15}) bei konstanter rechtsatrialer Vorhofstimulation. (n = 7); ($\bar{x} \pm s_x$); Belastungskollektiv

	Ausgangswert	Enfluran 1,1 Vol.%	Enfluran 1,1 Vol.% + Metoprolol 0,48 mg/l	Enfluran 1,1 Vol.% + Metoprolol 58,0 mg/l
PR (n/min)	170 ± 12	170 ± 12	170 ± 12	170 ± 12
LV dP/dt_{max} (Torr/s)	2227 ± 255	2171 ± 263	2160 ± 255	1866 ± 159
LVP (Torr)	110,7 ± 6,5	109,0 ± 6,2	108,8 ± 5,9	107,1 ± 6,7
LVEDP (Torr)	1,8 ± 1,4	2,3 ± 1,4	2,4 ± 1,3	4,3 ± 1,7
RVP (Torr)	16,4 ± 3,3	15,9 ± 3,2	15,8 ± 3,3	15,1 ± 2,4
RVEDP (Torr)	1,0 ± 1,4	1,3 ± 1,0	1,3 ± 1,0	2,6 ± 1,3
RAP (cm H_2O)	1,3 ± 1,9	1,5 ± 1,6	1,5 ± 1,5	3,1 ± 2,1
HI ($\frac{ml/min}{kg\ KG}$)	25,0 ± 0,5	24,4 ± 0,4	24,3 ± 0,3	22,5 ± 0,9

Tabelle 21. Verhalten verschiedener kardiohämodynamischer Parameter vor und nach Zugabe von 3,0 mg Dehydrobenzperidol/l plus 0,075 mg Fentanyl/l bzw. der gleichen Neuroleptanalgesie-Dosierung plus 0,48 mg Metoprolol/l (diese Dosierung entspricht approximativ der empfohlenen minimalen i.v. zu applizierenden Initialdosis) oder plus 58,0 mg Metoprolol/l (diese Dosierung mindert den Inotropieparameter dP/dt_{max} im Mittel um 15% = ED_{15}) bei konstanter rechtsatrialer Vorhofstimulation. (n = 7); ($\bar{x} \pm s_x$); Belastungskollektiv

	Ausgangswert	NLA	NLA + Metoprolol 0,48 mg/l	NLA + Metoprolol 58,0 mg/l
PR (n/min)	164 ± 8	164 ± 8	164 ± 8	164 ± 8
LV dP/dt_{max} (Torr/s)	2189 ± 229	2183 ± 235	2179 ± 231	1929 ± 140
LVP (Torr)	115,5 ± 6,7	115,1 ± 5,8	115,0 ± 5,7	114,1 ± 4,8
LVEDP (Torr)	1,6 ± 1,1	1,7 ± 1,1	1,7 ± 1,0	4,4 ± 2,4
RVP (Torr)	20,2 ± 7,6	20,0 ± 6,9	20,0 ± 6,5	17,9 ± 6,1
RVEDP (Torr)	0,8 ± 0,3	0,9 ± 0,3	0,9 ± 0,3	2,2 ± 2,1
RAP (cm H_2O)	0,4 ± 0,5	0,5 ± 0,4	0,5 ± 0,4	1,6 ± 1,2
HI ($\frac{ml/min}{kg\ KG}$)	25,3 ± 0,7	25,2 ± 0,6	25,2 ± 0,6	23,5 ± 0,8

gen von 2.277 ± 172 auf 1.831 ± 177 Torr/s gemindert (p < 0,01) (Tabelle 19). Aufgrund dieses hochsignifikanten Kontraktionskraftverlustes fällt der linksventrikuläre Spitzendruck von 119,6 ± 9,2 auf 114,7 ± 8,9 Torr ab (p < 0,05). Zugleich steigt der links- und rechtsventrikuläre enddiastolische Ventrikeldruck von 1,9 ± 1,4 auf 6,3 ± 3,1 (p < 0,01) bzw. von 0,4 ± 0,5 auf 2,2 ± 0,7 Torr an (p < 0,01). Aufgrund der Kontraktionskraftminderung nimmt auch die Herzauswurfleistung signifikant ab.

Statt eines Herzminutenvolumens von 25,5 ± 1,0 ml/min · kg KG kann nur noch eine Auswurfleistung von 22,7 ± 1,5 ml/min · kg KG errechnet werden (p < 0,01).

In Gegenwart der ED_{15} von Metoprolol und 1,1 Vol.-% Enfluran bzw. 3,0 mg Dehydrobenzperidol/l plus 0,075 mg Fentanyl/l sind die Veränderungen der hämodynamischen Parameter aufgrund der im Vergleich zu Halothan schwächeren myokarddepressiven Narkotikaeffekte auch entsprechend geringer ausgeprägt (Tabelle 20, Tabelle 21). So beträgt die Kontraktionskraftminderung unter Standardbedingungen bei einem gleichzeitigen Einwirken von 58,0 mg Metoprolol/l sowie 0,5 Vol.-Halothan im Mittel 446 Torr/s. Wird jedoch Halothan gegen die äquieffektiv wirksame Enfluran- bzw. Neuroleptanalgesie-Dosierung ausgetauscht, so liegt der Rückgang im Mittel bei 361 bzw. 260 Torr/s. Von diesem Gesamtverlust müssen den Narkotika jeweils 146 bzw. 56 bzw. 6 Torr/s angelastet werden.

Infolge dieser im Vergleich zu Halothan geringeren negativ inotropen Effekte von Enfluran und der Neuroleptanalgesie fällt der linksventrikuläre Spitzendruck nicht wie bei der Kombination von Metoprolol und Halothan im Mittel um 4,9, sondern nur im Mittel um 3,6 bzw. 1,4 Torr ab (p jeweils > 0,05). Die linksventrikulären enddiastolischen Drucke steigen entsprechend statt um 4,4 jeweils nur um 2,5 bzw. 2,8 und die rechtsventrikulären enddiastolischen Drücke statt um 1,8 um 1,6 bzw. 1,4 Torr an (p jeweils > 0,05). In Gegenwart von Metoprolol und Enfluran bzw. Metoprolol und Dehydrobenzperidol plus Fentanyl kann zusätzlich auch eine geringere Beeinträchtigung der Herzauswurfleistung registriert werden als in Gegenwart von Metoprolol und Halothan. Während unter dem Einfluß der ED_{15} von Metoprolol in Gegenwart von 0,5 Vol.-% Halothan das Herzzeitvolumen um 2,8 ml/min

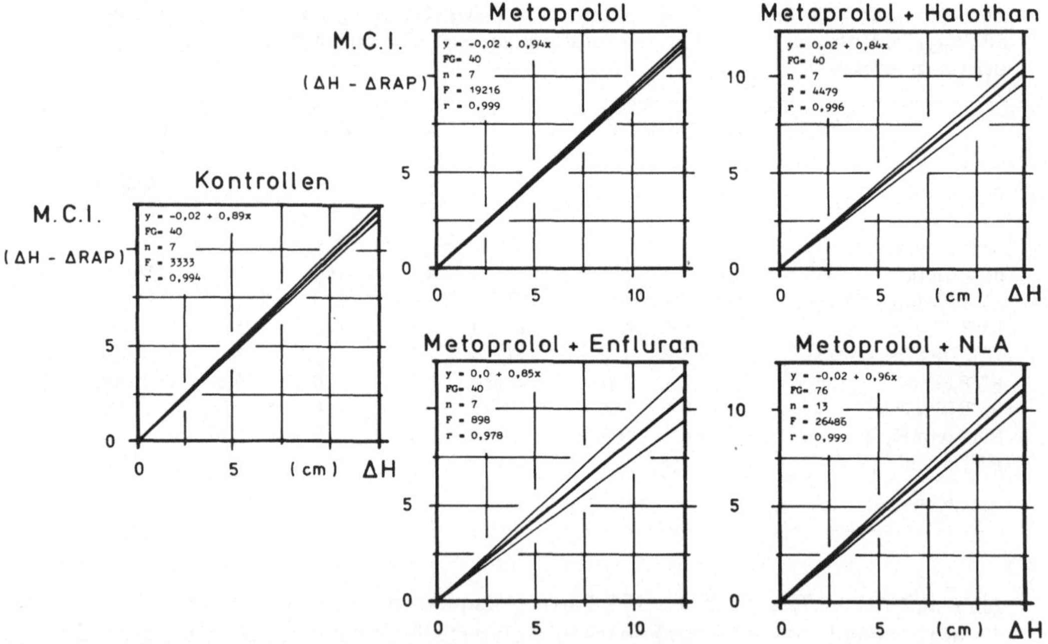

Abb. 90. Myokardialer Competence-Index bei Kontrollen (n = 13) sowie nach Gabe von 58,0 mg Metoprolol/l ohne bzw. in Gegenwart von 0,5 Vol.% Halothan, 1,1 Vol.% Enfluran oder 3,0 mg Dehydrobenzperidol/l plus 0,075 mg Fentanyl/l (jeweils n = 7). Abszisse: Änderungen der Reservoirblutspiegelhöhe (ΔH) in cm; Ordinate: Myokardialer Competence-Index (M.C.I.) errechnet aus der Differenz ΔH−ΔRAP. Dargestellt ist die lineare Regressionsgerade mit der Standardabweichung

• kg KG reduziert wird, beträgt der Rückgang bei Anwesenheit von 1,1 Vol.-% Enfluran bzw. der gleich wirksamen Neuroleptanalgesie-Dosierung 2,5 bzw. nur 1,8 ml/min • kg KG (p jeweils $> 0,05$).

Bei einem gemeinsamen Einwirken der ED_{15} von Metoprolol und den jeweiligen Narkotikadosierungen ist der myokardiale Competence-Index im Vergleich zum Normalwert nur in Gegenwart von 0,5 Vol.-% Halothan signifikant erniedrigt (Abb. 90). In der höchsten Belastungsstufe werden statt des bei den Kontrollen gefundenen Wertes für die Differenz $\Delta H - \Delta RAP$ von $11,9 \pm 0,3$ cm H_2O für Metoprolol plus Halothan nur $10,5 \pm 0,6$ ($\dot{p} < 0,05$), für Metoprolol plus Enfluran $10,7 \pm 1,2$ ($p > 0,05$) und für Metoprolol plus der äquieffektiven Neuroleptanalgesie-Kombination $11,1 \pm 0,7$ cm H_2O ($p > 0,05$) errechnet.

Die Ventrikelfunktionskurven bestätigen gleichfalls die deutliche Einschränkung der myokardialen Pumpfunktion bei einer gemeinsamen Applikation der ED_{15} des ß-Rezeptorenblockers und den jeweils äquieffektiven Anaesthetikadosierungen (Abb. 91). Während unter dem alleinigen Einwirken der ED_{15} von Metoprolol bei einem rechtsatrialen Druck von 5 cm H_2O noch eine Herzauswurfleistung von $37,3 \pm 3,6$ ml/min • kg KG registriert werden kann, erreichen die Kontrollherzen vergleichbare Auswurfvolumina bereits bei einem rechten Vorhofdruck von im Mittel 2,2 cm H_2O. Um in Gegenwart der Substanzkombinationen ein entsprechendes Herzminutenvolumen zu erreichen, muß der rechtsatriale Druck auf Werte über 7,5 cm H_2O angehoben werden.

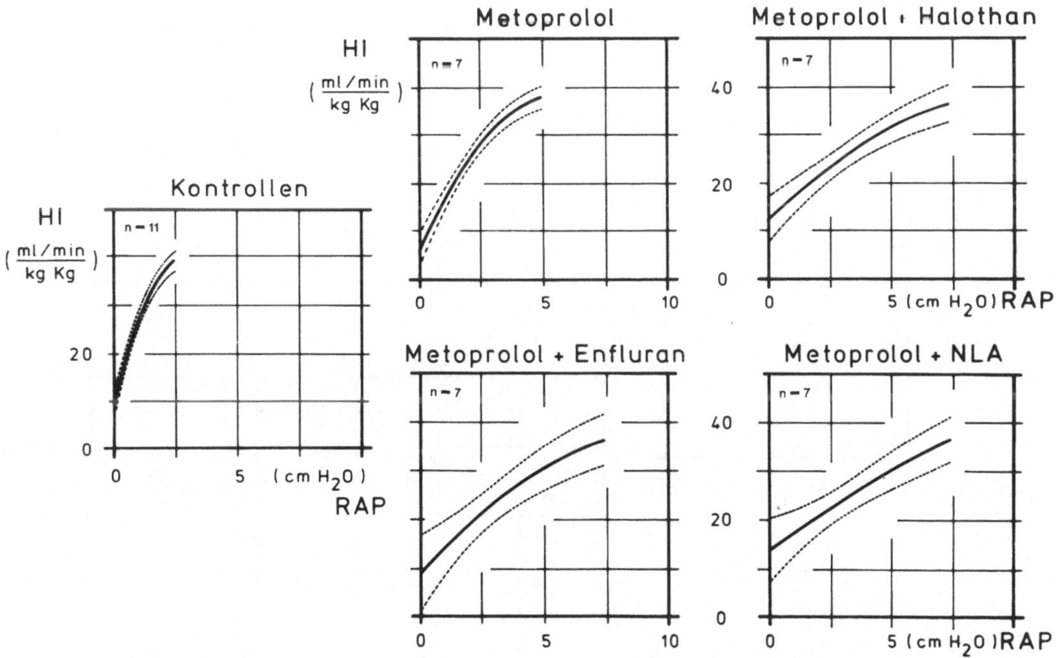

Abb. 91. Ventrikelfunktionskurven zur Quantifizierung der myokardialen Pumpleistung bei Kontrollen sowie in Gegenwart von 58,0 mg Metoprolol/l ohne Zugabe eines Narkotikums bzw. in Gegenwart von 0,5 Vol.% Halothan, 1,1 Vol.% Enfluran oder 3,0 mg Dehydrobenzperidol/l plus 0,075 mg Fentanyl/l (jeweils $n = 7$). Abszisse: rechtsatrialer Füllungsdruck (RAP) in cm H_2O; Ordinate: Herzindex (HI) in ml/min • kg KG. Dargestellt ist der mittlere Verlauf der Ventrikelfunktionskurven mit den Grenzen für den 95%-Vertrauensbereich

Der bei der kontrollierten Widerstandsbelastung über eine Nachlasterhöhung zu erzielende Kontraktionskraftgewinn liegt bei der maximalen Steigerung des aortalen Windkesseldruckes in Gegenwart der ED_{15} von Metoprolol im Mittel bei 1.254 ± 410 Torr/s. Durch das gleichzeitige Einwirken von 0,5 Vol.-% Halothan erniedrigt sich dieser Zuwachs auf 637 ± 219 Torr/s (Abb. 92). Aufgrund der im Vergleich zur äquieffektiven Halothan-Dosierung schwächeren myokarddepressiven Eigeneffekte von 1,1 Vol.-% Enfluran bzw. 3,0 mg Dehydrobenzperidol/l plus 0,075 mg Fentanyl/l ist der Rückgang des Nachlast-bedingten Kontraktionskraftzuwachses in Gegenwart von Enfluran und der Neuroleptanalgesie deutlich geringer ausgeprägt. Im Mittel steigt bei diesen Substanzkombinationen der Wert von dP/dt_{max} des linken Ventrikels um 1.701 ± 183 bzw. 1.039 ± 275 Torr/s an (p jeweils < 0,05).

Durch die gemeinsame Gabe der ED_{15} von Metoprolol und den äquieffektiv wirkenden Narkotikadosierungen wird die Förderleistung der isolierten Herzen unter Standardbedingungen von 25,5 ± 1,0 bzw. 25,0 ± 0,5 bzw. 25,3 ± 0,7 ml/min · kg KG auf 22,7 ± 1,5 bzw. 22,5 ± 0,9 bzw. 23,5 ± 0,8 ml/min · kg KG gesenkt (Tabellen 19, 20, 21). Trotz dieser signifikanten Reduktion des absoluten Fördervolumens (p jeweils < 0,01), wird die über die Vorlasterhöhung auslösbare Steigerung der Pumpfunktion nur in einem geringeren Umfang eingeschränkt (Abb. 93). In Gegenwart der Kombination von Metoprolol und Enfluran bzw. Metoprolol und der Neuroleptanalgesie bleibt die Steigerungsfähigkeit der Pumpleistung so-

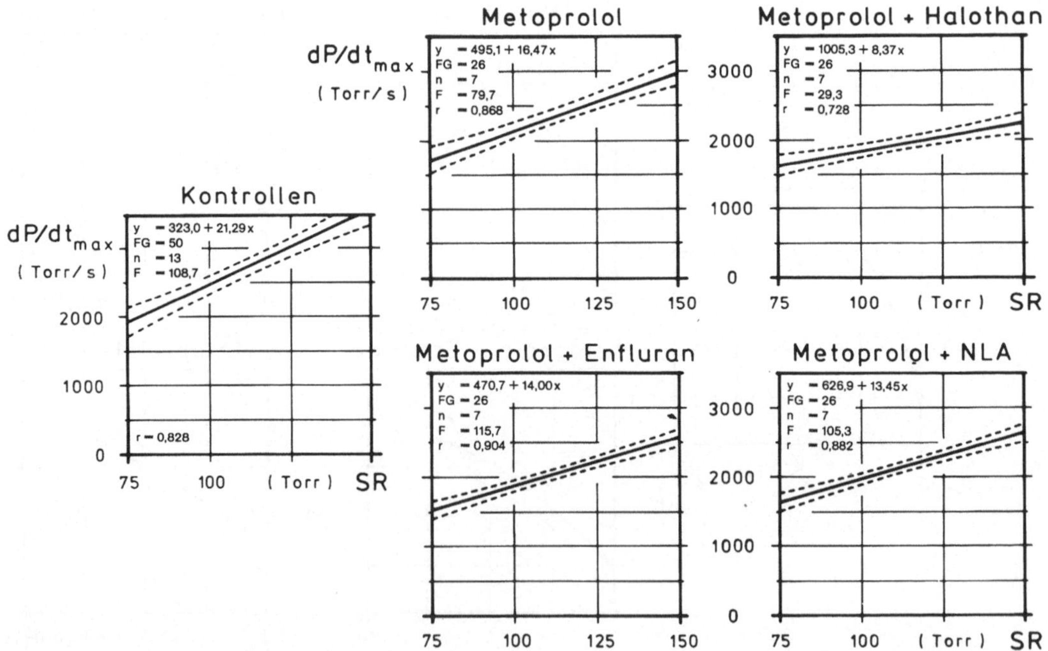

Abb. 92. Linksventrikuläre Widerstandsbelastung bei einem Kontrollkollektiv (n = 13) sowie in Gegenwart von 58,0 mg Metoprolol/l ohne Zugabe eines Narkotikums bzw. in Gegenwart von 0,5 Vol.% Halothan, 1,1 Vol.% Enfluran oder 3,0 mg Dehydrobenzperidol/l plus 0,075 mg Fentanyl/l (jeweils n = 7). Abszisse: Druck im aortalen Windkessel (SR) in Torr; Ordinate: maximale linksventrikuläre Druckansteigsgeschwindigkeit (dP/dt_{max}) in Torr/s. Dargestellt sind die linearen Regressionsgeraden mit dem 95%-Vertrauensbereich

gar nahezu vollständig erhalten. Während bei den Kontrolltieren bei einer maximalen Anhebung des Blutspiegels um insgesamt 12,5 cm die Herzauswurfleistung um $11,0 \pm 1,6$ ml/min · kg KG ansteigt und in Gegenwart der ED_{15} von Metoprolol noch eine Zunahme um $11,3 \pm 0,9$ ml/min · kg KG gesehen wird, beträgt der Zuwachs bei einer gleichzeitigen Gabe von 58,0 mg Metoprolol/l und 1,1 Vol.-% Enfluran bzw. 3,0 mg Dehydrobenzperidol/l plus 0,075 mg Fentanyl/l $12,2 \pm 2,2$ bzw. $12,9 \pm 0,8$ ml/min · kg KG (p jeweils > 0,05). Bei einer alleinigen Gabe von 1,1 Vol.-% Enfluran bzw. der gleich wirksamen Neuroleptanalgesie-Dosierung betragen die Anstiege jeweils $11,5 \pm 1,1$ bzw. $12,6 \pm 0,9$ ml/min · kg KG (Abb. 70). Bei einem gemeinsamen Einwirken von Metoprolol und Halothan findet sich ebenfalls keine signifikante Einschränkung der vorlast-abhängigen Steigerungsfähigkeit der myokardialen Pumpleistung. Das Ausmaß dieser Minderung liegt gleichfalls in einer Größenordnung, die auch bereits bei der alleinigen Halothan-Applikation beobachtet wurde. In Gegenwart von beiden Substanzen wird ein Zuwachs von $10,0 \pm 1,0$ und bei einem alleinigen Einwirken von 0,5 Vol.-% Halothan ein Zuwachs von $10,0 \pm 2,6$ ml/min · kg KG registriert (p > 0,05).

In Gegenwart der Kombination von 58,0 mg Metoprolol/l und den jeweils äquieffektiv wirksamen Narkotikakonzentrationen kann die Kontraktionskraft der isolierten Herzen ebenso wie bei den Kontrollpräparaten bzw. den unter alleiniger Einwirkung von nur einer Prüfsubstanz stehenden Herzen durch eine Anhebung der rechtsatrialen Stimulationsfrequenz in einem gewissen Umfang gesteigert werden. Das Maximum der linksventrikulären

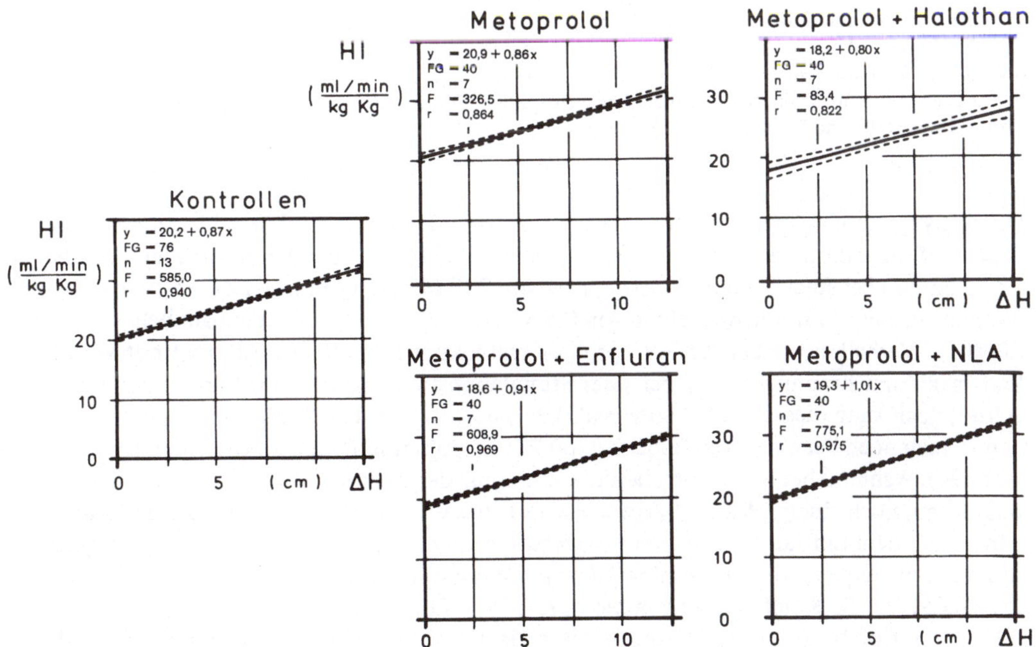

Abb. 93. Volumenbelastung des Herzens bei einem Kontrollkollektiv ($n = 13$) sowie in Gegenwart von 58,0 mg Metoprolol/l ohne Zugabe eines Narkotikums bzw. in Gegenwart von 0,5 Vol.% Halothan, 1,1 Vol.% Enfluran oder 3,0 mg Dehydrobenzperidol/l plus 0,075 mg Fentanyl/l (jeweils $n = 7$). Abszisse: Änderung der Reservoirblutspiegelhöhe (ΔH) in cm; Ordinate: Herzindex (HI) in ml/min · kg KG. Dargestellt sind die linearen Regressionsgeraden mit dem 95%-Vertrauensbereich

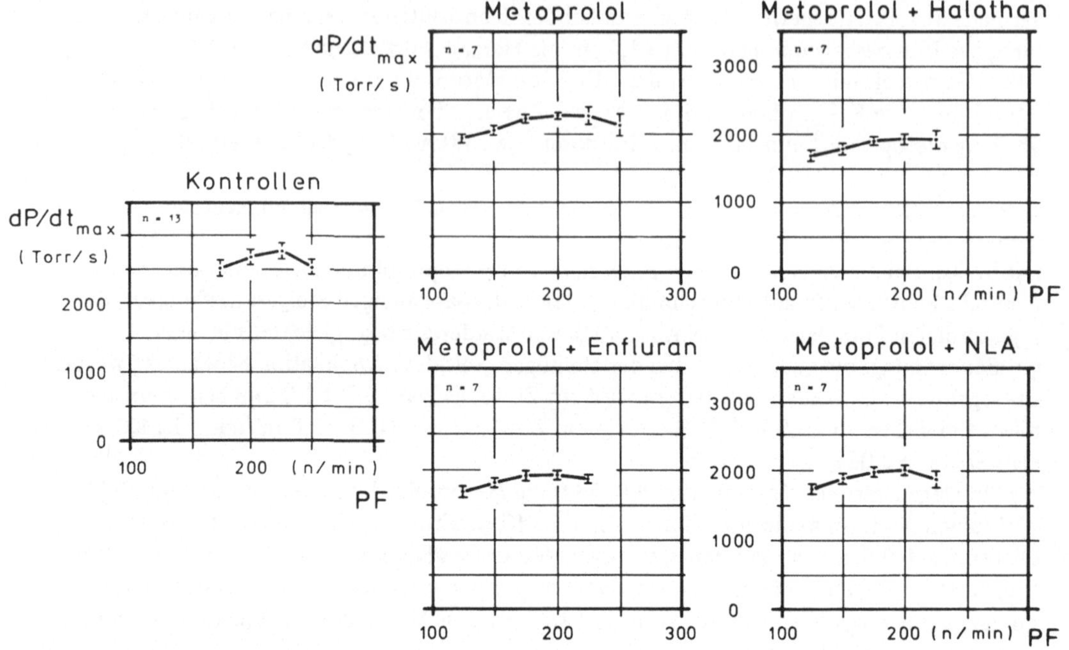

Abb. 94. Verhalten der maximalen linksventrikulären Druckanstiegsgeschwindigkeit in Abhängigkeit von verschiedenen Stimulationsfrequenzen bei Kontrollen (n = 13) sowie in Gegenwart von 58,0 mg Metoprolol/l ohne Zugabe eines Narkotikums bzw. in Gegenwart von 0,5 Vol.% Halothan, 1,1 Vol.% Enfluran oder 3,0 mg Dehydrobenzperidol/l plus 0,075 mg Fentanyl/l (jeweils n = 7). Abszisse: Stimulationsfrequenz (PF) in n/min, Ordinate. maximale linksventrikuläre Druckanstiegsgeschwindigkeit (dP/dt$_{max}$) in Torr/s. Dargestellt sind $\bar{x} \pm s_{\bar{x}}$

Druckanstiegsgeschwindigkeit wird aber in Gegenwart der Metoprolol-Kombination bereits bei einer Stimulationsfrequenz von 200 Impulsen/min erreicht. Bei den Kontrollen liegt dieses Maximum bei einer Stimulationsfrequenz von 225 Impulsen/min. Bei Zugabe von nur einer Prüfsubstanz wird mit Ausnahme von 0,5 Vol.-% Halothan, bei dem ein ähnliches dP/dt$_{max}$-Verhalten wie bei den Metoprolol-Kombinationen gesehen wird, das Kontraktionskraftmaximum zwar auch schon bei einer Stimulationsfrequenz von 200 Impulsen/min beobachtet, doch kann dieser Wert — anders als bei Halothan und den Metoprolol-Kombinationen — auch noch bei einer Reizfrequenz von 225 Impulsen/min registriert werden (Abb. 71, Abb. 94). Während bei den Kontrollen die Erhöhung der Reizfrequenz von 175 auf 200 Impulsen/min noch einen dP/dt$_{max}$-Zuwachs von 176 ± 96 Torr/s auslöst, beträgt der Zugewinn unter dem Einfluß der Substanzkombinationen bei einer vergleichbaren Änderung der Stimulationsfrequenz für die Kombination von Metoprolol und Halothan 74 ± 184 Torr/s (p > 0,05), für die Kombination von Metoprolol und Enfluran 56 ± 206 Torr/s (p ± 0,05) und für die Kombination von Metoprolol und Dehydrobenzperidol plus Fentanyl nur noch 23 ± 50 Torr/s (p < 0,05).

Während also bei einem gleichzeitigen Einwirken von Metoprolol und den Narkotika die Kontraktionskraft der isolierten Herzen noch durch eine Anhebung der Stimulationsfrequenz von 175 auf 200 Impule/min geringfügig gesteigert werden kann, fällt die Pumpleistung bei dieser Frequenzsteigerung bereits wieder um einen geringen Betrag ab. Das Maxi-

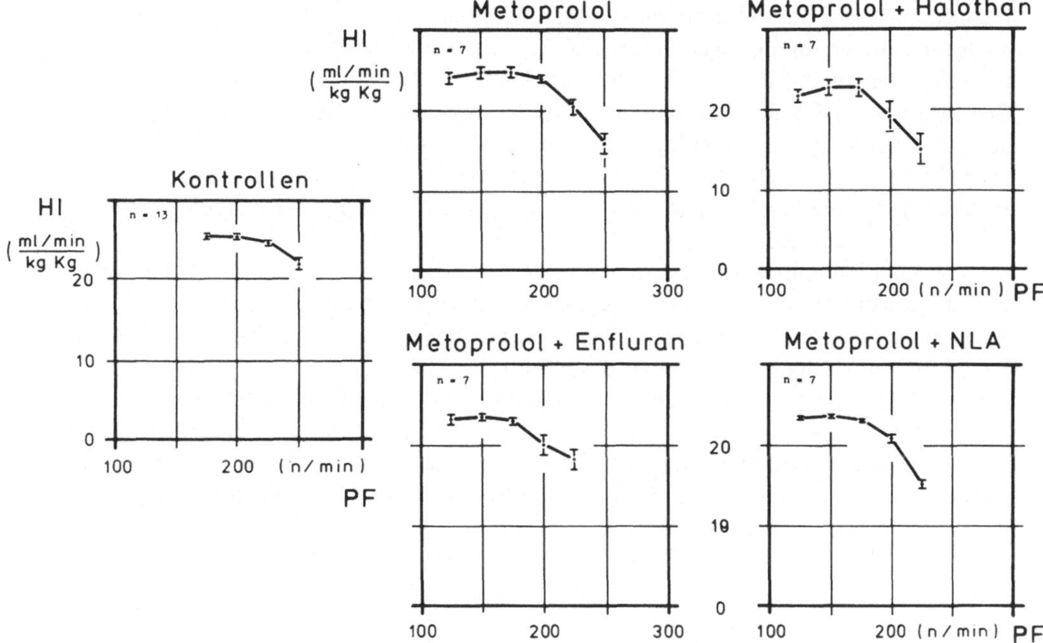

Abb. 95. Verhalten des Herzindex in Abhängigkeit von verschiedenen Stimulationsfrequenzen bei Kontrollen (n = 13) sowie in Gegenwart von 58,0 mg Metoprolol/l ohne Zugabe eines Narkotikums bzw. in Gegenwart von 0,5 Vol.% Halothan, 1,1 Vol.% Enfluran oder 3,0 mg Dehydrobenzperidol/l plus 0,075 mg Fentanyl/l (jeweils n = 7). Abszisse: Stimulationsfrequenz (PF) in n/min; Ordinate: maximale linksventrikuläre Druckanstiegsgeschwindigkeit (dP/dt_{max}) in Torr/s. Dargestellt sind $\bar{x} \pm s_{\bar{x}}$

mum der Herzminutenvolumenleistung wird im Mittel bereits bei einer Stimulationsfrequenz von 175 Impulen/min erreicht (Abb. 95). Bei den Kontrollen wird ein vergleichbarer Rückgang der myokardialen Pumpleistung erst bei einer mittleren Stimulationsfrequenz von 225 Impulsen/min und bei den unter alleinigem Einfluß der Narkotika bzw. der ED_{15} von Metoprolol sthenden Herzpräparaten erst bei einer mittleren Stimulationsfrequenz von 200 Impulsen/min registriert.

Wird die Stimulationsfrequenz von 175 auf 200 Impulse/min gesteigert, so fällt die Herzauswurfleistung in Gegenwart von Metoprolol und Halothan um 3,5 ± 2,4, in Gegenwart von Metropolol und Enfluran um 2,9 ± 3,4 sowie in Gegenwart von Metoprolol und Dehydrobenzperidol plus Fentanyl um 2,1 ± 1,0 ml/min · kg KG ab. Bei den Kontrollen beträgt der Rückgang nur 0,1 ± 0,2 ($p < 0,01$), bei 0,5 Vol.-% Halothan nur 0,3 ± 1,0 ($p < 0,05$), bei 1,1 Vol.-% Enfluran nur 0,2 ± 0,3 ($p < 0,01$) und bei der Neuroleptanalgesie nur 0,4 ± 0,1 ml/min · kg KG ($p < 0,01$). In Gegenwart von 58,0 mg Metoprolol/l beläuft sich der Rückgang auf 1,1 ± 1,3 ml/min · kg KG (p gegenüber Metoprolol plus Halothan $< 0,05$, gegenüber Metoprolol plus Enfluran bzw. Dehydrobenzperidol plus Fentanyl $> 0,05$).

3.5.3 Pindolol und Halothan bzw. Enfluran bzw. Neuroleptanalgesie

Pindolol ist ein β-Rezeptorenblocker mit einer ausgeprägten β-adrenergen Eigenwirkung. Aufgrund dieser substanzspezifischen „intrinsic activity" wird der narkotikabedingte Fre-

quenzabfall, sei er durch Halothan, Enfluran oder durch die Substanzen der Neuroleptanalgesie bedingt, im niedrigen Pindolol-Dosierungsbereich sogar über den narkotika-beding-
ten Effekt hinaus angehoben (Abb. 96). Erst bei einer Pindolol-Gesamtdosis, die im Mittel in
Gegenwart von 0,5 Vol.-% Halothan bzw. 1,1 Vol.-% Enfluran bzw. der äquieffektiv wirkenden Neuroleptanalgesie-Dosierung eine Dosisgrenze von 3,5 bzw. 4,0 bzw. 5,5 mg Pindolol/l
überschreitet, fällt die spontane Kontraktionsfrequenz infolge der im mittleren und höheren
Pindolol-Dosierungsbereich stark zunehmenden negativ chronotropen Pindolol-Wirkung unter die Ausgangsherzfrequenz ab.

   Bei einer Pindolol-Gesamtdosierung von 6,1 mg Pindolol/l erreicht die Reduktion der
spontanen Kontraktionsfrequenz in Gegenwart von Halothan einen Wert von 3,5%, in Gegenwart von Enfluran von 3,0% und in Gegenwart der Neuroleptanalgesie von 2,0%. Bei 10,0 mg
Pindolol/l beträgt der Verlust bereits sogar 14,0, 11,5 bzw. 11,0%. Werden die gleichen
Pindolol-Dosierungen ohne Zugabe von Narkotika in das Blutreservoir gegeben, so erreicht
die spontane Herzfrequenz den Ausgangswert bzw. fällt im Mittel um 6,0% unter diesen Wert
ab. Da die allein applizierten Narkotikadosierungen die spontane Kontraktionsfrequenz noch
vor der Zugabe von Pindolol bereits jeweils im Mittel um 6,0 bzw. 10,0 bzw. 9,0% absenken,
liegen die bei gemeinsamer Applikation der Substanzen registrierten Frequenzeinbußen zumindest im klinisch relevanten Pindolol-Dosierungsbereich deutlich unter den Werten, die für

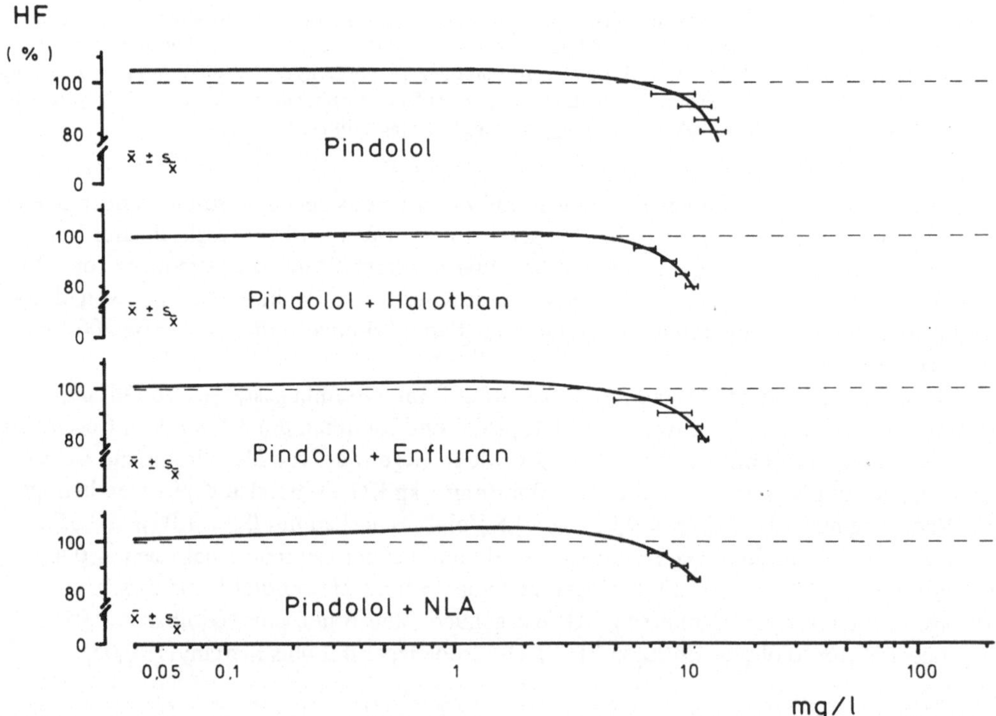

Abb. 96. Verhalten der spontanen Herzfrequenz bei schrittweiser Steigerung der Pindolol-Gesamtdosierung ohne Zugabe eines Narkotikums (n = 7) bzw. in Gegenwart von 0,5 Vol.% Halothan, 1,1 Vol.% Enfluran oder 3,0 mg Dehydrobenzperidol/l plus 0,075 mg Fentanyl/l (jeweils n = 5). Abszisse: kumulative
Pindolol-Gesamtdosierung in mg/l; Ordinate: Änderung der spontanen Herzfrequenz (HF) in Prozent (%)

ein rein additives Verhalten der direkt negativ chronotrop wirkenden Substanzeffekte zu errechnen sind.

Im Gegensatz zum Verhalten der spontanen Kontraktionsfrequenz kann bei einem gemeinsamen Einwirken von Pindolol und den verschiedenen Narkotika für das Verhalten des Kontraktilitätsparameters dP/dt_{max} des linken Ventrikels eine Summation der myokarddepressiven Pindolol- und Narkotikaeffekte beobachtet werden (Abb. 97). So wird beispielsweise die maximale linksventrikuläre Druckanstiegsgeschwindigkeit durch die approximativ auf die Verhältnisse des Herz-Lungen-Präparates übertragene i.v.-Initialdosierung von Pindolol ohne Zugabe von Narkotika um 2,8% über den Ausgangswert erhöht. Bei einer gleichzeitigen Anwesenheit von 0,5 Vol.-% Halothan fällt der Wert dieses Kontraktilitätsparameters hingegen um 4,0% gegenüber dem Ausgangswert ab. In Gegenwart von 1,1 Vol.-% Enfluran bzw. 3,0 mg Dehydrobenzperidol/l plus 0,075 mg Fentanyl/l kann aufgrund der geringeren negativ inotropen Effekte dieser Narkotika keine Änderung gegenüber den Ausgangswerten registriert werden. Die isolierte Applikation von Halothan, Enfluran oder der Neuroleptanalgesie verursacht noch vor Zugabe von Pindolol jeweils einen Kontraktilitätsverlust von im Mittel 8,0 bzw. 3,0 bzw. 1,0%.

Ähnliche Verhältnisse lassen sich auch in höheren Pindolol-Dosierungsbereichen nachweisen. So fällt beispielsweise die maximale linksventrikuläre Druckanstiegsgeschwindigkeit

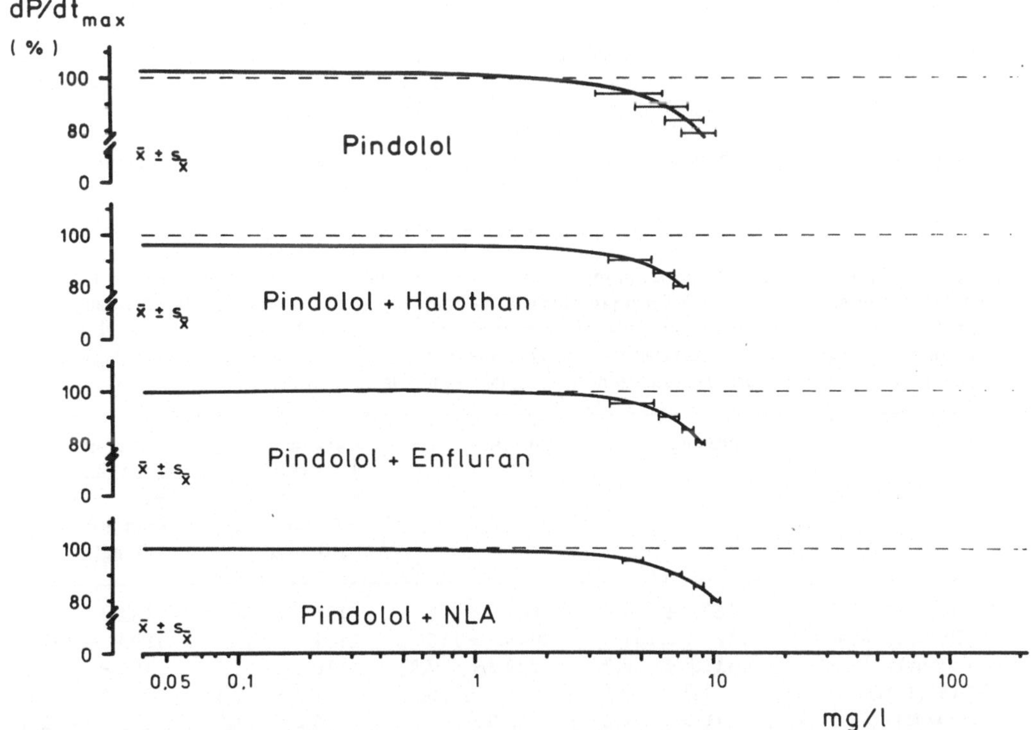

Abb. 97. Verhalten der maximalen linksventrikulären Druckanstiegsgeschwindigkeit bei schrittweiser Steigerung der Pindolol-Gesamtdosierung ohne Zugabe eines Narkotikums ($n = 7$) bzw. in Gegenwart von 0,5 Vol.% Halothan, 1,1 Vol.% Enfluran oder 3,0 mg Dehydrobenzperidol/l plus 0,075 mg Fentanyl/l (jeweils $n = 5$). Abszisse: kumulative Pindolol-Gesamtdosierung in mg/l; Ordinate: Änderung der maximalen linksventrikulären Druckanstiegsgeschwindigkeit (dP/dt_{max}) in Prozent (%)

bei einem gemeinsamen Einwirken von 8,0 mg Pindolol/l und 0,5 Vol.-% Halothan um 23,0%. Bei einem gemeinsamen Einwirken dieser Pindolol-Dosis und 1,1 Vol.-% Enfluran bzw. 3,0 mg Dehydrobenzperidol/l plus 0,075 mg Fentanyl/l wird eine dP/dt_{max}-Einbuße um 17,0 bzw. 15,5% registriert. Da die alleinige Gabe dieser ß-Rezeptorenblocker-Dosis einen Kontraktionskraftverlust von im Mittel 16,0% verursacht, kann für die Narkotikaeffekte jeweils ein anteilmäßiger Prozentsatz von 7,0, 1,0 bzw. 0,5% errechnet werden.

Tabelle 22. Verhalten verschiedener kardiohämodynamischer Parameter vor und nach Zugabe von 0,5 Vol.% Halothan bzw. 0,5 Vol.% Halothan plus 0,1 mg Pindolol/l (diese Dosierung entspricht approximativ der empfohlenen minimalen i.v. zu applizierenden Initialdosis) bzw. 0,5 Vol.% Halothan plus 7,9 mg Pindolol/l (diese Dosierung mindert den Inotropieparameter dP/dt_{max} im Mittel um 15% = ED_{15}) bei konstanter rechtsatrialer Vorhofstimulation. $(n = 7)$; $(\bar{x} \pm s_x)$; Belastungskollektiv

	Ausgangswert	Halothan 0,5 Vol.%	Halothan 0,5 Vol.% + Pindolol 0,10 mg/l	Halothan 0,5 Vol.% + Pindolol 7,9 mg/l
PR (n/min)	177 ± 16	177 ± 16	177 ± 16	177 ± 16
LV dP/dt_{max} (Torr/s)	2379 ± 414	2187 ± 338	2287 ± 295	1900 ± 313
LVP (Torr)	117,2 ± 10,5	116,2 ± 9,4	117,2 ± 9,5	113,2 ± 9,4
LVEDP (Torr)	1,2 ± 0,9	1,5 ± 0,9	1,3 ± 0,8	5,6 ± 2,9
RVP (Torr)	18,3 ± 5,4	17,6 ± 5,0	17,9 ± 5,3	15,2 ± 3,5
RVEDP (Torr)	0,8 ± 0,5	1,1 ± 0,7	1,0 ± 0,7	2,1 ± 1,3
RAP (cm H_2O)	0,7 ± 0,6	1,0 ± 0,7	1,1 ± 0,7	3,2 ± 2,8
HI $\left(\dfrac{ml/min}{kg\,KG}\right)$	26,0 ± 1,1	24,8 ± 1,1	24,9 ± 1,0	22,6 ± 1,4

Tabelle 23. Verhalten verschiedener kardiohämodynamischer Parameter vor und nach Zugabe von 1,1 Vol.% Enfluran bzw. 1,1 Vol.% Enfluran plus 0,1 mg Pindolol/l (diese Dosierung entspricht approximativ der empfohlenen minimalen i.v. zu applizierenden Initialdosis) bzw. 1,1 Vol.% Enfluran plus 7,9 mg Pindolol/l (diese Dosierung mindert den Inotropieparameter dP/dt_{max} im Mittel um 15% = ED_{15}) bei konstanter rechtsatrialer Vorhofstimulation. $(n = 7)$; $(\bar{x} \pm s_x)$; Belastungskollektiv

	Ausgangswert	Enfluran 1,1 Vo.%	Enfluran 1,1 Vol.% + Pindolol 0,10 mg/l	Enfluran 1,1 Vol.5 + Pindolol 7,9 mg/l
PR (n/min)	182 ± 4	182 ± 4	182 ± 4	182 ± 4
LV dP/dt_{max} (Torr/s)	2137 ± 161	2046 ± 116	2131 ± 103	1893 ± 169
LVP (Torr)	111,4 ± 8,7	109,3 ± 7,2	110,2 ± 7,2	106,9 ± 9,2
LVEDP (Torr)	1,3 ± 0,5	1,9 ± 0,5	1,4 ± 0,4	3,6 ± 0,8
RVP (Torr)	16,5 ± 2,2	15,8 ± 1,9	16,1 ± 1,9	15,6 ± 3,6
RVEDP (Torr)	1,2 ± 0,6	1,3 ± 0,6	1,4 ± 0,6	2,0 ± 0,9
RAP (cm H_2O)	0,6 ± 0,3	0,8 ± 0,4	0,8 ± 0,3	1,4 ± 1,1
HI $\left(\dfrac{ml/min}{kg\,KG}\right)$	25,3 ± 0,3	24,8 ± 0,7	24,8 ± 0,6	23,5 ± 1,7

Tabelle 24. Verhalten verschiedener kardiohämodynamischer Parameter vor und nach Zugabe von 3,0 mg Dehydrobenzperidol/l plus 0,075 mg Fentanyl/l bzw. der gleichen Neuroleptanalgesie-Dosierung plus 0,1 mg Pindolol/l (diese Dosierung entspricht approximativ der empfohlenen minimalen i.v. zu applizierenden Initialdosis) oder plus 7,9 mg Pindolol/l (diese Dosierung mindert den Inotropieparameter dP/dt_{max} im Mittel um 15% = ED_{15}) bei konstanter rechtsatrialer Vorhofstimulation. ($n = 7$); ($\bar{x} \pm s_{x}$); Belastungskollektiv

	Ausgangswert	NLA	NLA + Pindolol 0,10 mg/l	NLA + Pindolol 7,9 mg/l
PR (n/min)	181 ± 5	181 ± 5	181 ± 5	181 ± 5
LV dP/dt_{max} (Torr/s)	2401 ± 147	2394 ± 151	2449 ± 141	2123 ± 147
LVP (Torr)	112,4 ± 3,5	112,2 ± 2,9	112,8 ± 2,9	113,0 ± 4,1
LVEDP (Torr)	1,3 ± 1,1	1,3 ± 0,7	1,4 ± 0,6	3,5 ± 1,9
RVP (Torr)	16,1 ± 4,2	16,0 ± 4,5	16,3 ± 4,4	17,4 ± 3,5
RVEDP (Torr)	0,3 ± 0,2	0,3 ± 0,2	0,3 ± 0,2	0,9 ± 0,5
RAP (cm H_2O)	0,2 ± 0,1	0,2 ± 0,2	0,2 ± 0,1	0,8 ± 0,5
HI $\left(\dfrac{ml/min}{kg\ KG}\right)$	25,3 ± 0,6	25,2 ± 0,7	25,3 ± 0,7	24,0 ± 1,1

Trotz der relativ ausgeprägten ß-adrenergen Stimulationswirkung von Pindolol lassen sich nach Gabe von 0,1 mg Pindolol/l bei gleichzeitiger Anwesenheit der Narkotika unter Standardbedingungen außer einer Anhebung der spontanen Herzfrequenz und der maximalen linksventrikulären Druckanstiegsgeschwindigkeit keine weiteren Abweichungen kardiohämodynamischer Parameter registrieren, die als Ausdruck einer myokardialen Leistungsverbesserung zu interpretieren wären (Tabellen 22, 23, 24). So steigt beispielsweise der linksventrikuläre Spitzendruck in Gegenwart der approximativ übertragenen Pindolol-i.-v.-Initialdosierung bei gleichzeitigem Einwirken der verschiedenen Narkotika im Mittel jeweils nur um 1,0, 0,9 bzw. 0,6 Torr an (p jeweils $> 0,05$). Der linksventrikuläre enddiastolische Druck fällt in Gegenwart von Halothan bzw. Enfluran nur um 0,2 bzw. 0,5 Torr ab und nimmt unter dem Einfluß der Neuroleptanalgesie sogar um 0,1 Torr zu (p jeweils $> 0,05$).

Die kontrollierten Widerstands- und Volumenbelastungsuntersuchungen in Gegenwart von 0,1 mg Pindolol/l plus den jeweils äquieffektiven Narkotikadosierungen bestätigen gleichfalls, daß der β-adrenerge Stimulationseffekt der approximativ übertragenen i.v.-Initialdosierung von Pindolol nicht imstande ist, die narkotika-induzierte myokardiale Funktionseinschränkung entscheidend zu verbessern (Abb. 98, 99). Beispielsweise steigt die maximale linksventrikuläre Druckanstiegsgeschwindigkeit unter dem Einfluß der allein applizierten Narkotikadosierungen bei einer Erhöhung des aortalen Windkesseldruckes von 75 auf 150 Torr um 900 ± 280 bzw. 1.508 ± 244 bzw. 1.453 ± 582 Torr/s an (Abb. 69). Wird die gleiche Belastung bei einer zusätzlichen Gabe von 0,1 mg Pindolol/l durchgeführt, so wird ein dP/dt_{max}-Anstieg von 884 ± 249 bzw. 1.324 ± 293 bzw. 1.606 ± 495 Torr/s gemessen (p jeweils $> 0,05$) (Abb. 98).

Wird dagegen im Rahmen der kontrollierten Volumenbelastung das hydrostatische Gefälle vor dem rechten Herzen um insgesamt 12,5 cm über das Ausgangsniveau angehoben, so kann bei einem alleinigen Einwirken der äquieffektiven Narkotikakonzentrationen eine maximale vorlast-abhängige Zunahme der Herzauswurfleistung um 10,0 ± 2,5, 11,5 ± 1,1

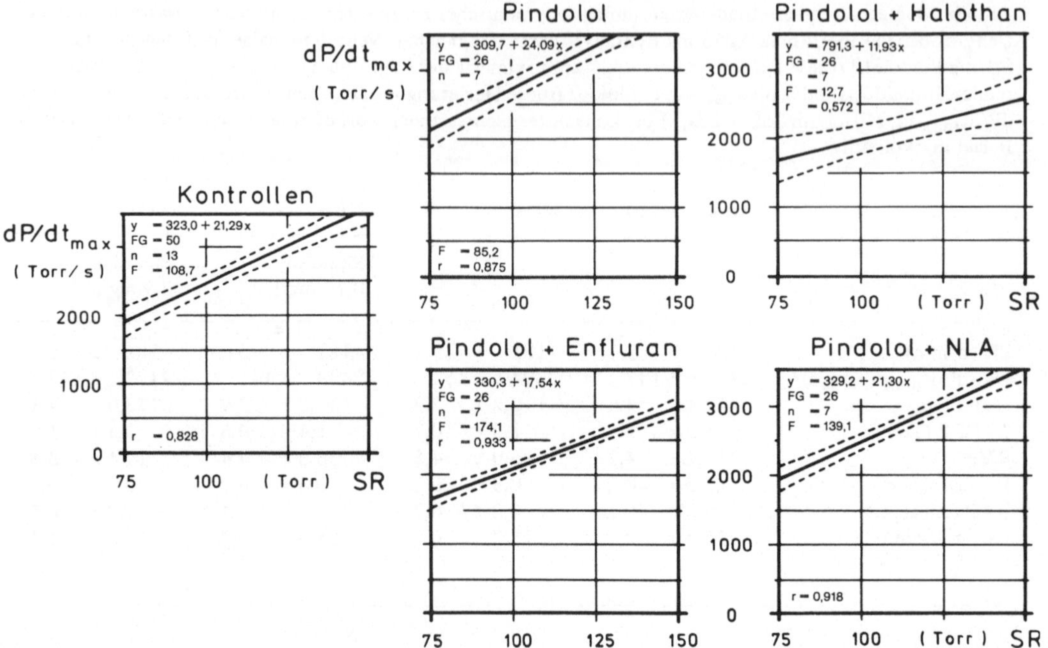

Abb. 98. Linksventrikuläre Widerstandsbelastung bei einem Kontrollkollektiv ($n = 13$) sowie in Gegenwart von 0,1 mg Pindolol/l ohne Zugabe eines Narkotikums bzw. in Gegenwart von 0,5 Vol.% Halothan, 1,1 Vol.% Enfluran oder 3,0 mg Dehydrobenzperidol/l plus 0,075 mg Fentanyl/l (jeweils $n = 7$). Abszisse: Druck im aortalen Windkessel (SR) in Torr; Ordinate: maximale linksventrikuläre Druckanstiegsgeschwindigkeit (dP/dt_max) in Torr/s. Dargestellt sind die linearen Regressionsgeraden mit dem 95%-Vertrauensbereich

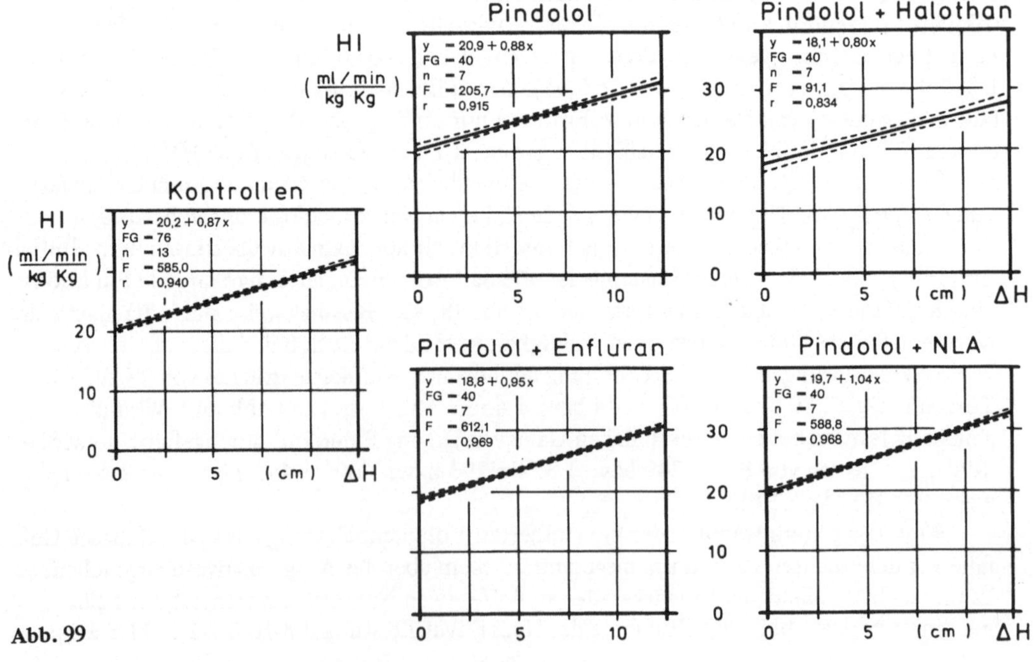

Abb. 99

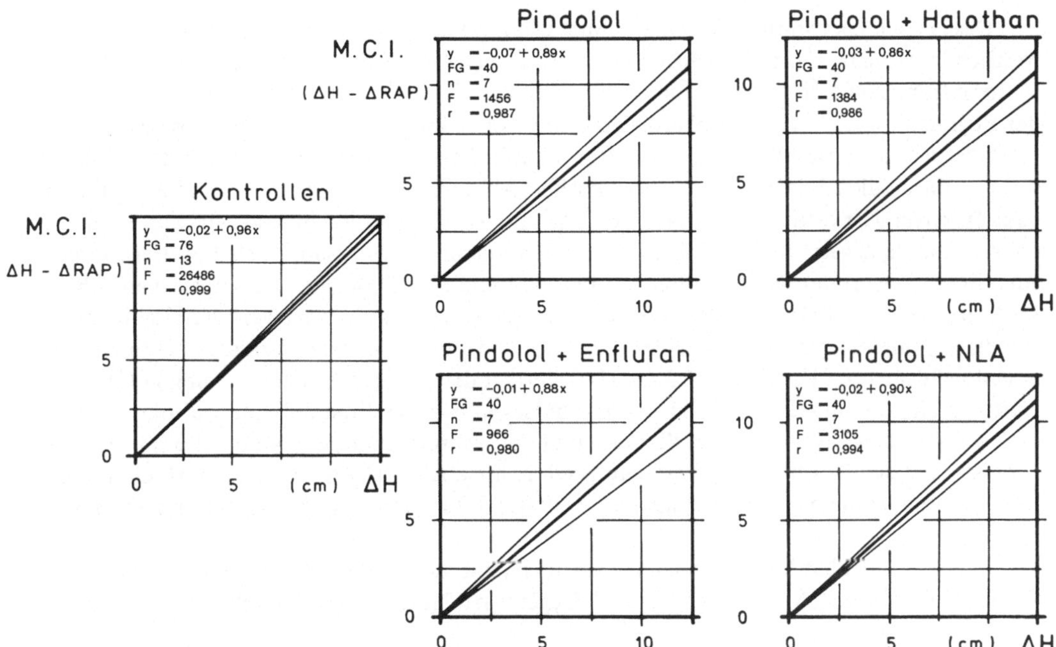

Abb. 100. Myokardialer Competence-Index bei Kontrollen (n = 13) sowie nach Gabe von 7,9 mg Pindolol/l ohne bzw. in Gegenwart von 0,5 Vol.% Halothan, 1,1 Vol.% Enfluran oder 3,0 mg Dehydrobenzperidol/l plus 0,075 mg Fentanyl/l (jeweils n = 7). Abszisse: Änderungen der Reservoirblutspiegelhöhe (ΔH) in cm; Ordinate: Myokardialer Competence-Index (M.C.I.) errechnet aus der Differenz ΔH ΔRAP). Dargestellt ist die lineare Regressionsgerade mit der Standardabweichung

bzw. 12,6 ± 0,9 ml/min · kg KG registriert werden (Abb. 70). Wird jedoch gleichzeitig die approximativ übertragene i.v.-Initialdosierung von Pindolol zugegeben, so läßt sich in Gegenwart der Substanzkombinationen ein Zuwachs von 9,8 ± 2,1, 11,8 ± 1,4 bzw. 12,9 ± 1,0 ml/min · kg KG (p jeweils > 0,05) feststellen (Abb. 99).

7,9 mg Pindolol/l verursachen unter Standardbedingungen eine mittlere Inotropieeinbuße um 15% (= ED_{15}). Bei einer gleichzeitigen Gabe von 0,5 Vol.-% Halothan bzw. 1,1 Vol.-% Enfluran bzw. 3,0 mg Dehydrobenzperidol/l plus 0,075 mg Fentanyl/l nimmt die Kontraktionskraft des Herzens im Mittel zusätzlich um 479 Torr/s bzw. 244 Torr/s bzw. 278 Torr/s ab (Tabellen 22, 23, 24). Die hieraus resultierende Minderung der myokardialen Leistungsfähigkeit läßt sich mit Hilfe des myokardialen Competence-Index aufzeigen (Abb. 100). In der höchsten Belastungsstufe wird für die Differenz ΔH − ΔRAP ein Wert von 10,8 ± 1,1, 11,1 ± 0,8 bzw. 11,1 ± 0,7 cm H_2O errechnet. Diese Differenzbeträge liegen jeweils signifikant unter dem Wert, der bei den Kontrollen bestimmt wird (11,9 ± 0,3 cm H_2O; p > 0,05). Gegenüber dem Differenzbetrag bei alleiniger Gabe von 7,9 mg Pindolol/l kann allerdings kein signifikanter Unterschied registriert werden (11,1 ± 1,0 cm H_2O; p > 0,05).

◄ **Abb. 99.** Volumenbelastung des Herzens bei einem Kontrollkollektiv (n = 13) sowie in Gegenwart von 0,1 mg Pindolol/l ohne Zugabe eines Narkotikums bzw. in Gegenwart von 0,5 Vol.% Halothan, 1,1 Vol.% Enfluran oder 3,0 mg Dehydrobenzperidol/l plus 0,075 mg Fentanyl/l (jeweils n = 7). Abszisse: Änderung der Reservoirblutspiegelhöhe (ΔH) in cm; Ordinate: Herzindex (HI) in ml/min · kg KG. Dargestellt sind die linearen Regressionsgeraden mit dem 95%-Vertrauensbereich

Das je nach überprüfter Substanzkombination unterschiedlich stark voneinander abweichende Ausmaß der myokardialen Leistungseinbuße läßt sich anhand der Verläufe der Ventrikelfunktionskurven wesentlich eindrucksvoller darstellen, als anhand der Steigungen der Regressionsgeraden des myokardialen Competence-Index. So werden in Gegenwart der gemeinsam applizierten Substanzen die Ventrikelfunktionskurven stets noch stärker (Abb. 101) als durch die alleinige Gabe der Narkotika (Abb. 68) abgeflacht. Da bei den überprüften äquieffektiven Narkotikakonzentrationen Enfluran stärker kardiodepressiv wirksam ist als die Neuroleptanalgesie und Halothan stärker kardiodepressiv wirksam ist als Enfluran, kann auch in Gegenwart der Kombination von Pindolol und Halothan eine deutlich stärkere Abflachung der Ventrikelfunktionskurve beobachtet werden, als in Gegenwart der Kombinationen von Pindolol und Enfluran bzw. Pindolol und Dehydrobenzperidol plus Fentanyl. Bei einem rechtsatrialen Druck von 7,5 cm H_2O beträgt die mittlere Auswurfleistung in Gegenwart von Pindolol und Enfluran 41,9 ± 6,4, in Gegenwart von Pindolol und Enfluran 41,9 ± 6,4 und in Gegenwart von Pindolol und der Neuroleptanalgesie 42,5 ± 4,3 ml/min · kg KG. Bei den Kontrollen genügt bereits ein rechtsatrialer Druck von 2,5 cm H_2O, um die Herzminutenvolumenleistung auf insgesamt 39,4 ± 3,7 ml/min · kg KG ansteigen zu lassen (p < 0,01).

Bei der kontrollierten Widerstandsbelastung kann durch eine Steigerung des aortalen Windkesseldruckes von 75 auf 150 Torr in Gegenwart der ED_{15} von Pindolol noch ein

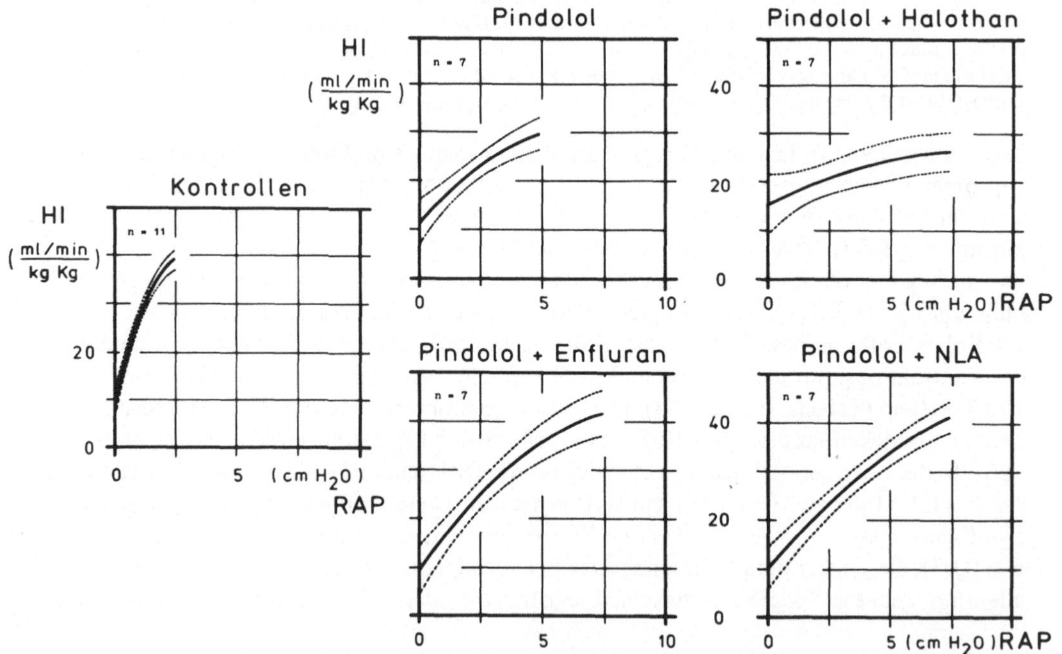

Abb. 101. Ventrikelfunktionskurven zur Quantifizierung der myokardialen Pumpleistung bei Kontrollen sowie in Gegenwart von 7,9 mg Pindolol/l ohne Zugabe eines Narkotikums bzw. in Gegenwart von 0,5 Vol.% Halothan, 1,1 Vol.% Enfluran oder 3,0 mg Dehydrobenzperidol/l plus 0,075 mg Fentanyl/l (jeweils $n = 7$). Abszisse: rechtsatrialer Füllungsdruck (RAP) in cm H_2O; Ordinate: Herzindex (HI) in ml/min · kg KG. Dargestellt ist der mittlere Verlauf der Ventrikelfunktionskurven mit den Grenzen für den 95%-Vertrauensbereich

dP/dt_{max}-Zuwachs von 1.327 ± 379 Torr/s registriert werden (Abb. 53). Stehen die Herzen dagegen unter dem gleichzeitigen Einfluß von 0,5 Vol.-% Halothan oder 1,1 Vol.-% Enfluran oder 3,0 mg Dehydrobenzperidol/l plus 0,075 mg Fentanyl/l, so verringert sich der maximale Kontraktionskraftzuwachs auf 906 ± 335 ($p < 0,05$) bzw. 1.271 ± 252 ($p > 0,05$) bzw. 1.204 ± 336 Torr/s ($p > 0,05$) (Abb. 102).

Auch das Ergebnis der kontrollierten Volumenbelastung beweist, daß bei einer gemeinsamen Applikation der ED_{15} von Pindolol und den jeweils äquieffektiven Narkotikadosierungen in Gegenwart der Kombination von Pindolol und Halothan die myokardiale Leistungseinbuße deutlich stärker ausgeprägt ist als in Gegenwart der Kombination von Pindolol und Enfluran bzw. von Pindolol und Dehydrobenzperidol plus Fentanyl (Abb. 103). Während das Herzminutenvolumen der Kontrollpräparate durch die Anhebung des Blutreservoirspiegels um 12,5 cm um insgesamt $11,0 \pm 1,6$ ml/min $\cdot$ kg KG angehoben wird, beträgt der Zuwachs in Gegenwart von Pindolol plus Halothan nur $10,1 \pm 1,4$, in Gegenwart von Pindolol plus Dehydrobenzperidol und Fentanyl sogar $12,6 \pm 1,2$ ml/min $\cdot$ kg KG. Der Anstieg der Pumpleistung bei der gleichzeitigen Gabe von Pindolol und Dehydrobenzperidol plus Fentanyl ist signifikant größer als die Herzminutenvolumensteigerung in Gegenwart von Pindolol und Halothan ($p < 0,05$).

In Gegenwart der verschiedenen Kombinationen von Pindolol und den Narkotika kann die myokardiale Kontraktionskraft der Herzpräparate gleichfalls wie bei den Kontrollen oder

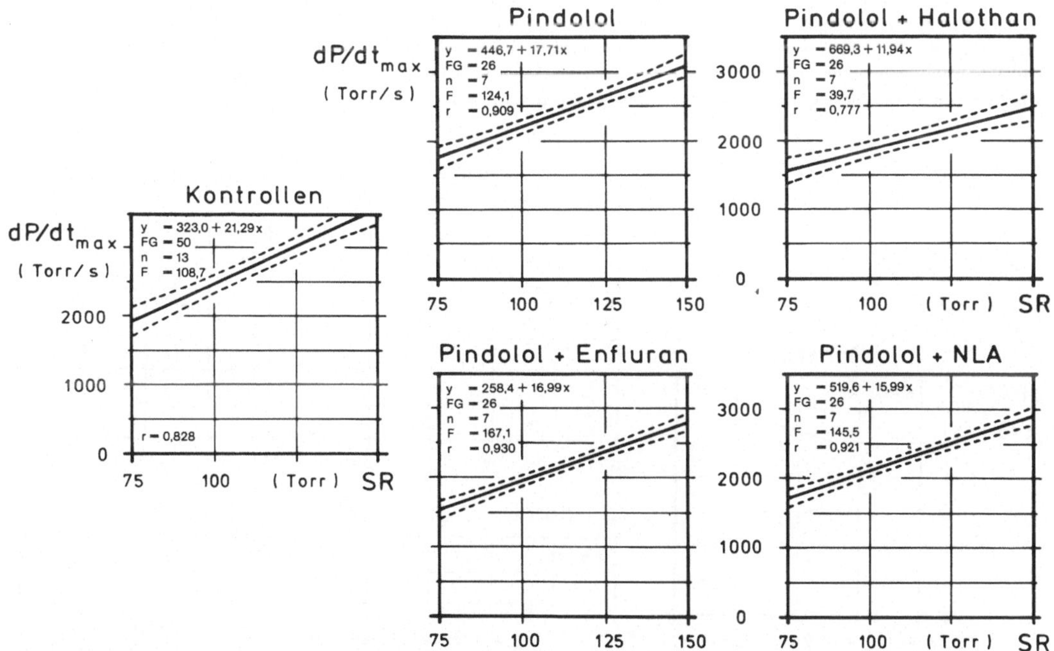

Abb. 102. Linksventrikuläre Widerstandsbelastung bei einem Kontrollkollektiv ($n = 13$) sowie in Gegenwart von 7,9 mg Pindolol/l ohne Zugabe eines Narkotikums bzw. in Gegenwart von 0,5 Vol.% Halothan, 1,1 Vol.% Enfluran oder 3,0 mg Dehydrobenzperidol/l plus 0,075 mg Fentanyl/l (jeweils $n = 7$). Abszisse: Druck im aortalen Windkessel (SR) in Torr; Ordinate: maximale linksventrikuläre Druckanstiegsgeschwindigkeit (dP/dt_{max}) in Torr/s. Dargestellt sind die linearen Regressionsgeraden mit dem 95%-Vertrauensbereich

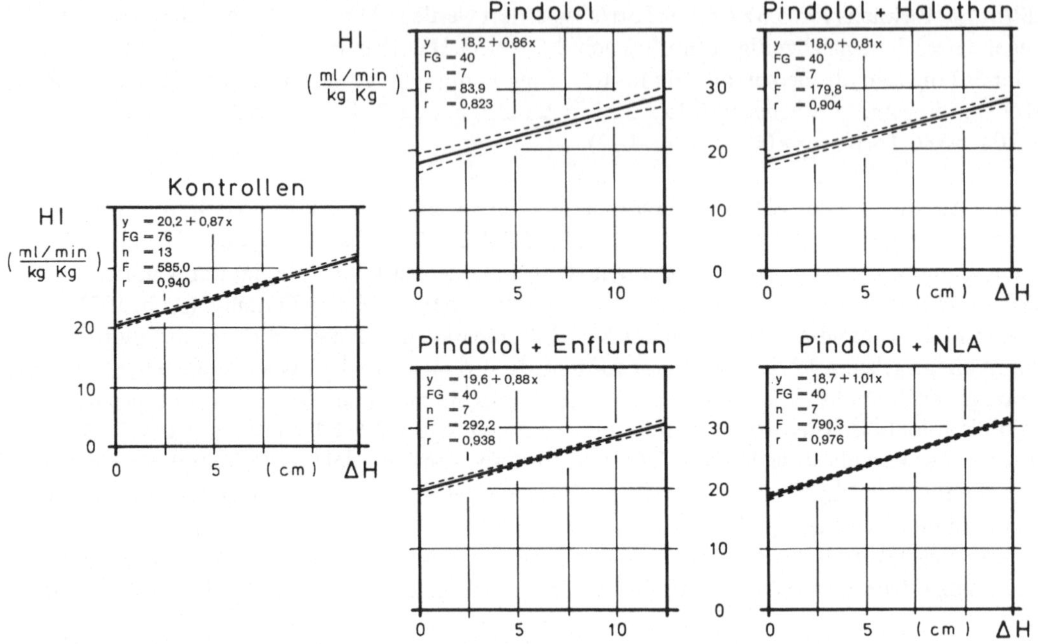

Abb. 103. Volumenbelastung des Herzens bei einem Kontrollkollektiv (n = 13) sowie in Gegenwart von 7,9 mg Pindolol/l ohne Zugabe eines Narkotikums bzw. in Gegenwart von 0,5 Vol.% Halothan, 1,1 Vol.% Enfluran oder 3,0 mg Dehydrobenzperidol/l plus 0,075 mg Fentanyl/l (jeweils n = 7). Abszisse: Änderung der Reservoirblutspiegelhöhe (ΔH) in cm; Ordinate: Herzindex (HI) in ml/min · kg KG. Dargestellt sind die linearen Regressionsgeraden mit dem 95%-Vertrauensbereich

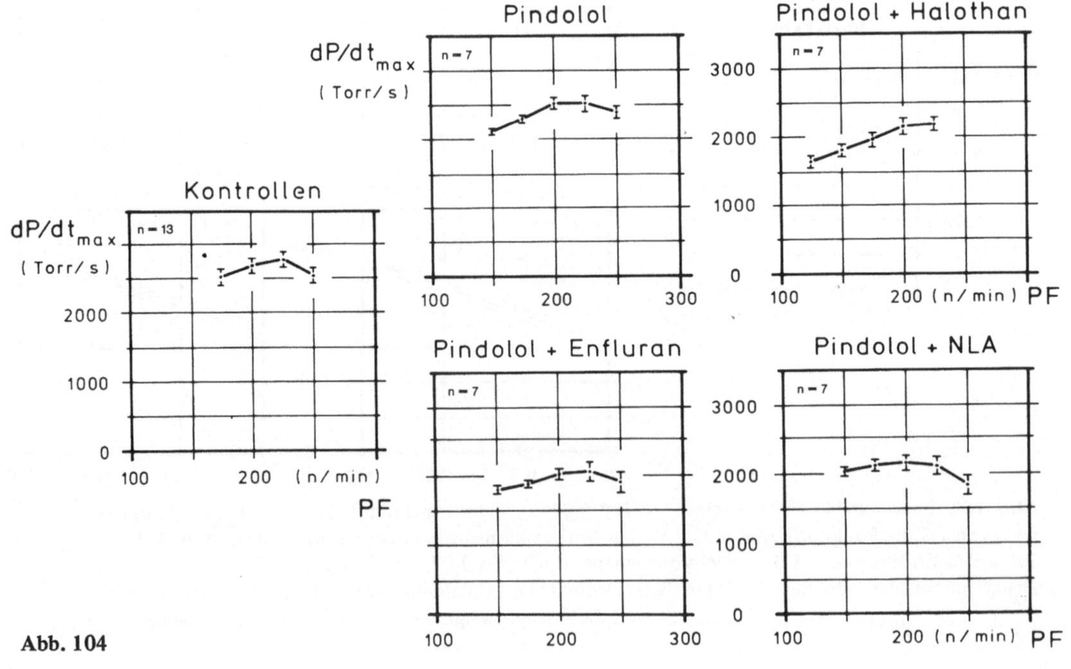

Abb. 104

wie bei den unter Einfluß der einzelnen Substanzen stehenden Herzen durch eine Anhebung der Stimulationsfrequenz in einem jeweils unterschiedlich starken Umfang gesteigert werden (Abb. 104). Die zu erreichenden Maximaleffekte, die bei einer Stimulationsfrequenz von 225 Impulsen/min gesehen werden, liegen jedoch stets niedriger als in Gegenwart der einzeln applizierten Substanzen. Bei einer gemeinsamen Applikation von Pindolol und Halothan kann im Mittel ein geringfügig stärker ausgeprägter frequenzinduzierter Kontraktionskraftgewinn als unter dem Einfluß von Pindolol und Enfluran bzw. Pindolol und der Neuroleptanalgesie registriert werden. Dieses Kontraktilitätsverhalten korreliert mit den Ergebnissen, die bei der Frequenzbelastung der nur unter Narkotikaeinwirkung stehenden Herzpräparate beobachtet werden konnten (Abb. 71).

Das additive Einwirken der direkt myokarddepressiven Eigeneffekte von Pindolol und den jeweils äquianaesthetisch wirkenden Narkotikakonzentrationen läßt sich auch im Rahmen der isolierten Herzfrequenzbelastungsuntersuchungen anhand der dP/dt_{max}-Änderungen des linken Ventrikels aufzeigen. So kann beispielsweise in Gegenwart der ED_{15} von Pindolol bei einer Stimulationsfrequenz von 175 Impulsen/min ein Rückgang der maximalen linksventrikulären Druckanstiegsgeschwindigkeit von im Mittel 317 Torr/s = 12,1% gegenüber dem Ausgangswert von 2.620 ± 181 Torr/s registriert werden. Die alleinige Gabe von 0,5 Vol.-% Halothan bzw. 1,1 Vol.-% Enfluran bzw. 3,0 mg Dehydrobenzperidol/l plus 0,075 mg Fentanyl/l verursacht einen mittleren dP/dt_{max}-Rückgang um jeweils 145 Torr/s = 6,0% bzw. 7 Torr/s = 0,3% bzw. 55 Torr/s = 2,3% (Abb. 71). Bei einem gemeinsamen Einwirken von Pindolol und den Narkotika kann dagegen im Mittel in Gegenwart von Pindolol plus Halothan ein Abfall um 414 Torr/s = 17,4%, in Gegenwart von Pindolol plus Enfluran um 263 Torr/s = 12,3% und in Gegenwart von Pindolol plus Dehydrobenzperidol und Fentanyl um 293 Torr/s = 12,2% registriert werden (Abb. 104).

Während das Kontraktionskraftmaximum des linken Ventrikels unter dem Einfluß der Einzelsubstanzen bzw. der überprüften Substanzkombinationen entweder erst bei einer Stimulationsfrequenz von 225 Impulsen/min erreicht oder zumindest noch aufrechterhalten werden kann, fällt die Herzauswurfleistung spätestens ab einer Stimulationsfrequenz von 200 Impulsen/min deutlich zunehmend ab (Abb. 105). Bei einer Kontraktionsfrequenz von 175 Impulsen/min können in Gegenwart von Pindolol und Halothan bzw. Pindolol und Dehydrobenzperidol plus Fentanyl Herzminutenvolumina von 22,3 ± 0,6 bzw. 23,6 ± 0,9 bzw. 24,2 ± 0,5 ml/min · kg KG registriert werden. Wird die Stimulationsfrequenz um 50 Impulse/min auf 225 Impulse/min angehoben, so fällt die Pumpleistung auf 19,5 ± 1,4 bzw. 20,5 ± 4,5 bzw. 21,5 ± 2,7 ml/min · kg KG zurück (p jeweils < 0,05).

Die Substanzkombination Pindolol plus Halothan erweist sich also auch sowohl aufgrund des dP/dt_{max}- wie auch des Pumpverhaltens der isolierten Herzen bei der Frequenzbelastung als stärker myokarddepressiv wirksam als die gleichfalls geprüften Kombinationen von Pindolol plus Enfluran bzw. Pindolol plus Dehydrobenzperidol und Fentanyl. Ursächlich verantwortlich für den vergleichsweise stärkeren Effekt ist, wie das Ergebnis der Frequenzbe-

---

◄ **Abb. 104.** Verhalten der maximalen linksventrikulären Druckanstiegsgeschwindigkeit in Abhängigkeit von verschiedenen Stimulationsfrequenzen bei Kontrollen (n = 13) sowie in Gegenwart von 7,9 mg Pindolol/l ohne Zugabe eines Narkotikums bzw. in Gegenwart von 0,5 Vol.% Halothan, 1,1 Vol.% Enfluran oder 3,0 mg Dehydrobenzperidol/l plus 0,075 mg Fentanyl/l (jeweils n = 7). Abszisse: Stimulationsfrequenz (PF) in n/min, Ordinate. maximale linksventrikuläre Druckanstiegsgeschwindigkeit (dP/dt_{max}) in Torr/s. Dargestellt sind $\bar{x} \pm s_{\bar{x}}$

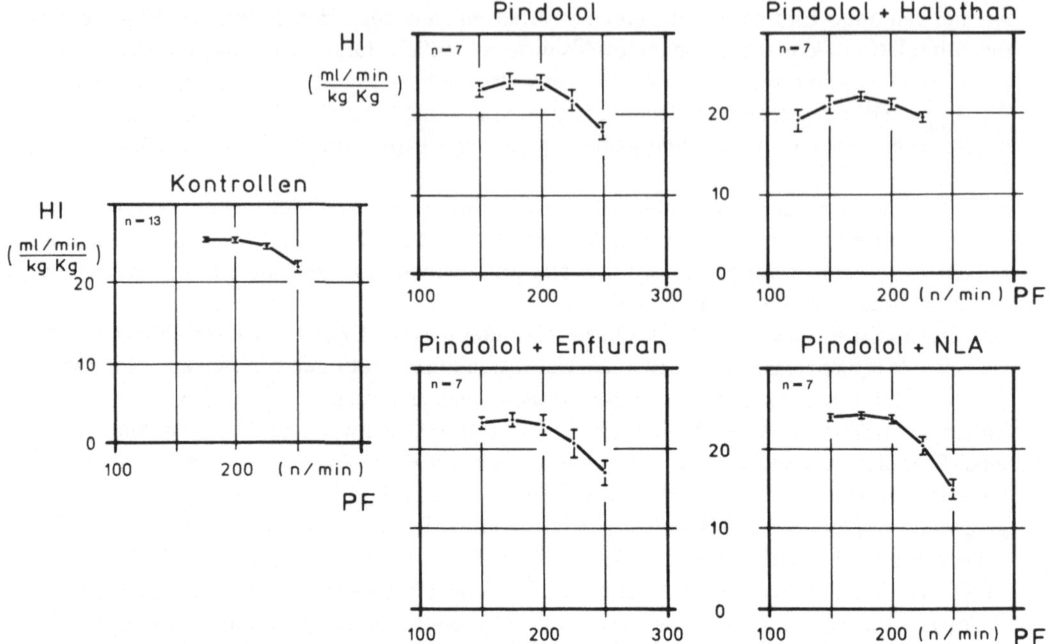

Abb. 105. Verhalten des Herzindex in Abhängigkeit von verschiedenen Stimulationsfrequenzen bei Kontrollen (n = 13) sowie in Gegenwart von 7,9 mg Pindolol/l ohne Zugabe eines Narkotikums bzw. in Gegenwart von 0,5 Vol.% Halothan, 1,1 Vol.% Enfluran oder 3,0 mg Dehydrobenzperidol/l plus 0,075 mg Fentanyl/l (jeweils n = 7). Abszisse: Stimulationsfrequenz (PF) in n/min; Ordinate: maximale linksventrikuläre Druckanstiegsgeschwindigkeit (dP/dt$_{max}$) in Torr/s. Dargestellt sind $\bar{x} \pm s_{\bar{x}}$

lastung bei Applikation der jeweiligen Narkotikakonzentrationen ohne Zugabe von Pindolol beweist (Abb. 72), nur der jeweils unterschiedlich stark ausgeprägte direkt myokarddepressive Effekt der Narkotika. Die Förderleistung der Herzpräparate fallen bei einer Stimulationsfrequenz von 175 Impulsen/min in Gegenwart von 0,5 Vol.-% Halothan auf 23,3 ± 0,7 und in Gegenwart von 1,1 Vol.-% Enfluran nur auf 24,5 ± 0,5 ab. Unter dem Einfluß der Neuroleptanalgesie kann sogar ein Herzminutenvolumen von 25,8 ± 0,3 ml/min · kg KG registriert werden. Die ED$_{15}$ von Pindolol mindert das Fördervolumen im Mittel auf 24,1 ± 0,9 ml/min · kg KG.

3.5.4 Acebutolol und Halothan

Bei einer gemeinsamen Applikation von Acebutolol und 0,5 Vol.-% Halothan wird die durch Halothan bedingte Minderung der spontanen Kontraktionsfrequenz jeweils um einen Betrag reduziert oder aber verstärkt, dessen Umfang dem Frequenzeffekt der jeweiligen kumulativen Acebutolol-Dosierung entspricht (Abb. 106). Während die spontane Herzfrequenz nach der initialen Gabe von 0,5 Vol.-% Halothan im Mittel um 6,0% gegenüber den Ausgangswerten abfällt, mindert sich dieser Verlust nach Zugabe von 3,0 mg Acebutolol/l um 5,0% auf insgesamt 1,0%. Wird dagegen diese gleiche Acebutolol-Dosis in das Blutreservoir gegeben, ohne daß zugleich auch Halothan zugeführt wird, so steigt die spontane Herzfrequenz aufgrund der ß-adrenergen Eigenwirkung des Acebutolols im Mittel um 6,5% an.

Acebutolol (I.)

Acebutolol + 0,5 Vol % Halothan (II.)

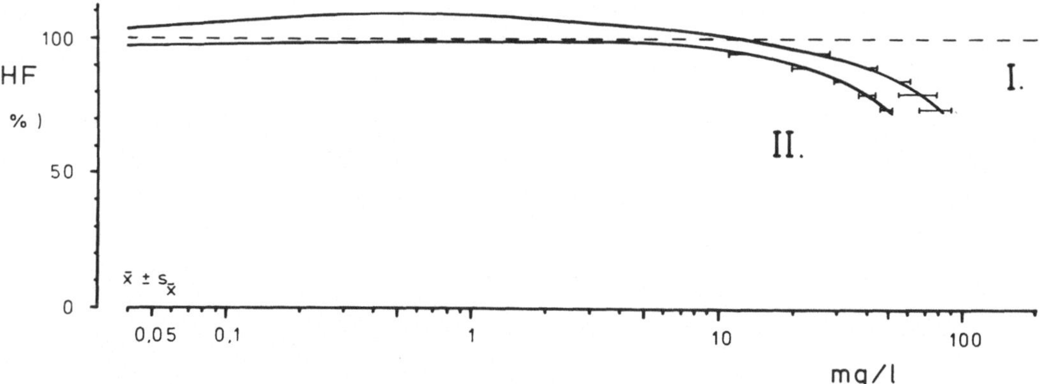

Abb. 106. Verhalten der spontanen Herzfrequenz bei schrittweiser Steigerung der Acebutolol-Gesamt-dosierung ohne Zugabe eines Narkotikums (n = 7) bzw. in Gegenwart von 0,5 Vol.% Halothan (n = 5). Abszisse: kumulative Acebutolol-Gesamtdosierung in mg/l; Ordinate: Änderung der spontanen Herz-frequenz (HF) in Prozent (%)

Ebenso wie bei dieser niedrigen Acebutolol-Dosierung läßt sich auch für die höheren kumulativen Acebutolol-Gesamtdosen ein entsprechend additives Verhalten der chronotropen Substanzeffekte nachweisen. Beispielsweise wird die spontane Kontraktionsfrequenz durch eine alleinige Gabe von 30,0 mg Acebutolol/l um insgesamt 7,0% bei zusätzlicher Gabe von 0,5 Vol.-% Halothan um 14,0% vermindert. Bei 40,0 mg Acebutolol/l beträgt der Frequenzabfall im Mittel 11,0 bzw. bei einer gleichzeitigen Halothan-Einwirkung im Mittel 19,0%. Der Differenzbetrag von 7,0 bzw. 8,0% entspricht nahezu dem negativ chronotropen Effekt, der bei der initialen isolierten Halothan-Einwirkung beobachtet wird (6,0%).

Das Verhalten des Kontraktilitätsparameters dP/dt_{max} des linken Ventrikels in Gegenwart der Einzelsubstanzen wie auch der Substanzkombination zeigt, daß sich auch die inotropen Effekte von Acebutolol und Halothan gleichfalls wie die chronotropen Effekte additiv auf die Herzfunktion der isolierten Herzen auswirken (Abb. 107). So reduziert die überprüfte Konzentration von 0,5 Vol.-% Halothan die maximale linksventrikuläre Druckanstiegsgeschwindigkeit der isolierten Herzen vor Applikation von Acebutolol bereits im Mittel um 8.7%. Werden jetzt 3,0 mg Acebutolol/l zugegeben, so mindert sich der halothan-induzierte Kontraktionskraftverlust geringfügig um 1,6%. Dieser Differenzbetrag korreliert mit dem dP/dt_{max}-Abfall, der im Gefolge einer isolierten Applikation dieser ß-Rezeptorenblocker-Dosierung gesehen wird.

Ein vergleichbares Kontraktilitätsverhalten kann auch für höhere Acebutolol-Gesamtdosen bestätigt werden. 10,0 bzw. 40,0 mg Acebutolol/l mindern die myokardiale Kontraktionskraft im Mittel um 2,5 bzw. 13,5%. Bei einer gemeinsamen Applikation dieser Acebutolol-Dosen und 0,5 Vol.-% Halothan wird die maximale linksventrikuläre Druckanstiegsgeschwindigkeit um insgesamt 10,0 bzw. 23,0% abgesenkt. Der zu errechnende Differenzbetrag von 7,5 bzw. 9,5% entspricht nahezu dem Effekt, der bei einer alleinigen Applikation von 0,5 Vol.-% Halothan gemessen wird (8,7%).

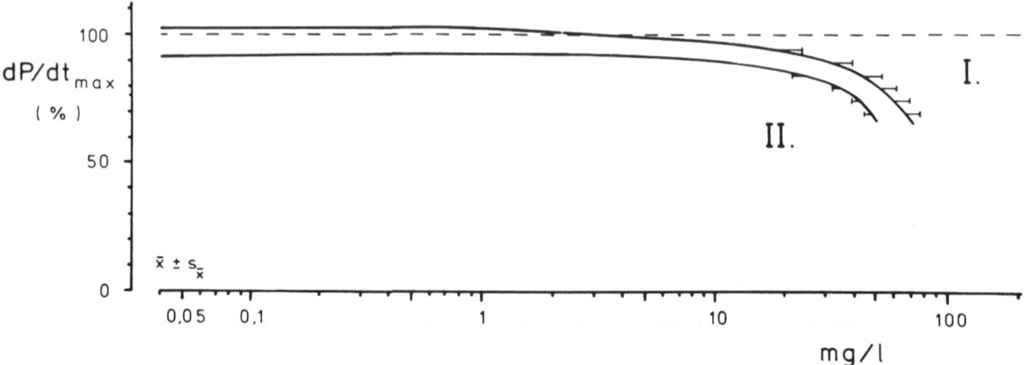

Abb. 107. Verhalten der maximalen linksventrikulären Druckanstiegsgeschwindigkeit bei schrittweiser Steigerung der Acebutolol-Gesamtdosierung ohne Zugabe eines Narkotikums ($n = 7$) bzw. in Gegenwart von 0,5 Vol.% Halothan ($n = 5$). Abszisse: kumulative Acebutolol-Gesamtdosierung in mg/l; Ordinate: Änderung der maximalen linksventrikulären Druckanstiegsgeschwindigkeit (dP/dt_{max}) in Prozent (%)

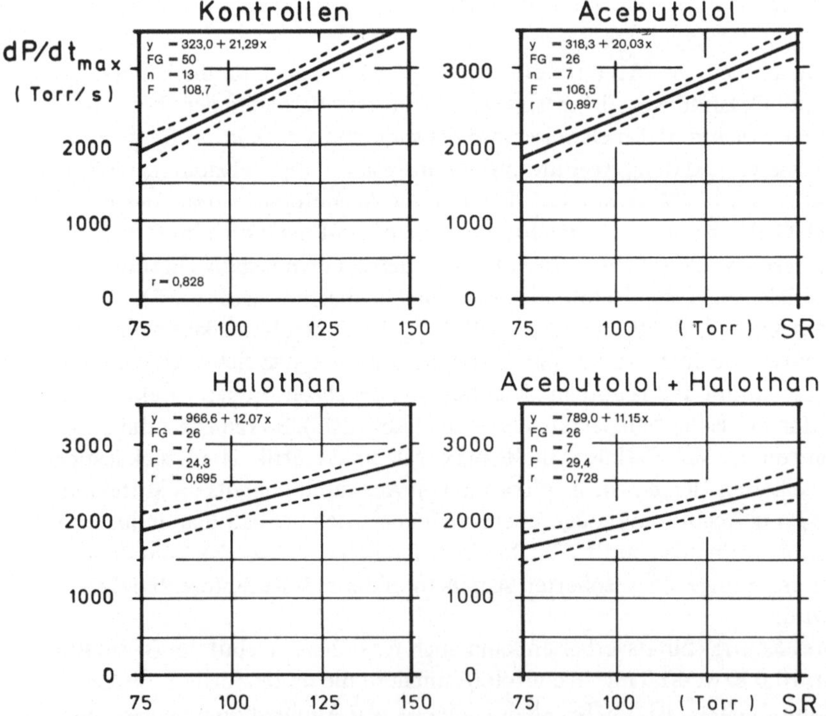

Abb. 108. Linksventrikuläre Widerstandsbelastung bei einem Kontrollkollektiv ($n = 13$) sowie in Gegenwart von 3,0 mg Acebutolol/l bzw. 0,5 Vol.% Halothan bzw. 3,0 mg Acebutolol/l plus 0,5 Vol.% Halothan (jeweils $n = 7$). Abszisse. Druck im aortalen Windkessel (SR) in Torr; Ordinate: maximale linksventrikuläre Druckanstiegsgeschwindigkeit (dP/dt_{max}) in Torr/s. Dargestellt sind die linearen Regressionsgeraden mit dem 95%-Vertrauensbereich

Tabelle 25. Verhalten verschiedener kardiohämodynamischer Parameter vor und nach Zugabe von 0,5 Vol.% Halothan bzw. 0,5 Vol.% Halothan plus 3,0 mg Acebutolol/l (diese Dosierung entspricht approximativ der empfohlenen minimalen i.v. zu applizierenden Initialdosis) bzw. 0,5 Vol.% Halothan plus 40,0 mg Acebutolol/l (diese Dosierung mindert den Inotropieparameter dP/dt_{max} im Mittel um 15% = ED_{15}) bei konstanter rechtsatrialer Vorhofstimulation. $(n = 7)$; $(\bar{x} \pm s_{\bar{x}})$; Belastungskollektiv

	Ausgangswert	Halothan 0,5 Vol.%	Halothan 0,5 Vol.% + Acebutolol 3,00 mg/l	Halothan 0,5 Vol.% + Acebutolol 40,0 mg/l
PR (n/min)	167 ± 13	167 ± 13	167 ± 13	167 ± 13
LV dP/dt_{max} (Torr/s)	2303 ± 256	2103 ± 236	2140 ± 225	1833 ± 281
LVP (Torr)	118,0 ± 2,6	117,0 ± 3,4	117,5 ± 3,5	116,4 ± 2,4
LVEDP (Torr)	1,6 ± 1,1	3,0 ± 0,8	3,1 ± 0,7	9,1 ± 3,3
RVP (Torr)	17,4 ± 3,8	16,0 ± 3,0	16,8 ± 2,5	19,0 ± 4,3
RVEDP (Torr)	0,7 ± 0,5	1,4 ± 0,6	1,4 ± 0,6	2,8 ± 1,7
RAP (cm H_2O)	0,5 ± 0,5	1,4 ± 0,5	1,4 ± 0,5	4,5 ± 2,4
HI $\left(\dfrac{ml/min}{kg\ KG}\right)$	25,1 ± 0,7	23,5 ± 0,5	23,6 ± 0,4	20,3 ± 1,6

Der inotrope Zustand der isolierten Herzen wird durch die Gabe von 3,0 mg Acebutolol/l, diese Dosis entspricht approximativ der für die Akuttherapie tachykarder Herzrhythmusstörungen empfohlenen minimalen i.v.-Initialdosierung, nur in einem so geringfügigen Ausmaß positiv beeinflußt, daß die zusätzliche Applikation dieser Acebutolol-Dosis bei einer bereits bestehenden Halothan-Einwirkung zu keiner signifikanten Besserung der hämodynamischen Parameter im Sinne einer Kontraktionskraftsteigerung führt (Tabelle 25). Darüberhinaus läßt sich auch keine signifikante Besserung der Nachlast-induzierten Steigerung der linksventrikulären Druckanstiegsgeschwindigkeit wie auch der Vorlast-induzierten Zunahme der Herzauswurfleistung aufzeigen (Abb. 108, 109). Unter dem Einfluß von 0,5 Vol.-% Halothan nimmt die Kontraktionskraft des linken Ventrikels bei einer Steigerung des Druckes im aortalen Windkessel von 75 auf 150 Torr im Mittel um 900 ± 280 Torr/s zu. Bei der gleichzeitigen Gabe von Halothan und Acebutolol liegt der entsprechende Wert bei 833 ± 190 Torr/s (p > 0,05). Die Erhöhung des hydrostatischen Gefälles vor dem rechten Herzen um insgesamt 12,5 cm über das Ausgangsniveau führt bei einer alleinigen Halothan-Einwirkung zu einer Steigerung der Herzauswurfleistung um 10,0 ± 2,5 ml/min · kg KG. Werden jedoch gleichzeitig 3,0 mg Acebutolol/l und 0,5 Vol.-% Halothan gegeben, so kann ein Anstieg von 9,6 ± 1,9 ml/min · kg KG (p > 0,05) registriert werden.

Wird in Gegenwart von 0,5 Vol.-% Halothan statt der für die Humantherapie empfohlenen und approximativ auf die Verhältnisse des Herz-Lungen-Präparates übertragenen minimalen i.v.-Acebutolol-Initialdosierung die ED_{15} von Acebutolol (40,0 mg Acebutolol/l) zugegeben, so resultiert eine deutliche Einschränkung der myokardialen Gesamtleistung. Nicht nur, daß die maximale linksventrikuläre Druckanstiegsgeschwindigkeit von 2.303 ± 256 Torr/s um 20,4% auf 1.833 ± 281 Torr/s (p < 0,01) und der linksventrikuläre Spitzendruck von 118,0 ± 2,6 Torr auf 116,4 ± 2,4 Torr (p > 0,05) abfällt, sondern es steigt auch der linksventrikuläre enddiastolische Druck signifikant von 1,6 ± 1,1 Torr im Mittel um 7,5 Torr auf 9,1 ± 2,3 Torr an (p < 0,01). Die mokardiale Pumpleistung fällt gleichzeitig im

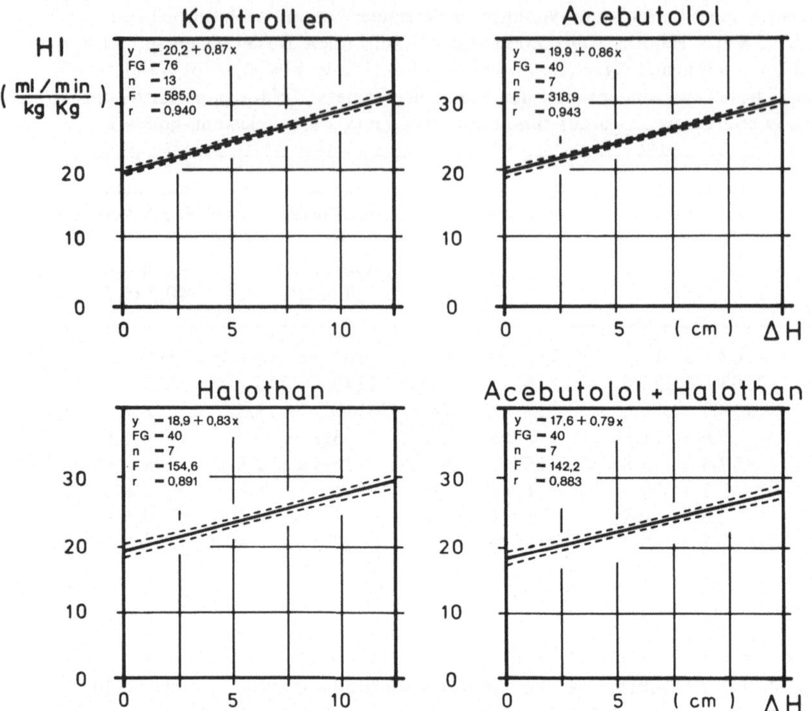

Abb. 109. Volumenbelastung des Herzens bei einem Kontrollkollektiv (n = 13) sowie in Gegenwart von
3,0 mg Acebutolol/l bzw. 0,5 Vol.% Halothan bzw. 3,0 mg Acebutolol/l plus 0,5 Vol.% Halothan (jeweils
n = 7). Abszisse: Änderung der Reservoirblutspiegelhöhe (ΔH) in cm; Ordinate: Herzindex (HI) in
ml/min · kg KG. Dargestellt sind die linearen Regressionsgeraden mit dem 95%-Vertrauensbereich

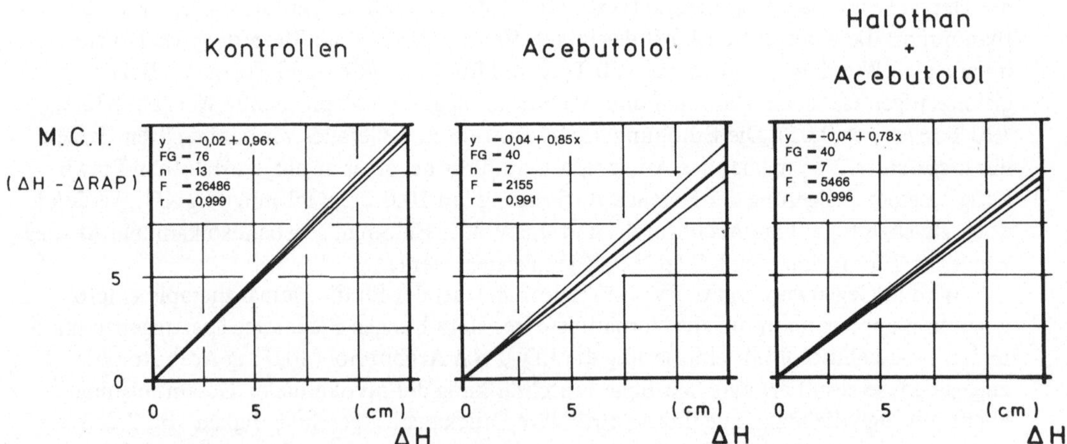

Abb. 110. Myokardialer Competence-Index bei Kontrollen (n = 13) sowie nach Gabe von 40,0 mg Acebu-
tolol/l ohne bzw. in Gegenwart von 0,5 Vol.% Halothan (jeweils n = 7). Abszisse: Änderungen der Reservoirblutspiegelhöhe (ΔH) in cm; Ordinate: Myokardialer Competence-Index (M.C.I.) errechnet aus der
Differenz ΔH−ΔRAP. Dargestellt ist die lineare Regressionsgerade mit der Standardabweichung

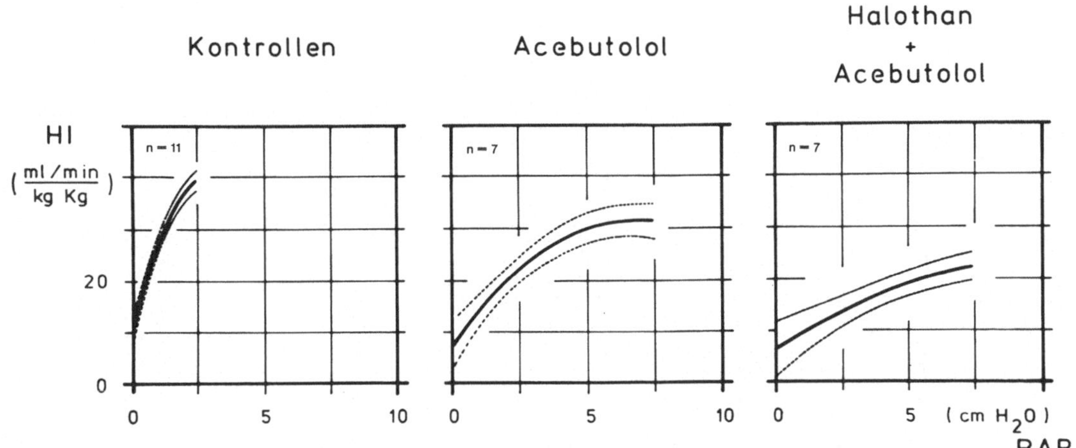

Abb. 111. Ventrikelfunktionskurven zur Quantifizierung der myokardialen Pumpleistung bei Kontrollen sowie in Gegenwart von 40,0 mg Acebutolol/l ohne Zugabe eines Narkotikums bzw. in Gegenwart von 0,5 Vol.% Halothan. Abszisse: rechtsatrialer Füllungsdruck (RAP) in cm H_2O; Ordinate: Herzindex (HI) in ml/min · kg KG. Dargestellt ist der mittlere Verlauf der Ventrikelfunktionskurven mit den Grenzen für den 95%-Vertrauensbereich

Mittel von 25,1 ± 0,7 ml/min · kg KG um 19,1% auf 20,3 ± 1,6 ml/min · kg KG ab (p < 0,01) (Tabelle 25).

Der myokardiale Comeptence-Index bestätigt die einschneidende Minderung des myokardialen Funktionszustandes (Abb. 110). In der höchsten Belastungsstufe von 12,5 cm H_2O errechnet sich für die Differenz $\Delta H - \Delta RAP$ ein Wert von 7,5 ± 2,3 cm H_2O. Dieser Befund weicht signifikant von dem Wert ab, der bei den Kontrollherzen errechnet wird (11,9 ± 0,3 cm H_2O; p < 0,01).

Der Verlauf der Ventrikelfunktionskurven zeigt ebenfalls, daß die Pumpfunktion der isolierten Herzen bei einem gemeinsamen Einwirken der ED_{15} von Acebutolol und 0,5 Vol.-% Halothan deutlich beeinträchtigt ist (Abb. 111). Während unter dem alleinigen Einfluß der ED_{15} von Acebutolol bei einem rechtsatrialen Druck von 5 cm H_2O noch eine mittlere Herzminutenvolumenleistung von 30,0 ± 3,4 ml/min · kg KG gemessen werden kann, liegt die Auswurfleistung bei gemeinsamer Applikation der Substanzen nur noch bei 19,0 ± 3,3 ml/min · kg KG (p < 0,01). Die Kontrolltiere erreichen ein vergleichbares Herzminutenvolumen bereits bei einem rechten Vorhofdruck von im Mittel 1,2 bzw. 0,5 cm H_2O.

Unter dem gemeinsamen Einwirken der ED_{15} von Acebutolol und 0,5 Vol.-% Halothan wird auch die durch eine Nachlasterhöhung zu induzierende Steigerungsfähigkeit der linksventrikulären Kontraktionskraft im Vergleich zu den Kontrolltieren aber auch im Vergleich zu den Herzen, die entweder nur unter dem Einfluß der ED_{15} von Acebutolol oder dem Einfluß von 0,5 Vol.-% Halothan stehen, signifikant reduziert (Abb. 108, 112). Statt einer Zunahme der linksventrikulären Druckanstiegsgeschwindigkeit um 1.593 ± 385 Torr/s, wie sie bei den Kontrolltieren zu beobachten ist, beträgt der Zuwachs in Gegenwart der ED_{15} von Acebutolol bzw. in Gegenwart von 0,5 Vol.-% Halothan 754 ± 250 Torr/s bzw. 900 ± 280 Torr/s (p jeweils < 0,01). Bei einer gemeinsamen Gabe von Acebutolol und Halothan wird dieser Kompensationsmechanismus nahezu aufgehoben, der Wert von dP/dt_{max} erhöht sich nur noch um 260 ± 142 Torr/s (p < 0,01).

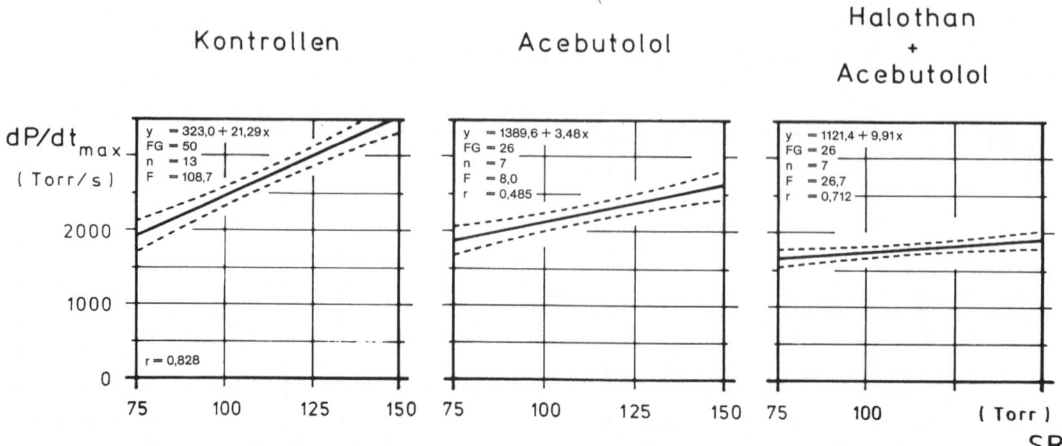

Abb. 112. Linksventrikuläre Widerstandsbelastung bei einem Kontrollkollektiv ($n = 13$) sowie in Gegenwart von 40,0 mg Acebutolol/l ohne Zugabe eines Narkotikums bzw. in Gegenwart von 0,5 Vol.% Halothan (jeweils $n = 7$). Abszisse: Druck im aortalen Windkessel (SR) in Torr; Ordinate: maximale linksventrikuläre Druckanstiegsgeschwindigkeit (dP/dt_{max}) in Torr/s. Dargestellt sind die linearen Regressionsgeraden mit dem 95%-Vertrauensbereich

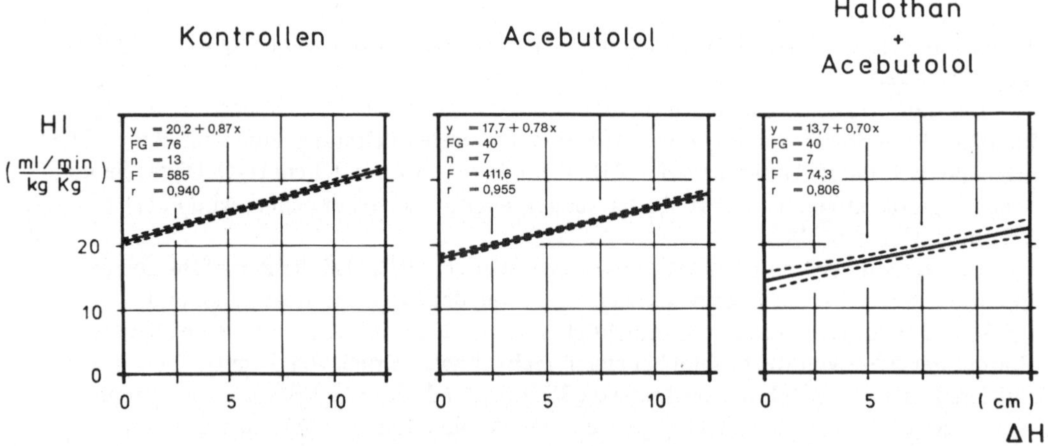

Abb. 113. Volumenbelastung des Herzens bei einem Kontrollkollektiv ($n = 13$) sowie in Gegenwart von 40,0 mg Acebutolol/l ohne Zugabe eines Narkotikums bzw. in Gegenwart von 0,5 Vol.% Halothan. Abszisse: Änderung der Reservoirblutspiegelhöhe (ΔH) in cm; Ordinate: Herzindex (HI) in ml/min · kg KG. Dargestellt sind die linearen Regressionsgeraden mit dem 95%-Vertrauensbereich

Die Vorlast-abhängige Steigerungsfähigkeit der Pumpleistung der isolierten Herzen wird durch das gemeinsame Einwirken der ED_{15} von Acebutolol und 0,5 Vol.-% Halothan zwar eingeschränkt, doch kann gegenüber dem Anstieg der Herzauswurfleistung in Gegenwart von 40,0 mg Acebutolol/l ohne eine gleichzeitige Halothan-Zugabe bzw. in Gegenwart von 0,5 Vol.-% Halothan ohne eine gleichzeitige Acebutolol-Zugabe keine signifikante Abweichung, auch nicht gegenüber den Kontrollbefunden (!) bestimmt werden (p jeweils $> 0,05$) (Abb. 109, 113). Im Gegensatz zu den Kontrollherzen, bei denen durch die Anhebung des hydrostatischen Gefälles vor dem rechten Herzen um insgesamt 12,5 cm über das Ausgangsniveau ein Anstieg des Herzminutenvolumens um 11,0 ± , ml/min · kg KG erreicht wird, erhöht

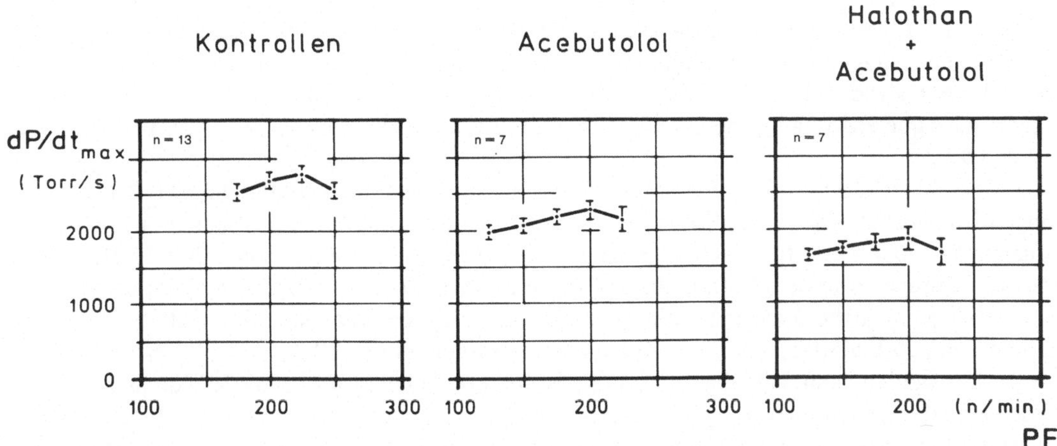

Abb. 114. Verhalten der maximalen linksventrikulären Druckanstiegsgeschwindigkeit in Abhängigkeit von verschiedenen Stimulationsfrequenzen bei Kontrollen ($n = 13$) sowie in Gegenwart von 40,0 mg Acebutolol/l ohne Zugabe eines Narkotikums bzw. in Gegenwart von 0,5 Vol.% Halothan (jeweils $n = 7$). Abszisse: Stimulationsfrequenz (PF) in n/min; Ordinate: maximale linksventrikuläre Druckanstiegsgeschwindigkeit (dP/dt$_{max}$) in Torr/s. Dargestellt sind $\bar{x} \pm s_{\bar{x}}$

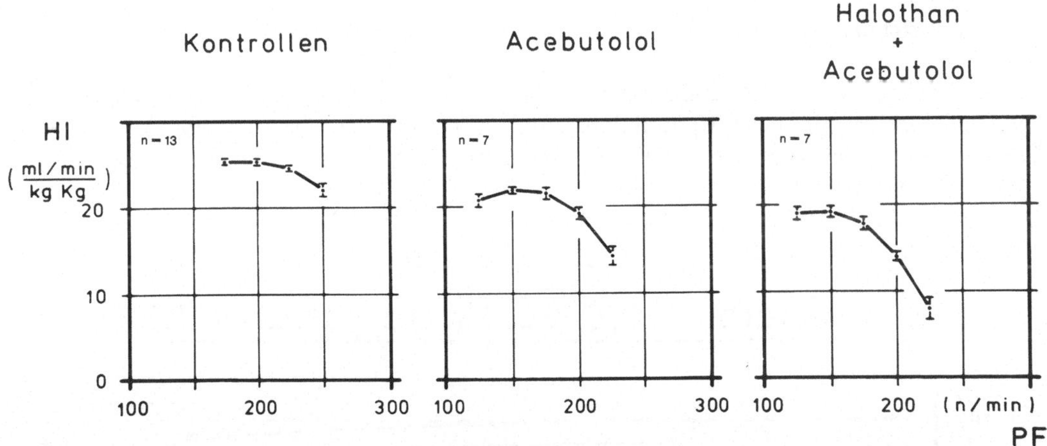

Abb. 115. Verhalten des Herzindex in Abhängigkeit von verschiedenen Stimulationsfrequenzen bei Kontrollen ($n = 13$) sowie in Gegenwart von 40,0 mg Acebutolol/l ohne Zugabe eines Narkotikums bzw. in Gegenwart von 0,5 Vol.% Halothan (jeweils $n = 7$). Abszisse: Stimulationsfrequenz (PF) in n/min; Ordinate: maximale linksventrikuläre Druckanstiegsgeschwindigkeit (dP/dt$_{max}$) in Torr/s. Dargestellt sind $\bar{x} \pm s_{\bar{x}}$

sich die Auswurfleistung unter dem Einfluß der ED$_{15}$ von Acebutolol bzw. unter dem Einfluß von 0,5 Vol.-% Halothan um 9,7 ± 1,7 bzw. 10,0 ± 2,5 ml/min · kg KG. In Gegenwart der gemeinsam applizierten Substanzdosierungen wird ein Zuwachs von 8,7 ± 2,6 ml/min · kg KG registriert.

Bei dem gleichzeitigen Einwirken von 40,0 mg Acebutolol/l und 0,5 Vol.-% Halothan wird der durch die Steigerung der Kontraktionsfrequenz auslösbare Kontraktionskraftgewinn bereits deutlich, aber noch nicht signifikant reduziert (Abb. 71, 114). Während bei den Kontrollpräparaten durch eine Erhöhung der Stimulationsfrequenz von 175 auf 200 Impulse/min der Wert des Kontraktilitätsparameters dP/dt_{max} um 176 ± 96 Torr/s angehoben werden kann, steigt die maximale linksventrikuläre Druckanstiegsgeschwindigkeit in Gegenwart der ED_{15} von Acebutolol um 90 ± 95 Torr/s an (p jeweils $> 0,05$). Werden dagegen Acebutolol und Halothan gemeinsam appliziert, so liegt der Zuwachs bei 69 ± 121 Torr/s (p $> 0,05$).

Obwohl in Gegenwart der Kombination von 40,0 mg Acebutolol/l und 0,5 Vol.-% Halothan die Kontraktionskraft der isolierten Herzen durch die Erhöhung der Stimulationsfrequenz von 175 auf 200 Impulse/min noch geringfügig gesteigert werden kann, fällt die Herzauswurfleistung unter dem Einfluß dieser Frequenzanhebung bereits hochsignifikant unter die maximal mögliche Auswurfleistung ab (Abb. 115). Während bei einer Stimulationsfrequenz von 150 Impulsen/min noch ein Herzminutenvolumen von $19,2 \pm 1,6$ ml/min · kg KG registriert werden kann, läßt sich bei der um 50 Impulse höheren Stimulationsfrequenz nur noch ein Minutenvolumen von $13,9 \pm 0,6$ ml/min · kg KG registrieren (p $< 0,01$). In Gegenwart der ED_{15} von Acebutolol kann bei gleicher Stimulationsfrequenz noch ein Herzindex von $19,4 \pm 1,5$ und in Gegenwart von 0,5 Vol.-% Halothan von $23,0 \pm 1,9$ ml/min · kg KG errechnet werden (p jeweils $< 0,01$) (Abb. 72). Der Kontrollwert liegt bei $25,3 \pm 1,0$ ml/min · kg KG.

3.5.5 Atenolol und Halothan

Die schrittweise kumulative Zufuhr von Atenolol führt zu einer dosisabhängig zunehmenden Minderung der spontanen Kontraktionsfrequenz der isolierten Herzpräparate (Abb. 116). Bei einer gleichzeitigen Anwesenheit von 0,5 Vol.-% Halothan verstärkt sich dieser

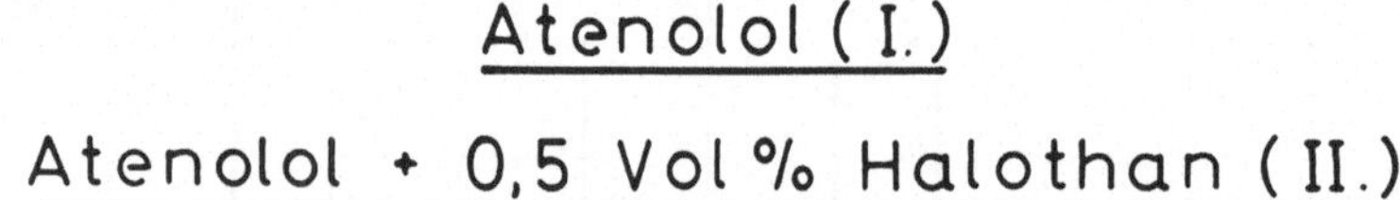

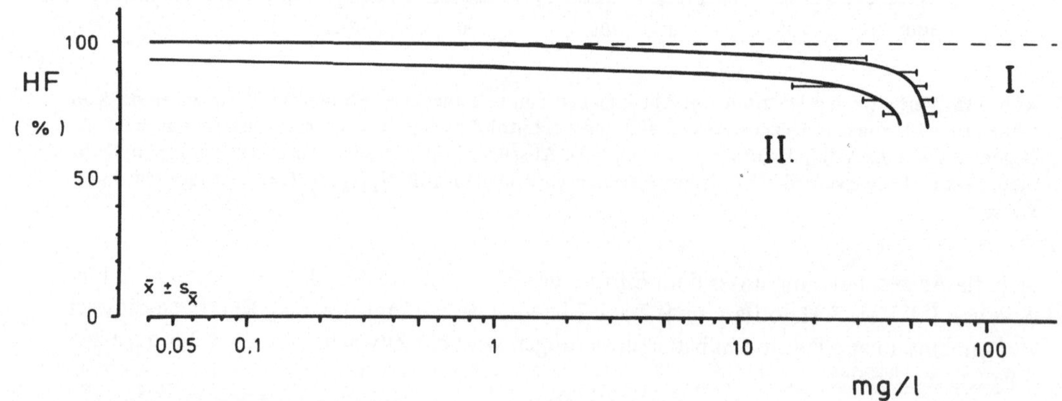

Abb. 116. Verhalten der spontanen Herzfrequenz bei schrittweiser Steigerung der Atenolol-Gesamtdosierung ohne Zugabe eines Narkotikums ($n = 7$) bzw. in Gegenwart von 0,5 Vol.% Halothan ($n = 5$). Abszisse kumulative Atenolol-Gesamtdosierung in mg/l; Ordinate: Änderung der spontanen Herzfrequenz (HI) in Prozent (%)

Rückgang jeweils um einen Betrag, der größenordnungsmäßig dem Halothan-Effekt von 6,5% entspricht. Beispielsweise verursacht die für die Akuttherapie tachykarder Herzrhythmusstörungen empfohlene und approximativ auf die Verhältnisse des Herz-Lungen-Präparates übertragene i.v.-Initialdosierung von Atenolol (1,2 mg Atenolol/l) im Herz-Lungen-Präparat einen Rückgang der spontanen Herzfrequenz von im Mittel 1,2%. Wird diese gleiche Atenolol-Dosierung in Gegenwart von 0,5 Vol.-% Halothan zugegeben, so verstärkt sich die Frequenzreduktion auf im Mittel 7,9%. Der aus diesen Werten auszurechnende Halothan-Effekt deckt sich nahezu vollständig mit dem Wert, der vor Zugabe von Atenolol bestimmt werden konnte.

Für höhere Atenolol-Gesamtkonzentrationen kann dieses additve Verhalten der negativ chronotropen Effekte ebenfalls bestätigt werden. So verursacht beispielsweise eine Dosis von 30,0 mg Atenolol/l einen Rückgang der spontanen Kontraktionsfrequenz um im Mittel 7,5%. Wird die gleiche Dosierung in Gegenwart von 0,5 Vol.-% Halothan appliziert, so kann eine mittlere Frequenzreduktion von 16,0% registriert werden. Aus diesen Zahlen läßt sich für Halothan ein frequenzmindernder Effekt von 8,5% errechnen.

Ebenso wie für das Herzfrequenzverhalten kann auch für das Kontraktionskraftverhalten ein additives Einwirken der direkt myokarddepressiven Atenolol- und Halothan-Effekte aufgezeigt werden (Abb. 117). Bei einer gleichzeitigen Gabe von 0,5 Vol.-% Halothan und 1,0 bzw. 6,0 bzw. 20,0 mg Atenolol/l wird der Wert des Kontraktilitätsparameters dP/dt_{max} des linken Ventrikels um 12,5 bzw. 14,0 bzw. 21,0% unter den initial registrierten Ausgangswert abgesenkt. Da die maximale linksventrikuläre Druckanstiegsgeschwindigkeit bereits vor der kumulativen Zugabe von Atenolol durch die Konzentration von 0,5 Vol.-% Halothan im Mittel um 10,0% reduziert wurde, errechnet sich für die verschiedenen Atenolol-Dosierungen ein kontraktionskraftmindernder Effekt von 2,5, 4,0 bzw, 11,0%. Werden diese gleichen Atenolol-Dosierungen dagegen ohne eine Anwesenheit von Halothan überprüft, so kann ein

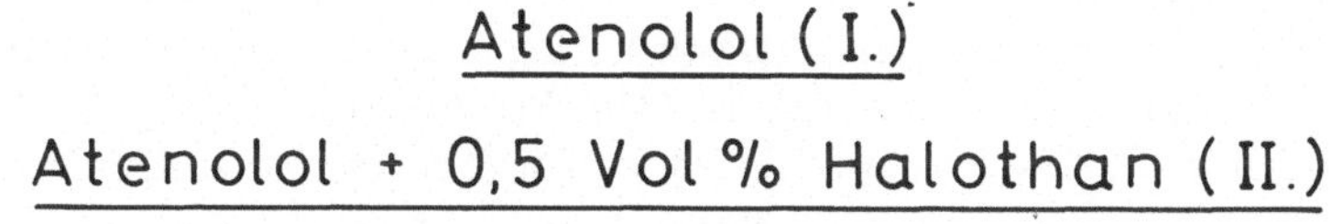
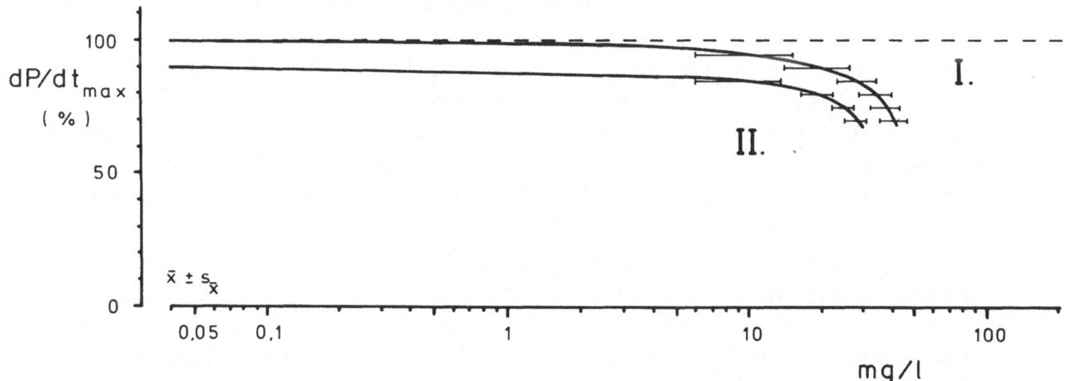

Abb. 117. Verhalten der maximalen linksventrikulären Druckanstiegsgeschwindigkeit bei schrittweiser Steigerung der Atenolol-Gesamtdosierung ohne Zugabe eines Narkotikums ($n = 7$) bzw. in Gegenwart von 0,5 Vol.% Halothan ($n = 5$). Abszisse: kumulative Atenolol-Gesamtdosierung in mg/l; Ordinate: Änderung der maximalen linksventrikulären Druckanstiegsgeschwindigkeit (dP/dt_{max}) in Prozent (%)

Tabelle 26. Verhalten verschiedener kardiohämodynamischer Parameter vor und nach Zugabe von 0,5 Vol.% Halothan bzw. 0,5 Vol.% Halothan plus 1,2 mg Atenolol/l (diese Dosierung entspricht approximativ der empfohlenen minimalen i.v. zu applizierenden Initialdosis) bzw. 0,5 Vol.% Halothan plus 29,5 mg Atenolol/l (diese Dosierung mindert den Inotropieparameter dP/dt_{max} im Mittel um 15% = ED_{15}) bei konstanter rechtsatrialer Vorhofstimulation. $(n = 7)$; $(\bar{x} \pm s_x)$; Belastungskollektiv

	Ausgangswert	Halothan 0,5 Vol.%	Halothan 0,5 Vol.% + Atenolol 1,20 mg/l	Halothan 0,5 Vol.% + Atenolol 29,0 mg/l
PR (n/min)	167 ± 6	167 ± 6	167 ± 6	167 ± 6
LV dP/dt_{max} (Torr/s)	2554 ± 84	2371 ± 91	2363 ± 91	1923 ± 148
LVP (Torr)	120,7 ± 5,7	120,1 ± 5,7	120,0 ± 5,5	109,6 ± 3,4
LVEDP (Torr)	0,9 ± 0,5	2,4 ± 0,6	2,5 ± 0,5	6,5 ± 1,7
RVP (Torr)	16,3 ± 1,5	15,1 ± 1,6	15,1 ± 1,5	15,6 ± 1,8
RVEDP (Torr)	0,4 ± 0,3	0,7 ± 0,2	0,7 ± 0,2	2,5 ± 0,9
RAP (cm H_2O)	0,4 ± 0,3	0,8 ± 0,2	0,9 ± 0,2	3,9 ± 1,6
HI $\left(\dfrac{ml/min}{kg\ KG} \right)$	24,8 ± 0,2	23,7 ± 0,5	23,5 ± 0,5	21,0 ± 1,2

dP/dt_{max}-Verlust des linken Ventrikels von im Mittel 1,5 bzw. 3,5 bzw. 10,5 registriert werden.

Die für die Humantherapie empfohlene und auf die Verhältnisse des Herz-Lungen-Präparates approximativ übertragene minimale Atenolol-i.-v.-Initialdosierung verursacht keine signifikante Änderung der gemessenen und errechneten kardiohämodynamischen Parameter (Tabelle 8). Ebenso läßt sich auch in Gegenwart von 0,5 Vol.-% Halothan kein zusätzlicher Effekt aufzeigen, der der niedrigen Dosis von 1,2 mg Atenolol/l angelastet werden müßte (Tabelle 26). Die maximale linksventrikuläre Druckanstiegsgeschwindigkeit, die durch 0,5 Vol.-% Halothan von 2.554 ± 84 auf 2.371 ± 91 Torr/s abgesenkt wird, erfährt durch die zusätzliche Gabe von 1,2 mg Atenolol/l keine weitere Reduktion (2.363 ± 91 Torr/s). Ebenso ist auch kein Anstieg der enddiastolischen intraventrikulären Drucke noch ein Abfall des Herzindex nachweisbar.

Die Leistungsbreite der isolierten Herzen bleibt gleichfalls unberührt (Abb. 118, 119): Während durch eine Erhöhung des aortalen Windkesseldruckes von 75 auf 150 Torr bzw. einer Anhebung des Blutreservoirspiegels um 12,5 cm bei alleiniger Halothan-Applikation ein Inotropiegewinn von 900 ± 280 Torr/s bzw. eine Steigerung der Pumpleistung von 10,0 ± 2,5 ml/min · kg KG erzielt werden kann, beträgt der Kontraktionskraftzuwachs bzw. die Steigerung der Pumpleistung bei der gleichzeitigen Gabe von Atenolol und Halothan 897 ± 179 Torr/s (p > 0,05) bzw. 9,1 ± 1,8 ml/min · kg KG (p > 0,05).

Im Gegensatz zu der niedrigen Atenolol-Dosis von 1,2 mg Atenolol/l verursacht die Gabe von 29,0 mg Atenolol/l (= ED_{15}) bereits eine signifikante Einschränkung der myokardialen Leistungsfähigkeit der isolierten Herzen (Tabelle 8). Durch die gleichzeitige Gabe von 0,5 Vol.-% Halothan wird die Beeinträchtigung der Herzfunktion in einem deutlichen Umfang verstärkt (Tabelle 26). Die maximale linksventrikuläre Druckanstiegsgeschwindigkeit, die durch 0,5 Vol.-% Halothan bereits um 7,2% von 2.554 ± 84 auf 2.371 ± 91 Torr/s abgesenkt wird, fällt bei der zusätzlichen Gabe der ED_{15} von Atenolol auf 1.923 ± 148 Torr/s

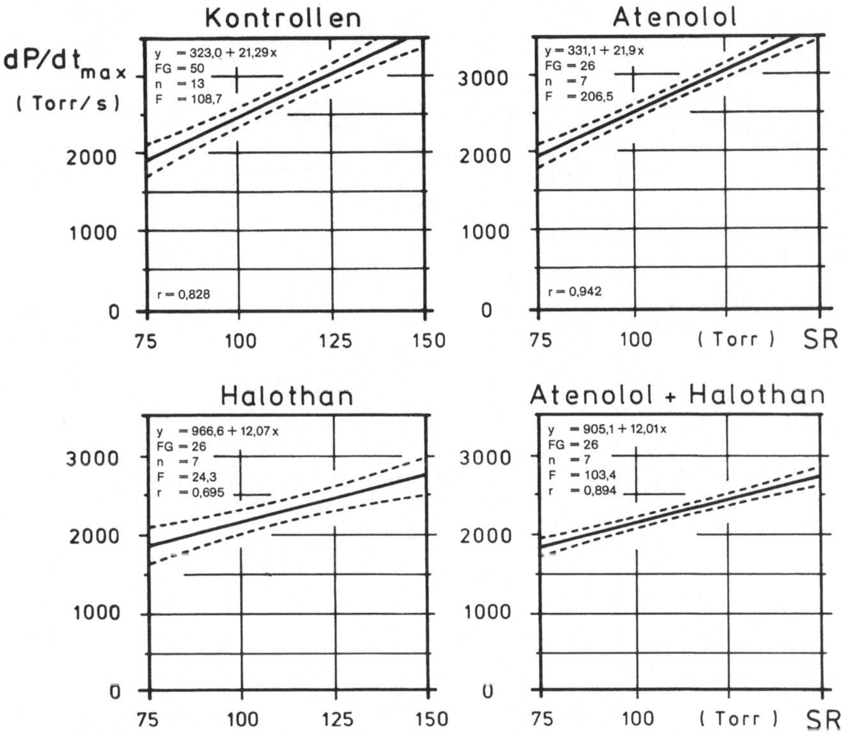

Abb. 118. Linksventrikuläre Widerstandsbelastung bei einem Kontrollkollektiv (n = 13) sowie in Gegenwart von 1,2 mg Atenolol/l bzw. 0,5 Vol.% Halothan bzw. 29,0 mg Atenolol/l plus 0,5 Vol.% Halothan (jeweils n = 7). Abszisse: Druck im aortalen Windkessel (SR) in Torr; Ordinate: maximale linksventrikuläre Druckanstiegsgeschwindigkeit (dP/dt$_{max}$) in Torr/s. Dargestellt sind die linearen Regressionsgeraden mit dem 95%-Vertrauensbereich

ab. Dies entspricht einer totalen Kontraktionskraftminderung von 24,7%. Aufgrund dieser starken pharmakologischen Beeinträchtigung des kontraktilen Status steigen die intraventrikulären enddiastolischen Drucke im Vergleich zu den Ausgangswerten signifikant von 0,9 ± 0,5 bzw. 0,4 ± 0,3 auf 6,5 ± 1,7 (p < 0,01) bzw. 2,5 ± 0,9 Torr (p < 0,05) an. Gleichzeitig fällt der linksventrikuläre Spitzendruck von 120,7 ± 5,7 auf 109,6 ± 3,4 Torr (p < 0,05) sowie das Herzminutenvolumen von 24,8 ± 0,2 auf 21,0 ± 1,2 ml/min · kg KG ab (p < 0,01).

Infolge dieser deutlichen myokardialen Leistungsminderung wird bei der Bestimmung des myokardialen Competence-Index für die Differenz $\Delta H - \Delta RAP$ in der höchsten Belastungsstufe nur ein Wert von 9,7 ± 0,3 cm H$_2$O errechnet (Abb. 120). Werden dagegen die Substanzen einzeln überprüft, so lassen sich für die gleiche Belastungsstufe aufgrund der jeweils geringeren Myokarddepression sowohl für 29,0 mg Atenolol/l wie auch für 0,5 Vol.-% Halothan mit 10,6 ± 0,2 bzw. 11,4 ± 0,9 cm H$_2$O jeweils signifikant höhere Werte bestimmen (p < 0,05). Für die Kontrollen konnte unter gleichen Bedingungen ein Wert von 11,9 ± 0,3 cm H$_2$O errechnet werden.

Durch das gemeinsame Einwirken der ED$_{15}$ von Atenolol und der Konzentration von 0,5 Vol.-% Halothan wird die myokardiale Pumpleistung der Herzpräparate bereits deutlich beeinträchtigt. Der Verlauf der Ventrikelfunktionskurve ist in Gegenwart dieser Sub-

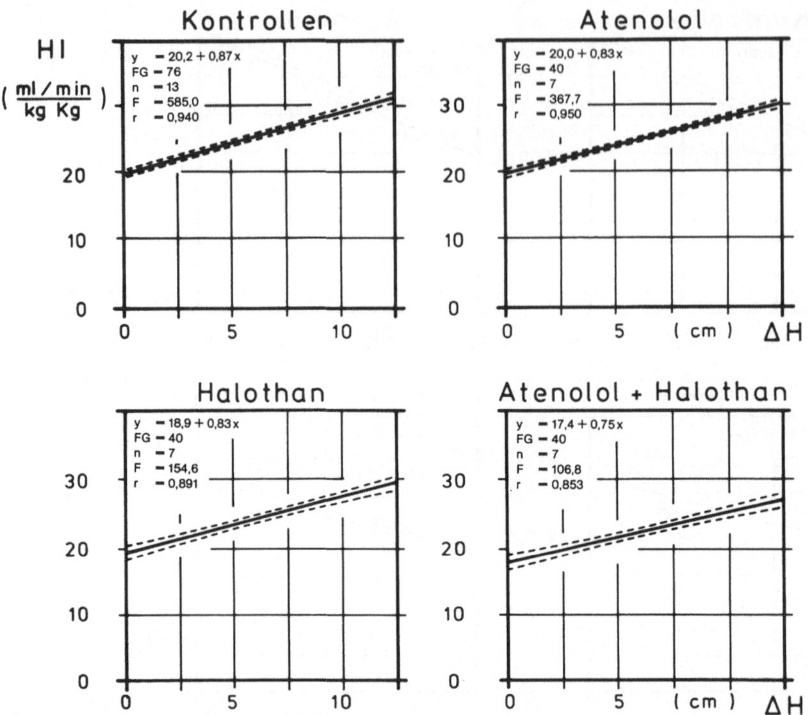

Abb. 119. Volumenbelastung des Herzens bei einem Kontrollkollektiv (n = 13) sowie in Gegenwart von 1,2 mg Atenolol/l bzw. 0,5 Vol.% Halothan bzw. 29,0 mg Atenolol/l plus 0,5 Vol.% Halothan (jeweils n = 7). Abszisse: Änderung der Reservoirblutspiegelhöhe (ΔH) in cm; Ordinate: Herzindex (HI) in ml/min · kg KG. Dargestellt sind die linearen Regressionsgeraden mit dem 95%-Vertrauensbereich

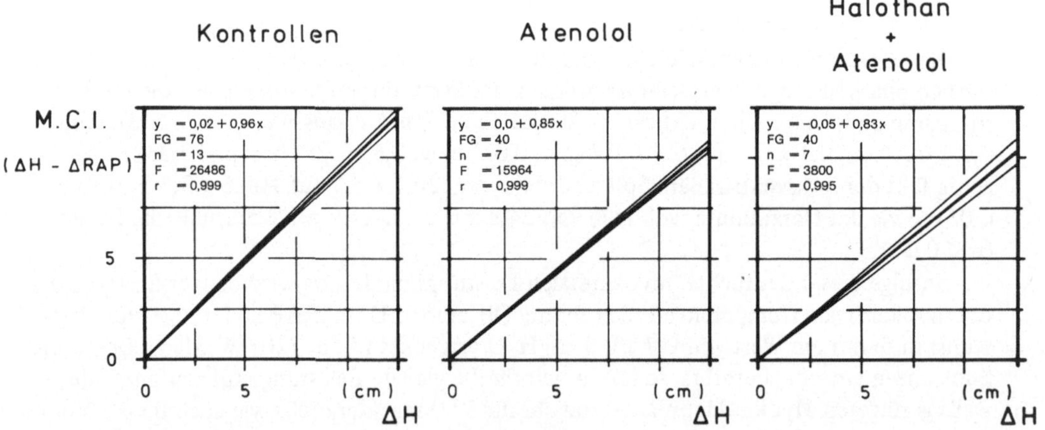

Abb. 120. Myokardialer Competence Index bei Kontrollen (n = 13) sowie nach Gabe von 29,0 mg Atenolol/l ohne bzw. in Gegenwart von 0,5 Vol.% Halothan (jeweils n = 7). Abszisse: Änderungen der Reservoirblutspiegelhöhe (ΔH) in cm, Ordinate: Myokardialer Competence-Index (M.C.I.) errechnet aus der Differenz ΔH$-\Delta$RAP. Dargestellt ist die lineare Regressionsgerade mit der Standardabweichung

stanzkombination wesentlich stärker abgeflacht, als in Gegenwart der jeweils allein applizierten Atenolol- bzw. Halothan-Dosierungen (Abb. 68, 121). Um eine Herzauswurfleistung von 29,5 ± 2,1 ml/min · kg KG zu erreichen, muß der rechtsatriale Druck in Gegenwart beider Substanzen im Mittel auf 7,5 cm H_2O angehoben werden. Bei alleiniger Gabe von Atenolol bzw. von Halothan wird ein vergleichbares Herzminutenvolumen bereits im Mittel bei einem rechten Vorhofdruck von 5,3 bzw. 2,2 cm H_2O ausgeworfen. Die Kontrollherzen erzielen diese Förderleistung bereits bei einem Vorhofdruck von 1,1 cm H_2O.

Der durch die Erhöhung der Nachlast zu erzielende Kontraktionskraftgewinn wird durch die gemeinsame Gabe von 29,0 mg Atenolol/l und 0,5 Vol.-% Halothan bereits deutlich eingeschränkt (Abb. 122). Während bei den Kontrollen bzw. bei den unter alleinigem Atenolol- bzw. Halothan-Einfluß stehenden Herzpräparaten durch die Erhöhung des aortalen Windkesseldruckes von 75 auf 150 Torr die maximale linksventrikuläre Druckanstiegsgeschwindigkeit um 1.593 ± 385 bzw. 936 ± 158 bzw. 900 ± 280 Torr/s steigt, kann in Gegenwart der zugleich applizierten Atenolol- und Halothan-Dosierungen nur noch ein Zuwachs von 457 ± 217 Torr/s registriert werden (p < 0,01).

Das unter Standardbedingungen beobachtete additive Verhalten der myokarddepressiven Atenolol- und Halothan-Effekte läßt sich auch anhand des Verhaltens der maximalen linksventrikulären Druckanstiegsgeschwindigkeit bei der kontrollierten Widerstandsbelastung bestätigen. So kann in Gegenwart von 29,0 mg Atenolol/l plus 0,5 Vol.-% Halothan bei einem aortalen Windkesseldruck von 100 Torr ein Kontraktionskraftverlust von im Mittel 25,6% gegenüber dem Ausgangswert registriert werden. Die maximale linksventrikuläre Druckanstiegsgeschwindigkeit fällt von 2.554 ± 84 auf 1.923 ± 148 Torr/s ab. Unter identischen Bedingungen wird bei einem alleinigen Einwirken der ED_{15} von Atenolol bzw. der Halothan-Konzentration von 0,5 Vol.-% ein Rückgang um 12,8 bzw. 9,9% gesehen. Der Wert des Kontraktilitätsparameters dP/dt_{max} des linken Ventrikels fällt von 2.539 ± 191 auf 2.184 ± 193 bzw. von 2.413 ± 275 auf 2.292 ± 285 Torr/s ab.

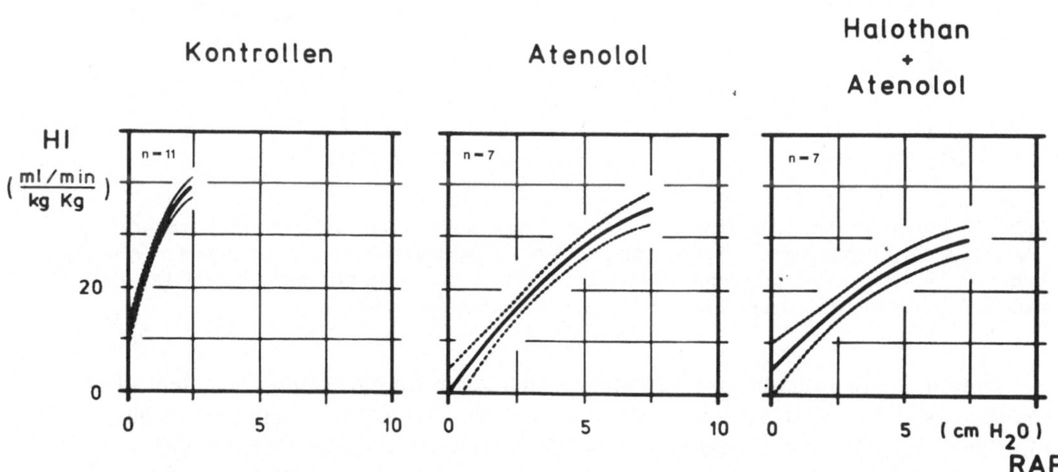

Abb. 121. Ventrikelfunktionskurven zur Quantifizierung der myokardialen Pumpleistung bei Kontrollen sowie in Gegenwart von 29,0 mg Atenolol/l ohne Zugabe eines Narkotikums bzw. in Gegenwart von 0,5 Vol.% Halothan. Abszisse: rechtsatrialer Füllungsdruck (RAP) in cm H_2O; Ordinate: Herzindex (HI) in ml/min · kg KG. Dargestellt ist der mittlere Verlauf der Ventrikelfunktionskurven mit den Grenzen für den 95%-Vertrauensbereich

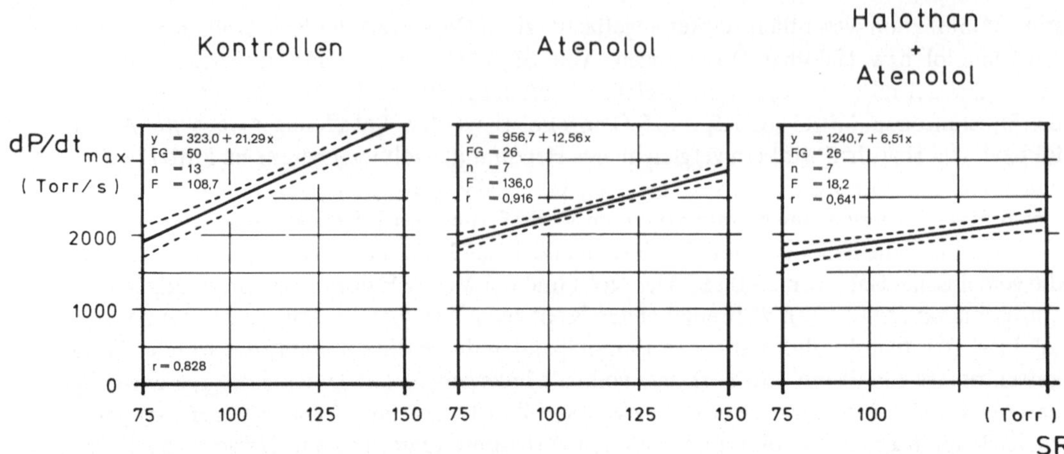

Abb. 122. Linksventrikuläre Widerstandsbelastung bei einem Kontrollkollektiv ($n = 13$) sowie in Gegenwart von 29,0 mg Atenolol/l ohne Zugabe eines Narkotikums bzw. in Gegenwart von 0,5 Vol.% Halothan (jeweils $n = 7$). Abszisse: Druck im aortalen Windkessel (SR) in Torr; Ordinate: maximale linksventrikuläre Druckanstiegsgeschwindigkeit (dP/dt$_{max}$) in Torr/s. Dargestellt sind die linearen Regressionsgeraden mit dem 95%-Vertrauensbereich

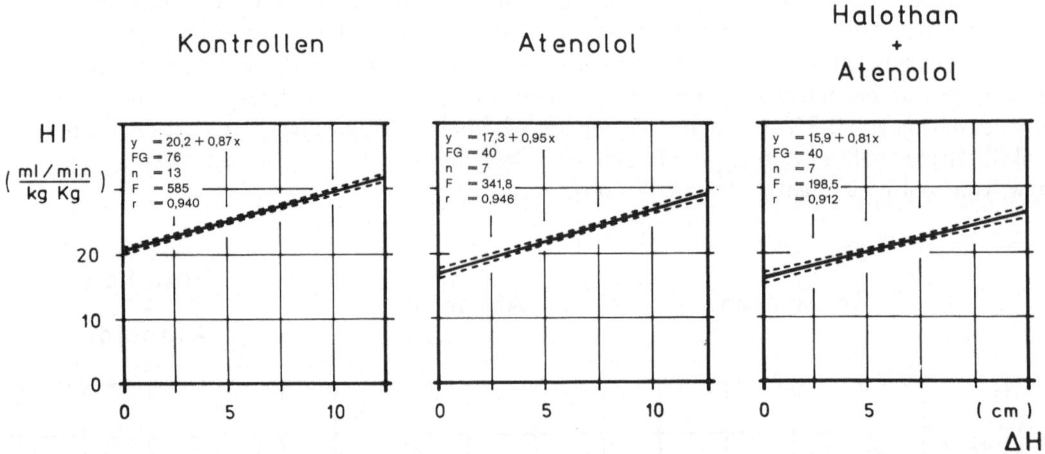

Abb. 123. Volumenbelastung des Herzens bei einem Kontrollkollektiv ($n = 13$) sowie in Gegenwart von 29,0 mg Atenolol/l ohne Zugabe eines Narkotikums bzw. in Gegenwart von 0,5 Vol.% Halothan. Abszisse: Änderung der Reservoirblutspiegelhöhe (ΔH) in cm; Ordinate: Herzindex (HI) in ml/min · kg KG. Dargestellt sind die linearen Regressionsgeraden mit dem 95%-Vertrauensbereich

    Obwohl die Herzauswurfleistung unter Standardbedingungen entsprechend dem additiven Einwirken der negativ inotropen Atenolol- und Halothan-Effekte signifikant abfällt (Tabellen 13, 26), wird die Vorlast-abhängige Steigerungsfähigkeit der Herzauswurfleistung bei einer gemeinsamen Gabe von 29,0 Atenolol/l und 0,5 Vol.-% Halothan nicht stärker eingeschränkt als bei einer alleinigen Zufuhr beider Substanzen (Abb. 70, 123). Ebenso ist auch kein signifikanter Unterschied gegenüber den Kontrollpräparaten nachweisbar. Statt einer Zunahme des Herzindex um 11,0 ± 1,6 ml/min · kg KG, wie sie bei den Kontrollherzen beobachtet werden kann, steigt die Förderleistung in Gegenwart von Atenolol bzw. Halothan

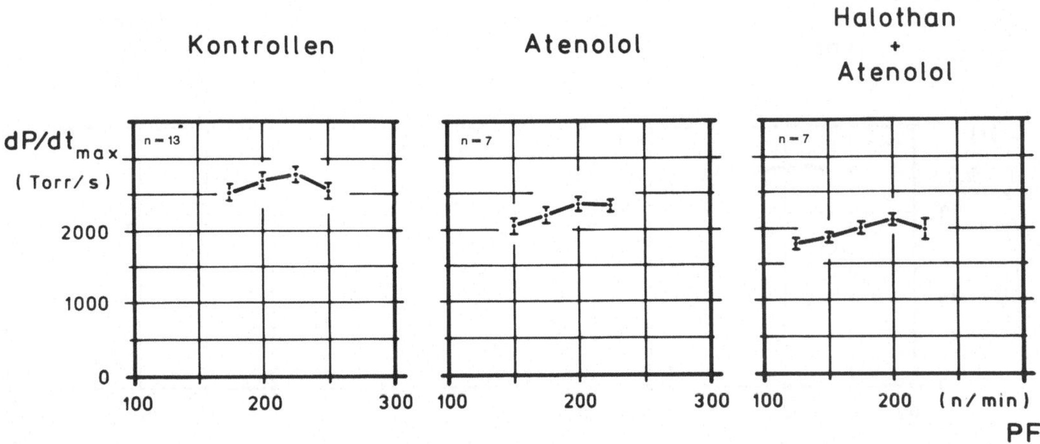

Abb 124. Verhalten der maximalen linksventrikulären Druckanstiegsgeschwindigkeit in Abhängigkeit von verschiedenen Stimulationsfrequenzen bei Kontrollen (n = 13) sowie in Gegenwart von 29,0 mg Atenolol/l ohne Zugabe eines Narkotikums bzw in Gegenwart von 0,5 Vol.% Halothan (jeweils n = 7). Abszisse: Stimulationsfrequenz (PF) in n/min; Ordinate: maximale linksventrikuläre Druckanstiegsgeschwindigkeit (dP/dt$_{max}$) in Torr/s. Dargestellt sind $\bar{x} \pm s_{\bar{x}}$

jeweils um 11,7 ± 1,6 bzw. 10,0 ± 2,5 ml/min · kg KG und in Gegenwart der Kombination um 10,1 ± 1,5 ml/min · kg KG an (p jeweils > 0,05).

Wird die rechtsatriale Stimulationsfrequenz bei konstant gehaltenem Druck im aortalen Windkessel sowie unverändertem hydrostatischem Gefälle vor dem rechten Herzen von 175 auf 200 Impulse/min gesteigert, so lassen sich weder in Gegenwart von 29,0 mg Atenolol/l bzw. von 0,5 Vol.-% Halothan noch in Gegenwart der gleichzeitig applizierten Atenolol- und Halothan-Dosierungen signifikante Einschränkungen des frequenzbedingten Inotropiegewinnes aufzeigen (Abb. 71, 124). Während der Wert des Kontraktilitätsparameters dP/dt$_{max}$ bei den Kontrollpräparaten um 175 ± 96 Torr/s ansteigt, werden bei der alleinigen Gabe von Atenolol bzw. von Halothan jeweils Erhöhungen um 153 ± 83 (p > 0,05) und 100 ± 79 Torr/s (p > 0,05) gefunden. Unter dem Einfluß der Kombination beider Wirkstoffe steigt die linksventrikuläre Druckanstiegsgeschwindigkeit um 133 ± 99 Torr/s an (p > 0,05).

Obwohl das Maximum der Kontraktionskraft in Gegenwart der Kombination von 29,0 mg Atenolol/l und 0,5 Vol.-% Halothan im Mittel erst bei einer Reizfrequenz von 200 Impulsen/min erreicht wird, fällt das Herzminutenvolumen bei dieser Stimulationsfrequenz bereits deutlich, jedoch noch nicht signifikant gegenüber der Förderleistung bei einer Kontraktionsfrequenz von 175 Kontraktionen/min ab (Abb. 125). Der Herzindex verringert sich bei der Erhöhung der Stimulationsfrequenz von 175 über 200 auf 225 Impulse/min von 21,3 ± 0,7 auf 20,1 ± 1,4 (p > 0,05) bzw. 16,4 ± 3,0 ml/min · kg KG (p < 0,01). Bei der alleinigen Gabe von 29,0 mg Atenolol/l bzw. 0,5 Vol.-% Halothan (Abb. 72) liegen die Auswurfvolumina jeweils bei 22,9 ± 1,8 bzw. 23,4 ± 1,7 und fallen ab auf 21,7 ± 2,0 (p > 0,05) bzw. 23,0 ± 1,9 (p > 0,05) sowie 18,0 ± 2,1 (p < 0,05) bzw. 19,2 ± 3,8 ml/min · kg KG (p < 0,05).

Das unter Standardbedingungen gesehene additive Verhalten der myokarddepressiven Atenolol- und Halothan-Effekte kann aufgrund des Pumpverhaltens der isolierten Herzen bei der Herzfrequenzbelastung bestätigt werden. In Gegenwart von 29,0 mg Atenolol/l bzw. 0,5 Vol.-% Halothan wird ein Herzminutenvolumen von 22,9 ± 1,8 bzw. 23,4 ± 1,7 ml/min

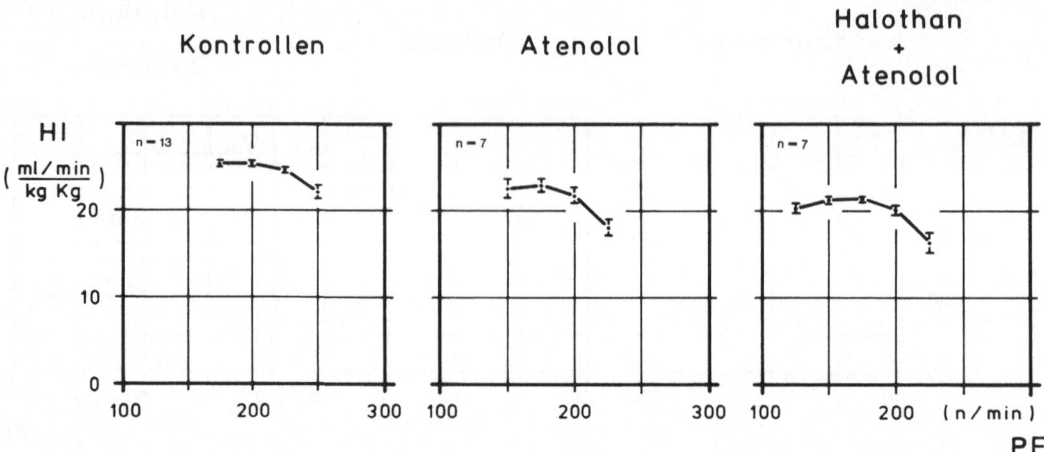

Abb. 125. Verhalten des Herzindex in Abhängigkeit von verschiedenen Stimulationsfrequenzen bei Kontrollen (n = 13) sowie in Gegenwart von 29,0 mg Atenolol/l ohne Zugabe eines Narkotikums bzw. in Gegenwart von 0,5 Vol.% Halothan (jeweils n = 7). Abszisse: Stimulationsfrequenz (PF) in n/min; Ordinate: maximale linksventrikuläre Druckanstiegsgeschwindigkeit (dP/dt_{max}) in Torr/s. Dargestellt sind $\bar{x} \pm s_{\bar{x}}$

· kg KG registriert. Werden diese Dosierungen gemeinsam appliziert, so fällt die Auswurfleistung auf 21,8 ± 1,6 ml/min · kg KG ab. Im Vergleich zu den Kontrollen, für die unter identischen Belastungsbedingungen ein Herzindex von 25,5 ± 0,9 ml/min · kg KG errechnet wird, bedeutet die registrierte Minderung eine Einschränkung der Herzauswurfleistung um 10,2 bzw. 8,2 sowie 15,6%.

4 Diskussion

Bis vor wenigen Jahren wurde von der Mehrzahl der sich mit dem Fragenkomplex „β-Rezeptoren-blockierende Substanzen und Narkotika" beschäftigenden Arbeitsgruppen für die Applikation einer Narkose bei bereits vorbestehender β-Rezeptorenblockade entweder ein rechtzeitiges Unterbrechen der Dauertherapie oder aber zumindest doch ein rechtzeitiges effektives Reduzieren der täglichen β-Rezeptorenblocker-Dosis empfohlen [84, 97, 109, 164, 213, 291, 353, 381, 468, 494]. Als Argument wurde das nicht sicher abschätzbare Risiko einer möglicherweise durch die β-Rezeptorenblocker-Applikation induzierten überstarken Einschränkung der myokardialen Leistungsbreite angeführt.

Aufgrund zwischenzeitlich gewonnener experimenteller und klinischer Beobachtungs-ergebnisse wird allerdings in letzter Zeit in einem deutlich zunehmenden Umfang die konti-nuierliche Fortführung der β-Rezeptorenblocker-Dauermedikation angeraten. Ausschlagge-bend ist die Erkenntnis, daß bei suffizientem Myokard nicht nur keine überstarke Reduktion der myokardialen Leistungsfähigkeit zu erwarten ist, sondern daß vor allem auch bei den Patienten, die auf diese Therapie angewiesen sind, die myokardiale Belastung während der Narkose und im postoperativen Verlauf signifikant geringer ist als bei einer Reduzierung oder gar Unterbrechung der Dauermedikation [52, 117, 118, 193, 214, 234, 267, 269, 353, 356, 362, 373–375, 377, 406, 446, 458, 459].

Trotz der Vielfalt der bislang vorliegenden Befunde basiert der gegenwärtige Kenntnis-stand des Herz-Kreislaufverhaltens in Gegenwart von Narkotika und β-Rezeptoren-blockieren-den Substanzen vor allem auf Erfahrungen, die mit dem β-Rezeptorenblocker Propranolol bei gleichzeitiger Applikation einer Halothan- bzw. Halothan-Lachgas-Narkose gewonnen wurden. Da derzeit aber neben Halothan vor allem auch Enfluran und die Neuroleptanal-gesie-Kombination von Dehydrobenzperidol und Fentanyl für die Durchführung von Narko-sen zum Einsatz kommen und neben Propranolol insgesamt ca. 14 weitere β-Rezeptoren-blok-kierende Substanzen mit jeweils unterschiedlichen Wirkspektren verfügbar sind, stellt sich die Frage, ob bei der Vielzahl von Variationsmöglichkeiten im Einzelfall nicht unter Umständen doch klinisch relevante differente kardiohämodynamische Reaktionsmuster auftreten kön-nen. Für die Möglichkeit des Vorhandenseins unterschiedlicher kardiohämodynamischer Reaktionsmuster spricht sowohl das im Tierexperiment wie auch das beim Menschen beob-achtete, zum Teil deutlich voneinander abweichende kardiohämodynamische Verhalten [38, 62, 67, 144, 196, 239, 284, 285, 336, 354, 388, 442, 449, 490].

4.1 Methodisches Vorgehen

Ein entscheidender Schritt zur Beantwortung der für die Klinik gerade in kardialen Grenz-situationen wichtigen Frage, ob bei Einsatz von im Wirkprofil differenten β-Rezeptoren-blockierenden Substanzen bei gleichzeitiger Applikation einer Narkose nicht doch möglicher-weise unterschiedliche kardiohämodynamische Reaktionsmuster ausgelöst werden, ist die exakte Quantifizierung der direkten myokardialen Effekte verschiedener β-Sympatholytika sowohl ohne als auch in Gegenwart derzeit gebräuchlicher Narkotika. Anhand der Ergebnisse einer solchen Studie wird sich darüber hinaus unter Umständen das sowohl beim Tier wie auch beim Menschen registrierte, je nach Wirkprofil des eingesetzten β-Rezeptorenblockers unterschiedlich ausfallende kardiohämodynamische Reaktionsverhalten [38, 63, 67, 144, 196, 239, 285, 336, 339, 354, 388, 442, 449, 490] auch noch genauer interpretieren lassen.

Um die direkten Myokardwirkungen pharmakologisch aktiver Substanzen unzweifelhaft von den indirekt vermittelten Effekten abgrenzen zu können, muß einwandfrei sichergestellt sein, daß alle extrakardial ausgelösten Kompensationsmechanismen ausgeschaltet sind. Am intakten Organismus ist ein solcher Nachweis weder quantitativ, häufig nicht einmal qualitativ möglich [116]. Ursächlich verantwortlich ist die graduell unterschiedliche, unter Umständen sogar gegensinnige Reflexkontrolle von Herzfrequenz und Myokardkontraktilität [464], die obendrein auch noch durch die eingesetzten Narkotika jeweils substanzspezifisch unterschiedlich stark modifiziert wird [116]. Es ist somit zwingend erforderlich, die aufgeworfene Fragestellung an einem isolierten, das heißt nerval und humoral entkoppelten, aber ansonsten intakten und hämodynamisch belastbaren Herzen zu überprüfen.

Der entscheidende Vorteil einer isolierten Herzpräparation, deren intrakardiale autoregulative Mechanismen voll erhalten bleiben, liegt also sowohl in der kardialen Denervierung [86, 90, 134, 275, 348] wie auch in der humoralen Entkoppelung [134, 275, 348]. Eine pharmakologisch induzierte Myokardinsuffizienz kann daher auch bei einem solchen experimentellen Modell nicht über eine Steigerung sympathischer Stimuli indirekt ausgeglichen werden. Folglich lassen sich die direkten Myokardeffekte der zu überprüfenden Substanzen jeweils unverfälscht erfassen und obendrein bei entsprechender Meßtechnik auch exakt quantitativ beschreiben.

4.1.1 Herz-Lungen-Präparat

Die hier vorliegende Studie zur Quantifizierung der direkten myokardialen Effekte β-Rezeptoren-blockierender Substanzen ohne und in Gegenwart von Narkotika wurde am modifizierten Herz-Lungen-Präparat nach Starling durchgeführt. Dieses Herzmodell ermöglicht im Gegensatz zum isolierten Papillarmuskel bzw. zum Langendorff-Herzen eine sehr exakte Prüfung des myokardialen Funktionsverhaltens sowohl unter Standard- wie auch unter definierten Belastungsbedingungen.

Das modifizierte Herz-Lungen-Präparat nach Starling ist ein isoliertes, jedoch im Verbund mit der Lunge belassenes, spontan schlagendes oder wahlweise kontrolliert stimuliertes Herz. Das koronare Gefäßsystem wird mit hämodiluiertem Eigenblut perfundiert, das mit einer 10%igen niedermolekularen Dextranlösung verdünnt und auf 37 °C temperiert ist. Die ausreichende Oxygenierung des Blutes sowie die Einstellung eines physiologischen Kohlendioxydpartialdruckes erfolgt bei der Passage der Lungenstrombahn der normoventilierten Lunge. Der Körperkreislauf ist durch einen artifiziellen Kreislauf ersetzt, so daß das Herz sowohl über eine isolierte Änderung des hydrostatischen Gefälles vor dem rechten Herzen wie auch über eine isolierte Änderung des Widerstandes nach dem linken Herzen definiert belastet werden kann.

Das Herz-Lungen-Präparat muß mit einem Frischgasgemisch ventiliert werden, das 10% Kohlendioxyd enthält. Wird die CO_2-Konzentration niedriger gewählt, so sinkt die arterielle Kohlensäurespannung unvermeidlich in unphysiologische Bereiche ab. So beobachtete beispielsweise Böttcher bei seinen Herzstillstandsuntersuchungen am gleichen Herzmodell bei einer Zumischung von nur 5% CO_2 zum Frischgasgemisch arterielle pCO_2-Werte, die im Regelfall unter 8 Torr lagen [51]. Ursächlich verantwortlich für dieses vom Ganztier deutlich

abweichende Reaktionsverhalten ist die beim Herz-Lungen-Präparat stark reduzierte Gesamt-
zellzahl mit einer zwangsläufig daraus resultierenden, entsprechend verringerten Freisetzung
von Kohlendioxyd. Eine Abweichung des arteriellen pCO_2-Druckes in unphysiologische Bereiche verursacht stets eine geänderte koronare Ruhe-Perfusionssituation sowie ein geändertes
Reaktionsverhalten des Koronarsystems gegenüber vasoaktiven Pharmaka [101, 102, 327 ,
448]. Es muß daher peinlichst Sorge getragen werden, den arteriellen pCO_2-Wert über den
gesamten Versuchsablauf stets im physiologischen Bereich konstantzuhalten.

Eine Kompensation der geringen CO_2-Anfalls über eine Reduktion von Atemfrequenz
und Atemhubvolumen ist nicht möglich, da die Lungen des Präparates zur Verhütung von
Belüftungsstörungen unbedingt im physiologischen Bereich ventiliert werden müssen [116].
Bei den vorliegenden Untersuchungen konnte bei Verwendung des 10% Kohlendioxyd ent-
haltenden Frischgasgemisches der arterielle pCO_2-Druck jeweils über den gesamten Versuchsablauf konstant im Normbereich gehalten werden.

Um neben den CO_2-bedingten Änderungen des myokardialen Kontraktionsverhaltens
[9, 72, 77, 211, 448, 463] auch hypoxisch [209, 310] oder metabolisch [9, 72, 77, 211, 311,
448] induzierte Abweichungen sicher ausschließen zu können, wurden neben dem partiellen
CO_2-Druck auch der Sauerstoffpartialdruck, der pH-Wert sowie die Bikarbonat-Konzentra-
tion im arterialisierten Blut intermittierend kontrolliert. In aller Regel war im Anschluß an
die initiale Natriumbikarbonat-Substitution keine weitere Korrektur der Natriumbikarbonat-
Konzentration erforderlich.

Für die Realisierung der kontrollierten Belastungsuntersuchungen wird für das Herz-
Lungen-Präparat in aller Regel ein größeres Blutvolumen benötigt, als es durch ein alleiniges
Entbluten der Tiere zu gewinnen ist. Bei jedem Experiment muß daher das vorhandene Blut-
volumen artifiziell ergänzt werden.

Von einer sich anbietenden Substitution mit artgleichem Blut wurde bei der Erstellung
der Präparate Abstand genommen, da nicht mit absoluter Sicherheit auszuschließen ist, daß
die Meßergebnisse möglicherweise durch Antigen-Antikörperreaktionen, die vor allem zu
Veränderungen in der Lungenstrombahn führen, verfälscht werden. In Anlehnung an Fischer
wurde daher das vorhandene Blutvolumen bereits während der Präparationsphase durch ein
schrittweises Entbluten und gleichzeitiges Wiederauffüllen mit Dextran 40 expandiert [116].
Diese isovolämische Hämodilution, bei der Hämatokritwerte zwischen 26 und 30% erreicht
werden, ist mit einer Verbesserung der Kontraktionskraft und der Pumpfunktion der isolierten Herzen verbunden [116].

Der Serumcalciumspiegel fällt im Rahmen der bei der Erstellung der Herz-Lungen-Präparate durchgeführten Hämodilution in unphysiologische Bereiche ab. Da dem Calcium jedoch eine besondere Funktion beim Ablauf des myokardialen Kontraktionsvorganges zukommt [70, 261, 335], wurde, um calcium-induzierte Verfälschungen des Kontraktionsverhaltens der isolierten Herzen möglichst geringzuhalten, der Serumcalciumspiegel durch
Gabe von 1-molarem Calciumchlorid ($CaCl_2$) in den Normalbereich angehoben [115]. Bei
diesem methodischen Vorgehen wird allerdings vernachlässigt, daß unter den Bedingungen
der isovolämischen Hämodilution der Anteil des ionisierten Calciums infolge Reduktion der
Proteinbindungskapazität ansteigt [23] und somit eine ungewollte Zunahme der myokardialen Kontraktionskraft verursacht. In Anbetracht der bestehenden technischen Schwierigkeiten bei der Bestimmung des ionisierten Calciumanteils wurde jedoch auf eine Differenzierung der Calciumfraktionen verzichtet.

Die dilutionsbedingte Minderung der Proteinbindungskapazität hat jedoch nicht nur Einfluß auf das Verhältnis zwischen freiem und gebundenem Calcium, sondern ebenso auch auf

das Verhältnis zwischen freier und gebundener Prüfsubstanz [96, 198, 199, 233, 243, 282, 488, 491]. Dies gilt vor allem für jene Wirkstoffe, die eine hohe Eiweißbindung im Serum aufweisen. Von den untersuchten Substanzen trifft dies sowohl für Propranolol (93% [199]) wie auch für Dehydrobenzperidol (90% [96]) zu. Die unterschiedliche Eiweißbindung der Substanzen wird bei der Beurteilung der Ergebnisse nicht gesondert berücksichtigt. Ausschlaggebend ist die Tatsache, daß die Bedingungen der Eiweißbindungskapazität bei der experimentellen Hämodilution im Herz-Lungen-Präparat mit nur geringen Einschränkungen auch der Situation der therapeutisch genutzten Verdünnung beim Menschen entsprechen [366].

Trotz der dilutionsbedingten signifikant erniedrigten Sauerstofftransportkapazität ist die myokardiale O_2-Versorgung der Herzpräparate nicht gefährdet [65, 219, 288]. Durch die reichliche Oxygenation des Blutes ist sichergestellt, daß die Myokardzellen zu jedem Versuchszeitpunkt stets ausreichend Sauerstoff zur Verfügung haben.

Um Temperatureinflüsse auf das myokardiale Kontraktionsverhalten [48, 230, 309] absolut sicher auszuschließen, wurde das zirkulierende Blut ebenso wie das in situ befindliche Herz-Lungen-Präparat konstant auf 37 °C temperiert.

Das angewandte methodische Vorgehen bei der Präparation des Herz-Lungen-Präparates führt zu keiner signifikanten Beeinträchtigung der Energiebereitstellung für die ungestörte Aufrechterhaltung sowohl des Struktur- als auch des Arbeitsstoffwechsels des isolierten Herzmuskels. Sowohl Böttcher [51] wie auch Fischer [116] haben gezeigt, daß der myokardiale Gewebsgehalt an energiereichen Phosphaten vor und nach der Präparation des Herzens nicht signifikant voneinander abweicht.

Im Gegensatz zum intakten Organismus kann am Herz-Lungen-Präparat die Beurteilung substanzabhängiger Myokardeffekte in Gegenwart konstanter Wirkstoffkonzentrationen durchgeführt werden. Infolge des Fehlens des Körperkreislaufs ist sowohl die renale Elimination wie auch die hepatische Metabolisation der Wirkstoffe mit Sicherheit ausgeschaltet. Stattfindende Konzentrationsänderungen sind daher allein das Resultat von Verteilungsphänomenen, die sich im wesentlichen im Bereich von Myokard und Lungenparenchym abspielen. Die Umverteilung von β-Rezeptoren-blockierenden Substanzen aus dem Intra- in den Extravasalraum erfolgt normalerweise sehr rasch. Die Halbwertzeit der Umverteilungsvorgänge liegt nach Regårdh im Mittel zwischen 5 und 15 Minuten [365].

Bei den eigenen Experimenten stellte sich in aller Regel jeweils innerhalb von 5 bis 7 Minuten nach Substanzapplikation ein neues hämodynamisches Gleichgewicht ein, das, wie Einzelbeobachtungen gezeigt haben, selbst nach Ablauf von 30 min keine weiteren Änderungen erfuhr. Aufgrund dieser Befunde wurden die hämodynamischen Messungen grundsätzlich 15 bis 20 min nach erfolgter Wirkstoffapplikation durchgeführt.

4.1.2 Basisnarkose

Zur Erstellung der Herz-Lungen-Präparate müssen die Versuchstiere grundsätzlich in ein chirurgisches Toleranzstadium verbracht werden. Als Narkotikum bieten sich die derzeit gängigen Inhalationsanaesthetika Halothan bzw. Enfluran an. Diese Substanzen können nach Beendigung der Präparationsphase vollständig aus dem Herz-Lungen-Präparat entfernt werden. Eine mögliche Interferenz mit den nachfolgend zu prüfenden Substanzen kann daher mit Sicherheit ausgeschlossen werden.

Unter dem Einfluß einer Halothan- bzw. Enfluran-Narkose sind die Herz-Kreislauf-Verhältnisse der Tiere während der Erstellung der Herz-Lungen-Präparate einschließlich der Ent-

blutungs- und Substitutionsphasen allerdings unangenehm instabil [116]. Dieser im Einzelfall
sehr nachteilige Herz-Kreislauf-Effekt ist dagegen bei Anwendung einer intraperitoneal zu
applizierenden Chloralose-Basisnarkose nicht zu beobachten. Da Chloralose aufgrund ihrer
nur geringgradigen kardiohämodynamischen Eigeneffekte neben der Kombination Chlor-
alose-Urethan bzw. dem Analgetikum Piritramid trotz der nicht gegebenen Eliminationsmög-
lichkeit als ein geeignetes Basisnarkotikum zur Untersuchung kardiovaskulärer Wirkstoff-
effekte angesehen wird [102, 115, 155], wurden die hier vorgelegten Untersuchungen in
einer Chloralose-Basisnarkose durchgeführt.

4.2 Beurteilung des Verhaltens der spontanen Herzfrequenz sowie der Kontraktionsdynamik des isolierten, intakten und in situ schlagenden Herzens unter Kontrollbedingungen

Das für die vorliegenden Untersuchungen benutzte Herz-Lungen-Präparat der Katze zeigt
nach Untersuchungen von Fischer auch noch nach Ablauf von 4 Stunden keine signifikante
Reduktion der zellulären Energiebereitstellung [116]. Es darf daher erwartet werden, daß die
kardiohämodynamische Leistungsfähigkeit dieser isolierten Herzen auch entsprechend unge-
stört erhalten bleibt. Eigene Kontrolluntersuchungen bestätigen in der Tat die weitgehende
Konstanz aller direkt gemessenen bzw. indirekt errechneten kardiohämodynamischen Meßgrößen innerhalb einer Zeitraumes von 3 h nach Erreichen des hämodynamischen Gleichgewichts (Abb. 7).

Die mit fortschreitender Laufzeit geringfügig ansteigenden links- und rechtsventrikulären
enddiastolischen Drücke (LVEDP, RVEDP) sowie der mäßige Anstieg des rechtsventrikulären Spitzendruckes (RVP) und des rechten Vorhofdruckes (RAP) weisen jedoch auch unzweifelhaft auf eine sich mit längerer Versuchsdauer einstellende zunehmende myokardiale,
vor allem aber auch pulmonale Suffizienzminderung hin. Bereits 165 min nach Meßbeginn
überschreitet der Zuwachs des rechtsventrikulären enddiastolischen Druckes (RVEDP) im
Mittel das 5%ige Signifikanzniveau. Neben einer myokardialen Funktionseinbuße — auch der
linksventrikuläre enddiastolische Druck ist gegenüber dem Ausgangswert erhöht ($p > 0{,}05$)
— muß als auslösender Faktor vorwiegend eine zunehmende reaktive Veränderung der pulmonalen Strombahn mit Erhöhung des Perfusionswiderstandes angenommen werden. Für
diese Annahme spricht auch die trotz konstanter venöser Zuflußrate und unveränderter
Herzauswurfleistung (SVI) zeitabhängig zunehmende Erhöhung des rechtsventrikulären
Spitzendruckes ($p > 0{,}05$).

Ursächlich verantwortlich für die offensichtliche Verschlechterung der Strömungsver-
hältnisse im pulmonalen Gefäßsystem ist eine zunehmende, initial streng paravaskuläre,
später aber generalisierte Flüssigkeitseinlagerung in das Lungenparenchym. Dieser Flüssig-
keitsaustritt aus dem Intravasalraum muß in der ersten Phase allein als eine Folge einer zunehmenden Kapillarendotheldysfunktion [116] und/oder Lymphgefäßfunktionsstörung interpretiert werden [439]. Nach einer längeren Laufzeit des Präparates gewinnt zusätzlich
auch die zunehmende Linksherzinsuffizienz eine entsprechend ansteigende Bedeutung, so
daß in der letzten, weit jenseits der 3-h-Grenze liegenden Phase ein foudrouyant verlaufender
Flüssigkeitsübertritt im Sinn eines akuten Lungenödems beobachtet werden kann. Gleichzeitig erhöht sich der pulmonale Gefäßwiderstand derart, daß parallel zur bestehenden Linksherzinsuffizienz auch die klassischen Zeichen des akuten Rechtsherzversagens gefunden werden.

Um diese modellbedingten Verfälschungen der Kontraktionsdynamik und der Pumpfunktion des isolierten Herzens von vornherein sicher ausschließen zu können, wurde der Untersuchungszeitraum für die vorliegenden Untersuchungen auf maximal 3 h nach Erreichen des kardiohämodynamischen Gleichgewichts im Anschluß an die Präparationsphase beschränkt.

Für das Kontrollkollektiv sind die zum Versuchszeitpunkt Null registrierten kardiohämodynamischen Parameter in der Tabelle 3 und 4 aufgelistet. Zwischen den Meßdaten, die bei spontan schlagenden bzw. rechtsatrial stimulierten Herzen beobachtet werden, besteht kein signifikanter Unterschied (p jeweils $> 0,05$). Da die Stimulationsfrequenz im Mittel 5 Impulse/min über der spontanen Kontraktionsfrequenz liegt, übersteigt der Wert der maximalen linksventrikulären Druckanstiegsgeschwindigkeit bei rechtsatrialer Vorhofstimulation frequenzbedingt zwangsläufig den dP/dt_{max}-Wert der spontan schlagenden Herzen. Statt 2374 ± 272 Torr/s werden 2395 ± 274 Torr/s registriert. Infolgedessen kann auch ein geringfügiger Anstieg des linksventrikulären Spitzendruckes (LVP) von $117,8 \pm 3,7$ auf $118,2 \pm 4,4$ Torr beobachtet werden. Der Schlagvolumenindex (SVI) fällt dagegen von $0,156 \pm 0,004$ auf $0,151 \pm 0,003$ ml/kg KG und der Herzindex von $25,3 \pm 0,6$ auf $25,2 \pm 0,5$ ml ab. Die übrigen erfaßten kardiohämodynamischen Parameter erfahren keine meßbare Änderung.

Aufgrund des Verhaltens der maximalen linksventrikulären Druckanstiegsgeschwindigkeit in Gegenwart der für die Klinik empfohlenen und approximativ auf die Verhältnisse des Herz-Lungen-Präparates übertragenen i.v.-Initialdosierungen der untersuchten β-Rezeptorenblocker ohne ISA muß angenommen werden, daß die benutzten Herz-Lungen-Präparate, obgleich eine weitestgehende Konstanz aller registrierten Parameter über einen Zeitraum von 3 h gefunden wurde, unter einem minimalen restadrenergen Einfluß stehen. Sowohl die approximierten i.v.-Initialdosierungen von Propranolol wie auch von Atenolol und Metoprolol reduzieren die spontane Herzschlagfolge um einen geringfügigen Betrag (Abb. 130). Nach Propranolol tritt im Mittel eine Senkung um 1,5%, nach Atenolol um 1,2% und nach Metoprolol um 1,0% gegenüber dem Ausgangswert ein.

Wird bei gleichen Dosierungen, jedoch bei fixierter Herzfrequenz, das Verhalten der maximalen linksventrikulären Druckanstiegsgeschwindigkeit überprüft, so kann sowohl bei Propranolol wie auch bei Atenolol und Metoprolol ein Rückgang des dP/dt_{max}-Wertes von im Mittel 0,2 bis 0,3% registriert werden. Da weder Atenolol noch Metoprolol membranstabilisierende Wirkungen besitzen [59, 321, 358, 472] und bei Propranolol diese Eigenschaft erst bei 50- bis 100fach oberhalb klinisch üblicher Dosierungsbereiche liegenden Dosen nachweisbar wird [82, 83, 130, 131, 141, 321, 403, 415, 472], kann dieser insgesamt geringe Abfall der spontanen Herzschlagfolge wie auch der myokardialen Kontraktionskraft nur als Folge einer β-Rezeptorenblockade erklärt werden. Das Ausmaß dieser Effekte ist, wie die Zahlen zeigen, allerdings so gering, daß es nicht erforderlich ist, diese geringgradige Verfälschung der Untersuchungsergebnisse gesondert zu gewichten.

Das Reaktionsverhalten der Kontraktionsdynamik des linken Ventrikels läßt sich am Herz-Lungen-Präparat am besten mittels einer kontrollierten Afterload-Belastung überprüfen [116]. Durch eine schrittweise Steigerung des Druckes im aortalen Windkessel von 75 bis auf 150 Torr kann der Wert des Kontraktilitätsparameters dP/dt_{max} bei den Kontrollen um insgesamt 1593 ± 385 Torr/s gesteigert werden (Abb. 10). Im Gegensatz hierzu liegt der Kontraktionskraftgewinn bei der kontrollierten Volumen- bzw. der kontrollierten Frequenzbelastung nur bei 436 ± 105 bzw. 263 ± 123 Torr/s (Abb. 11, Abb. 12).

Die Leistungsfähigkeit der myokardialen Pumpfunktion läßt sich am Herz-Lungen-Präparat am besten mittels einer kontrollierten Vorlaststeigerung überprüfen [116]. Dies geschieht entweder über eine schrittweise Erhöhung des hydrostatischen Druckes vor dem rechten Ventrikel (Prinzip der kontrollierten Volumenbelastung) (Abb. 11) oder noch aussagekräftiger über eine schrittweise Steigerung der venösen Zuflußmenge durch Vergrößerung des Gefäßquerschnittes im venösen Schenkel des artifiziellen Kreislaufs (Prinzip der Ventrikelfunktionskurvenbestimmung) (Abb. 9). Die Herzauswurfleistung der Kontrollherzen steigt bei der schrittweisen Anhebung des Reservoirblutspiegels um insgesamt 12,5 cm über das Ausgangsniveau im Mittel um 11,0 ± 1,6 ml/min · kg KG an (Abb. 11). Dagegen beläuft sich der Herzminutenvolumenzuwachs bei einer Erhöhung des aortalen Windkesseldruckes von 75 auf 100 Torr nur auf 0,4 ± 1,3 ml/min · kg KG. Jede weitere Druckerhöhung ist mit einem Rückgang der Volumenförderleistung verbunden (Abb. 10). Im Rahmen der isolierten Frequenzbelastung kann bei den Kontrollpräparaten durch eine Steigerung der Stimulationsfrequenz überhaupt keine Steigerung der Herzauswurfleistung erzielt werden (Abb. 12).

Wird die Volumenförderleistung bei schrittweiser Vergrößerung des venösen Gefäßquerschnittes untersucht, so wird anhand des Verlaufes der auf diese Weise zu gewinnenden Ventrikelfunktionskurven eine noch umfassendere Aussage hinsichtlich des myokardialen Pumpvermögens ermöglicht [116]. Unter dem Einfluß von positiv inotrop wirkenden Substanzen erhalten die Ventrikelfunktionskurven einen zunehmend steileren Verlauf, das heißt, bei gleichen Füllungsdrucken wird jeweils ein höheres Herzminutenvolumen erreicht. In Gegenwart negativ inotroper Effekte werden demgegenüber die Ventrikelfunktionskurven abgeflacht, so daß bei gleichen Füllungsdrucken ein jeweils geringeres Herzminutenvolumen ausgeworfen wird. Bei den eigenen Kontrollen konnte bei einem rechtsatrialen Vorhofdruck von 2,5 cm H_2O im Mittel eine Herzauswurfleistung von 39,4 ± 3,7 ml/min · kg KG registriert werden (Abb. 9).

Das Ergebnis der hämodynamischen Belastungsuntersuchungen der eigenen Kontrollpräparate zeigt, daß die Leistungsreserve der eigenen Modelle die der von Fischer benutzten Herzpräparate eindeutig übertrifft [116]. Bei der Erhöhung des aortalen Windkesseldruckes von 75 auf 150 Torr erzielten die Herzpräparate von Fischer im Mittel nur einen Kontraktionskraftgewinn von 1008 Torr/s, wohingegen bei den eigenen Präparaten ein Inotropiegewinn von 1593 ± 385 Torr/s registriert werden kann (Abb. 126). Die mittlere Herzauswurfleistung der eigenen Modelle liegt in Gegenwart eines rechten Vorhofdruckes von 2,5 cm H_2O bei 39,4 ± 3,7 ml/min · kg KG. Fischer beobachtete bei identischem Vorhofdruck nur ein mittleres Auswurfvolumen von 20,0 ml/min · kg KG.

Der myokardiale Competence-Index, der als quantitatives Maß zur Bestimmung des gesamtkardialen Suffizienzgrades isolierter Herzpräparate gilt, bestätigt ebenfalls den Unterschied der Leistungsfähigkeit beider Kontrollgruppen. Statt eines Steigungswinkels tg α von 0,96 ± 0,03 der Regressionsgeraden, auf der die Indices aller Belastungsstufen der eigenen Kontrollpräparate liegen, errechnete Fischer für seine Präparate nur einen Steigungswinkel tg α von 0,86 ± 0,05 (Abb. 128).

Als ursächlicher Faktor des doch unzweifelhaft stark differierenden Leistungsvermögens beider Herzpräparatgruppen muß ein Unterschied im kontraktilen Zustand der Herzmuskulatur angenommen werden. Die derzeit beste Methode zur Erfassung des myokardialen inotropen Zustandes ist die Quantifizierung der Myokardkontraktilität mit Hilfe der Kraft-Geschwindigkeitsbeziehungen [116]. Die Konstruktion der Kraft-Geschwindigkeitskurven erfolgt, indem der Quotient $(dP/dt_{max})/32$ · LVIP, der die Verkürzungsgeschwindigkeit der

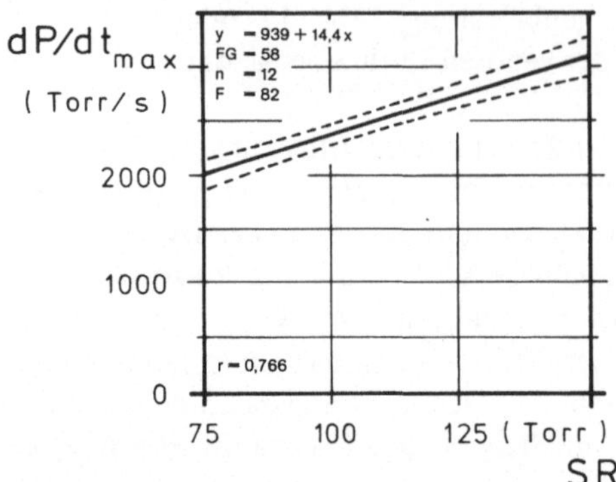
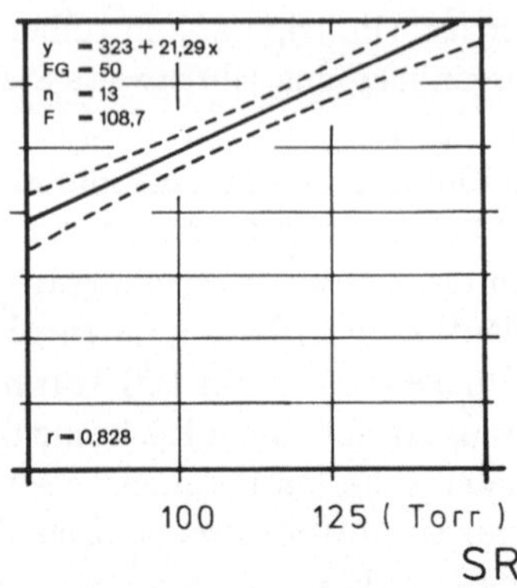

Abb. 126. Linksventrikuläre Widerstandsbelastung von Kontrollkollektiven. **I.** Fischer (1979), **II.** eigene Untersuchungen. Abszisse: Druck im aortalen Windkessel (SR) in Torr; Ordinate: maximale linksventrikuläre Druckanstiegsgeschwindigkeit (dP/dt_{max}) in Torr/s. Dargestellt sind die linearen Regressionsgeraden mit dem 95%-Vertrauensbereich

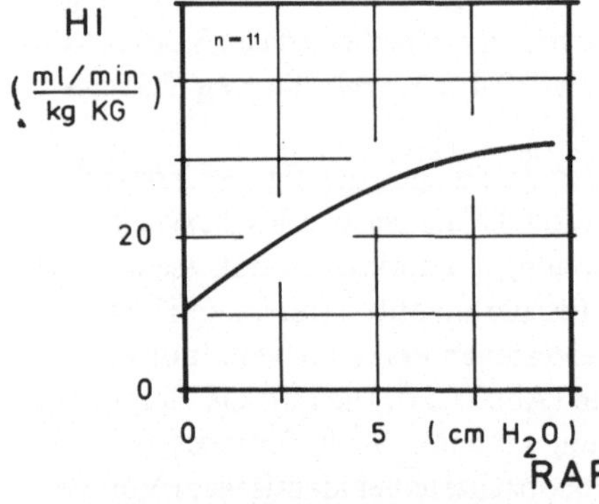
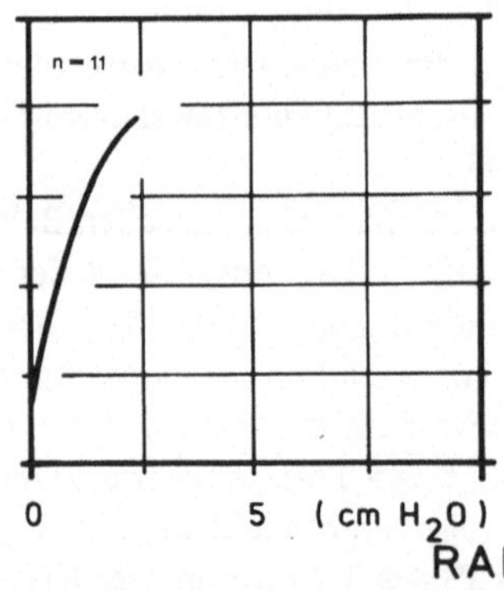

Abb. 127. Ventrikelfunktionskurven zur Quantifizierung der myokardialen Pumpleistung von Kontrollkollektiven. **I.** Fischer (1979), **II.** eigene Untersuchungen. Abszisse: rechtsatrialer Füllungsdruck (RAP) in cm H_2O; Ordinate: Herzindex (HI) in ml/min · kg KG. Dargestellt sind die mittleren Verläufe der Ventrikelfunktionskurven

kontraktilen Elemente angibt [17, 116, 277, 429, 431, 432], gegenüber dem zugehörigen linksventrikulären instantanen Druck (LVIP) der isovolumetrischen Phase der Herzkontraktion aufgetragen wird (Abb. 129).

Die auf diese Weise zu gewinnenden Kurven für die graphische Darstellung der Kraft-Geschwindigkeitsbeziehungen werden in weiten Bereichen weder durch Änderungen der Vor- noch der Nachlast bzw. der Kontraktionsfrequenz modifiziert [116]. Positiv inotrope Effekte äußern sich in einer Zunahme der maximalen Verkürzungsgeschwindigkeit der kontraktilen Elemente (V_{CEmax}) — sie entspricht dem Gipfelpunkt der Kraft-Geschwindigkeits-

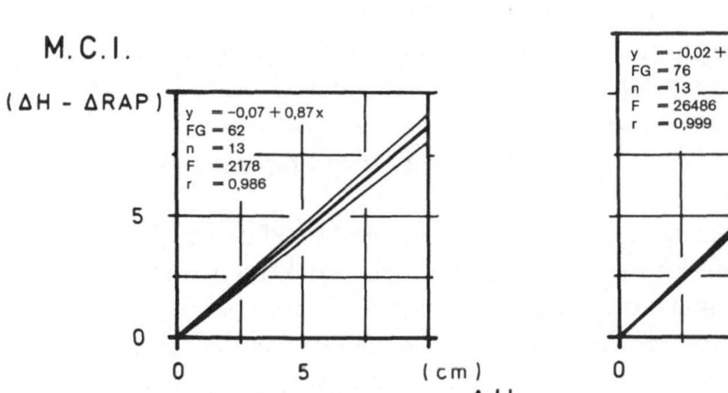

Abb. 128. Myokardialer Competence-Index von Kontrollkollektiven. **I.** Fischer (1979), **II.** eigene Untersuchungen. Abszisse: Änderung der Reservoirblutspiegelhöhe (ΔH) in cm; Ordinate: Myokardialer Competence-Index (M.C.I.) errechnet aus der Differenz ΔH−ΔRAP. Dargestellt sind die linearen Regressionsgeraden mit dem 95%-Vertrauensbereich

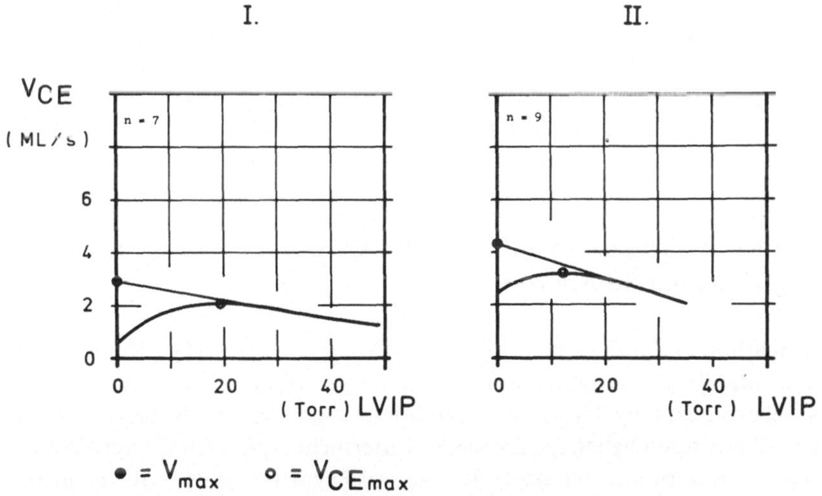

Abb. 129. Kraft-Geschwindigkeits-Beziehungen zur quantitativen Bestimmung des inotropen Status von Kontrollkollektiven. **I.** Fischer (1979); **II.** eigene Untersuchungen. Abszisse: instantaner linksventrikulärer Druck (LVIP) während der isovolumetrischen Kontraktionsphase in Torr; Ordinate: Verkürzungsgeschwindigkeit der kontraktilen Elemente (V_{CE}) errechnet aus dem Quotienten $(dP/dt_{max})/32 \cdot$ LVIP in Muskellängen pro Sekunde (ML/s). Dargestellt ist die Korrelation der Verkürzungsgeschwindigkeiten der kontraktilen Elemente und der zuzuordnenden linksventrikulären instantanen Drucke. Der Gipfelpunkt der so gewonnen Kraft-Geschwindigkeits-Kurven entspricht der in situ maximal meßbaren Verkürzungsgeschwindigkeit der kontraktilen Elemente ($V_{CE\,max}$; ○). Die bei fehlender intraventrikulärer Drucklast theoretisch maximal mögliche Verkürzungsgeschwindigkeit der kontraktilen Elemente (V_{max}; ●) wird durch die Rückextrapolation des linear abfallenden Kurvensegmentes ermittelt. Die graphische Darstellung der Kraft-Geschwindigkeits-Kurven erfolgt mit Hilfe 5gliedriger Polynome

kurven — sowie einer Steigerung der hypothetischen, maximal möglichen Verkürzungsgeschwindigkeit der kontraktilen Elemente bei der hypothetischen Belastung Null (V_{max}) —
dieser Punkt wird durch eine graphische Extrapolation des linear abfallenden Kurvensegmentes auf die Ordinate erfaßt [116]. Der Vergleich sowohl der $V_{CE\,max}$- als auch der
V_{max}-Werte zeigt, daß die eigenen Herzpräparate eine deutlich bessere Kontraktilität aufweisen, als sie von Fischer beobachtet werden konnte. Statt eines $V_{CE\,max}$-Wertes von 2,0 und
eines V_{max}-Wertes von 2,8 Muskellängen/s, werden bei den eigenen Präparaten 3,2 bzw.
4,3 Muskellängen/s registriert (Abb. 129).

Dieser deutliche Unterschied des inotropen Zustandes beider Modelle ist nicht voll be-
friedigend zu erklären. Mit Sicherheit können alle meßtechnischen Faktoren aufgrund der
intermittierend durchgeführten Eichkontrollen als Ursache ausgeschlossen werden. Darüber
hinaus erfolgte die Behandlung der Herzpräparate ebenso wie die Gewinnung der Meßdaten
nahezu peinlichst genau nach den von Fischer angegebenen Richtlinien. Allein bei der
Präparation der Herzmodelle wurde in einem offensichtlich entscheidenen Punkt von der be-
schriebenen Präparationstechnik abgewichen. Statt initial den Truncus brachiocephalicus zu
kanülieren und das Tier sofort über diese Kanüle zu entbluten, noch ehe ein venöser Rück-
strom über die in die obere Hohlvene einzuführende Kanüle möglich ist, wurde bei den eigenen Präparationen der artifizielle Kreislauf erst in dem Augenblick freigegeben, nachdem
sowohl die venöse wie auch die arterielle Kanüle sicher plaziert und mit dem artifiziellen
Kreislauf verbunden waren. Durch diese abweichende Präparationstechnik ist absolut sicher
garantiert, daß das zu isolierende Herz während der entscheidenden Phasen der Präparation
nicht durch eine Volumenmangelsituation, die eine Beeinträchtigung des myokardialen Funktionszustandes zur Folge hat [140, 256, 397], gefährdet wird.

4.3 Verhalten der Kontraktionsdynamik des Herzens unter dem Einfluß β-Rezeptoren-blockierender Substanzen

Die durch die β-sympatholytische Therapie verursachten Änderungen des Herz-Kreislauf-Verhaltens lassen sich in aller Regel zwanglos aus dem Verteilungsmuster der β-Rezeptoren sowie dem jeweils gegebenen Umfang der β-adrenergen Stimulation erklären. Neben den myokardialen β_1- und β_2-Rezeptoren haben nach neueren Untersuchungen auch die peripher
vaskulär lokalisierten β_2-Rezeptoren des arteriellen und des kapazitiv-venösen Strombettes
einen nicht zu vernachlässigenden Einfluß auf die kreislaufdynamischen Effekte verschiedener β-Adrenolytika [50, 256]. Obwohl also derzeit sowohl das Verteilungsmuster wie auch
die Funktion der β-Rezeptoren schon sehr umfassend abgeklärt worden ist, bestehen weiterhin Schwierigkeiten, die verschiedenen Wirkqualitäten β-Rezeptoren-blockierender Substanzen hinsichtlich der Stärke ihres modulierenden Einflusses auf das kardiohämodynamische
Reaktionsverhalten ausreichend genau zu gewichten.

Die β-adrenolytische Therapie schränkt den sympathikoton vermittelten Anteil der kardialen Leistungsreserve jeweils in Abhängigkeit vom Ausmaß der β_1- und β_2-Rezeptoren-
blockade unterschiedlich stark ein [50, 63, 199]. Als Folge dieser vegetativen Entkoppelung
muß besonders in kardialen Grenzsituationen nicht nur im Ruhezustand, sondern vor allem
gerade unter Belastungsbedingungen mit einer möglicherweise bereits gravierenden Einschränkung der maximal erreichbaren myokardialen Frequenz- und Kontraktionskraftentwicklung gerechnet werden. Dieses im Einzelfall, insbesondere unter den Bedingungen einer

Narkose, nicht sicher abschätzbare Risiko einer β-Rezeptorenblockade führt zwangsläufig zu der berechtigten Frage, ob nicht die verschiedenen Wirkqualitäten der derzeit verfügbaren β-Rezeptoren-blockierenden Substanzen dieses Risiko zu mindern imstande sind (z.B. infolge einer β-adrenergen Stimulationswirkung) oder aber sogar noch zusätzlich verstärken (z.B. infolge einer membranstabilisierenden Wirkung).

Für Herz-Kreislauf-gesunde Probanden resultiert aus einer β-adrenolytisch induzierten Beschränkung der Herzauswurfleistung eine Minderung der gesamten körperlichen Leistungsreserve [244]. Bei Patienten mit koronarer Herzkrankheit kann dagegen durch eine β-sympatholytische Therapie die totale körperliche Leistungsfähigkeit infolge der resultierenden Ökonomisierung der Herzarbeit unter Umständen sogar wesentlich gesteigert werden [47, 49, 94, 106, 131, 239, 249, 346, 347, 371, 380, 466].

Bei graduell zunehmender β-Rezeptorenblockade erfolgt die Funktionsanpassung des Herzens an situationsabhängig wechselnde Erfordernisse der Kreislaufperipherie nur über eine verstärkte Inanspruchnahme des intrinsischen Frank-Starling-Mechanismus [50, 157, 380]. Bei gesunden Propanden kann allerdings unter Ruhebedingungen noch keine Änderung des pulmonalkapillaren Verschlußdruckes (PCWP) bzw. des linksventrikulären enddiastolischen Druckes (LVEDP) registriert werden, die als Ausdruck einer Aktivierung des Frank-Starling-Mechanismus zu interpretieren wären. Es genügt jedoch bereits eine leichte körperliche Belastung, um diese Werte über das Ausgangsniveau ansteigen zu lassen [50].

Bei einer vorbestehenden Myokardinsuffizienz wird grundsätzlich ein qualitativ ähnliches, quantitativ jedoch stark abweichendes myokardiales Kontraktionskraft- und damit auch intraventrikuläres Druckverhalten beobachtet. Der linksventrikuläre enddiastolische und der korrespondierende pulmonalkapillare Verschlußdruck, die infolge der Myokardinsuffizienz bereits erhöht sind, steigen unter dem Einfluß einer β-sympatholytischen Therapie signifikant stärker an als bei suffizientem Myokard. Ursächlich verantwortlich ist die Tatsache, daß ein essentieller Verlust an basaler myokardialer Kontraktilität grundsätzlich durch eine verstärkte sympathoadrenerge Stimulation kompensiert wird. Zwangsläufig muß bei zunehmender vegetativer Entkoppelung bei leistungsgemindertem Myokard der linksventrikuläre enddiastolische Druck bzw. der korrespondierende pulmonalkapillare Verschlußdruck stärker ansteigen als bei suffizientem Myokard. Unter diesen Bedingungen fällt daher auch die maximale linksventrikuläre Druckanstiegsgeschwindigkeit bei mangelnder Myokardsuffizienz wesentlich stärker ab als bei uneingeschränkter Myokardsuffizienz. Daher kann im Einzelfall der linksventrikuläre enddiastolische Füllungsdruck, wenn er unter Ruhebedingungen bereits im oberen Normbereich liegt, durch eine Blockade der myokardialen β-Rezeptoren in kritische Druckbereiche verlagert werden. Wenn nicht schon jetzt ein Herz-Kreislauf-Zusammenbruch resultiert, so genügt doch jetzt in aller Regel eine geringfügige zusätzliche Belastung, sei sie körperlicher oder pharmakologischer Natur, um die Kardiohämodynamik endgültig dekompensieren zu lassen.

4.3.1 Bedeutung der verschiedenen Wirkqualitäten β-Rezeptoren-blockierender Substanzen für das Verhalten der Kontraktionsdynamik des Herzens

Bislang ist nicht exakt untersucht, ob und in welchem Umfang bei der Vielzahl der sich im Wirkprofil unterscheidenden β-Rezeptoren-blockierenden Substanzen nicht doch möglicherweise substanzspezifische Abweichungen in einem gerade für klinische Grenzsituationen nicht zu vernachlässigendem Ausmaß auftreten. Derzeit wird allerdings aufgrund der bisher

vorliegenden tierexperimentellen sowie klinischen Untersuchungs- und Beobachtungsergebnisse die Relevanz einer β-Blocker-Differentialtherapie für die tägliche Routine entweder
äußerst skeptisch beurteilt [46, 66, 107, 131, 190, 223, 287, 321] oder sogar verneint [27,
71, 358]. In aller Regel wird bei der Argumentation auf Befunde verwiesen, die in der Tat
zweifelsfrei aufzeigen, daß den direkten Myokardeffekten bei üblichen β-Rezeptorenblocker-
Dosierungen praktisch keine Bedeutung beizumessen ist [21, 27, 63, 71, 78, 259, 415, 472].
Trotz dieser in der Mehrzahl erdrückenden Befunde schließen allerdings Meesmann u. Mitarb.
sowie Grobecker bzw. Philbin und Hutter [157, 285, 338] die Möglichkeit einer klinischen
Relevanz direkter β-Blocker-Effekte nicht gänzlich aus. Auch Dietz u. Mitarb. [94] sowie
Bonelli [50] sehen Ansatzpunkte für eine differenzierte β-Rezeptorenblocker-Medikation.

Die eigenen Untersuchungen am Herz-Lungen-Präparat der Katze zeigen, daß sowohl
das Kontraktionsfrequenz- wie auch das Kontraktionskraftverhalten der isolierten Herzen
durch die für die Klinik empfohlenen und approximativ auf die Verhältnisse des Herz-Lungen-Präparates übertragenen i.v.-Initialdosierungen der überprüften β-Rezeptorenblocker in
einem jeweils unterschiedlichen Ausmaß beeinflußt wird (Abb. 130). Der Umfang der registrierten Frequenz- bzw. Kontraktionskraftänderungen ist bei allen Substanzen jedoch denkbar klein (p jeweils $> 0{,}05$). Die spontane Kontraktionsfrequenz weicht substanzabhängig
maximal zwischen $+ 6{,}5$ und $- 1{,}5$ von der Ausgangsherzfrequenz ab. Die parallel ablaufenden Änderungen des Kontraktionskraftverhaltens bewegen sich bei fixierter Herzfrequenz
sowie Standardbedingungen für das hydrostatische Druckgefälle vor dem rechten Herzen
und für den Druck im aortalen Windkessel nur zwischen $+2{,}8$ und $-0{,}3\%$.

Auch bei den kontrollierten Belastungsuntersuchungen werden keine signifikanten Abweichungen weder bei der Überwindung akuter Widerstands- noch akuter Volumenbelastungen registriert (Abb. 131, 132). Allerdings fällt bei diesen Prüfungen auch auf, daß in Gegenwart von Pindolol, dem β-Rezeptorenblocker mit der derzeit stärksten intrinsic activity
[22, 35, 285, 321, 472] ebenso wie unter Standardbedingungen auch unter Belastungsbedingungen in aller Regel geringfügig bessere Resultate hinsichtlich der Kontraktionskraftentwicklung bzw. der Herzauswurfleistungssteigerung registriert werden können als in Gegenwart von Propranolol bzw. Metoprolol (p jeweils $> 0{,}05$). Weder Propranolol noch Metoprolol verfügen über eine β-adrenerge Eigenwirkung.

Die am Herz-Lungen-Präparat aufgezeigten, ausgesprochen geringfügigen Unterschiede
des myokardialen Frequenz- und Kontraktionskraftverhaltens korrelieren allerdings nicht
mit den von verschiedenen Untersuchern am wachen Patienten registrierten und je nach
Wirkprofil voneinander abweichenden kardiohämodynamischen Reaktionsmustern [50, 62,
74, 129, 153, 177, 250, 251, 268, 283, 284]. Hier scheint vor allem die β-adrenerge Eigenwirkung, aber auch die β_1-Rezeptoren-Prävalenz der β-Rezeptoren-blockierenden Substanzen
eine gewisse Bedeutung zu haben.

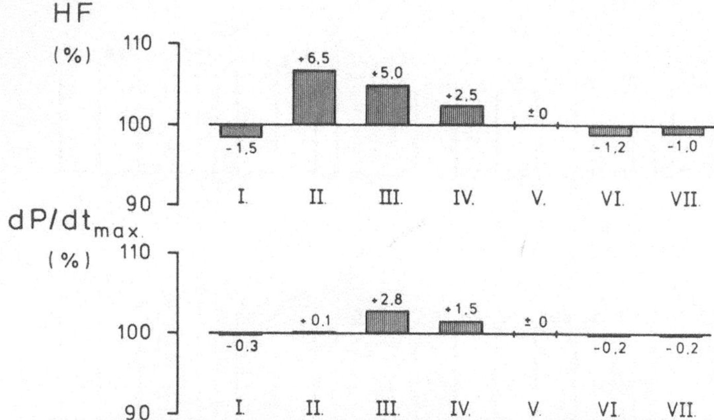

Abb. 130. Verhalten der spontanen Kontraktionsfrequenz und der maximalen linksventrikulären Druckanstiegsgeschwindigkeit des Herz-Lungen-Präparates nach Zugabe der für die Akuttherapie tachykarder Herzrhythmusstörungen empfohlenen und approximativ auf die Verhältnisse des Herz-Lungen-Präparates übertragenen i.v.-Initialdosierungen von Propranolol (I.), Acebutolol (II.), Pindolol (III.), Oxprenolol (IV.), Practolol (V.), Atenolol (VI.) und Metoprolol (VII.). Dargestellt sind die prozentualen Änderungen der spontanen Herzfrequenz (HF) sowie die prozentualen Änderungen der maximalen linksventrikulären Druckanstiegsgeschwindigkeit (dP/dt$_{max}$) (jeweils n = 7)

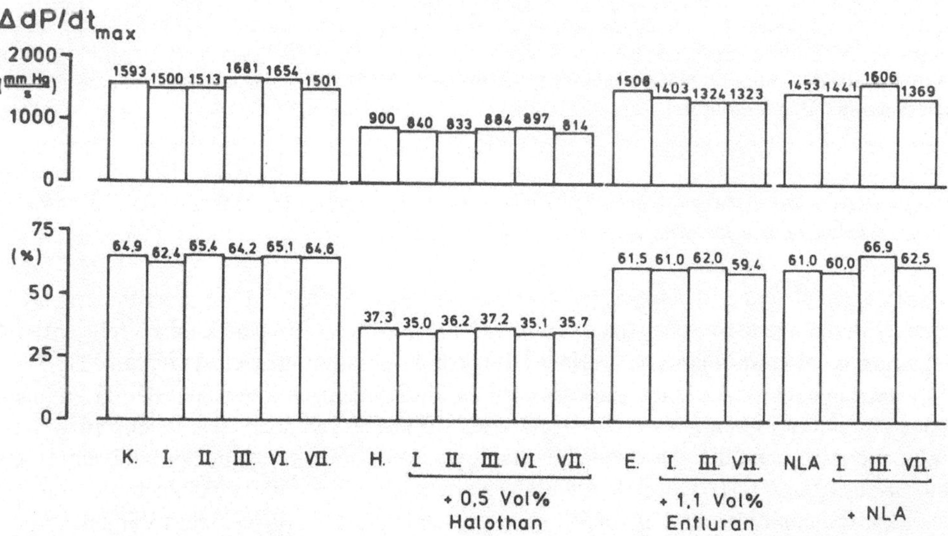

Abb. 131. Verhalten der maximalen linksventrikulären Druckanstiegsgeschwindigkeit bei einer Erhöhung des aortalen Windkesseldruckes von 75 auf 150 Torr bei den Kontrollpräparaten (n = 13) sowie in Gegenwart der für die Akuttherapie tachykarder Herzrhythmusstörungen empfohlenen und approximativ auf die Verhältnisse des Herz-Lungen-Präparates übertragenen i.v.-Initialdosierung von Propranolol, Pindolol, Metoprolol, Acebutolol und Atenolol sowohl ohne wie auch bei einer gleichzeitigen Gabe von 0,5 Vol.% Halothan, 1,1 Vol.% Enfluran und der äquieffektiv wirkenden Neuroleptanalgesie-Dosierung (jeweils n = 7). Dargestellt sind die Kontraktionskraftgewinne in Torr pro Sekunde (Torr/s) sowie in Prozent (%) des Ausgangswertes bei einem aortalen Windkesseldruck von 75 Torr. K = Kontrolle, H = 0,5 Vol.% Halothan, E = 1,1 Vol.% Enfluran, NLA = 3,0 mg Dehydrobenzperidol/l plus 0,075 mg Fentanyl/l, I. = Propranolol, II. = Acebutolol, III. = Pindolol, VI. = Atenolol und VII. = Metoprolol

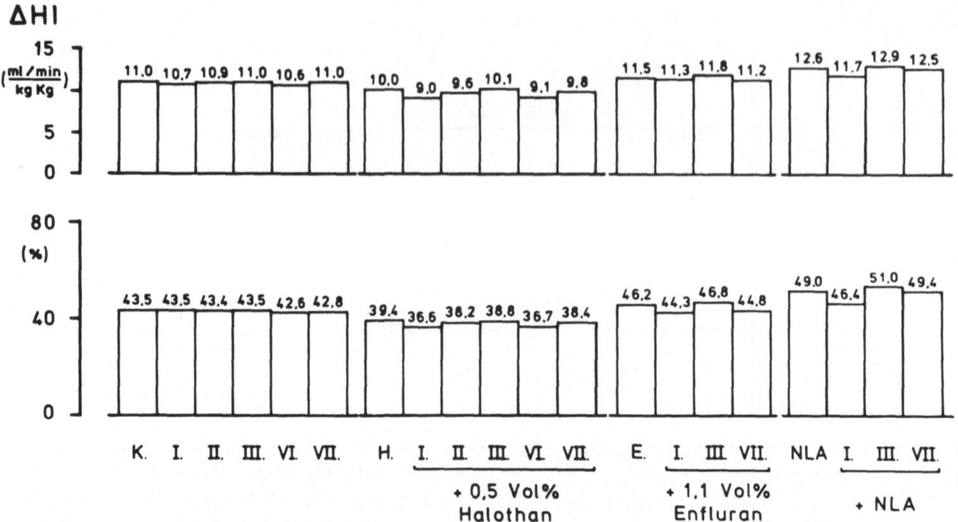

Abb. 132. Verhalten der Herzauswurfleistung bei einer Erhöhung des hydrostatischen Gefälles vor dem rechten Herzen um insgesamt 12,5 cm über den Ausgangswert bei den Kontrollpräparaten (n = 13) sowie in Gegenwart der für die Akuttherapie tachykarder Herzrhythmusstörungen empfohlenen und approximativ auf die Verhältnisse des Herz-Lungen-Präparates übertragene i.v.-Initialdosierung von Propranolol, Pindolol, Metoprolol, Acebutolol und Atenolol sowohl ohne wie auch bei einer gleichzeitigen Gabe von 0,5 Vol.% Halothan, 1,1 Vol.% Enfluran und der äquieffektiv wirkenden Neuroleptanalgesie-Dosierung (jeweils n = 7). Dargestellt sind die Zunahmen des Herzindex in ml/min · kg KG sowie in Prozent (%) des Ausgangswertes. K = Kontrolle, H = 0,5 Vol.% Halothan, E = 1,1 Vol.% Enfluran, NLA = 3,0 mg Dehydrobenzperidol/l plus 0,075 mg Fentanyl/l, **I.** = Propranolol, **II.** = Acebutolol, **III.** = Pindolol, **IV.** = Atenolol und **VII.** = Metoprolol

4.3.1.1 Bedeutung der β-adrenergen Eigenwirkung β-Rezeptoren-blockierender Substanzen für das Verhalten der Kontraktionsdynamik des Herzens

Die von verschiedenen Arbeitsgruppen vertretene Ansicht, daß nach Applikation von β-Rezeptoren-blockierenden Substanzen mit differentem Wirkprofil keine klinisch relevanten Abweichungen des kardiohämodynamischen Reaktionsverhaltens ausgelöst werden [27, 71, 358] steht in einem deutlichen Gegensatz zu den nicht wenigen klinischen Berichten, nach denen zumindest in kardialen Grenzsituationen offensichtlich doch jeweils substanzspezifische, mehr oder minder stark voneinander abweichende Reaktionsmuster beobachtet werden [38, 62, 284, 465]. In der Mehrzahl der Untersuchungen konnte ein solches unterschiedliches kardiohämodynamisches Reaktionsverhalten insbesondere bei einem Vergleich von β-adrenolytisch wirkenden Substanzen mit und ohne β-adrenerge Eigenwirkung registriert werden [38, 62, 74, 130, 189, 267, 284, 285, 301, 339, 354, 383, 471, 473].

Beispielsweise wird in Gegenwart von β-Adrenolytika mit β-adrenerger Eigenwirkung wesentlich seltener eine bedrohliche Bradykardie beobachtet als in Gegenwart von β-Adrenolytika ohne β-adrenerge Eigenwirkung [38, 47, 62, 129, 130, 131, 189, 239, 301, 379]. Unter Belastungsbedingungen wird trotzdem eine gleichstarke Herzfrequenzbeeinflussung wie durch Substanzen ohne β-adrenerge Eigenwirkung beobachtet [50]. Darüberhinaus soll nach Angaben von Meesmann u. Mitarb. der Einsatz von β-Sympatholytika im Rahmen der myokardprotektiven Therapie des frischen Herzinfarktes vor allem nach Gabe von Propranolol, aber auch nach Gabe von Atenolol durch das Auftreten deletärer Herz-Kreislauf-Situationen gekennzeichnet sein [284]. Wird allerdings Pindolol oder Practolol eingesetzt, beides Substanzen mit ISA, so sind die Resultate deutlich günstiger [284]. In Gegenwart von β-Adrenolytika mit ISA tritt nach Brunner auch eine vergleichsweise geringere Reduktion des Herzminutenvolumens als nach Gabe von β-Adrenolytika ohne ISA ein [62]. Darüberhinaus konnten Frishman und Mitarbeiter in einer kontrollierten, prospektiven Studie an Patienten mit koronarer Herzkrankheit aufzeigen, daß im Gefolge einer langdauernden, oral durchgeführten β-Rezeptorenblocker-Medikation die Ejektionsfraktion unter dem Einfluß von Propranolol — wie zu erwarten — deutlich gegenüber den Ausgangswerten abfiel, daß aber unter dem Einfluß von Pindolol die Ejektionsfraktion sogar über die Kontrollwerte anstieg [129].

Bereits 1968 sahen Grandjean und Rivier, daß nach intravenöser Gabe von 5 mg Propranolol der pulmonalkapillare Verschlußdruck (PCWP) sowohl im Ruhezustand als auch unter Belastungsbedingungen hochsignifikant stärker anstieg als nach Gabe einer äquieffektiven, negativ chronotrop wirkenden Dosis von Oxprenolol (5,0 mg). Unter Propranolol erhöhte sich der pulmonalkapillare Verschlußdruck von 12 auf 16 und bei Belastung von 19 auf 26 mmHg. Für Oxprenolol lagen die Werte vor Applikation der Substanz im Ruhezustand bei 13 und unter Belastungsbedingungen bei 25 mmHg. Nach der Applikation des Wirkstoffes fielen die Verschlußdrücke jeweils um 1 mmHg auf 12 bzw. 24 mmHg ab. Der frequenzsenkende Effekt der benutzten β-Blocker-Dosierungen belief sich in Gegenwart von Propranolol im Mittel auf 9,9 und in Gegenwart von Oxprenolol auf 8,6% [153]. Vergleichbare Untersuchungsergebnisse wurden 1970 durch Majid u. Mitarb. für Propranolol, Oxprenolol und Pindolol [268], 1972 von Choquet u. Mitarb. für Propranolol und Oxprenolol [74] und im gleichen Jahr von Limbourg und Just für Propranolol und Practolol [250] sowie im folgenden Jahr von Heller u. Mitarb. für Acebutolol und Practolol [177] mitgeteilt.

Auch Frishman u. Mitarb. registrierten in ihrer kontrolliert und prospektiv durchgeführten Studie während einer sich über die Dauer von 4 Wochen erstreckenden oralen β-adrenolytischen Therapie mit äquieffektiven Dosierungen von Pindolol bzw. Propranolol vergleichbare Herz-Kreislauf-Effekte [129]. Während die spontane Herzfrequenz und der systolische Blutdruck sowohl im Ruhezustand als auch unter Belastungsbedingungen in einem jeweils nahezu gleichstarken Umfang vermindert wurden (p > 0,05), überstieg der Zuwachs des linksventrikulären enddiastolischen Ventrikelvolumens in Gegenwart von Propranolol signifikant den Anstieg, der im Gefolge der Pindolol-Therapie gesehen wurde (p < 0,03).

Dieses doch zweifelsohne auffällig voneinander abweichende Herz-Kreislauf-Verhalten kann in Anbetracht der Wirkprofile von Propranolol, Pindolol and Oxprenolol [47, 78, 130] (Tabelle 1) nur als eine Folge der beim Pindolol bzw. Oxprenolol vorhandenen und beim Propranolol jedoch nicht existierenden β-adrenergen Eigenwirkung interpretiert werden.

Die eigenen Untersuchungsergebnisse legen allerdings nahe, daß das erstmals von Grandjean und Rivier [153] an Patienten im Gefolge einer Applikation von Propranolol bzw. Oxprenolol beobachtete unterschiedliche Herz-Kreislauf-Verhalten vorwiegend das Ergebnis einer unterschiedlichen Beeinflussung der peripher vaskulären β_2- und weniger der myokardialen β_1- und β_2-Rezeptoren sein muß. Der von Frishman u. Mitarb. gemachte Interpretationsvorschlag [129], die von ihnen während der oralen Propranolol-Therapie beobachtete, im Vergleich zur Pindolol-Medikation deutlich stärkere enddiastolische Ventrikelfüllung allein durch die im Gefolge der Propranolol-Therapie eingetretene geringfügig stärkere Herzfrequenzsenkung zu erklären (p > 0,05), ist sicherlich unzureichend. Der Frequenzrückgang betrug bei den von ihnen untersuchten Patienten unter Ruhebedingungen in Gegenwart von Propranolol im Mittel 8 und in Gegenwart von Pindolol im Mittel 2 Schläge pro min. Am

Tabelle 27. Verhalten des linksventrikulären enddiastolischen Druckes bei einer schrittweisen Steigerung der rechtsatrialen Stimulationsfrequenz von 175 auf 250 Impulse pro min bei einem Kontrollkollektiv (n = 13). ΔLVEDP = Änderung des linksventrikulären enddiastolischen Druckes (Torr)

Herzfrequenz (n/min)

	175		200		225		250
Versuch Nr.	LVEDP (Torr)	ΔLVEDP (Torr)	LVEDP (Torr)	ΔLVEDP (Torr)	LVEDP (Torr)	ΔLVEDP (Torr)	LVEDP (Torr)
1	3,0	1,5	4,5	1,0	5,5	0,5	6,0
2	3,0	0,0	3,0	1,5	5,5	2,0	7,5
3	1,5	1,5	3,0	1,5	4,5	0,5	5,0
4	1,5	1,0	2,5	1,5	4,0	1,5	5,5
5	3,0	4,5	7,5	2,0	9,5	3,0	12,5
6	4,5	2,5	7,0	2,0	9,0	1,5	10,5
7	3,0	1,5	4,5	1,0	5,5	2,0	7,5
8	0,5	0,0	0,5	0,0	0,5	2,0	2,5
9	0,5	0,0	0,5	0,0	0,5	0,5	1,0
10	0,5	1,0	1,5	1,5	3,0	2,0	5,0
11	2,5	1,5	4,0	0,5	4,5	1,0	5,5
12	2,0	1,0	3,0	2,5	5,5	3,0	8,5
13	1,5	1,0	2,5	2,0	4,5	2,0	6,5
$\bar{x}$	2,1	1,3	3,4	1,3	4,8	1,7	6,4
$\pm\,s_x$	1,2	1,2	2,1	0,7	2,6	0,9	3,0
$\pm\,s_{\bar{x}}$	0,3	0,3	0,6	0,2	0,7	0,2	0,8

Katzenherzen verursacht eine Steigerung der Herzfrequenz um 25 Schläge pro min selbst im ungünstigsten Fall nur eine Steigerung des linksventrikulären enddiastolischen Druckes (LVEDP) um 1,7 ± 0,9 Torr (Tabelle 27). Bei einer Änderung der Herzfrequenz um nur 8 Schläge pro Minute, wie dies bei den von Frishman u. Mitarb. untersuchten Patienten der Fall war, dürfte daher nur eine minimale, klinisch sicher nicht faßbare Erhöhung des LVEDP zu erwarten sein. Nach Prys-Roberts kann bei so geringen Änderungen des LVEDP hinwieder auch keine statistisch relevante Änderung des Ventrikelfüllvolumens, wie sie von den Untersuchern aber gesehen wurde, aufgezeigt werden [357].

Die Mehrzahl der klinischen Untersuchungen, die Hinweise dafür geben, daß die β-adrenerge Eigenwirkung β-Rezeptoren-blockierender Substanzen zumindest in kardialen Grenzsituationen mitentscheidend sein kann für das Ausmaß der Änderungen des kardiohämodynamischen Reaktionsverhaltens, ermöglichen in aller Regel jedoch keine Differenzierung zwischen den Kreislaufeffekten verschiedener β-Rezeptorenblocker mit jeweils unterschiedlich starker intrinsic activity.

Aufgrund tierexperimenteller Untersuchungen ist bekannt, daß Pindolol von den derzeit kommerziell verfügbaren β-Sympatholytika diejenige Substanz ist, die die stärkste β-adrenerge Eigenwirkung aufweist [35, 285, 321, 472]. So konnten Bartsch u. Mitarb. zeigen, daß bei reserpinisierten Ratten nach Gabe von Pindolol die spontane Herzschlagfolge im Mittel um 60% über den Ausgangswert anstieg [22]. Nach Practolol belief sich der Zuwachs nur auf 25% und nach Oxprenolol nur auf 15 bis 20%. Die ISA von Acebutolol ist nach Angaben von Waal-Manning noch niedriger als die von Oxprenolol einzustufen [472]. Bei dieser Beurteilung ist nicht berücksichtigt, daß Acebutolol im intakten Organismus in einem beträchtlichen Umfang zu einem ausgeprägt β-adrenolytisch wirksamen Metaboliten transformiert wird [484].

Die eigenen Beobachtungen bestätigen, daß Pindolol eine starke β-stimulierende Eigenwirkung besitzt. Dieser β-adrenerge Effekt läßt sich sowohl anhand des Herzfrequenz- wie auch des dP/dt_{max}-Verhaltens des linken Ventrikels über einen sehr weiten Dosierungsbereich nachweisen (Abb. 50, Abb. 51).

Im Gegensatz zu den Untersuchungen von Bartsch u. Mitarb., Bilski u. Mitarb. sowie Meesmann u. Mitarb. [22, 35, 285], aber auch im Gegensatz zu Saameli [386], kann im eigenen Versuchsansatz bei allen infrage kommenden Substanzen weder eine sehr ausgeprägte Herzfrequenzzunahme noch eine vergleichbar starke Steigerung des Kontraktilitätsparameters dP/dt_{max} registriert werden. So wird beispielsweise die spontane Herzfrequenz der isolierten Herzen durch die klinisch empfohlene und approximativ auf die Verhältnisse des Herz-Lungen-Präparates übertragene i.v.-Initialdosierung von Pindolol im Mittel um 5% (ca. 7 bis 11 Schläge/min) und die myokardiale Kontraktionskraft, gemessen am Wert des Kontraktilitätsparameters dP/dt_{max}, im Mittel nur um 2,8% (ca. 60 bis 90 Torr/s) über den Ausgangswert angehoben (Abb. 130). Nach einer äquieffektiv wirksamen Acebutolol-Dosierung kann zwar mit + 6,5% ein noch stärkerer Frequenzeffekt als nach Pindolol registriert werden, doch läßt sich praktisch keine parallellaufende Änderung des dP/dt_{max}-Wertes nachweisen (+0,1%).

Die Ursache der beträchtlichen quantitativen Unterschiede zwischen zitierten und eigenen Ergebnissen ist unklar. Zwar wird mit Hilfe des Herz-Lungen-Präparates das Herzfrequenz- und Kontraktionskraftverhalten eines weitgehend anatomisch isolierten Herzens, bei den angeführten Ganztieruntersuchungen dagegen das Verhalten eines pharmakologisch isolierten bzw. eines vollständig im Verbund verbliebenen Herzens überprüft, doch dürfte dies letztendlich zu keinen stark voneinander abweichenden Ergebnissen führen. Es sei denn, daß insbesonders Pindolol am intakten Organismus bei sehr hoher Dosierung infolge eines ausgeprägten zentralen Stimulationseffektes zu einer starken Erhöhung des sympathoadrenergen Tonisierungsgrades führt, der die β-Rezeptoren-blockierende und die membranstabilisierende Wirkung dieser Substanz zu überspielen vermag.

Unterschiedliche Wirkstoffverteilungsbedingungen lassen sich als Ursache des Voneinanderabweichens der Resultate mit Sicherheit ausschließen. Bei den eigenen Experimenten wurden mit Einschränkung von Pindolol sowohl für Acebutolol wie auch für Oxprenolol und Practolol jeweils sehr große Konzentrationsbereiche überprüft. Da die stärksten Pindolol-Effekte stets weit oberhalb klinischer Dosierungsbereiche gesehen wurden (s. unten), dürfte auch dieser Konzentrationsbereich im eigenen Versuchsansatz mit erfaßt sein.

Ebenso wie die unterschiedlichen Verteilungsbedingungen wird auch die gewählte Art der kumulativen Applikation der β-Rezeptoren-blockierenden Wirkstoffe keinen Einfluß auf die Stärke der β-adrenergen Stimulation haben. Sowohl Bilski u. Mitarb. wie auch Meesmann u. Mitarb. haben ihre Untersuchungen gleichfalls bei einer kumulativen Zufuhr der β-Sympatholytika durchgeführt. Sie benutzten allerdings andere Dosierungsschritte als bei den hier vorliegenden Studien [35, 285].

Nach Untersuchungen von Bilski u. Mitarb. sowie Meesmann u. Mitarb. liegt das Maximum der β-stimulierenden Wirkung von Oxprenolol und Practolol im klinisch therapeutischen Dosierungsbereich. Bei Pindolol, das schon bei einer klinisch üblichen Dosierung über eine ausgesprochen starke β-adrenerge Stimulationswirkung verfügt, wird der größte Wirkeffekt jedoch erst bei wesentlich höher gelegenen Dosierungen erreicht [35, 285]. So fällt die maximale linksventrikuläre Druckanstiegsgeschwindigkeit am ruhenden und intakten vagotomierten Hund bei fixierter Herzfrequenz nach der intravenösen Applikation von 0,1 mg Pindolol/kg KG zwar im Mittel um ca. 12% unter das Ausgangsniveau ab, steigt jedoch nach Erhöhung der Dosierung auf insgesamt 1,0 mg Pindolol/kg KG wieder um ca. 7% über den Initialwert bei Versuchsbeginn an. Vergleichbare Dosierungen von Practolol und Propranolol bedingen bei identischer Versuchsanordnung jeweils einen Kontraktionskraftverlust von im Mittel 15 bzw. 30% [35]. Meesmann u. Mitarb. sahen diese Befunde auch an Hunden bestätigt, deren Myokardfunktion durch einen frisch gesetzten Myokardinfarkt definiert eingeschränkt worden war.

Die Maximaleffekte der β-adrenergen Eigenwirkung von Pindolol, Acebutolol und Oxprenolol werden im eigenen Versuchsansatz bei Dosierungen registriert, die entweder geringfügig oberhalb (Pindolol) oder aber geringfügig unterhalb (Acebutolol und Oxprenolol) der für die Akuttherapie tachykarder Herzrhythmusstörungen empfohlenen und approximativ auf die Verhältnisse des Herz-Lungen-Präparates übertragenen minimalen i.v.-Initialdosierungen liegen. Allein für Practolol werden die stärksten Anstiege der Herzfrequenz und des dP/dt_{max}-Wertes in einem Dosierungsbereich gesehen, der weit unterhalb der approximativ übertragenen i.v.-Initialdosierung lokalisiert ist (Abb. 23, 24, 50, 51, 59, 60, 62, 63, Tabellen 2, 32).

Im Gegensatz zu Practolol, aber auch im Gegensatz zu Acebutolol kann bei Oxprenolol und insbesondere bei Pindolol die approximativ übertragene i.v.-Initialdosierung um ein Vielfaches gesteigert werden, ehe der Effekt der β-adrenergen Stimulation durch direkt myokarddepressive Wirkungen aufgehoben wird. So kann, wird das Verhalten der spontanen Herzfrequenz zugrunde gelegt, die Acebutolol-Dosierung um den Faktor 4, die Oxprenolol- und Pindolol-Dosierung dagegen um den Faktor 25 bzw. 430 gesteigert werden. Wird das Verhalten des Kontraktilitätsparameters dP/dt_{max} zugrunde gelegt, so kann die Acebutolol-Dosierung praktisch nicht mehr erhöht werden, dagegen ist bei Oxprenolol noch eine 10fache Steigerung und bei Pindolol eine 12fache Steigerung möglich.

Die eigenen Beobachtungen bestätigen also, daß von den derzeit verfügbaren β-Rezeptoren-blockierenden Substanzen ohne Frage Pindolol der β-Rezeptorenblocker ist, der die stärkste β-adrenerge Eigenwirkung aufweist. Im Gegensatz zu Bartsch u. Mitarb. [22] wird allerdings nach Gabe von Oxprenolol ein stärkerer β-adrenerger Stimulationseffekt als nach Gabe von Practolol beobachtet. Ebenso wird nach Gabe von Acebutolol — anders als von Waal-Manning beschrieben [472] — ein stärkerer Herzfrequenz- und dP/dt_{max}-Anstieg registriert als nach Gabe von Practolol. Ursächlich verantwortlich für diese Diskrepanz ist möglicherweise die Tatsache, daß Acebutolol im Herz-Lungen-Präparat infolge des Fehlens eines hepatischen Metabolismus nicht wie im intakten Organismus in seinen β-adrenolytisch stark wirksamen Hauptmetaboliten [361, 484] transformiert werden kann.

Insgesamt sind die durch die β-adrenerge Stimulation ausgelösten Abweichungen des Kontraktilitätsverhaltens des isolierten Herzens sowohl bei der für die Akuttherapie tachykarder Herzrhythmusstörungen empfohlenen und approximativ auf die Verhältnisse des Herz-Lungen-Präparates übertragenen minimalen i.v.-Initialdosierungen wie auch im übrigen Dosierungsbereich bei den eigenen Versuchen stets so gering, daß aufgrund dieser nur minimal unterschiedlichen Myokardeffekte sicherlich keine Abweichungen des kardiohämodynamischen Reaktionsverhaltens weder am Ganztier noch am Menschen erwartet werden dürfen.

4.3.1.2 Bedeutung der membranstabilisierenden Wirkung β-Rezeptoren-blockierender Substanzen für das Verhalten der Kontraktionsdynamik des Herzens

Nach der Einführung von β-Rezeptoren-blockierenden Substanzen in das Repertoire der medikamentösen Therapie kardiovaskulärer Erkrankungen entstand initial der Eindruck, daß Propranolol, eine Substanz mit vergleichsweise starker Membranwirkung [386], stärker als alle anderen β-Adrenolytika die Entwicklung eines Herz-Kreislauf-Zusammenbruchs zu implizieren vermag [465]. Aufgrund vielfältiger experimenteller Beobachtungsergebnisse besteht allerdings heute kein Zweifel mehr darüber, daß bei Gabe klinisch üblicher Dosierungen von Propranolol das Kreislaufverhalten mit Sicherheit nicht durch einen direkt myokarddepressiven Effekt dieser Substanz geprägt wird. Negativ inotrope Wirkungen, die im Gefolge therapeutisch gebräuchlicher Propranolol-Dosierungen nachweisbar werden — dies gilt auch für die in der antihypertensiven Therapie benötigten Dosierungen —, sind daher nicht als Folge eines unspezifischen Membraneffektes, sondern allein als Resultat einer β-adrenergen Entkoppelung des gesamten Herz-Kreislauf-Systems zu verstehen [27, 63, 78, 83, 97, 106, 120, 223, 259, 267, 316, 321].

Unter physiologischen Bedingungen wird die membranstabilisierende Wirkung des Propranolol erst bei Konzentrationen wirksam, die den klinisch erreichbaren Konzentrationsbereich um den Faktor 50 bis 100 übersteigen [82, 83, 130, 131, 141, 403, 415, 477]. Saameli konnte zwar am isolierten und spontan schlagenden Meerschweinchenvorhof für Propranolol nur eine spezifisch β-Rezeptoren-blockierende Wirkung bei einer ca. 7fach niedrigeren Dosierung als für einen definierten myokarddepressiven Effekt registrierten, doch beobachtete er bereits für Practolol einen Dosierungsunterschied um den Faktor 50 und für Pindolol einen Dosierungsunterschied um den Faktor 50 und für Pindolol sogar um den Faktor 500 [386]. Vaughan-Williams sah allerdings an isolierten Kaninchenvorhöfen, daß sich die Konzentration für eine definierte β-Rezeptorenblockade bzw. für einen definierten negativ inotropen Effekt selbst bei dem rechtsdrehenden (+) Propranolol, das praktisch keine β-adrenolytische Potenz besitzt, noch um den Faktor 21 und beim linksdrehenden (−) Propranolol bereits um den Faktor 2 630 unterscheiden. Für Alprenolol, Practolol, Oxprenolol und Pindolol bestimmte er für den Sicherheitsabstand sogar ein 1 017-, 1 260-, 2 630- bzw. 34 590faches der spezifisch wirkenden Dosierung [465].

Bei den eigenen Studien am Herz-Lungen-Präparat der Katze konnten ebenfalls deutliche Unterschiede zwischen den Dosierungen zur Erlangung eines definierten β-Rezeptoren-blockierenden Effektes (75%ige Minderung eines Orciprenalin-induzierten Herzfrequenzanstieges) und einer definierten myokarddepressiven Wirkung (Änderung von dP/dt_{max} des linken Ventrikels um 15%) registriert werden. Der geringste Abstand fand sich in Gegenwart von Acebutolol, der größte in Gegenwart von Pindolol. Während bei Acebutolol die β-adrenolytisch wirksame Dosierung bei nicht sympathomimetisch stimulierten Herzen nur um den Faktor 15 gesteigert werden darf, ohne daß der Kontraktilitätsparameter dP/dt_{max} des linken Ventrikels stärker als 15% abfällt, läßt sich die äquieffektive Dosierung von Pindolol sogar um den Faktor 1 129 erhöhen. Für Propranolol wird diese Grenze bei einem 66,7-fachen der β-Rezeptoren-blockierenden Dosierung erreicht (Abb. 133, Tabelle 6). Für Acebutolol muß jedoch einschränkend angefügt werden, daß im Herz-Lungen-Präparat infolge Fehlens des hepatischen Metabolismus nur eine Aussage hinsichtlich der unveränderten Wirksubstanz, nicht aber hinsichtlich der β-adrenolytisch sehr wirksamen Hauptmetaboliten [361, 484] möglich ist.

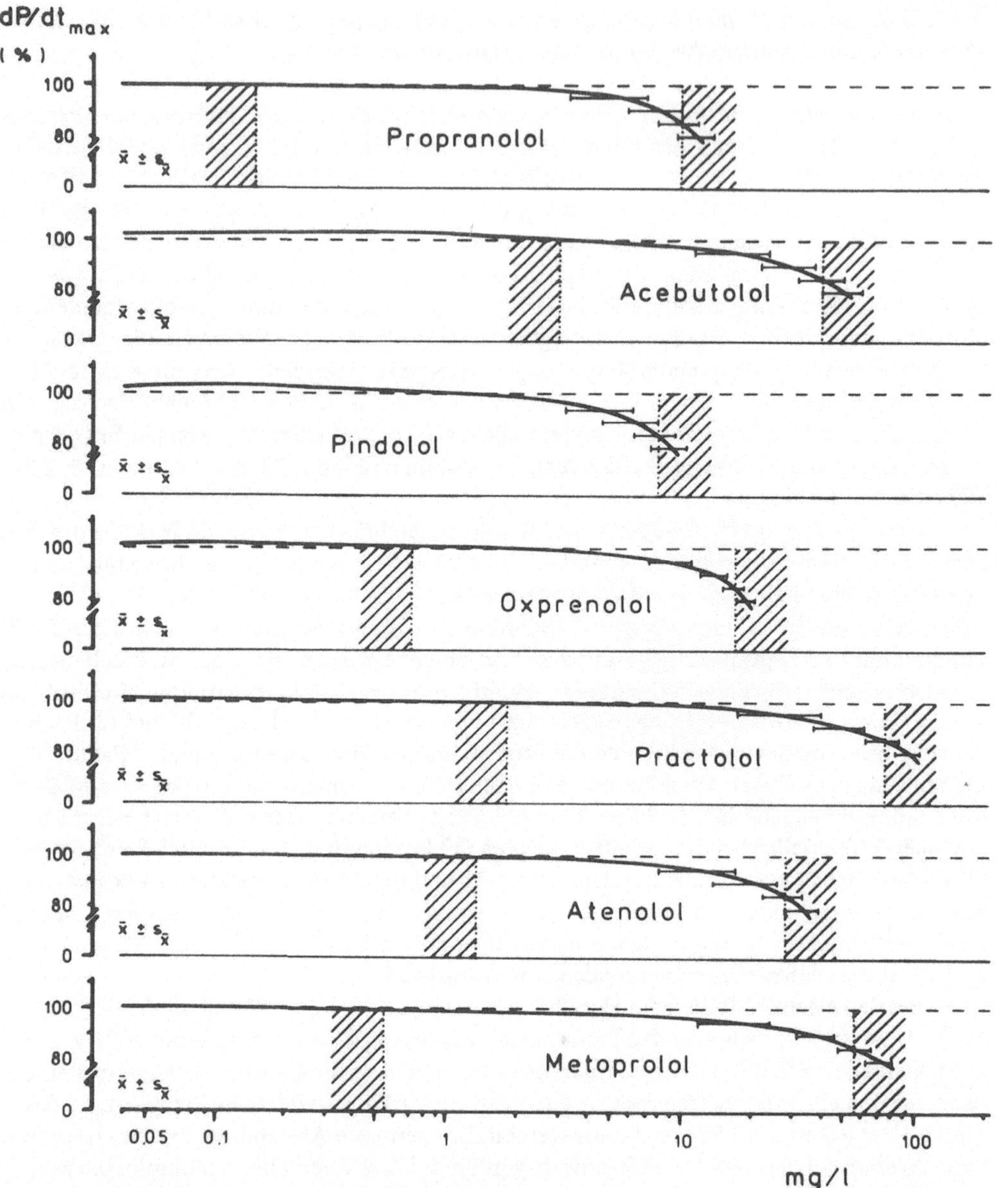

Abb. 133. Kumulative Dosis-dP/dt_{max}-Kurven der geprüften β-Rezeptoren-blockierenden Substanzen mit Darstellung des Abstandes zwischen der definiert spezifisch (linke Grenze der nicht schraffierten Flächen) und der definiert myokarddepressiv wirkenden β-Rezeptoren-Blocker-Dosierung (rechte Grenze der nicht schraffierten Flächen). Pindolol senkt den durch 0,05 mg Orciprenalin/l induzierten Herzfrequenzanstieg bereits bei einer kumulativen Gesamtdosis von 0,007 mg/l um 75%. Abszisse: kumulative β-Rezeptoren-Blocker-Gesamtdosierung in mg/l; Ordinate: Änderung der maximalen linksventrikulären Druckanstiegsgeschwindigkeit (dP/dt_{max}) in Prozent (%)

Bei den approximativ auf die Verhältnisse des Herz-Lungen-Präparates übertragenen, intravenös zu applizierenden Initialdosierungen der untersuchten β-Rezeptoren-blockierenden Substanzen lassen sich weder unter Standard- noch unter Belastungsbedingungen Myokardeffekte aufdecken, die auf eine direkte myokarddepressive Wirkung der untersuchten β-Sympatholytika zurückzuführen sind. Sowohl für Propranolol wie auch für Atenolol und Metoprolol — alles β-Rezeptoren-blockierende Substanzen, bei denen ein möglicher membranstabilisierender Effekt nicht durch eine β-adrenerge Eigenwirkung verdeckt werden kann — werden jeweils nahezu gleichstarke Kontraktionsfrequenz- sowie völlig identische Kontraktionskrafteinbußen registriert (Abb. 130). Bei spontan schlagenden Herzen mindert sich die Herzschlagfolge in Gegenwart dieser β-Adrenolytika im Mittel um 1,5, 1,2 bzw. 1,0% gegenüber der Ausgangssituation. Bei fixierter Herzfrequenz wird die maximale linksventrikuläre Druckanstiegsgeschwindigkeit bei allen drei Substanzen im Mittel um 0,3 bzw. 0,2% reduziert (Abb. 130).

Da im Gegensatz zu Propranolol weder Atenolol noch Metoprolol über eine nennenswerte membranstabilisierende Wirkung verfügt [1, 2, 44, 59, 78, 131, 321, 358, 442, 472] beweist das praktisch identische Verhalten der spontanen Herzfrequenz wie auch des Kontraktilitätsparameters dP/dt_{max}, daß in Gegenwart der approximierten, für die Akuttherapie tachykarder Herzrhythmusstörungen empfohlenen i.v.-Initialdosierungen die Membraneffekte keine Bedeutung haben. Darüberhinaus demonstriert der Verlauf der Dosis-Herzfrequenz- bzw. der Dosis-dP/dt_{max}-Kurven (Abb. 14, 15, 32, 33, 41, 41), daß die Membraneffekte auch bei noch wesentlich höheren Dosierungen keinen Einfluß auf das kardiohämodynamische Reaktionsverhalten besitzen. Bis zu einer kumulativen Gesamtdosis von 1,5 mg Wirksubstanz/l weichen beispielsweise die Verläufe der dP/dt_{max}-Dosis-Wirkungskurven von Propranolol, Metoprolol und Atenolol nicht voneinander ab. Erst bei einer weiteren Substanzzugabe wird der dP/dt_{max}-Wert durch Propranolol zunehmend stärker reduziert als durch Metoprolol oder Atenolol.

Der im Gefolge der approximativ übertragenen Propranolol-, Atenolol- und Metoprolol-i.-v.-Initialdosierungen eintretende minimale Rückgang der spontanen Herzschlagfolge und der myokardialen Kontraktionskraft kann also, da ein Membraneffekt ausgeschlossen ist, nur als Folge einer Blockierung myokardialer β-Rezeptoren bei einem minimalen restadrenergen Antrieb des Herz-Lungen-Präparates erklärt werden (s. Kapitel 4.2).

Ebenso wie unter Standardbedingungen kann auch unter Belastungsbedingungen (kontrollierte Widerstands- und kontrollierte Volumenbelastung) für die approximativ übertragenen i.v.-Initialdosierungen der untersuchten β-Rezeptoren-blockierenden Substanzen kein voneinander abweichendes Verhalten der myokardialen Regulationsbreite beobachtet werden. Bei einer Steigerung des Druckes im aortalen Windkessel von 75 auf 150 Torr erhöht sich der Wert von dP/dt_{max} des linken Ventrikels bei den Kontrollpräparaten um 1593 ± 385 Torr/s. In Gegenwart von Propranolol liegt der Anstieg bei 1500 ± 303 Torr/s, in Gegenwart von Atenolol bei 1654 ± 322 Torr/s und in Gegenwart von Metoprolol bei 1501 ± 248 Torr/s (Abb. 16, 35, 44). Eine Anhebung des hydrostatischen Gefälles vor dem rechten Ventrikel auf insgesamt 12,5 cm bedingte bei denselben Kollektiven eine Zunahme des Herzindex um jeweils 11,0 ± 1,6, 10,7 ± 2,2, 10,6 ± 2,3 sowie 11,0 ± 2,4 ml/min · kg KG (Abb. 17, 36, 45).

Wird allerdings eine Propranolol- bzw. Atenolol- oder Metoprolol-Dosierung gewählt, die unter Standardbedingungen bereits den Wert des Kontraktilitätsparameters dP/dt_{max} im Mittel um 15% reduziert (ED_{15}) — eine Dosierung, die klinisch also mit Sicherheit nicht mehr relevant ist — so läßt sich für die unter Propranolol-Einwirkung stehenden Herzen beispielsweise aufgrund des Verhaltens bei der Überwindung einer akuten kontrollierten Widerstandsbelastung eine deutliche stärkere Myokardfunktionseinschränkung aufzeigen als für die unter Metoprolol-Einfluß stehenden Präparate. Die Erhöhung des aortalen Windkesseldrukkes von 75 auf 150 Torr verursacht bei den Kontrollpräparaten einen dP/dt_{max}-Anstieg um 1593 ± 385 Torr/s. In Gegenwart von Metoprolol beträgt der Zuwachs noch 1254 ± 410 Torr/s. Der Unterschied zwischen Propranolol und Atenolol ist jedoch deutlich geringer als der Unterschied zwischen Propranolol und Metoprolol. In Gegenwart der ED_{15} von Atenolol wird mit 936 ± 158 Torr/s nur eine geringfügig stärkere Kontraktionskraftzunahme als in Gegenwart von Propranolol registriert ($p > 0,05$) (Abb. 16, 35, 44).

Am intakten Organismus konnte gleichfalls gezeigt werden, daß bei klinisch üblichen Dosierungen β-adrenolytisch wirkender Substanzen die direkt myokarddepressiven β-Blokker-Effekte zu vernachlässigen sind. Meesmann u. Mitarb. demonstrierten beispielsweise an Hunden, daß eine kumulative Zufuhr von Propranolol bzw. Atenolol bis zu einer Gesamtdosierung von ca. 8 mg/kg KG auch unmittelbar nach Überstehen eines artifiziell gesetzten und in seiner Ausdehnung definierten Herzinfarktes (3 h) zu keinem grundsätzlich voneinander abweichenden Verhalten der maximalen linksventrikulären Druckanstiegsgeschwindigkeiten führt. Erst die weitere Dosissteigerung verursacht einen dP/dt_{max}-Rückgang, der in Gegenwart von Propranolol wesentlich stärker ausgeprägt ist als in Gegenwart von Atenolol [285].

Vergleichbare kardiohämodynamische Reaktionen konnte Bonelli an gesunden Probanden registrieren. In Gegenwart einer klinisch überwachten oralen Propranolol-Dauertherapie (4 x 40 mg Propranolol/die) stieg unter kontrollierten Belastungsbedingunen das Schlagvolumen trotz einer Zunahme des systemarteriellen Widerstandes im Vergleich zu den Kontrollmessungen vor Einnahme des β-Rezeptorenblockers signifikant an [50].

Sowohl die zitierten wie auch die eigenen Befunde belegen also unzweifelhaft, daß die membranstabilisierenden Effekte der derzeit verfügbaren β-Rezeptoren-blockierenden Substanzen im klinisch üblichen Dosierungsbereich — dies gilt auch für die in der antihypertensiven Therapie benötigten Dosierungen — keinen nachweisbaren Einfluß auf das jeweilige Verhalten der Kardiohämodynamik besitzen. Da sie darüberhinaus auch nicht zur antiarrhythmischen Wirksamkeit von β-adrenolytisch wirkenden Stoffen beitragen [71, 131, 232, 316, 472] muß also der Membranwirkung jegliche klinische Bedeutung abgesprochen werden.

4.3.1.3 Bedeutung der β_1-Rezeptoren-Prävalenz β-Rezeptoren-blockierender Substanzen für das Verhalten der Kontraktionsdynamik des Herzens

Für eine symptomatische β-adrenolytische Therapie kardiovaskulärer Erkrankungen bieten sich bei einer gleichzeitig bestehenden Bronchialobstruktion und/oder peripheren arteriellen Durchblutungsstörungen β-Rezeptoren-blockierende Substanzen mit einer Prävalenz für die β_1-Rezeptoren an. In der Tat läßt sich der Vorteil der β_1-Rezeptoren-Prävalenz für diese Patientengruppe auch am Patienten bestätigen [31, 71, 223, 239, 416, 422]. Allerdings wird die β_1-Rezeptoren-Prävalenz mit steigenden Substanzkonzentrationen in einem dosisabhängig zunehmenden Umfang durch die auch entsprechend steigende Affinität dieser β-Rezeptorenblocker zu den β_2-Rezeptoren abgeschwächt. Dies gilt insbesondere für Dosierungen, wie sie für die effektive symptomatische β-adrenolytische Therapie der koronaren Herzerkrankungen und/der der arteriellen Hypertonie benötigt werden [32, 33, 46, 63, 120, 130, 228, 321, 422, 470].

In experimentellen Untersuchungen konnte gezeigt werden, daß der Dosierungsabstand zwischen β-Rezeptorenblocker-Dosierungen, die nur zu einer Belegung der β_1-Rezeptoren führen, und jenen, die auch zu einer Belegung der β_2-Rezeptoren führen, relativ gering ist [171, 172, 239, 472]. So konnte beispielsweise an isolierten Herzvorhöfen und Tracheen des Meerschweinchens eine gleich starke Hemmung sowohl der β_1- wie auch der β_2-Rezeptoren bereits durch eine Erhöhung der Pindolol- bzw. der Propranolol-Konzentration um den Faktor 1,2 bzw. 1,7 erreicht werden. Um den gleichen Effekt jedoch auch bei β_1-prävalenten Substanzen zu erzielen, mußte die Konzentration bei Metoprolol um das 17fache, bei Acebutolol um das 32fache, bei Atenolol um das 43fache und bei Practolol sogar um das 54fache angehoben werden [172]. Wie der stark β-adrenolytisch wirkende Hauptmetabolit von Acebutolol [361, 484] einzuordnen ist, bleibt allerdings offen.

Nachdem Practolol wegen seiner spezifischen Nebenwirkungen aus dem Handel genommen wurde [67, 314] stehen derzeit mit Atenolol, Metoprolol, Acebutolol und Methypranol insgesamt vier β-Rezeptorenblocker zur Verfügung, die eine β_1-Rezeptoren-Prävalenz aufweisen [47, 63, 71, 171, 172, 173, 267, 472]. Von diesen Substanzen sind in der vorliegenden Studie neben Practolol sowohl Acebutolol wie auch Atenolol und Metoprolol überprüft worden.

Bei klinisch üblichen Dosierungen hat die β_1-Rezeptoren-Prävalenz β-Rezeptoren-blockierender Substanzen keine Bedeutung hinsichtlich der direkten myokardialen Effekte verschiedener β-Adrenolytika. Die Ergebnisse der eigenen Untersuchungen demonstrieren zweifelsfrei, daß das myokardiale Kontraktionsverhalten in Gegenwart der approximativ auf die Verhältnisse des Herz-Lungen-Präparates übertragenen Atenolol- und Metoprolol-i.-v.-Initialdosierungen jeweils dem Kontraktionsverhalten der Kontrollpräparate wie auch des unter Einwirkung einer äquieffektiven Propranolol-Dosis stehenden Kollektivs fast vollständig gleicht. Dies gilt sowohl für die Standard- wie auch für die überprüften kontrollierten hämodynamischen Belastungsbedingungen (Abb. 16, 17, 35, 36, 44, 45, 130). Während die spontane Kontraktionsfrequenz in Gegenwart von Propranolol um 1,5% unter den Ausgangswert abfällt, beträgt der Rückgang in Gegenwart von Atenolol 1,2% und in Gegenwart von Metoprolol 1,0%. Die maximale linksventrikuläre Druckanstiegsgeschwindigkeit wird durch dieselben Dosierungen bei fixierter Herzfrequenz jeweils nur um 0,2 bis 0,3% gegenüber dem Ausgangswert abgesenkt (Abb. 130).

Eine Erhöhung des Druckes im aortalen Windkessel von 50 auf 150 Torr, die bei den Kontrollen einen Anstieg des dP/dt_{max}-Wertes um 1593 ± 385 Torr/s verursacht, führt in Gegenwart der approximierten i.v.-Initialdosierungen von Propranolol oder Atenolol bzw. Metoprolol zu keinen voneinander abweichenden Kontraktionskraftanstiegen. So liegt der Zuwachs nach Gabe von Propranolol bei 1500 ± 303 Torr/s, nach Gabe von Atenolol bei 1654 ± 322 Torr/s (p > 0,05) und nach Gabe von Metoprolol bei 1501 ± 248 Torr/s (p > 0,05). Wird das hydrostatische Gefälle vor dem rechten Herzen um jeweils 12,5 cm angehoben, so steigt die Herzauswurfleistung der Kontrollen um 11,0 ± 1,6 ml/min · kg KG. Wird die gleiche Belastung in Gegenwart der approximierten i.v.-Initialdosierungen von Propranolol oder Atenolol bzw. Metoprolol durchgeführt, so kann ein Anstieg des Herzindex um 10,7 ± 2,2, 10,6 ± 2,3 bzw. 11,0 ± 2,4 ml/min · kg KG registriert werden (p jeweils > 0,05) (Abb. 131, 132).

Für Acebutolol und Practolol werden unter Standardbedingungen geringfügig günstigere Resultate als für Atenolol bzw. Metoprolol registriert (Abb. 130). Ursächlich verantwortlich sind die β-adrenergen Eigenwirkungen dieser Substanzen. Sie sind allerdings jedoch nur so schwach ausgeprägt, daß zumindest für Acebutolol — für Practolol wurden keine Belastungsprüfungen durchgeführt – weder bei der kontrollierten Widerstandsbelastung (+1513 ± 313 Torr/s) noch bei der kontrollierten Volumenbelastung (+ 10,9 ± 3,1 ml/min · kg KG) ein vergleichbar positiver Effekt gesehen werden kann (Abb. 25, 26, 131, 132).

Während, wie zu erwarten, am isolierten Herzen in Gegenwart von β-Adrenolytika mit einer β_1-Rezeptoren-Prävalenz kein Unterschied im myokardialen Kontraktionsverhalten gegenüber einem Einsatz von β-Adrenolytika ohne β_1-Rezeptoren-Prävalenz nachweisbar ist, kann am intakten Organismus infolge der hier wirksam werdenden indirekt vermittelten β-Rezeptorenblocker-Effekte sehr wohl ein Unterschied des kardiohämodynamischen Verhaltens aufgezeigt werden [50].

Die akute Applikation eines β-Rezeptorenblockers ohne β_1-Rezeptoren-Prävalenz induziert grundsätzlich infolge Abschwächung des über die β_2-Rezeptoren vermittelten vasodilatierend wirkenden β-adrenergen Einflusses mit dem daraus resultierenden Überwiegen der β-adrenerg vermittelten vasokonstriktorischen Wirkung sympathoadrenerger Impulse eine Zunahme des systemarteriellen Widerstandes [3, 14, 50, 89, 94, 131, 250, 251, 258, 265, 266, 267, 298, 302, 358, 406, 414, 440, 465, 472, 476]. In aller Regel wird dieser Effekt zusätzlich durch eine Aktivierung der Barozreptoren verstärkt [321, 322]. Diese periphere Widerstandserhöhung führt bei gleichzeitig begrenzter β-adrenerg vermittelter myokardialer Kontraktilitätsreserve zwangsläufig zu einem zusätzlichen Abfall des Schlagvolumens sowie konsekutiv zu einer entsprechenden Erhöhung des enddiastolischen Ventrikelvolumens und damit auch des enddiastolischen Ventrikeldruckes. Vaughan-Williams wies bereits 1973 auf die Möglichkeit hin, daß diese unbeabsichtigte zusätzliche Widerstandsbelastung des bereits insuffizienten Myokards u. U. der entscheidende Anstoß für ein akutes Linksherzversagen sein könnte [465]. Diese Annahme wurde in der der Tat durch die klinische Routine indirekt bestätigt. So mußte die prophylaktische β-adrenolytische Therapie zur Behandlung von Herzrhythmusstörungen im Akutstadium eines Herzinfarktes wegen der insbesonders nach Propranololgabe zunehmend häufiger beobachteten schwerwiegenden Herz-Kreislauf-Komplikationen vollständig aufgegeben werden [285]. Wird dagegen eine β-Rezeptoren-blockierende Substanz gewählt, die eine mäßige β-sympathomimetische Eigenwirkung aufweist, so ist der β_2-Rezeptoren-blockierende Effekt deutlich geringer ausgeprägt als bei Substanzen ohne intrinsic activity (s. Kapitel 4.3.1.1).

Während bei einer akuten β-Rezeptorenblockade stets eine Erhöhung des systemarteriellen Widerstandes registriert wird, kann bei der Langzeittherapie in aller Regel ein allmählich einsetzender Rückgang der Widerstandserhöhung beobachtet werden. Innerhalb von 14 Tagen bis spätestens 3 Wochen werden Werte erreicht, die unterhalb der Ausgangswerte vor Therapiebeginn liegen [14, 15, 107, 131, 148, 183, 231, 295, 451, 456]. Der Mechanismus, der diesem biphasischen Verhalten zugrunde liegt, ist bislang nicht eindeutig abgeklärt [8, 37, 50, 64, 94, 107, 131, 157, 167, 257, 302, 321, 347, 367, 402, 406, 451, 476].

Im Gegensatz zur funktionellen Bedeutung der β-Rezeptoren des arteriellen Systems wurde die funktionelle Bedeutung der β-Rezeptoren des kapazitiv-venösen Systems bislang zum Teil widersprüchlich dargestellt. Während die von Lochner u. Mitarb. an Hunden registrierten Befunde nahelegen, daß die β-Rezeptoren der venösen Strombahn vasokonstringierende Effekte vermitteln [256] sprechen die Versuchsergebnisse anderer Arbeitsgruppen dafür, daß diese Wirkorte ebenso wie die β_2-Rezeptoren des arteriellen Systems vasodilatierende Wirkungen übermitteln [163, 210, 455, 480]. In Anbetracht der also nicht eindeutig abgeklärten Funktion der venösen β-Rezeptoren ist es verständlich, daß diesen β-adrenergen Wirkorten im Hinblick auf eine mögliche indirekte Beeinflussung der Herzfunktion bis vor kurzer Zeit keine wesentliche Bedeutung beigemessen wurde [267, 461].

In jüngster Zeit konnte nun jedoch Bonelli an kreislaufgesunden Probanden durch Erstellung von Isoproterenol-Dosis-Wirkungsbeziehungen ohne und in Gegenwart von β-Rezeptoren-blockierend wirkenden Substanzen mit differenten Wirkprofilen demonstrieren, daß die kardiale Auswurfleistung durch eine Stimulation bzw. Blockierung der venösen β_2-Rezeptoren in einem klinisch relevanten Ausmaß moduliert wird. Aufgrund dieser Befunde steht außer Frage, daß die β_2-Rezeptoren des kapazitiv-venösen Gefäßsystems ebenfalls wie die β_2-Rezeptoren des arteriellen Systems vasodilatierende Effekte vermitteln [50]. Eine Blockade dieser Wirkorte führt somit auch zwangsläufig zu einer Tonisierung der venösen Gefäßstrecke und infolgedessen auch zu einer entsprechenden Verstärkung des venösen Rückstroms zum Herzen.

Eine akute β-Rezeptorenblockade, die durch Gabe eines nicht kardioprävalenten bzw. eines entsprechend hochdosierten kardioprävalenten β-Rezeptorenblockers ausgelöst wird, induziert also unabhängig von der Minderung des β-adrenergen Antriebs auf das Myokard sowohl infolge der peripheren systemarteriellen Widerstandserhöhung wie auch infolge der Tonisierung des kapazitiv-venösen Systems einen Anstieg des endsystolischen wie auch des enddiastolischen rechts- bzw. linksventrikulären Blutvolumens. Damit steigen aber sowohl der rechts- wie auch der linksventrikuläre enddiastolische Druck ebenso wie der pulmonalkapillare Verschlußdruck an. Dieser Zuwachs des enddiastolischen wie auch des endsystolischen Ventrikelfüllvolumens bedingt aufgrund der damit verbundenen Vordehnung der Ventrikelmuskulatur automatisch eine Aktivierung des intrinsischen Frank-Starling-Mechanismus.

Der leistungsmindernde Effekt der akuten myokardialen β-Rezeptorenblockade wird also infolge indirekter, über die zunehmende Gefäßtonisierung ausgelöster Effekte in einem begrenzten Umfang kompensiert. Im Endresultat wird daher bei akuter Gabe eines β-Sympatholytikums ohne Kardioprävalenz bei suffizientem Myokard keine wesentliche Änderung des arteriellen Mitteldruckes zu beobachten sein [50].

Im Gegensatz zur Applikation von β-Sympatholytika ohne β_1-Rezeptoren-Prävalenz wird bei einer Medikation von β-Sympatholytika mit β_1-Rezeptoren-Prävalenz — vorausgesetzt, die Dosierung ist so niedriggehalten, daß vorwiegend nur die β_1-Rezeptoren belegt werden [46, 119, 130, 228, 239, 322, 416, 422, 472] — die periphervaskulär ausgelöste Kompensationsmechanismus nicht aktiviert. Somit fällt auch trotz suffizienten Myokards der arterielle Mitteldruck unter die Ausgangswerte ab [50].

Ob die durch eine β_2-Rezeptorenblockade ausgelöste zusätzliche Widerstands- und Volumenbelastung des Myokards in kardialen Grenzsituationen im Einzelfall nicht auch als Ursache eines Zusammenbruchs der Herz-Kreislauf-Funktion angeschuldigt werden muß, läßt sich aufgrund der vorliegenden Befunde nicht endgültig entscheiden. Es ist zwar bekannt, daß in Gegenwart einer stark eingeschränkten myokardialen Leistungsreserve durch die Applikation von Propranolol [283, 284, 465] sehr leicht eine deletäre Herz-Kreislauf-Situation ausgelöst werden kann, aber ein vergleichbares Reaktionsverhalten ist auch beispielsweise für das β_1-Rezeptoren-prävalente Atenolol beschrieben worden [284].

Werden β-Rezeptoren-blockierende Substanzen mit β-adrenerger Eigenwirkung eingesetzt, scheint die hämodynamische Gefährdung des Herz-Kreislauf-Systems im Mittel vergleichsweise geringer zu sein [38, 62, 284, 465]. Mit diesem Eindruck korreliert die Beobachtung, daß nach Substanzen mit β-adrenerger Eigenwirkung der Anstieg des systemarteriellen Widerstandes geringer ausgeprägt ist als bei Substanzen ohne intrinsic acitivity [50]. Aber auch in Gegenwart dieser Substanzen kann im Einzelfall ein Zusammenbruch der Herz-Kreislauf-Situation ausgelöst werden [21, 321, 347].

4.3.2 Schlußfolgerung

Das Ausmaß einer durch β-Rezeptorenblocker-Applikation induzierten Änderung des kardio-hämodynamischen Reaktionsverhaltens ist stets das Ergebnis einer mehr oder weniger starken Blockierung der myokardialen β_1- und β_2-Rezeptoren sowie der periphervaskulär lokalisierten β_2-Rezeptoren. Während die Affinität der β-Sympatholytika zu den β_1-Rezeptoren des Myokards mit der daraus resultierenden Limitierung der adrenerg vermittelten Leistungsreserve eine absolut dominierende Rolle spielt, ist der Effekt auf die β_2-Rezeptoren zwar nicht so eindrucksvoll, doch immerhin so groß, daß er in kardialen Grenzsituationen möglicherweise mitentscheidend werden kann.

Die verschiedenen Wirkqualitäten β-Rezeptoren-blockierender Substanzen — β-adrenerge Eigenwirkung, Kardioprävalenz und membranstabilisierende Wirkung — haben bei Dosierungen, die für eine wirksame Blockade der β-Rezeptoren ausreichen, für das Verhalten der Kardiohämodynamik nur eine beschränkte oder überhaupt keine Bedeutung. Die β-adrenerge Eigenwirkung, die in der Mehrzahl der Fälle ein Auftreten von bedrohlichen Bradykardien oder bedrohlichen atrioventrikulären Überleitungsstörungen zu verhindern imstande ist, ermöglicht keinen klinisch relevanten Inotropiegewinn. Der geringfügige β-adrenerge Stimulationseffekt genügt aber offenbar, den periphervaskulären β-adrenergen Blockierungseffekt zu mildern.

Im Gegensatz zur intrinsic activity hat die Kardioprävalenz, oder exakter definiert die β_1-Rezeptoren-Prävalenz β-Rezeptoren-blockierender Substanzen, keinen direkten modulierenden Einfluß auf das Kontraktionsverhalten des Myokards. Allerdings ist im niedrigen Dosierungsbereich, das heißt bei vorwiegender β_1-Rezeptoren-Belegung infolge unterschiedlich ausgeprägter indirekter Effekte, ein von β-Rezeptoren-blockierenden Substanzen ohne Kardioprävalenz abweichendes intraventrikuläres Druck-sowie Herzminutenvolumenverhalten zu registrieren. Ursächlich verantwortlich ist die abweichende Belegung der periphervaskulär lokalisierten β_2-Rezeptoren. Die Blockierung von β_2-Rezeptoren sowohl der arteriellen wie auch der venösen Gefäßperipherie induziert infolge Überwiegens der α-adrenerg vermittelten vasokonstringierenden Wirkung sympathoadrenerger Impulse eine Tonisierung der arteriellen wie auch des venösen Gefäßbettes. Hieraus resultiert nicht nur eine Erhöhung des peripheren arteriellen Widerstandes, sondern gleichzeitig auch eine Zunahme des venösen Blutangebotes an das Herz.

Während also eine β-adrenerge Eigenwirkung ebenso wie eine β_1-Rezeptoren-Prävalenz in kardialen Grenzsituationen eine unter Umständen entscheidende Bedeutung hinsichtlich der Modifikation β-Rezeptorenblocker-induzierter kardiohämodynamischer Reaktionen erlangen mögen, muß der membranstabilisierenden Wirkung aller bislang kommerziell verfügbaren β-Sympatholytika allerdings jegliche klinische Relevanz abgesprochen werden. Dies gilt sowohl für die direkt myokarddepressive wie auch für die antiarrhythmische Wirkung.

4.4 Verhalten der Kontraktionsdynamik des Herzens unter dem Einfluß von Halothan, Enfluran und der Neuroleptanalgesie

Alle derzeit für die Aufrechterhaltung einer Narkose gebräuchlichen Narkotika und Analgetika verursachen infolge ihrer unterschiedlich ausgeprägten, direkt myokarddepressiven

Eigenwirkung eine mit steigender Konzentration mehr oder minder stark zunehmende Einschränkung der myokardialen Leistungsbreite [18, 24, 34, 39, 42, 60, 68, 91, 95, 116, 127, 139, 186, 215, 246, 252, 255, 263, 274, 280, 293, 294, 304, 319, 337, 344, 351, 354, 363, 373, 409, 411, 412, 426, 428, 436, 437, 445, 453]. Bei äquieffektiver Dosierung dieser verschiedenen Substanzen wird die Myokardfunktion allerdings durch die per inhalationem bzw. intravenös zuzuführenden Narkotika in aller Regel wesentlich stärker als durch die intravenös zu applizierenden Analgetika beeinträchtigt [29, 169, 180, 226, 238, 246, 273, 280, 327, 328, 412, 426, 462]. Allein Stickoxydul, das aufgrund seiner ausgezeichneten analgetischen Wirkung bei der überwiegenden Mehrzahl der Narkosen zur Einsparung anderer Narkotika bzw. Analgetika eingesetzt wird, verursacht je nach Kombination mit anderen Substanzen wechselnde Kreislaufeffekte [426]. Wird eine Halothan- bzw. Enfluran-Narkose durch Lachgas komplementiert, so wird das Herz-Kreislauf-System vor allem in Gegenwart von Halothan sowohl infolge eines α- als auch β-stimulierenden Stickoxydul-Effektes positiv beeinflußt [424, 425]. Wird dagegen Stickoxydul unter den Bedingungen einer Fentanyl- bzw. Morphin-Mononarkose dem Inspirationsgasgemisch zugefügt, so ist ein relativ ausgeprägter myokard- und kreislaufdepressiver Effekt nachweisbar [263, 281, 444].

4.4.1 Verhalten der Kontraktionsdynamik des Herzens unter dem Einfluß von Halothan

Sowohl im Tierexperiment wie auch beim Menschen ist das Herz-Kreislauf-Verhalten in Gegenwart von Halothan vor allem durch eine Reduktion der Herzfrequenz wie auch durch einen Abfall des systemarteriellen Perfusionsdruckes gekennzeichnet. Gleichzeitig wird eine deutliche Zunahme der kapillären Durchströmung sowie eine vermehrte Füllung des peripheren venösen Gefäßbettes beobachtet. Ursächlich verantwortlich für diese Änderungen des kardiohämodynamischen Reaktionsverhaltens sind sowohl die direkt negativ chronotropen wie auch die direkt negativ inotropen, die vasodilatierenden, die vagus-stimulierenden und die sympathikus-dämpfenden Wirkungen des Halothans [4, 43, 116, 149, 248, 273, 276, 332, 433].

Morrow u. Mitarb. konnten an kardial denervierten Hunden demonstrieren, daß der sowohl an intakten Ganztieren wie auch beim Menschen zu beobachtende frequenzmindernde Effekt des Halothans in einem wesentlichen Umfang durch eine direkt negativ chronotrope Eigenwirkung dieser Stubstanz zu erklären ist [303]. Sie sahen allerdings bei der Halothan-Konzentration von 0,5 Vol.-% Halothan nur eine mittlere, nicht signifikante Reduktion der spontanen Kontraktionsfrequenz um ca. 2,0%. Im Gegensatz zu diesen an kardial denervierten Ganztieren gewonnenen Befunden registrierten Flacke und Alper am isolierten Herz-Lungen-Präparat des Hundes für die gleiche Halothan-Konzentration bereits einen Frequenzverlust von im Mittel 11,0% [122]. Am Herz-Lungen-Präparat der Katze beobachtete Fischer unter vergleichbaren Bedingungen einen mittleren Frequenzabfall von 8,0% [116]. Die eigenen Untersuchungen am Herz-Lungen-Präparat der Katze zeigen, daß Halothan die spontane Kontraktionsfrequenz des Herzens bereits ab einer Konzentration von 0,1 Vol.-% Halothan in einem konzentrationsabhängig zunehmenden Umfang direkt negativ chronotrop beeinflußt (Abb. 65). Aufgrund dieser direkten negativ chronotropen Halothan-Wirkung fällt die spontane Kontraktionsfrequenz der eigenen isolierten Herzpräparate in Gegenwart von 0,5 Vol.-% Halothan im Mittel um 6,5% unter die Ausgangsherzfrequenz ab.

Die Untersuchungen von Asher und Frederickson haben gezeigt, daß die direkte negativ chronotrope Halothan-Wirkung im niedrigen und mittleren Halothan-Dosierungsbereich stets geringer ausgeprägt ist als die direkt negativ inotrope Wirkung [13, 116]. Auch in den eigenen

Versuchsansätzen wird jeweils ein stärkerer prozentualer Rückgang der linksventrikulären Kontraktionskraft als der spontanen Kontraktionsfrequenz gesehen. So fällt die maximale linksventrikuläre Druckanstiegsgeschwindigkeit bei 0,5, 1,0 und 1,5 Vol.-% Halothan im Mittel um 7,7, 26,0 und 48,0% unter den Ausgangswert ab. Die zugehörigen Frequenzminderungen belaufen sich im Mittel dagegen nur auf 6,5, 15,0 und 27,0% (Abb. 65, 66).

Die bei Standardversuchsbedingungen gesehene, durch 0,5 Vol.-% Halothan induzierte Kontraktionskraftminderung ist statistisch noch nicht signifikant. Der Wert des Kontraktilitätsparameters dP/dt_{max} des linken Ventrikels fällt im Mittel von 2413 ± 275 um 187 ± 81 auf 2226 ± 307 Torr/s ab (Tabelle 13). Wesentlich eindrucksvoller als diese nicht signifikante Kontraktilitätseinbuße ist die bereits hochsignifikante Einschränkung der myokardialen Leistungsbreite bei Überwindung einer akuten Widerstandsbelastung (Abb. 69). Die Steigerung des aortalen Windkesseldruckes von 75 auf 150 Torr wird im Gegensatz zu den Kontrollpräparaten statt mit einem bei diesen Untersuchungen zu beobachtenden Kontraktionskraftgewinn von 1593 ± 385 Torr/s nur noch mit einem Zuwachs von 900 ± 280 Torr/s (p < 0,005!) beantwortet. Auch Fischer konnte bei einer geringfügig höheren Halothan-Konzentration (0,8 Vol.-%) einen vergleichbaren Effekt aufzeigen [116].

Im Gegensatz zum Verhalten bei einer definierten Widerstandsbelastung wird die myokardiale Kompensationsfähigkeit des isolierten Herzens hinsichtlich der Überwindung akuter Vorlaständerungen durch die Konzentration von 0,5 Vol.-% Halothan deutlich weniger stark eingeschränkt (Abb. 70). Die Anhebung des hydrostatischen Gefälles vor dem rechten Ventrikel um insgesamt 12,5 cm über das Ausgangsniveau bedingte bei den Kontrollen eine Herzminutenvolumensteigerung von im Mittel 11,0 ± 1,6 ml/min · kg KG. Unter dem Einfluß von 0,5 Vol.-% Halothan wird bei identischen Versuchsbedingungen nur eine Steigerung des Herzzeitvolumens von im Mittel 10,0 ± 2,5 ml/min · kg KG registriert. Dieser Anstieg unterscheidet sich jedoch nicht signifikant von dem der Kontrollpräparate (p > 0,05).

Das Ausmaß der myokarddepressiven Wirkung von 0,5 Vol.-% Halothan drückt sich auch im Ergebnis der isolierten Frequenzbelastung (Abb. 71, 72) sowie im Verlauf der Ventrikelfunktionskurve (Abb. 68) wie auch im Verhalten des myokardialen Competence-Index (Abb. 67) aus. Grundsätzlich werden in Gegenwart von 0,5 Vol.-% Halothan stets signifikant schlechtere Ergebnisse registriert als bei den Kontrollpräparaten.

Diese an den isolierten Herzpräparaten aufgezeigten direkt negativ inotropen Halothan-Effekte lassen sich in einem nahezu vergleichbaren Umfang sowohl am intakten Ganztier [147, 293, 303, 351, 373, 457] wie auch beim Menschen nachweisen [104, 180, 304, 401].

Unter dem Einfluß von Halothan wird die Aktivität des sympathischen Nervensystems gedämpft. Sowohl Roizen u. Mitarb. wie auch Perry u. Mitarb. sahen während der Applikation von Halothan sowohl an Ratten [276] wie auch an Hunden [332] einen deutlichen Rückgang der Plasma-Katecholaminspiegel unter die zuvor im Wachzustand bestimmten Werte. Göthert konnte nachweisen, daß die Katecholaminfreisetzung aus dem Nebennierenmark durch Zugabe von Halothan nicht gesteigert wird [149]. Darüberhinaus konnte gezeigt werden, daß Halothan die Funktion der Baro-Rezeptoren einschränkt [99, 212, 236].

Die beim Menschen während einer Halothan-Narkose gesehenen geringfügigen Plasma-Katecholaminanstiege [6, 18, 126, 168, 447] dürfen also nicht dem Halothan angelastet werden. Sie sind vielmehr auf die durch klinisch übliche Halothan-Konzentrationen nur unzureichend blockierten Operationsstimuli zurückzuführen. Mit einiger Sicherheit kann daher auch ausgeschlossen werden, daß die direkt myokarddepressive Wirkung des Halothans durch indirekt halothaninduzierte sympathische Gegenregulationsmechanismen in einem klinisch relevanten Umfang kompensiert wird.

Folglich dürfte also die Blockierung der β-Rezeptoren in Gegenwart klinisch vertretbarer Halothan-Konzentrationen in aller Regel zu keiner bedrohlichen Beeinträchtigung der kardiozirkulatorischen Gesamtsituation führen. In der Tat wird dieses Herz-Kreislauf-Verhalten auch durch die vielen Mitteilungen über erfolgreiche Halothan-Applikationen bei gleichzeitig blockierten β-Rezeptoren bestätigt (tierexperimentelle Studien); [67, 88, 123, 124, 185, 188, 290, 291, 292, 336, 354, 372–375, 407, 420, 449, 450, 458, 459, 469, 478, 490]; Humanmedizin: [36, 80, 105, 110, 178, 179, 181, 201–206, 208, 214, 217, 234, 240, 340, 353, 394, 443, 446, 452, 489].

4.4.2 Verhalten der Kontraktionsdynamik des Herzens unter dem Einfluß von Enfluran

In Gegenwart von Enfluran wird das Herz-Kreislauf-Verhalten ähnlich wie bei Halothan im wesentlichen durch die Stärke der direkt myokarddepressiven Eigenwirkung sowie durch den Umfang der sympathoadrenergen Dämpfung geprägt [116]. Obwohl Enfluran über eine ausgeprägte, direkt negativ chronotrope Eigenwirkung verfügt [116] wird das Herzfrequenzverhalten des intakten Ganztieres und des Menschen uneinheitlich beschrieben [25, 26, 180, 333, 334, 426]. Es werden sowohl Frequenzanstiege wie auch Frequenzreduktionen beobachtet. Da aber an isolierten Herzen zweifelsfrei aufgezeigt werden kann, daß Enfluran eine noch stärkere negativ chronotrope Eigenwirkung besitzt als Halothan [116], müssen die voneinander abweichenden Befundergebnisse durch jeweils unterschiedliche Ausgangsbedingungen und daraus resultierend entsprechend abweichende Aktivierungen von Gegenregulationsmechanismen erklärt werden.

Fischer konnte am Herz-Lungen-Präparat der Katze demonstrieren, daß der direkte frequenzmindernde Effekt des Enflurans im Gegensatz zur negativ chronotropen Wirkung anderer Inhalationsnarkotika sogar den Umfang der direkt negativ inotropen Wirkung übertrifft. Bei den eigenen Versuchsansätzen konnte dieses Myokardverhalten ohne Einschränkung bestätigt werden. Bei Enflurankonzentrationen von 0,5, 1,1 bzw. 1,7 Vol.-% Enfluran beläuft sich die Reduktion der spontanen Kontraktionsfrequenz im Mittel auf 5,0, 12,0 bzw. 16,0%, wohingegen der Wert des Kontraktilitätsparameters dP/dt_{max} des linken Ventrikels nur um 0,5, 3,9 bzw. 4,3% unter den Ausgangswert abfällt. Fischer registrierte bei identischen Enflurankonzentrationen Frequenz- und Kontraktionskraftverluste von im Mittel 9,5, 16,5, 20,5 bzw. 0,0, 2,5, und 7,5% [116].

Bei der Quantifizierung der direkt negativ inotropen Enfluranwirkung wird bei tierexperimentellen Untersuchungen an isolierten Herzmuskelpräparationen bzw. an isolierten Herzen in der überwiegenden Mehrzahl der Studien eine geringere myokarddepressive Potenz des Enflurans als des Halothans beobachtet. Zwar sahen Brown und Crout in ihren Untersuchungen am isolierten Papillarmuskel des rechten Katzenventrikels, daß der negativ inotrope Effekt von 1 MAC Enfluran (1,2 Vol.-%) stärker war als der von 1 MAC Halothan (0,82 Vol.-%), doch konnten sowohl Kemmotsu als auch Shimosato u. Mitarb. sowie Siepmann u. Mitarb. und Fischer demonstrieren, daß der direkt myokarddepressive Effekt von Enfluran bei isolierten Organpräparationen stets geringer ausgeprägt ist als der von Halothan [116, 222, 409, 413].

Die Ergebnisse der hämodynamischen Belastungsuntersuchungen in Gegenwart von Fischer unter Standardbedingungen gesehene kontraktilitätsmindernde Wirkung von 1,1 Vol.-% Enfluran. Statt eines Rückgangs der Kontraktionskraft des linken Ventrikels um im Mittel 3,0% [116] wird im eigenen Versuchsansatz eine Minderung von im Mittel 3,9% registriert (Abb. 74, Tabelle 14).

Die Ergebnisse der hämodynamischen Belastungsuntersuchungen in Gegenwart von 1,1 Vol.-% Enfluran bestätigen die unter Standardbedingungen beobachteten geringen Enfluran-induzierten myokardialen Funktionsbeeinträchtigungen. Außerdem korrelieren sie gut mit den von Fischer angegebenen Werten. Wird beispielsweise die Nachlast der isolierten Herzen durch eine Erhöhung des aortalen Windkesseldruckes von 75 auf 150 Torr angehoben, so kann das unter Enfluraneinwirkung stehende Herz noch einen Kontraktionskraftgewinn von 1508 ± 244 Torr/s erzielen (Abb. 69). Bei den Kontrollpräparaten konnte bei identischen Versuchsbedingungen ein Anstieg um 1593 ± 385 Torr/s registriert werden (p > 0,05).

Ebenso wie das Ergebnis der kontrollierten Widerstandsbelastung bestätigen auch die Resultate der kontrollierten Volumen- und kontrollierten Frequenzbelastung (Abb. 70, 71) sowie das Verhalten des myokardialen Competence-Index (Abb. 67) die offensichtlich geringe direkt myokarddepressive Wirkung von 1,1 Vol.-% Enfluran. Allein der initiale Verlauf der Ventrikelfunktionskurve (Abb. 68) weist auf eine im Vergleich zu den Kontrolluntersuchungen doch bereits signifikante Einschränkung der myokardialen Pumpfunktion hin. Bei einem rechten Vorhofdruck von 2,5 cm H_2O wird unter dem Einfluß von 1,1 Vol.-% Enfluran ein Herzminutenvolumen von 31,1 ± 2,0 ml/min · kg KG in den artifiziellen Kreislauf ausgeworfen. Dieser Wert liegt signifikant unter dem, der bei den Kontrollen gemessen wurde (39,4 ± 37, ml/min · kg KG; p < 0,01). Er liegt aber auch nur geringfügig über dem, der in Gegenwart von 0,5 Vol.-% Halothan zu registrieren war (30,8 ± 6,9 ml/min · kg KG; p > 0,05).

Im Gegensatz zu diesen an isolierten Herzmuskelmodellen bzw. am Herz-Lungen-Präparat der Katze durchgeführten experimentellen Studien, die in der überwiegenden Mehrzahl für eine geringere myokarddepressive Wirkung des Enflurans als des Halothans sprechen, beobachteten andere Arbeitsgruppen am intakten Organismus nicht nur einen wesentlich geringeren Unterschied zwischen den kardiohämodynamischen Effekten von Enfluran und Halothan im niedrigen Dosierungsbereich, sondern darüberhinaus bei hohen Narkotikakonzentrationen in Gegenwart von Enfluran sogar eine weitaus stärkere Myokardfunktionslimitierung als in Gegenwart von Halothan. Während der myokarddepressive Effekt von Enfluran an Hunden bei einer Enflurankonzentration von 1 MAC noch gleich oder unter Umständen auch etwas geringer ausgeprägt als bei 1 MAC Halothan gefunden wurde, ließ sich in Gegenwart von 2 MAC Enfluran bereits eine wesentlich stärkere Myokardfunktionseinschränkung als bei 2 MAC Halothan aufzeigen [185, 188, 293]. Entsprechende Befunde wurden auch für den Menschen mitgeteilt [42, 68, 180, 426, 475].

Diese offensichtliche Diskrepanz zwischen den an isolierten Herzmuskelpräparationen und isolierten Herzpräparaten bzw. am intakten Organismus gewonnenen Daten der myokarddepressiven Potenz von Enfluran kann bislang nicht erklärt werden [43]. Möglicherweise sind für diese Abweichungen sowohl Speziesunterschiede wie auch unter Umständen am intakten Organismus wirksam werdende, bei Halothan und Enfluran aber unterschiedlich stark ausgeprägte Gegenregulationsmechanismen verantwortlich zu machen.

Das sympathoadrenale System wird offensichtlich durch Enfluran in einem vergleichbaren Umfang wie durch Halothan gehemmt. Beispielsweise konnten Göthert und Wendt an Katzen zeigen, daß Enfluran die spontane Katecholaminfreisetzung aus dem Nebennierenmark sowohl infolge einer zentralnervösen Dämpfung des sympathischen Nervensystems wie auch durch ein direktes Einwirken auf die chromaffinen Zellen reduziert [150, 151]. Darüberhinaus werden die Barorezeptoren des Aortenbogens durch Enfluran sogar noch stärker sensibilisiert als durch Halothan, so daß Enfluran die Aktivität des Vasomotorenzentrums stärker zu hemmen vermag als Halothan [11]. Diese an der Katze gewonnen Befunde bestätigen somit indirekt die von Millar u. Mitarb. mitgeteilte Beobachtung, daß in Gegenwart von Enfluran die sympathische präganglionäre Erregungsfrequenz reduziert wird [296]. Im Gegensatz zu Halothan wird, wie andere Untersuchungen an der Katze gezeigt haben, die periphervaskuläre Beantwortung der sympathischen Aktivität durch Enfluran jedoch nicht beeinträchtigt [419]. Ottermann u. Mitarb. konnten dieses periphervaskuläre Verhalten bei Stichprobenuntersuchungen auch an Patienten in Hypothermie indirekt bestätigen [320].

Aufgrund dieser Befunde kann angenommen werden, daß unter dem Einfluß von Enfluran ebenso wie unter dem Einfluß von Halothan das Herz-Kreislauf-Verhalten nicht durch Enfluran-induzierte sympathische Kompensationsmechanismen mitbestimmt wird. Somit steht auch nicht zu erwarten, daß in Gegenwart klinisch vertretbarer Enfluran-Konzentration durch eine Blockierung der β-Rezeptoren eine bedrohliche Beeinträchtigung der Kardiohämodynamik ausgelöst werden kann.

4.4.3 Verhalten der Kontraktionsdynamik des Herzens unter dem Einfluß der Neuroleptanalgesie

Im Gegensatz zur Inhalationsanaesthesie mit Halothan, Lachgas und Sauerstoff bzw. Enfluran, Lachgas und Sauerstoff ist die Neuroleptanalgesie in Kombination mit diesen Substanzen sowohl in der klassischen Form wie auch in ihren Modifikationen [313] jeweils durch eine auffallende Stabilität des Herz-Kreislauf-Systems gekennzeichnet [29, 30, 34, 57, 87, 100, 103, 108, 125, 169, 180, 182, 280, 301, 317, 350, 370, 389, 445, 462]. Ursächlich verantwortlich für dieses günstige Kreislaufverhalten ist sowohl die äußerst geringfügige, direkt negativ inotrope Eigenwirkung der eingesetzten Analgetika und Neuroleptika [114, 226, 246, 273, 324] wie auch die parallel ablaufende milde Reduktion des systemarteriellen Widerstandes [138, 154, 169, 392]. Darüberhinaus wird auch die Herzfrequenz bei einer gemeinsamen Applikation von Dehydrobenzperidol und Fentanyl bei ausgeglichenem Kreislaufvolumen nur geringfügig verändert [30, 138, 180, 226, 493]. Wird allerdings Dehydrobenzperidol allein appliziert, so lassen sich vor allem bei einem ausgeprägten Volumenmangel bereits beträchtliche, reflektorisch induzierte Herzfrequenzanstiege beobachten [224, 227, 392].

Am Langendorff-Herz der Ratte wie auch am Herz-Lungen-Präparat der Katze werden sowohl für Dehydrobenzperidol wie auch für Fentanyl jeweils ausgeprägte, direkt negativ chronotrope Eigeneffekte registriert [98, 113, 114]. Die durch klinisch gebräuchliche Dehydrobenzperidol-Dosierungen ausgelöste negative Frequenzbeeinflussung ist allerdings stets größer, als die negativ chronotropen Effekte, die im Gefolge klinisch entsprechender Fentanyl-Dosierungen gesehen werden. Auch bei den eigenen Experimenten am Herz-Lungen-Präparat der Katze wird in Gegenwart der approximativ auf die Verhältnisse dieses Modells übertragenen Kombination von 12,5 mg Dehydrobenzperidol plus 0,3 mg Fentanyl entsprechend 3,0 mg Dehydrobenzperidol/l plus 0,075 mg Fentanyl/l ein signifikanter Rückgang der spontanen Kontraktionsfrequenz von 166 ± 15 auf 151 ± 15 Kontraktionen/min registriert (p < 0,05) (Abb. 75).

Im Gegensatz zu diesen Untersuchungen am isolierten Herzen wird nach einer alleinigen Applikation von Dehydrobenzperidol sowohl am intakten Tier wie auch am Menschen meist eine mehr oder minder ausgeprägte Herzfrequenzsteigerung beobachtet [30, 224, 227, 392]. Sie wird indirekt über die α-Rezeptoren-blockierende Wirkung des Dehydrobenzperidols [108, 384, 481] ausgelöst. Durch die resultierende Weitstellung der arteriellen und venösen

Gefäßperipherie fällt der arterielle Mitteldruck unter den Ausgangswert ab. Hierdurch werden die Barorezeptoren stimuliert, so daß, bedingt durch die Aktivierung des Herz-Kreislauf-Zentrums, die myokardiale Kontraktionsfrequenz kompensatorisch angehoben wird [30, 237].

Nach einer Applikation von Fentanyl kann anders als nach Gabe von Dehydrobenzperidol, sei es ohne oder auch mit vorausgehender Medikation von Dehydrobenzperidol, ebenso wie am isolierten Herzen auch am intakten Ganztier und am Menschen nahezu immer eine Reduktion der spontanen Kontraktionsfrequenz registriert werden [30, 227, 237, 327, 329]. Werden allerdings Dehydrobenzperidol und Fentanyl zum gleichen Zeitpunkt injiziert, so wird, da der indirekt vermittelte positiv chronotrope Dehydrobenzperidoleffekt nur geringfügig schwächer oder aber nur geringfügig stärker ist als die direkt negativ chronotropen Effekte beider Substanzen, in aller Regel nur eine geringfügige Senkung oder aber nur geringfügige Anhebung der spontanen Kontraktionsfrequenz gesehen [30, 180, 226].

Nach Untersuchungen von Fischer wird der myokardiale Kontraktionsstatus durch die Neuroleptanalgesie erst oberhalb klinisch gebräuchlicher Konzentrationen direkt negativ inotrop beeinflußt. Hierbei zeigt Fentanyl einen wesentlich stärker myokarddepressiven Effekt als Dehydrobenzperidol [113]. Die eigenen Untersuchungen am gleichen experimentellen Modell bestätigen, daß die approximativ übertragene klinisch übliche Neuroleptanalgesie-Dosierung von 12,5 mg Dehydrobenzperidol und 0,3 mg Fentanyl die Herzfunktion des isolierten Herzens nicht beeinflußt. Unter Standardbedingungen wird die maximale linksventrikuläre Druckanstiegsgeschwindigkeit gegenüber der Ausgangssituation im Mittel nur um 22 mmHg/s = −0,9% reduziert (p > 0,05) (Tabelle 15).

Bei den kontrollierten Widerstands-, Volumen- sowie Frequenzbelastungsuntersuchungen (Abb. 69, 70, 71, 72) kann für die Neuroleptanalgesie ebenfalls keine klinisch relevante Minderung der myokardialen Adaptationsfähigkeit aufgezeigt werden. Allein der Verlauf der Ventrikelfunktionskurve gibt einen Hinweis für eine Einschränkung der Myokardfunktion (Abb. 68). Während die Kontrollpräparate bei einem rechtsatrialen Druck von 2,5 cm H_2O eine Herzauswurfleistung von 39,4 ± 37, ml/min · kg KG erzielen, liegt das Fördervolumen in Gegenwart der Neuroleptanalgesiekombination bei identischen Versuchsbedingungen erst bei 31,4 ± 4,7 ml/min · kg KG (p < 0,05).

Im Gegensatz zu den Untersuchungen an isolierten Herzpräparaten konnte am intakten Hund nach niedrigen Dosierungen von Dehydrobenzperidol sogar ein geringfügiger Anstieg der myokardialen Kontraktionskraft beobachtet werden [138, 224, 225, 392]. Für Fentanyl war kein vergleichbarer positiver, aber auch kein entsprechend negativer Effekt bis zu einer bereits sehr hohen Gesamtdosierung von insgesamt 0,16 mg/kg KG nachweisbar [127−128, 255, 319]. Am Menschen ließen sich weder unter dem Einfluß isolierter Dehydrobenzperidol- bzw. isolierter Fentanyl-Gaben noch in Gegenwart verschiedener Kombinationen beider Substanzen Änderungen kardiohämodynamischer Parameter registrieren, die als Hinweis für ein von den tierexperimentellen Untersuchungen abweichendes Myokardverhalten interpretiert werden müßten [29, 180, 226, 238, 246, 280].

Der bei den eigenen Volumenbelastungs-Untersuchungen im Gefolge der Neuroleptanalgesie gesehene stärkere Anstieg des Herzindex, der sich zwar noch nicht signifikant von dem Zuwachs des Herzindex der Kontroll- und der Enflurangruppe, wohl aber signifikant von dem Zuwachs des Herzindex der Halothangruppe unterscheidet (Abb. 70), läßt sich nicht durch einen kontraktilitätssteigernden Effekt des Dehydrobenzperidols erklären. Der Wert des Kontraktilitätsparameters dP/dt_{max} des linken Ventrikels wird durch die geprüfte Neuroleptanalgesie-Dosierung sogar minimal reduziert (−0,9%) (p > 0,05) (Tabelle 15). Ob

und in welchem Umfang dieser im Gefolge der Neuroleptantalgesie-Applikation geringfügig
stärkere Anstieg des Herzindex auf eine Blockierung einer α-adrenerg induzierten Tonisierung
der pulmonalen Strombahn zurückzuführen ist, läßt sich anhand der vorliegenden Daten
nicht sicher entscheiden. Es ist allerdings vorstellbar, daß bei dem offensichtlich vorhandenen,
minimalen restadrenergen Antrieb des Herz-Lungen-Präparates (Kapitel 4.2) eine durch
Dehydrobenzperidol ausgelöste α-Rezeptoren-Blockade [108, 485] den pulmonalen Widerstand zu senken imstande ist. Folglich könnte ein auf diese Weise entlasteter rechter Ventrikel
bei unveränderter myokardialer Kontraktionsarbeit eine entsprechend mäßig erhöhte Blut-
menge pro Zeiteinheit durch die Lungenstrombahn zum linken Herzen pumpen. Der linke
Ventrikel ist sodann seinerseits imstande, dieses geringfügige vermehrte Blutangebot —
vorausgesetzt, die Nachlast wird nicht geändert — nahezu vollständig in den artifizellen
Kreislauf auszuwerfen. Änderungen des linksventrikulären enddiastolischen Druckes oder
gar intraventrikulärer Druckabläufe lassen sich hierbei verständlicherweise nicht nachweisen
[357].

Obwohl die Herz-Kreislauf-Verhältnisse während einer Neuroleptanalgesie gegen eine Änderung der Aktivität des sympathischen Nervensystems sprechen [18] und weder Dehydrobenzperidol noch Fentanyl die Katecholaminfreisetzungsrate chromaffiner Zellen erhöhen
[149], lassen sich während einer Neuroleptanalgesie intraoperativ stets erhöhte Plasma- bzw.
Harnkatecholaminspiegel nachweisen [142, 152, 176, 182, 454]. Balogh u. Mitarb. konnten
sogar zeigen, daß Patienten während ausgedehnter abdomineller Eingriffe trotz klinisch
adäquater Narkoseführung bereits 40 min nach Operationsbeginn einen signifikanten Anstieg der Plasma-Noradrenalin-Konzentration aufwiesen. Im weiteren Verlauf der Narkose
nahm die Freisetzung von Noradrenalin sogar trotz weiterhin unauffälliger Kreislaufver-
hältnisse zeitabhängig kontinuierlich hochsignifikant zu. Die Plasma-Adrenalin-Konzentration
stieg ebenfalls signifikant an, doch konnte nicht wie bei Noradrenalin ein zeitabhängig kon-
tinuierlicher Zuwachs registriert werden [18].

Fentanyl hat als stark wirkendes Analgetikum einen dämpfenden Einfluß auf die Aktivität des sympathischen Nervensystems [76, 176, 246]. Infolge des daraus resultierenden
Rückganges der Gesamtzahl noradrenerger und adrenerger Impulse sowie des gleichzeitig
wirksam werdenden direkt peripher vaskulär vasodilatierenden Effektes [76, 246] verringert sich sowohl der systemarterielle Widerstand wie auch der Tonisierungsgrad des kapazitiv-venösen Gefäßbettes. Hieraus resultiert eine Minderung des arteriellen Mitteldrucks mit
konsekutiver Stimulation der Barorezeptoren. Die hierdurch induzierte Aktivierung des sympathischen Nervensystems bedingt eine Steigerung der Katecholaminfreisetzungsrate, die sodann zu entsprechenden Anstiegen der Katecholaminkonzentrationen im Plasma führt. Infolgedessen steigt der systemarterielle Widerstand wieder an und kann im Einzelfall sogar
über den präoperativ beobachteten Werten liegen [246].

In einer neueren Untersuchung haben Stanley und Mitarbeiter an kardiochirurgisch zu
versorgenden Patienten demonstrieren können, daß bei ausreichend hoher Fentanyldosierung
(25 bis 75 μg Fentanyl/kg KG) weder die Adrenalin- noch die Noradrenalinkonzentrationen
im Plasma über die präoperativen Ausgangswerte ansteigen. Sie liegen sogar jeweils signifikant
unter den Werten, die vor der Einleitung der Narkose registriert wurden. Erst in der Bypass-
Phase der Herzoperation konnte ein zeitabhängiger, hochsignifikanter Anstieg der Plasma-
katecholamine gesehen werden [438]. Bei vergleichbarer Anaesthesietechnik (75 μg Fenta-
nyl/kg KG) sahen allerdings Lappas u. Mitarb., daß zwar unter Anaesthesiebedingungen ohne
eine gleichzeitig stattfindende operative Intervention Noradrenalin nicht signifikant abfällt
und Adrenalin nicht signifikant ansteigt, daß aber bereits 20 min nach Operationsbeginn so-

wohl die Adrenalin- wie auch die Noradrenalinkonzentration im Plasma hochsignifikant über
den Ausgangswerten liegt [245].

Wird das stark wirkende Analgetikum Fentanyl mit dem Neuroleptikum Dehydrobenzperidol kombiniert, so wird der systemarterielle Widerstand ebenso wie der Tonus des kapazitiv-venösen Systems nicht nur initial zusätzlich infolge der α-Rezeptoren-blockierenden
Wirkung des Dehydrobenzperidols [108, 384, 481] gesenkt, sondern auch der sekundäre über
die Barorezeptoren vermittelte Katecholamineffekt weitestgehend abgeblockt [18, 389]. Dieser die α-adrenergen Impulse abschirmende Effekt des Dehydrobenzperidols beschränkt sich
jedoch offensichtlich nicht nur auf das Gefäßsystem, sondern hat zusätzlich einen relevanten
dämpfenden Einfluß auf den Aktivitätszustand-vieler Organfunktionen. Santesson u. Mitarb.
sahen bei Patienten unter in Neuroleptanalgesie durchgeführten Oberbaucheingriffen einen
im Vergleich zur präoperativen Situation signifikanten Rückgang des Gesamtsauerstoff-
bedarfs [389]. Dieser Befund korreliert nicht mit den von anderen Arbeitsgruppen beobachteten zum Teil hochsignifikanten Anstiegen der Plasma- bzw. Urinkatecholaminkonzentratio-
nen [18, 142, 152, 176, 182, 454]. Da der Gesamtsauerstoffbedarf des Körpers durch Freisetzung von Katecholaminen infolge einer allgemeinen Aktivierung der Zell- und Organfunktionen gesteigert wird [262], läßt sich die von Santesson u. Mitarb. während der Neuroleptanalgesie beobachtete Abnahme des Sauerstoffgesamtverbrauchs derzeit nur über eine Blok-
kierung des zellulären Aktivierungsvorgangs durch die Substanzen der Neuroleptanalgesie
interpretieren [389]. Für die Annahme eines solchen Blockierungseffektes spricht die von
Rosenquist und Mitarbeitern in Gegenwart von Dehydrobenzperidol und Fentanyl beobachtete Hemmung der noradrenerg vermittelten Glyzerinfreisetzung aus humanen Fettgewebs-
zellen. Halothan kann diesen Mechanismus nicht blockieren [378].

Die Stabilität des Herz-Kreislauf-Verhaltens während einer Neuroleptanalgesie ist also,
vorausgesetzt, das vorhandene Kreislaufvolumen ist adäquat oder wird entsprechend adäquat
aufgefüllt, unzweifelhaft das Resultat einer fehlenden direkt myokarddepressiven wie auch
einer ausgeprägt katecholaminabschirmenden Wirkung der für diese Narkoseform benutzten
Substanzen.

4.4.4 Schlußfolgerung

In Gegenwart von Halothan, Enfluran und der Kombination Dehydrobenzperidol plus Fentanyl wird das Herz-Kreislauf-Verhalten durch keine Substanz-induzierten adrenergen Kompensationsmechanismen stabilisiert. Somit wird eine Applikation dieser Narkotika bzw. dieser
klassischen Wirkstoffe der Neuroleptanalgesie bei bestehenden β-Rezeptorenblockade in aller
Regel zu keinen zusätzlichen Kreislaufreaktionen führen können, die nicht entweder auch
am wachen Patienten oder aber auch am nicht unter β-Rezeptoren-Blocker-Wirkung stehenden
narkotisierten Patienten zu erwarten sind. Ein gleiches gilt ebenso für die intraoperative
Applikation von β-Rezeptoren-blockierender Substanzen. Voraussetzung für ein solches
Herz-Kreislauf-Verhalten ist allerdings ein suffizientes Myokard, das Fehlen einer brady-
carden Herzrhythmusstörung, eine ungestörte atrioventrikuläre Überleitung sowie ein
adäquates Kreislaufvolumen. Ob in kardialen Grenzsituationen klinisch relevante Unterschiede im kardiohämodynamischen Reaktionsverhalten entsprechend dem Wirkprofil
des eingesetzten β-Sympathikolytikums auftreten können, kann nicht entschieden werden.

4.5 Verhalten der Kontraktionsdynamik des Herzens unter dem Einfluß β-Rezeptoren-blockierender Substanzen während eines gleichzeitigen Einwirkens von Halothan, Enfluran oder der Neuroleptanalgesie

Die bei der Applikation von Narkotika eintretenden Änderungen des kardiohämodynamischen Reaktionsverhaltens sind stets das Ergebnis einer Summation aller kreislaufdepressiv und kreislaufstimulierend wirkenden Narkotikaeffekte. Wird das resultierende kardiohämodynamische Gleichgewicht nicht nur vorwiegend durch direkte und indirekte myokarddepressive Narkotikawirkungen bestimmt, sondern zusätzlich auch in einem klinisch relevanten Umfang durch sympathische Stimuli mitgetragen — dies ist beispielsweise bei Cyclopropan und Diäthyläther besonders stark ausgeprägt [158, 214, 296, 332, 345, 369, 418, 426, 447] —, so kann eine β-sympatholytische Therapie, sei sie präoperativ oder aber auch erst intraoperativ eingeleitet, im Einzelfall sogar bis zu einer die Herz-Kreislauf-Situation bedrohenden Demaskierung kreislaufdepressiv wirkender Narkotikaeffekte führen [89, 158, 450]. Dies gilt insbesondere bei einer bereits vorbestehenden organisch bedingten Einschränkung der myokardialen Leistungsbreite.

Bis zu den extrem negativen Ergebnissen, die Viljoen u. Mitarb. mit der Belassung einer internistisch indizierten Propranololdauertherapie in Gegenwart einer Methoxyfluranarkose beobachteten [468], waren fast durchweg nur positive Resultate vor allem bei der prä- und intraoperativen Gabe von β-Rezeptoren-blockierenden Substanzen [36, 80, 105, 112, 132, 178, 179, 181, 194, 201–204, 206–208, 217, 240, 254, 264, 305, 331, 382, 394, 443, 452, 467], aber auch schon mit der Weiterführung einer bereits präoperativ bestehenden β-Rezeptorenblocker-Dauertherapie gesehen worden [205, 218]. Selbst für einen Einsatz von β-Adrenolytika in Gegenwart von Cyclopropan und Diäthyläther gibt es vergleichbare Mitteilungen [88, 105, 201, 207, 217, 218, 331]. Nur wenigen Veröffentlichungen konnte entnommen werden, daß die Applikation von β-Rezeptoren-blockierenden Substanzen während einer Narkose — so beispielsweise während einer Diäthyläther- [207] oder während einer Halothannarkose [208] — im Einzelfall auch zu schweren Kreislaufdepressionen führen kann.

Zum Zeitpunkt der Mitteilung von Viljoen u. Mitarb. standen nur wenige tierexperimentelle Untersuchungsergebnisse zur Verfügung, die sich eingehender mit der Problematik des kardiohämodynamischen Reaktionsverhaltens bei Interferenz von Narkotika und β-Rezeptoren-blockierenden Substanzen beschäftigten: So hatten Merin und Tonnesen beobachten können, daß in Gegenwart von Halothan eine mit Propranolol induzierte β-Rezeptoren-Blockade eine über den Halotheffekt hinausreichende Minderung der myokardialen Kontraktionskraft auslöst [290]. Wurde allerdings anstatt Propranolol eine äquieffektive Dosis von Practolol appliziert, so ließ sich diese zusätzliche myokardiale Funktionseinbuße nicht mehr nachweisen [291]. Weis und Brackebusch konnten an Hunden demonstrieren, daß bei einem gleichzeitigen Einwirken von Halothan und Propranolol ein definierter kreislaufwirksamer Blutverlust hämodynamisch schlechter toleriert wird als in Gegenwart von Halothan und nicht β-adrenerg eingeschränkter myokardialer Regulationsbreite [477, 478]. Sie bestätigten mit diesem Ergebnis Befunde, die bereits 1968 von Zeig und Mitarbeitern an mit Chloralose-narkotisierten Hunden bei einer geringeren Entblutung, jedoch stärkeren β-Rezeptorenblockade beobachtet worden waren [492].

Da außer diesen tierexperimentellen Arbeiten mit gezielter kardiohämodynamischer Fragestellung keine weiteren vergleichbaren Untersuchungsergebnisse — auch nicht aus dem Bereich der Humanmedizin — zur Verfügung standen und obendrein auch die Mechanismen des Herz-Kreislauf-Verhaltens in Gegenwart der verschiedenen Narkotika nicht vollständig bekannt waren, war es seinerzeit weder möglich, das Herz-Kreislauf-Verhalten in Gegenwart von Methoxyfluran und Propranolol noch in Gegenwart anderer Narkotika und β-Rezeptoren-Blocker-Kombinationen genauer zu beurteilen. Aufgrund zahlreicher, zwischenzeitlich durchgeführter tierexperimenteller wie auch humanmedizinischer Studien kann jedoch zum gegenwärtigen Zeitpunkt das kardiohämodynamische Reaktionsverhalten bei einem gleichzeitigen Einwirken von Narkotika und β-Sympatholytika bereits wesentlich exakter interpretiert werden. Dies gilt vor allem für die derzeit besonders häufig eingesetzten Inhalationsnarkotika Halothan und Enfluran sowie für die bei der Neuroleptanalgesie eingesetzten Wirkstoffe Dehydrobenzperidol und Fentanyl.

Die Zusammenhänge der Herz-Kreislauf-Gefährdung bei einem gemeinsamen Einwirken von Methoxyfluran und β-Adrenolytika sind jedoch bislang nicht aufgeklärt worden [43]. Es ist allerdings wahrscheinlich, daß die sowohl im Tierexperiment wie auch am Patienten beobachtete extrem negative Beeinflussung der Herz-Kreislauf-Situation [468, 388, 469] zumindest in einem gewissen Umfang auf die beim Methoxyfluran offensichtlich praktisch fehlende [41], beim Halothan, dem Enfluran und der Neuroleptanalgesie jedoch vorhandene Minderung des peripheren Gesamtwiderstandes (s. Kapitel 4.4) zurückgeführt werden kann. Sind oder werden während einer Narkose nun zusätzlich die β-Rezeptoren kompetitiv blockiert, so muß das Herz in Gegenwart von Methoxyfluran stets einen stärkeren systemarteriellen Widerstand überwinden als in Gegenwart von Halothan, Enfluran oder der Neuroleptanalgesie. Da die myokardiale Leistungsbreite sowohl infolge der direkten Narkotikaeffekte [116] wie auch infolge der β-Rezeptorenblockade nahezu gleichwertig eingeschränkt ist, mag die während einer Methoxyflurananaesthesie bestehende zusätzliche Widerstandsbelastung insbesondere unter extremen kardiohämodynamischen Belastungsbedingungen scheller zu einem Myokardversagen führen, als während einer Halothan- bzw. Enflurananaesthesie oder einer Neuroleptanalgesie.

Diese bei Methoxyfluran fehlende systemarterielle Widerstandsabschwächung wird allerdings nicht der einzig entscheidende Mechanismus für das vergleichsweise ungünstigere Herz-Kreislauf-Verhalten sein. Saner u. Mitarb. konnten nämlich demonstrieren, daß selbst bei einem Austausch von Propranolol gegen Practolol die Herz-Kreislauf-Situation während extremer kardiohämodynamischer Belastungsbedingungen, obwohl Practolol erwiesenermaßen einen geringeren systemarteriellen Widerstandsanstieg induziert als Propranolol [242, 290, 291, 354, 372, 486], nicht entscheidend gebessert wird. Sie sahen nach Applikation von 0,4 Vol.% Methoxyfluran bei einer gleichzeitigen Gabe von 2,0 mg Practolol/kg KG und einem Blutentzug von 25% des geschätzten Kreislaufvolumens bereits eine schwere Myokarddepression. Nach Inhalation einer äquianaesthetisch wirksamen Halothankonzentration waren demgegenüber keine Hinweise für eine vergleichbar schwere Myokardfunktionseinbuße nachweisbar [388].

Bereits diese wenigen Versuchsergebnisse vermitteln den Eindruck, daß bei einem gleichzeitigen Einwirken von β-Rezeptoren-blockierenden Substanzen und Narkotika das kardiohämodynamische Reaktionsverhalten je nach vorliegender Wirkstoffkombination jeweils mehr oder minder stark von den Reaktionsmustern abweichen kann, die bei einem isolierten Einwirken dieser Substanzen zu beobachten sind. Für die Applikation einer Narkose ergeben sich daher bei vorbestehender β-Rezeptorenblockade oder aber für eine intraoperativ erforderlich werdende β-sympatholytische Therapie somit zwei sehr wichtige Fragestellungen:
1. In welchem Umfang wird das durch die Narkotika induzierte kardiohämodynamische Reaktionsverhalten infolge einer kompetitiven Blockierung der β-Rezeptoren verändert?
2. Welche Bedeutung haben hierbei die voneinander abweichenden Wirkprofile β-Rezeptorenblockierender Substanzen?

4.5.1 Verhalten der myokardialen Leistungsbreite unter dem Einfluß von β-Rezeptoren-blockierenden Substanzen während eines gleichzeitigen Einwirkens von Halothan, Enfluran oder der Neuroleptanalgesie

Die zahlreichen Berichte einer erfolgreichen und nahezu nebenwirkungsfreien β-sympatholytischen Therapie intraoperativ auftretender β-adrenerg ausgelöster Herzrhythmusstörungen [36, 80, 105, 110, 112, 132, 178, 179, 181, 194, 201–204, 206–208, 217, 240, 254, 264, 270, 305, 331, 382, 394, 443, 452, 467, 489] zeigen auf, daß eine kompetitive Blockierung β-adrenerger Wirkorte während einer Allgemeinnarkose im Regelfall zu keiner gravierenden Beeinträchtigung der myokardialen Leistungsfähigkeit führen kann. In der Tat läßt sich auch im Tierexperiment am intakten Ganztier nachweisen, daß die kompetitive β-Rezeptorenblockade während einer Allgemeinanaesthesie mit klinisch üblichen Konzentrationen von Halothan und Enfluran bzw. entsprechenden Dosierungen von Morphin oder Dehydrobenzperidol plus Fentanyl mit keiner zusätzlichen wesentlich über die Narkotikawirkung hinausgehenden Beeinträchtigung der Kardiohämodynamik verbunden ist [88, 185–188, 290, 291, 336, 368, 373, 420, 490, 492, 469]. Voraussetzung ist allerdings, daß die Myokardfunktion nicht entweder infolge eines gesteigerten Sympathikotonus zusätzlich stimuliert wird [67, 123] oder aber wegen einer bereits bestehenden Myokardinsuffizienz eines erhöhten adrenergen Antriebs bedarf [223, 398].

Roberts u. Mitarb. konnten sogar an Hunden mit einer vorbestehenden definierten Minderung der Myokardfunktion beobachten, daß die Herzauswurfleistung in Gegenwart von 1 Vol.% Halothan und 66 Vol.% Lachgas trotz eines Blutentzuges von 25% des geschätzten Kreislaufvolumens und einer gleichzeitigen Blockade der β-Rezeptoren nicht kreislaufbedrohend eingeschränkt wurde. Selbst zusätzliche, pharmakologisch induzierte periphere Widerstandssenkungen bzw. Widerstandserhöhungen konnten ausreichend kompensiert werden [372, 354]. Ein vergleichbares kardiohämodynamisches Reaktionsverhalten wurde von der gleichen Arbeitsgruppe auch an Hunden registriert, deren β-adrenerger Antrieb bereits vor Versuchsbeginn infolge einer 21tägigen mit 20 mg Propranolol/die peroral durchgeführten β-sympatholytischen Dauertherapie kompetitiv blockiert war [124, 375]. Darüber hinaus konnte die Arbeitsgruppe von Tarnow u. Mitarb. an ebenfalls mit Halothan narkotisierten Hunden demonstrieren, daß die Anpassung des gesunden kardiovaskulären Systems an akute normo- bzw. hypovoläme Hämodilutionszustände trotz einer Blockade der β-Rezeptoren weitestgehend erhalten bleibt. In Gegenwart von 1 Vol.% Halothan verursachte die isovolämische Hämodilution mit 6%igem Dextran (Hämatokritwerte von im Mittel 16%) sowie ein nachfolgender zusätzlicher Volumenentzug von 15 ml Blut/kg KG weder ohne noch nach Vorbehandlung mit 0,5 mg Propranolol/kg KG i.v. eine bedrohliche Gefährdung der Herz-Kreislauf-Funktion [458, 459].

Die Versuche von Chernecki u. Mitarb. bestätigen gleichfalls das geringe Risiko eines gemeinsamen Einwirkens von Halothan und β-Rezeptoren-blockierenden Substanzen. Sie injizierten Hunden während einer Inhalationsnarkose mit 0,5 Vol.% Halothan 5 mg Acebutolol/kg KG i.v., um ventrikuläre Herzrhythmusstörungen zu behandeln, die im Gefolge eines zuvor gesetzten Myokardinfarktes auftraten. Während die Werte der kardiohämodynamischen Parameter im Anschluß an die Ligatur der Koronargefäße signifikant im Sinne einer Myokardfunktionseinbuße verändert wurden, konnten nach Gabe von Acebutolol trotz der ausgesprochen hohen Dosierung dieser Substanz außer einer signifikanten Minderung der Kontraktionsfrequenz von 105 ± 2 auf 92 ± 2 Kontraktionen/min ($p < 0{,}005$) keine weiteren, das Signifikanzniveau überschreitenden Abweichungen registriert werden [73].

Die eigenen Untersuchungen am Herz-Lungen-Präparat der Katze zeigen, daß die myokardiale Leistungsbreite in Gegenwart von 0,5 Vol.% Halothan, 1,1 Vol.% Enfluran bzw. einer äquieffektiv anaesthetisch wirkenden Neuroleptanalgesiedosierung durch die Gabe der approximierten i.v.-Initialdosierungen der untersuchten β-Sympatholytika nicht entscheidend beeinflußt wird. So nimmt die spontane Kontraktionsfrequenz in Gegenwart von 0,5 Vol.% Halothan nach Zugabe von Propranolol zusätzlich um 1,8% und nach Zugabe von Atenolol bzw. Metoprolol jeweils zusätzlich um 1,9% ab (Abb. 134).

Dieser Frequenzrückgang unterscheidet sich nicht signifikant von den Frequenzminderungen, die auch bei einem alleinigen Einwirken dieser β-Rezeptoren-Blocker-Dosierungen registriert wurden (p > 0,05). Somit muß dieser auch in Gegenwart von Halothan nachweisbare negativ chronotrope β-Rezeptoren-Blocker-Effekt ebenso wie bei der isolierten Überprüfung dieser Dosierungen auf die Ausschaltung eines noch vorhandenen restadrenergen Antriebs des isolierten Herzens zurückgeführt werden (siehe Kapitel 4.2).

Auch in Gegenwart von 1,1 Vol.% Enfluran bzw. 3,0 mg Dehydrobenzperidol/l plus 0,075 mg Fentanyl/l werden keine abweichenden Resultate gesehen. Propranolol und Metoprolol senken die spontane Kontraktionsfrequenz bei gleichzeitiger Anwesenheit von Enfluran um 0,6 bzw. 2,5% und bei einem gleichzeitigen Einwirken der Substanzen der Neuroleptanalgesie um 2,0 bzw. 1,9%.

Nach Zugabe von Acebutolol und Pindolol steigt die spontane Herzfrequenz aufgrund der β-adrenergen Eigenwirkung dieser β-Rezeptoren-Blocker jeweils in einem Umfang an, der zu einer fast vollständigen Kompensation des direkt negativ chronotropen Halothaneffektes sowie einer vollständigen Kompensation des direkten negativ chronotropen Enfluran- und Neuroleptanalgesieeffektes führt. Der Frequenzanstieg bewegt sich jeweils in einer Größenordnung, der auch bei der alleinigen Applikation dieser β-Rezeptoren-Blocker-Dosierungen gesehen wurde. Nur in Gegenwart von Enfluran und Dehydrobenzperidol plus Fentanyl liegt der Frequenzgewinn geringfügig über den bei isolierter Gabe registrierten Werten. Diese Er-

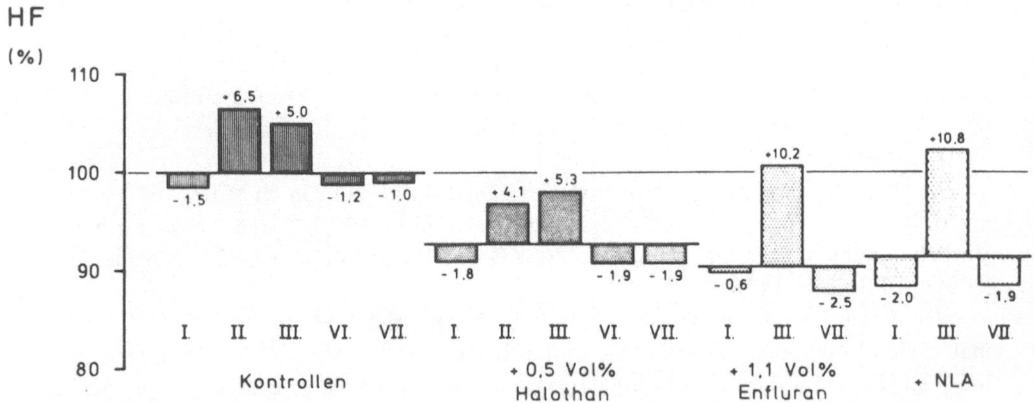

Abb. 134. Verhalten der spontanen Kontraktionsfrequenz des isolierten Herzen in Gegenwart der für die Akuttherapie tachycarder Herzrhythmusstörungen empfohlenen und approximativ auf die Verhältnisse des Herz-Lungen-Präparates übertragenen i.v.-Initialdosierungen β-Rezeptoren-blockierender Substanzen ohne und bei gleichzeitigem Einwirken von 0,5 Vol.% Halothan, 1,1 Vol.% Enfluran bzw. 3,0 mg Dehydrobenzperidol/l plus 0,075 mg Fentanyl/l. Dargestellt sind die Mittelwerte der prozentualen Änderung der spontanen Kontraktionsfrequenz von jeweils 7 Versuchstieren. **I.** = Propranolol, **II.** = Acebutolol, **III.** = Pindolol, **VI.** = Atenolol, **VII.** = Metoprolol

gebnisse belegen somit unzweifelhaft, daß die direkten chronotropen Effekte der überprüften β-Adrenolytika und Narkotika die spontane Kontraktionsfrequenz weitestgehend additiv beeinflussen.

Ein vergleichbares Bild bietet sich auch für das Verhalten der myokardialen Kontraktionskraft bei einem gemeinsamen Einwirken der direkten inotropen Effekte der überprüften β-Sympatholytika und Narkotika (Abb. 135). Während Propranolol, Atenolol und Metoprolol den Wert des Kontraktilitätsparameters dP/dt_{max} des linken Ventrikels bei isolierter Gabe um 0,3, 0,2 bzw. 0,2% absenken und Acebutolol bzw. Pindolol um 0,1 bzw. 2,8% anheben, werden bei einem gleichzeitigen Einwirken von 0,5 Vol.% Halothan dP/dt_{max}-Minderungen um 0,5, 0,3 bzw. 0,4% sowie dP/dt_{max}-Steigerungen um 1,6 bzw. 4,2% registriert (p jeweils > 0,05). In Gegenwart von 1,1 Vol.% Enfluran bzw. 3,0 mg Dehydrobenzperidol/l plus 0,075 mg Fentanyl/l werden für Propranolol und Metoprolol Kontraktionskraftverluste um 0,4 und 0,5 bzw. 0,5 und 0,2% gefunden (p jeweils > 0,05). Unter dem Einfluß von Pindolol steigt die maximale linksventrikuläre Druckanstiegsgeschwindigkeit um 4,0 bzw. 2,3% an (p jeweils > 0,05). Damit ist es offensichtlich, daß sich die direkten inotropen Effekte der überprüften β-Rezeptoren-blockierenden Substanzen und Narkotika ebenso wie die direkten chronotropen Effekte jeweils weitestgehend additiv auf das Verhalten der Myokardfunktion auswirken.

Die Ergebnisse der hämodynamischen Belastungsuntersuchungen bestätigen diese unter Standardbedingungen gemachten Beobachtungen. So lassen sich im Mittel weder bei den isoliert durchgeführten Widerstandsbelastungen noch den isoliert durchgeführten Volumenbelastungen Kontraktionskraft- und Pumpleistungseinbußen aufzeigen, die den Umfang der narkotikabedingten Reduktion übersteigen (Abb. 78, 79, 88, 89, 98, 99, 108, 109, 118, 119, 131, 132). Bei einer Anhebung des Drucks im aortalen Windkessel von 75 auf 150 Torr (Abb. 131) erhöht sich die Kontraktionskraft des linken Ventrikels unter dem Einwirken der überprüften Narkotikakonzentrationen in Gegenwart von 0,5 Vol.% Halothan

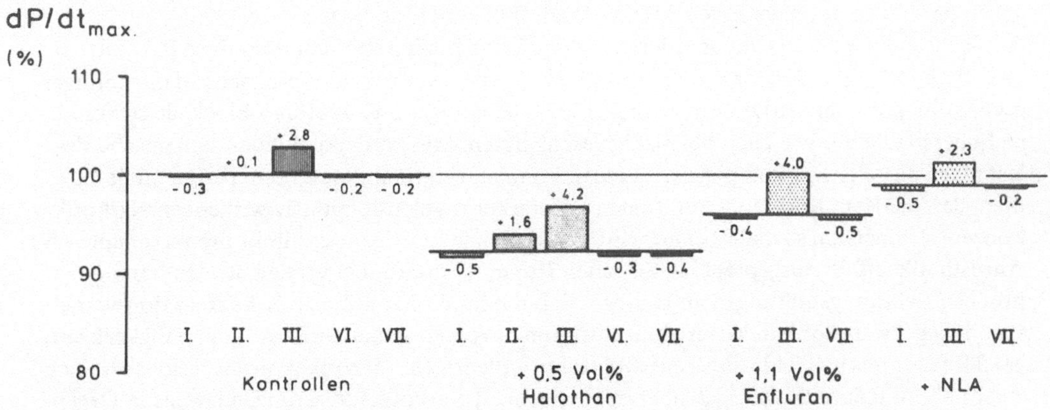

Abb. 135. Verhalten der maximalen linksventrikulären Druckanstiegsgeschwindigkeit der isolierten Herzen in Gegenwart der für die Akuttherapie tachycarder Herzrhythmusstörungen empfohlenen und approximativ auf die Verhältnisse des Herz-Lungen-Präparates übertragenen i.v.-Initialdosierungen β-Rezeptoren-blockierender Substanzen ohne und bei gleichzeitigem Einwirken von 0,5 Vol.% Halothan, 1,1 Vol.% Enfluran bzw. 3,0 mg Dehydrobenzperidol/l plus 0,075 mg Fentanyl/l. Dargestellt sind die Mittelwerte der prozentualen Änderung der spontanen Kontraktionsfrequenz von jeweils 7 Versuchstieren. I. = Propranolol, II. = Acebutolol, III. = Pindolol, VI. = Atenolol, VII. = Metoprolol

um 900 ± 280 Torr/s, in Gegenwart von 1,1 Vol.% Enfluran um 1508 ± 244 bzw. in Gegenwart der Neuroleptanalgesiekombination um 1453 ± 582 Torr/s. Die Kontrollpräparate erzielen unter identischen Versuchsbedingungen einen Zuwachs von 1593 ± 385 Torr/s. Werden außer den Narkotika auch die approximierten i.v.-Initialdosierungen der überprüften β-Sympatholytika zugegeben, so kann bei Applikation von Propranolol ein Gewinn von 840 ± 176 bzw. 1403 ± 284 bzw. 1441 ± 445 Torr/s beobachtet werden (p jeweils > 0,05). Für Pindolol liegen die Werte bei 884 ± 249, 1324 ± 293 bzw. 1606 ± 166, 1323 ± 207 bzw. 1370 ± 380 Torr/s (p jeweils > 0,05). Bei Acebutolol und Atenolol finden sich vergleichbare Anstiege: 833 ± 190 bzw. 897 ± 179 Torr/s (p jeweils > 0,05).

Wird nicht der Widerstand vor dem linken Herzen, sondern statt dessen das hydrostatische Gefälle vor dem rechten Herzen geändert (Abb. 132), so steigt das Herz-Minuten-Volumen der Kontrollpräparate im Mittel um 11,0 ± 1,6 ml/min · kg KG an. In Gegenwart der Narkotika wird für 0,5 Vol.% Halothan ein Anstieg von 10,0 ± 2,5 ml/min · kg KG, für 1,1 Vol.% Enfluran von 11,5 ± 1,1 ml/min · kg KG und für die Neuroleptanalgesie von 12,6 ± 0,9 ml/min · kg KG registriert. Wird nun zusätzlich die approximierte i.v.-Initialdosierung von Propranolol, Pindolol oder Metoprolol in das zirkulierende Blut injiziert, so liegen die Werte bei 9,0 ± 2,0, 11,3 ± 1,0 bzw. 11,7 ± 0,7 und bei 9,8 ± 2,1, 11,8 ± 1,4 bzw. 12,9 ± 1,0 sowie bei 9,8 ± 2,0, 11,2 ± 1,0 bzw. 12,5 ± 0,8 ml/min · kg KG (p jeweils > 0,05). Für Acebutolol und Atenolol kann in Gegenwart von 0,5 Vol.% Halothan ein Gewinn von 9,6 ± 1,9 bzw. 9,1 ± 1,8 ml/min · kg KG registriert werden (p jeweils > 0,05).

Die eigenen Untersuchungsergebnisse beweisen also, daß das basale myokardiale Kontraktionskraftverhalten in Gegenwart niedriger Dosierungen von Halothan, Enfluran und der Neuroleptanalgesie durch klinisch übliche Dosierungen β-Rezeptoren-blockierender Substanzen in keinem entscheidenden Umfang beeinflußt wird. Dies gilt, wie vergleichende Blutspiegeluntersuchungen aufzeigen [61, 279, 361, 365], gleichermaßen sowohl für die überprüften i.v. zu applizierenden wie auch für die im Rahmen einer wirkungsvollen β-adrenolytischen Therapie der arteriellen Hypertonie und/oder der koronaren Herzerkrankung erforderlichen peroral zu applizierenden β-Rezeptoren-Blocker-Dosierungen.

Während die bereits zuvor zitierten tierexperimentellen Studien bestätigen [67, 88, 185—188, 290, 291, 336, 368, 373, 490, 492], daß bei Narkotikadosierungen mit nur geringer myokarddepressiver Wirkung trotz praktisch vollständiger β-Rezeptoren-Blockade sowohl bei nicht geschädigtem wie auch bei mäßig geschädigtem Myokard akute hämodynamische Belastungen ausreichend kompensiert werden können, zeigen anderen tierexperimentelle Studien, daß die Herz-Kreislauf-Funktionen bei stärker myokarddepressiv wirkenden Narkotikakonzentrationen um so mehr beeinträchtigt werden, je kräftiger der direkt myokarddepressive Anaesthetikaeffekt ausgeprägt ist. So sahen Horan u. Mitarb. bei vergleichenden hämodynamischen Belastungsprüfungen an Hunden, daß das kardiohämodynamische Reaktionsverhalten in Gegenwart äquieffektiver Konzentrationen von Halothan und Enfluran bei gleichzeitiger β-Rezeptorenblockade und Teilentblutung in niedrigen Narkotikakonzentrationsbereichen zwar nahezu identisch war, daß aber mit steigenden Narkotikadosierungen jeweils in Gegenwart von Enfluran ein zunehmend ungünstigeres Herz-Kreislauf-Verhalten als in Gegenwart äquieffektiver Halothankonzentrationen nachweisbar wurde. Während bei der Inhalation von 2,0 Vol.% Halothan den Versuchstieren trotz ausgeprägter β-Rezeptorenblockade noch ohne eine größere Gefährdung der Hämodynamik, 20% des geschätzten zirkulierenden Blutvolumens entzogen werden konnte, war dies in Gegenwart von 4,4 Vol.% Enfluran nicht mehr möglich. Bereits bei 3,3 Vol.% Enfluran induzierte der Blutverlust eine bereits gravierende Herz-Kreislauf-Depression [185, 188]. Ursächlich verantwortlich für dieses doch deutlich unterschiedliche Herz-Kreislauf-Verhalten sind unzweifelhaft allein die je nach Narkotikum unterschiedlich stark ausgeprägten myokarddepressiven Effekte. So nehmen bei steigenden äquianaesthetischen Narkotikakonzentrationen diese negativen Myokardeffekte bei Enfluran deutlich stärker zu als bei Halothan [42, 43, 68, 180, 293, 294, 426, 457].

In Gegenwart von Isofluran wird bei identischen hämodynamischen Belastungsuntersuchungen ein entsprechendes kardiohämodynamisches Reaktionsverhalten beobachtet. Isofluran beeinträchtigt die Herz-Kreislauf-Funktion nachgewiesenermaßen deutlich geringer als Halothan oder Enfluran [187]. So ist daher nicht verwunderlich, daß nach Applikation hochdosierter äquianaesthetischer Konzentrationen von Isofluran bei gleichzeitiger β-Rezeptoren-Blockade mit Propranolol in der Tat ein jeweils entsprechend günstigeres Herz-Kreislauf-Verhalten als in Gegenwart von Halothan und erst recht als in Gegenwart von Enfluran registriert wird [186, 187].

Weis u. Mitarb. beobachteten an Hunden, daß in Gegenwart von nur 1,5 Vol.% Halothan und 0,5 mg Propranolol/kg KG in stärkerer Blutverlust als 25% des geschätzten zirkulierenden Blutvolumens — der mittlere arterielle Blutdruck wurde auf im Mittel 79 Torr abgesenkt — bereits im Einzelfall schon nicht mehr ausreichend kompensiert werden kann. Zwei von fünfzehn Tieren verstarben nach der Verabfolgung des Propranolols infolge eines akuten Herz-Kreislauf-Zusammenbruchs [477, 478]. Ebenso verursachte auch eine anschließende zügige Retransfusion des entzogenen Blutes bei bestehender β-Rezeptoren-Blockade in einem nicht geringen Prozentsatz einen Zusammenbruch der Herz-Kreislauf-Funktion. Von den insgesamt 10 Tieren dieser Serie verstarben infolge der nicht bewältigten Volumengabe bereits vier Tiere [479].

Wird die basale myokardiale Kontraktilität wie in den Versuchen von Horan u. Mitarb. bzw. Weis u. Mitarb. nicht nur infolge eines direkten Narkotikumeffektes, sondern zusätzlich auch durch direkte β-Rezeptoren-Blocker-Wirkungen eingeschränkt — diese Situation dürfte unter klinischen Bedingungen wegen der hierfür erforderlichen extrem hohen β-Rezeptoren-Blocker-Dosierungen allerdings im Regelfall nicht vorkommen [27, 61, 71, 79, 82, 83, 107, 131, 223, 232, 279, 316, 321, 361, 365, 415] —, muß gleichfalls mit einer entsprechend zunehmenden Limitierung der basalen Myokardfunktion gerechnet werden. Auch für diese Situation läßt sich am Herz-Lungen-Präparat ein additives Verhalten der myokarddepressiven Substanzeffekte nachweisen. Die Verläufe der kumulativen Dosis-Herzfrequenz- bzw. Dosis-dP/dt_{max}-Kurven der untersuchten β-Adrenolytika werden in Gegenwart der gewählten Narkotikakonzentrationen im Mittel jeweils nur um den Betrag zu niedrigeren Werten verschoben, der auch bei der alleinigen Narkotikumapplikation zu beobachten ist (Abb. 65, 66, 73–77, 87, 87, 96, 97, 106, 107, 116, 117, Tabelle 15). Die Ergebnisse der verschiedenen akuten hämodynamischen Belastungsuntersuchungen in Gegenwart von β-Rezeptoren-Blocker-Dosierungen, die die linksventrikuläre Kontraktionskraft unter Standardbedingungen bereits um 15% reduzieren (= ED_{15}), bestätigen durchweg dieses additive Verhalten der direkt inotropen Substanzeffekte (s. Kapitel 3.5).

Damit dürfte ausreichend belegt sein, daß bei suffizientem oder sogar mäßig leistungsgemindertem Myokard weder eine vorbestehende β-Rezeptoren-Blockade noch eine intraoperativ erfolgende fraktionierte Gabe von β-Adrenolytika für die Applikation niedrig dosierter Halothan- bzw. Enflurannarkosen sowie nahezu beliebig hoch dosierter Neuroleptanalgesien ein wesentlich über das normale Maß hinausgehendes Narkoserisiko beinhaltet. Dies gilt um so mehr, als durch klinisch gebräuchliche β-Rezeptoren-Blocker-Dosierungen keine absolute Blockade des β-adrenergen Antriebs erreicht wird. So läßt sich auch unter Anaesthesiebedingungen der β-adrenolytische Effekt jederzeit sowohl durch eine endogene

Katecholaminausschüttung [81, 234] wie auch durch exogen zugeführte Sympathomimetika [193, 362] wirkungsvoll abschwächen oder gar vollständig aufheben. Eine Vielzahl von Berichten über erfolgreich durchgeführte Narkosen bei Patienten mit „üblicher" β-Rezeptoren-Blocker-Dauermedikation [81, 106, 117, 193, 213, 234, 260, 269, 271, 299, 338, 341, 351, 353, 362, 421, 443, 475] sowie Fallberichte erfolgreicher Anaesthesien bei Patienten mit überdurchschnittlich hoch dosierter präoperativer β-adrenolytischer Therapie [235, 356, 446] liefern den klinischen Beweis des in der Tat sehr geringen Risikos.

4.5.2 Bedeutung der Wirkprofile β-Rezeptoren-blockierender Substanzen für das Verhalten der myokardialen Kontraktionsdynamik während eines gleichzeitigen Einwirkens von Halothan, Enfluran oder der Neuroleptanalgesie

Aufgrund der eigenen Ergebnisse am Herz-Lungen-Präparat der Katze steht nicht zu erwarten, daß β-Rezeptoren-blockierende Substanzen trotz gegebener Wirkqualitätsunterschiede weder im Wachzustand noch im Zustand der Narkose signifikant voneinander abweichende kardio-hämodynamische Reaktionsmuster zu induzieren vermögen. Im Gefolge der für die Akut-therapie tachycarder Herzrhythmusstörungen empfohlenen und approximativ auf die Ver-hältnisse dieses Herzmodells übertragenen i.v.-Initialdosierungen der überprüften β-Adreno-lytika können sowohl ohne wie auch mit einer gleichzeitigen Anwesenheit von Halothan bzw. Enfluran und den Substanzen der Neuroleptanalgesie keine signifikant voneinander ab-weichenden Einflüsse weder auf die myokardiale Kontraktionskraft noch auf die spontane Herzfrequenz registriert werden (Abb. 134, 135). Allein in Gegenwart von Pindolol und En-fluran bzw. von Pindolol und Dehydrobenzperidol plus Fentanyl übersteigt die Zunahme der spontanen Kontraktionsfrequenz das 5%ige Signifikanzniveau.

Abweichend von diesen Ergebnissen wird bei den wenigen bislang vorliegenden verglei-chenden Untersuchungen an intakten Ganztieren jedoch gesehen, daß das kardiohämodyna-mische Reaktionsverhalten bei einem ungestörten Verbund des Herzens mit dem peripheren Kreislauf offensichtlich doch je nach Wirkprofil der eingesetzten β-Adrenolytika mehr oder minder stark, z.T. sogar signifikant, voneinander abweichen kann. Da bei den aussagekräftig-sten Arbeiten [290, 291, 354, 372] unterschiedliche Aktivierungszustände des Sympathikus [67, 123] und primär voneinander abweichende Myokardfunktionszustände [223, 398] aus-geschlossen werden können, kann in Anbetracht der eigenen Beobachtungen das nachgewie-sene differierende kardiohämodynamische Reaktionsverhalten im wesentlichen nur durch unterschiedlich ausgeprägte periphervaskulär induzierte β-Rezeptoren-Blocker-Wirkungen er-klärt werden. Der Umfang dieser Abweichungen ist allerdings so gering, daß ihnen bei suf-fizientem oder aber auch bei mäßig leistungsgemindertem Myokard selbst unter den Be-dingungen einer Allgemeinanaesthesie in aller Regel auch in Gegenwart starker hämodynami-scher Belastungszustände keine entscheidende Bedeutung zukommt [354].

Diese Beobachtung wird, obwohl kein direkter Vergleich zwischen den Wirkungen ver-schiedener β-Adrenolytika auf das kardiohämodynamische Reaktionsverhalten durchgeführt wurde, auch durch alle jene tierexperimentellen Studien belegt, in denen das Herz-Kreislauf-Verhalten narkotisierter Hunde im Gefolge einer Applikation von Propranolol, dem β-Rezep-toren-Blocker mit dem unzweifelhaft „ungünstigsten" Wirkprofil, unter extremen kardio-hämodynamischen Belastungsbedingungen überprüft wurde [123, 124, 373, 420, 458, 459, 492]. Auch die zahlreichen Berichte über erfolgreich durchgeführte Anaesthesien bei Patien-ten mit „üblicher" β-Rezeptoren-Blocker-Dauermedikation [81, 106, 117, 193, 213, 234,

260, 269, 271, 299, 338, 341, 351, 353, 362, 421, 475] sowie insbesondere die Mitteilungen über erfolgreiche Narkosen bei Patienten mit sehr hochdosierter β-adrenolytischer Therapie [235, 356, 446] können als Bestätigung angeführt werden.

Vergleichende Untersuchungen aus dem Bereich der Humanmedizin liegen mit Ausnahme der von Stephen u. Mitarb. durchgeführten Studie [443] bislang nicht vor. Diese Arbeitsgruppe überprüfte das Herz-Kreislauf-Verhalten bei Patientinnen unter Spontanatmungsbedingungen während einer Halothan(1 Vol.%)-Lachgas(75 Vol.%)-Sauerstoff-Narkose vor und nach intravenöser Injektion von 2 mg Oxprenolol, 5 mg Alprenolol bzw. 15 mg Practolol (Tabelle 28).

Die registrierten Änderungen korrelieren, obwohl sie unter Spontanatmungsbedingungen aufgezeichnet wurden, sehr gut mit den von Prys-Roberts u. Mitarb. (Tabelle 29) sowie von Merin und Tonnesen (Tabellen 30, 31) im Gefolge einer Practolol-Applikation an mit Halothan narkotisierten Hunden gesehenen Reaktionen. In welchem Umfang das Herz-Kreislauf-Verhalten bei Injektion einer äquieffektiven Propranololdosis beeinflußt wurde, bleibt allerdings offen.

Die spontane Herzfrequenz wird unter Narkosebedingungen offensichtlich ebenso wie im Wachzustand je nach Wirkprofil des eingesetzten β-Adrenolytikums in einem klinisch nachweisbaren Umfang unterschiedlich stark beeinflußt. Während die Belastungsherzfrequenz durch β-Sympatholytika mit und ohne β-adrenerge Eigenwirkung nahezu gleich stark gesenkt wird, ist der Effekt auf die Ruheherzfrequenz bei Vorliegen einer intrinsischen Stimulationswirkung doch deutlich geringer ausgeprägt als ohne Vorliegen einer intrinsic activity [50, 131, 291, 354].

Ob diese nachgewiesenen Unterschiede im kardiohämodynamischen Reaktionsverhalten in kardialen Grenzsituationen — anders als bei suffizientem oder auch mäßig suffizienzgemindertem Myokard — möglicherweise nicht doch eine klinische Relevanz erlangen können,

Tabelle 28. Von Stephen u. Mitarb. (1971) registriertes kardiohämodynamisches Reaktionsverhalten von Herz-Kreislauf-gesunden Patientinnen während einer Halothan-Lachgas-Sauerstoff-Inhalationsnarkose bei einer intravenösen Gabe von 2 mg Oxprenolol bzw. 5 mg Alprenolol oder 15 mg Practolol ($\bar{x} \pm s_x$). Der totale periphere Widerstand wurde aus den angegebenen Meßwerten errechnet. HF — Herzfrequenz, SAP-, DAP- und MAP — systolischer, diastolischer und arterieller Mitteldruck, LVEDP — linksventrikulärer enddiastolischer Druck, dP/dt_{max} — maximale Druckanstiegsgeschwindigkeit des linken Ventrikels, HMV — Herz-Minuten-Volumen, TPR — totaler peripherer arterieller Widerstand

Patienten	Herz-Kreislauf-gesunde Patientinnen ($n = 18$, Alter: 22—25 Jahre). Anaesthesien für gynäkologische Operationen
Narkose	1,0 Vol.% Halothan + 75 Vol.% N_2O + Spontanatmung
β-Sympatholythikum	2 mg Oxprenolol i.v. ($n = 6$) bzw. 5 mg Alprenolol i.v. ($n = 6$) bzw. 15 mg Practolol i.v. ($n = 6$)

Kardiohämodynamische Meßdaten		Oxprenolol		Alprenolol		Practolol	
		vor	nach	vor	nach	vor	nach
HF	n/min	85 ±10	76 ± 9	93 ± 8	83 ± 7	89 ± 7	80 ± 9
SAP	Torr	—	—	—	—	—	—
DAP	Torr	—	—	—	—	—	—
MAP	Torr	68 ± 4	65 ± 6	69 ±14	62 ±13	77 ± 6	73 ± 7
LVEDP	Torr	—	—	—	—	—	—
dP/dt_{max}	Torr/s	—	—	—	—	—	—
HMV	l/min	4,92±1,13	3,89±0,93	5,64±2,20	4,24±2,14	4,78±1,39	3,94±1,02
TPR	dyn·s·cm^{-5}	1106	13337	979	1170	1289	1482

Tabelle 29. Von Prys-Roberts und Mitarbeitern (1976) registriertes kardiohämodynamisches Reaktions-verhalten von Hunden nach überstandenem Herzinfarkt während einer Halothan-Lachgas-Sauerstoff-Inhalationsnarkose bei intravenöser Applikation von 0,3 mg Propranolol/kg KG bzw. von 2,0 mg Practo-lol/kg KG ($\bar{x} \pm s_x$). Der arterielle Mitteldruck wurde aus den angegebenen Meßwerten errechnet. HI – Herzindex. Weitere Abkürzungen s. Legende Tabelle 28

Tierart	Hunde (n = 15), geschlossener Thorax, definierter artifizieller Herzinfarkt 7 bis 10 Tage vor dem Versuch
Narkose	1,0 Vol.% Halothan + 66,0 Vol.% N_2O + O_2 + Normoventilation
β-Sympatho-lytikum	0,3 mg Propranolol/kg KG i.v. (n = 8) oder 2,0 mg Practolol/kg KG i.v. (n = 7)

Kardiohämodynamische Meßdaten		Propranolol			Practolol		
		vor	nach		vor	nach	
HF	n/min	141± 24	117± 24	p<0,01	135± 21	116± 19	p<0,025
SAP	Torr	110± 14	109± 24		107± 26	109± 22	
DAP	Torr	75± 14	69± 17		73± 27	71± 24	
MAP	Torr	87	82		84	84	
LVEDP	Torr	7± 5	10± 4		6± 3	7± 3	
dP/dt$_{max}$	Torr/s	2231±752	1694±616	p<0,005	2229±620	1936±539	
HMV (HI)	ml/min·kg	169± 63	124± 62	p<0,05	125± 55	132± 37	p<0,05
TPR	dyn·s·cm^{-5}	3948±975	5869±1145	p<0,05	4752±775	4288±659	

Tabelle 30. Von Merin und Tonnesen (1969) registriertes kardiohämodynamisches Reaktionsverhalten von Hunden während einer Halothan-Sauerstoff-Inhalationsnarkose bei intravenöser Applikation von 0,25 mg Propranolol/kg KG ($\bar{x} \pm s_{\bar{x}}$). Für den Kontraktilitätsparameter dP/dt$_{max}$ und den totalen peri-pheren Widerstand TPR sind keine Dimensionen angegeben worden. Abkürzungen s. Legende Tabelle 28

Tierart	Hunde (n = 8), geschlossener Thorax
Narkose	0,69 Vol.% Halothan + O_2 + kontrollierte Ventilation (pCO$_2$?)
β-Sympatholytikum	0,25 mg Propranolol/kg KG i.v.

Kardiohämodynamische Meßdaten		Propranolol		
		vor	nach	
HF	n/min	116 ± 7	106 ± 8	
SAP	Torr	–	–	
DAP	Torr	–	–	
MAP	Torr	113 ± 4	120 ± 4	p < 0,01
LVEDP	Torr	7 ± 1	10 ± 2	p < 0,05
dP/dt$_{max}$	?	18,3 ± 1,8	16,6 ± 1,5	
HMV	ml/min	2130 ± 280	1660 ± 240	p < 0,01
TPR	?	2,6 ± 2,0	3,8 ± 0,5	p < 0,05

läßt sich derzeit noch nicht übersehen. Zumindest scheint dies im Wachzustand der Fall zu sein. Nach Meesmann wird in der Akutphase eines Herzinfarktes durch die Applikation von Pindolol bzw. Practolol in aller Regel keine deletäre Herz-Kreislauf-Situation hervorgerufen. Mit Propranolol gelingt dies dagegen angeblich nahezu „mühelos", auch schon mit Dosen, die keineswegs sehr hoch sind. Entsprechende Beobachtungen konnten aber auch nach Gabe von Atenolol gemacht werden [284].

Tabelle 31. Von Merin (1972a) registriertes kardiohämodynamisches Reaktionsverhalten von Hunden während einer Halothan-Sauerstoff-Inhalationsnarkose bei intravenöser Applikation von 1,25 mg Practolol/kg KG ($\bar{x} \pm s_{\bar{x}}$). Für den Kontraktilitätsparameter dP/dt_{max} und den totalen peripheren Widerstand TPR sind keine Dimensionen angegeben. Die mittleren Fehler des Mittelwertes sind nur graphisch und nicht numerisch dargestellt. Abkürzungen s. Legende Tabelle 28

Tierart	Hunde (n = 8), geschlossener Thorax
Narkose	0,9 Vol.% Halothan + O_2 + Hyperventilation (pCO_2 27,6−29,1 mmHg)
β-Sympatholytikum	1,25 mg Practolol/kg KG i.v. (2 × 0,625 mg im Abstand von ca. 55 min)

Kardiohämodynamische Meßdaten		Practolol vor	nach	
HF	n/min	109 ± ?	124 ± ?	
SAP	Torr	−	−	
DAP	Torr	−	−	
MAP	Torr	106 ± ?	134 ± ?	p < 0,05
LVEDP	Torr	8 ± ?	10 ± ?	
dP/dt_{max}	?	22,9 ± ?	25,6 ± ?	p < 0,05
HMV	ml/min	2834 ± ?	2911 ± ?	
TPR	?	2,1 + ?	2,8 ± ?	p < 0,05

Die nachfolgend zu diskutierenden Untersuchungsbefunde, die von verschiedenen Untersuchungsgruppen an narkotisierten Hunden registriert wurden, lassen es in der Tat auch für den Zustand der Narkose als wahrscheinlich erscheinen, daß beim narkotisierten Patienten ebenso wie am wachen Patienten ein vergleichbar klinisch relevantes, je nach Wirkprofil des eingesetzten β-Sympatholytikums unterschiedlich stark voneinander abweichendes Herz-Kreislauf-Verhalten ausgelöst werden könnte.

Prys-Roberts u. Mitarb. sahen an Hunden nach frisch überstandenem Myokardinfarkt, daß nach intravenöser Gabe von 2,0 mg Practolol/kg KG in Gegenwart von 1,0 Vol.% Halothan und 66 Vol.% Lachgas außer einer Herzfrequenzreduktion um 14,1%, einem linksventrikulären Kontraktionskraftverlust von 13,1%, einer Steigerung des Herz-Minuten-Volumens um 5,6% und einer Reduktion des systemarteriellen Widerstandes um 9,8% keine weiteren relevanten Abweichungen kardiohämodynamischer Parameter ausgelöst wurden (Tabelle 29). Nach Applikation einer äquieffektiv β-adrenolytisch wirksamen Dosis von 0,3 mg Propranolol/kg KG konnte dagegen neben einer Herzfrequenzminderung um 17,0% einem dP/dt_{max}-Verlust von 24,1% sowie einer Herz-Minuten-Volumenabnahme um 26,7% ein Anstieg des systemarteriellen Widerstandes um immerhin 48,7% registriert werden [354, 372].

Auch Merin und Tonnesen (Tabellen 30, 31) sahen an Hunden in Gegenwart von 0,69 bzw. 0,9 Vol.% Halothan nach Gabe von Propranolol bzw. Practolol deutliche Unterschiede des kardiohämodynamischen Reaktionsverhaltens [290, 291]. Die intravenöse Applikation von 0,25 mg Propranolol/kg KG induzierte bei gleichzeitiger Inhalation von 0,69 Vol.% Halothan eine Reduktion der Herzfrequenz, der maximalen linksventrikulären Druckanstiegsgeschwindigkeit sowie des Herz-Minuten-Volumens um 8,6, 9,3 bzw. 22,1%. Gleichzeitig stiegen der linksventrikuläre enddiastolische Druck, der mittlere Aortendruck sowie der systemarterielle Widerstand um 58,6, 6,4 bzw. 46,2% an. Demgegenüber verursachte die kumulative Applikation von 1,25 mg Practolol/kg KG in Gegenwart von 0,9 Vol.% Halothan (Tabelle 31) einen Herzfrequenzanstieg von im Mittel 13,9% einen dP/dt_{max}-Zuwachs von 11,8% sowie eine Herz-Minuten-Volumen-Steigerung um 2,7%. Der links-

ventrikuläre enddiastolische Druck, der mittlere Aortendruck and der periphere Gesamtwiderstand stiegen mit 26,1, 27,0 bzw. 33,3% mit Ausnahme des mittleren Aortendrucks
deutlich geringer an als nach Gabe der gleichwertigen Dosis von Propranolol.

Der Vergleich dieser kardiohämodynamischen Meßdaten vor und nach Gabe der beiden
im Wirkprofil voneinander abweichenden β-Rezeptoren-blockierenden Substanzen zeigt also,
daß das Herz-Kreislauf-Verhalten durch Practolol offensichtlich weniger stark negativ beeinflußt wird als durch Propranolol. Die von Merin mitgeteilten Ergebnisse vermitteln sogar den
Eindruck, daß nach Gabe von Practolol eine klinisch relevante Besserung der Herz-Kreislauf-
Situation ausgelöst werden kann.

Da bei den vorgestellten vergleichenden Studien sowohl die Herz-Kreislauf-Ausgangs-
situationen wie auch die Versuchsbedingungen in den Vergleichskollektiven jeweils identisch
oder doch nahezu identisch waren, läßt sich das nachgewiesene, deutlich voneinander abweichende Herz-Kreislauf-Verhalten nur auf substanzspezifisch unterschiedlichen Wirkqualitäten von Propranolol und Practolol zurückführen. Die beim Propranolol vorhandene und beim
Practolol nicht vorhandene Membranwirkung dürfte hierfür jedoch nicht verantwortlich zu
machen sein. Im Herz-Lungen-Präparat der Katze wird die Kontraktionskraft des linken Ventrikels durch die approximativ auf die Verhältnisses dieses Modells übertragenen i.v.-Initial-
dosierungen von Propranolol, Atenolol und Metoprolol auch in Gegenwart der Narkotika
nicht unterschiedlich beeinflußt (Abb. 135). Selbst bei einer 10fachen Steigerung dieser
Dosierungen lassen sich in Gegenwart von 0,5 Vol.% Halothan weder für Propranolol noch
für Metoprolol wesentlich voneinander abweichende Einflüsse auf die maximale linksventrikuläre Druckanstiegsgeschwindigkeit nachweisen (Abb. 136). Da weder Atenolol noch Metoprolol oder Practolol über eine Membranwirkung verfügen [50, 130, 199, 321, 472], muß
angenommen werden, daß die beobachteten Unterschiede des Herz-Kreislauf-Verhaltens
nicht durch die unspezifische myokarddepressive Wirkung des Propranolols mitverursacht
sein können.

Selbst bei einer unkritischen Übertragung der von Prys-Roberts u. Mitarb. gewählten
β-Rezeptoren-Blocker-Dosierungen auf die Verhältnisse des Herz-Lungen-Präparates kann
kein unterschiedlicher myokarddepressiver Effekt für die beiden Substanzen nachgewiesen
werden. Bleiben nämlich die am intakten Organismus unverzüglich einsetzenden Verteilungs-,
Metabolisierungs- und Eliminationsvorgänge unberücksichtigt, so entsprechen 0,3 mg Propra-
nolol/kg KG immerhin einer Dosierung von 5,5 mg Propranolol/l. Für diese Dosis wird im
Herz-Lungen-Präparat bereits ein linksventrikulärer Kontraktionskraftverlust von im Mittel
5,5% registriert (Abb. 15). Wird die äquieffektiv wirkende Practololdosis ebenso unkritisch
auf die Situation des Herz-Lungen-Präparats übertragen, 2,0 mg Practolol/kg KG entsprechen
dann 36,4 mg Practolol/l, so kann ein nahezu identischer dP/dt_{max}-Rückgang ($-6,5\%$) beobachtet werden.

Somit kann also das von Prys-Roberts u. Mitarb. bzw. von Merin und Tonnesen sowie
von Merin registrierte, deutlich voneinander abweichende Herz-Kreislauf-Verhalten [290,
291, 354, 372] in der Tat selbst für Grenzfallbedingungen nicht auf differierende myokarddepressive Effekte von Propranolol und Practolol zurückgeführt werden. Es bleiben also nur
die beim Practolol vorhandene und beim Propranolol nicht vorhandene β-adrenerge Eigenwirkung und β_1-Rezeptoren-Prävalenz [50, 130, 199, 321, 472].

Der β-adrenerge Stimulationseffekt von Practolol ist erwiesenermaßen nur sehr gering
ausgeprägt [35, 285, 473]. Dies kann in den eigenen Untersuchungen bestätigt werden. Bei
der Erstellung der Dosis-Herzfrequenz- und Dosis-dP/dt_{max}-Beziehungen läßt sich bei kumulativer Zugabe von Practolol nur ein maximaler Herzfrequenzanstieg von im Mittel 2,5%

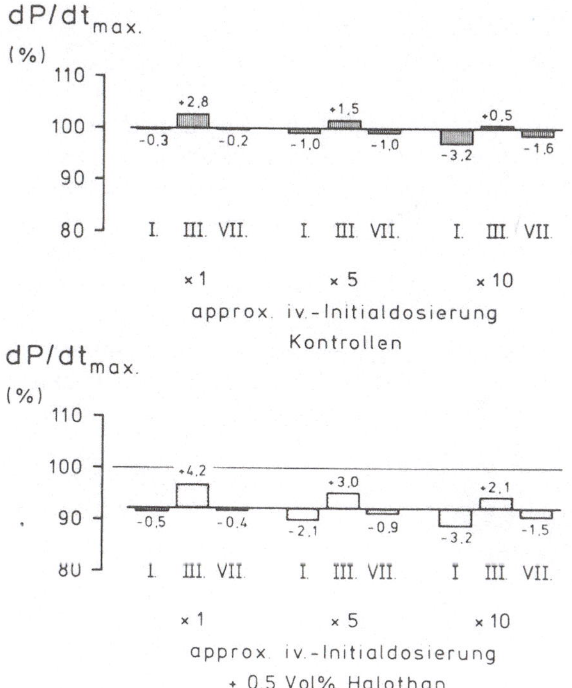

Abb. 136. Verhalten des Kontraktilitätsparameters dP/dt$_{max}$ in Gegenwart der für die Akuttherapie tachycarder Herzrhythmusstörungen empfohlenen und approximativ auf die Verhältnisse des Herz-Lungen-Präparates übertragenen i.v.-Initialdosierungen von Propranolol, Pindolol und Metoprolol sowie 5- und 10facher Dosissteigerung ohne und in Gegenwart von 0,5 Vol.% Halothan. Dargestellt sind die prozentualen Änderungen der maximalen linksventrikulären Druckanstiegsgeschwindigkeit (dP/dt$_{max}$) in %. **I.** = Propranolol, **III.** = Pindolol, **VII.** = Metoprolol

und ein maximaler Kontraktionskraftzuwachs von im Mittel 1,5% registrieren (Abb. 62, 63, Tabelle 32). Bei der approximativ übertragenen i.v.-Initialdosierung sind diese Anstiege bereits nicht mehr nachweisbar (Abb. 130).

Eine so geringe Steigerung der myokardialen Kontraktilität kann unmöglich allein die Ursache der von Prys-Roberts und Mitarbeitern registrierten, zum Teil sogar signifikanten Abweichungen des Herz-Kreislauf-Verhaltens sein (Tabelle 29). Da obendrein am intakten Ganztier nach Practolol ebenso wie nach Propranolol infolge der kompetitiven Blockierung der β$_1$-Rezeptoren die myokardiale Kontraktionskraft nachgewiesenermaßen sogar reduziert wird, ist es naheliegend, daß die im Gefolge der Propranolol- bzw. Practololapplikation zu

Tabelle 32. Maximale Herzfrequenz-(HF-) und dP/dt$_{max}$-Anstiege in Gegenwart von Acebutolol, Oxprenolol, Pindolol und Practolol in % der Ausgangswerte

	Acebutolol	Oxprenolol	Pindolol	Practolol
Dosierung	0,5 mg/l	0,2 mg/l	0,2 mg/l	0,08 mg/l
HF	9,0%	3,5%	5,5%	2,5%
dP/dt$_{max}$	3,5%	2,5%	3,5%	1,5%

beobachtenden Unterschiede des kardiohämodynamischen Reaktionsverhaltens weniger
myokardial als vielmehr periphervaskulär induziert sein müssen. In der Tat fällt auf, daß
unter dem Einfluß von Propranolol der systemarterielle Widerstand signifikant ansteigt,
wohingegen nach Practolol sogar ein geringfügiger Rückgang nachweisbar wird. Ursächlich
mitverantwortlich für die Zunahme des systemarteriellen Widerstandes nach der Applikation von Propranolol ist sicherlich eine Minderung der Herzauswurfleistung infolge einer
Abschwächung des β-adrenergen Antriebs auf das Myokard mit konsekutiver Aktivierung
barorezeptorengesteuerter Kreislaufregulationsmechanismen. Da jedoch der β-adrenerge
Hemmeffekt der injizierten Propranolol- und Practololdosierungen nahezu gleichwertig
ist — die Herzfrequenz wird im Mittel um 17,0 bzw. 14,1% gesenkt —, kann ein stark unterschiedlicher Aktivierungsgrad vegetativer Gegenregulationsmechanismen ausgeschlossen
werden. Somit läßt sich das differierende kardiohämodynamische Reaktionsverhalten in
der Tat im wesentlichen auf unterschiedlich ausgeprägte periphervaskuläre β-Rezeptoren-
Blocker-Effekte zurückführen.

Diese Interpretation wird durch die Beobachtungen von Hainsworth u. Mitarb. bestätigt,
die an narkotisierten Hunden registrierten, daß durch Isoprenalin induzierte Herz-Kreislauf-
Effekte mittels Practolol vergleichsweise stärker im Bereich des Myokards als im Bereich der
Gefäßperipherie und mittels Propranolol stärker im Bereich der Gefäßperipherie als im Bereich des Myokards abgeblockt werden [165]. Es liegt also auf der Hand, daß der systemarterielle Widerstand nach Gabe von Practolol aufgrund der geringeren periphervaskulären
Wirkung weniger verändert wird als nach Gabe von Propranolol.

Dieses unterschiedliche Widerstandsverhalten konnte auch an wachen Probanden bzw.
Patienten eindrucksvoll bestätigt werden [50]. So wird bei akuter β-Rezeptoren-Blocker-
Applikation der systemarterielle Widerstand in Streßsituationen in Gegenwart von β_1-Rezep-
toren-prävalenten β-Adrenolytika (z.B. Practolol) praktisch nicht verändert, wohingegen in
Gegenwart nicht β_1-Rezeptoren-prävalenter β-Adrenolytika (z.B. Propranolol) der arterielle
Gesamtwiderstand doch bereits deutlich ansteigt. Das Ausmaß dieses Tonisierungseffektes der
nicht β_1-Rezeptoren-prävalenten Substanzen wird jedoch durch eine gleichzeitig vorhandene
β-adrenerge Eigenwirkung je nach Stärke der intrinsic activity mehr oder minder stark abgeschwächt [50]. Da Practolol nicht nur eine höhere Affinität zu den β_1- als zu den β_2-Rezep-
toren hat, sondern darüber hinaus auch über eine milde β-Rezeptoren-stimulierende Eigenwirkung verfügt, muß in der Tat nach Gabe von Practolol bei vergleichbaren Versuchs- und
Ausgangsbedingungen der systemarterielle Widerstand geringer verändert werden als nach
Gabe von Propranolol. Folglich wird auch in Gegenwart von Practolol in aller Regel ein
größeres Herz-Minuten-Volumen registriert werden als unter dem Einfluß einer äquieffektiven Dosierung von Propranolol.

Für die von Merin im Anschluß an die Practolol-Applikation registrierten Änderungen
der Herz-Kreislauf-Situation (Tabelle 31) sind im Gegensatz zu den Beobachtungen von Prys-
Roberts u. Mitarb. (Tabelle 29) neben den peripher vaskulär induzierten Effekten fraglos
auch β-adrenerg vermittelte positiv inotrope Wirkungen in einem relevanten Umfang verantwortlich zu machen. Nahezu alle angeführten Parameter lassen eine Steigerung der Herzfunktion erkennen. Das Ausmaß dieser von Merin mitgeteilten Zugewinne ist allerdings ungewöhn-
lich hoch und korreliert nicht mit den Ergebnissen, die von anderen Arbeitsgruppen am intakten
Tier gefunden wurden [35, 285, 354, 473]. Auch die eigenen Ergebnisse lassen für Practolol
keinen so ausgeprägten myokardfunktionssteigernden Stimulationseffekt erwarten. Nur an
Ratten, deren Katecholaminspeicher durch Gabe von Syrosingopin entleert wurden, konnten
vergleichbare und zum Teil sogar wesentlich stärkere Frequenzanstiege registriert werden [473].

Tabelle 33. Von Chernecki u. Mitarb. (1978) registriertes kardiohämodynamisches Reaktionsverhalten von Hunden während einer Halothan-Sauerstoff-Inhalationsnarkose bei intravenöser Applikation von 5 mg Acebutolol/kg KG ($\bar{x} \pm s_{\bar{x}}$). Abkürzungen s. Legende Tabelle 28

Tierart	Hunde ($n = 6$), geöffneter Thorax, definierter artifizieller Herzinfarkt vor Zugabe des β-Sympatholytikums
Narkose	0,5 Vol.% Halothan + O_2 + Normoventilation
β-Sympatholytikum	5 mg Acebutolol/kg KG i.v.

Kardiohämodynamische Meßdaten		Acebutolol		
		vor	nach	
HF	n/min	105 ± 9	92 ± 9	p < 0,005
SAP	Torr	−	−	
DAP	Torr	−	−	
MAP	Torr	108 ± 9	102 ± 9	
LVEDP	Torr	11 ± 3	11 ± 2	
dP/dt_{max}	Torr/s	−	−	
HMV	ml/min	1190 ± 115	1070 ± 82	
TPR	dyn · s · cm^{-5}	7261	7626	

Tabelle 34. Von Burt und Foex (1979) registriertes kardiohämodynamisches Reaktionsverhalten von Hunden während einer Halothan-Sauerstoff-Inhalationsnarkose bei intravenöser Applikation von 1 mg Metoprolol/kg KG ($\bar{x} \pm s_{\bar{x}}$). Der arterielle Mitteldruck wurde aus den angegebenen Meßwerten errechnet. Abkürzungen s. Legende Tabelle 28

Tierart	Hunde ($n = 9$), geöffneter Thorax
Narkose	0,8 Vol.% Halothan + O_2 + Normoventilation
β-Sympatholytikum	1 mg Metoprolol/kg KG i.v.

Kardiohämodynamische Meßdaten		Metoprolol		
		vor	nach	
HF	n/min	143 ± 10	114 ± 4	p < 0,01
SAP	Torr	99 ± 4	90 ± 3	p < 0,005
DAP	Torr	75 ± 5	65 ± 4	p < 0,005
MAP	Torr	83	74	
LVEDP	Torr	3 ± 1	5 ± 1	p < 0,05
dP/dt_{max}	Torr/s	1662 ± 90	1150 ± 68	p < 0,005
HMV (HI)	ml/min kg	105 ± 8	83 ± 7	p < 0,005
TPR	kPa l^{-1}	335 ± 40	384 ± 54	p < 0,05

Ein ähnliches Herz-Kreislauf-Verhalten wie Prys-Roberts u. Mitarb. nach der Applikation von Practolol beobachten konnten, wurde auch nach Gabe vergleichbarer Dosierungen von Acebutolol bzw. Metoprolol gesehen. So registrierten Chernecki u. Mitarb. an narkotisierten Hunden, daß nach intravenöser Applikation von 5 mg Acebutolol/kg KG der systemarterielle Widerstand trotz eines Rückgangs der Herzfrequenz um 12,4%, des Herz-Minuten-Volumens um 10,1% und des arteriellen Mitteldrucks um 5,6% nur um 5,0% über den Ausgangswert anstieg [73] (Tabelle 33).

Auch Burt und Foëx sahen nach intravenöser Gabe von 1 mg Metoprolol/kg KG bei gleichzeitiger Applikation von 0,8 Vol.% Halothan ein vergleichbares Herz-Kreislauf-Verhalten [67] (Tabelle 34). Trotz einer Reduktion der Herzfrequenz um 20,3% der linksventrikulären Kontraktionskraft um 30,8% und des Herz-Minuten-Volumens um 21,0% stieg der systemarterielle Widerstand nur um insgesamt 14,6% an.

Diese von verschiedenen Arbeitsgruppen mitgeteilten Untersuchungsergebnisse lassen in der Tat den Eindruck entstehen, daß in kardialen Grenzsituationen auch während einer Allgemeinanaesthesie das Wirkprofil β-adrenolytisch wirkender Substanzen möglicherweise entscheidend wichtig sein kann. Allerdings darf jedoch bei der Interpretation dieser Befunde auch nicht vergessen werden, daß die hier vorgestellten Untersuchungsergebnisse durchweg an herz-kreislauf-gesunden bzw. an nur isoliert myokardgeschädigten Tieren gewonnen wurden und daß in aller Regel die bei diesen Studien benutzten β-Rezeptoren-Blocker-Dosierungen im klinischen Bereich nicht erreicht werden. Da derzeit noch keine entsprechenden Studien aus dem Bereich der Humanmedizin vorliegen, ist eine abschließende Beantwortung der Frage, ob bestimmte Wirkprofile β-Rezeptoren-blockierender Substanzen in kardialen Grenzsituationen ebenso wie im Wachzustand auch im Zustand der Narkose unter Umständen entscheidende Vorteile bieten können, zum gegenwärtigen Zeitpunkt nicht möglich.

4.5.3 Schlußfolgerung

Die bis zum gegenwärtigen Zeitpunkt vorliegenden Befunde, die sowohl in gezielten tierexperimentellen Studien wie auch an Patienten während erforderlich gewordener Allgemeinanaesthesien gewonnen wurden, demonstrieren, daß bei suffizientem Myokard, fehlender Bradycardie, ungestörter atrioventrikulärer Überleitung und ausgeglichenem Kreislaufvolumen in Gegenwart klinisch üblicher Konzentrationen von Halothan und/oder Enfluran und/oder Dehydrobenzperidol plus Fentanyl weder eine bereits präoperativ bestehende noch eine erst intraoperativ eingeleitete β-sympatholytische Therapie eine Herz-Kreislauf-Gefährdung des Patienten zu induzieren vermag. Dies gilt auch, wie verschiedene tierexperimentelle Untersuchungen eindeutig belegen, ebenso für extreme kardiohämodynamische Belastungsbedingungen. Ausschlaggebend ist, daß weder in Gegenwart von Halothan noch von Enfluran oder von Dehydrobenzperidol plus Fentanyl die Herz-Kreislauf-Situation durch eine narkotikum-induzierte Steigerung der Sympathikusaktivität stabilisiert wird.

Die Beobachtungsergebnisse der tierexperimentellen Studien an intakten Ganztieren zeigen aber auch auf, daß das Herz-Kreislauf-Verhalten offensichtlich je nach Wirkqualitätsmuster der benutzten β-Adrenolytika unterschiedlich stark modifiziert wird. Die hierbei registrierten wirkprofil-spezifischen Abweichungen des kardiohämodynamischen Reaktionsverhaltens sind, wie die eigenen Untersuchungsergebnisse am Herz-Lungen-Präparat der Katze demonstrieren, weniger auf myokardial als vielmehr auf periphervaskulär ausgelöste β-Rezeptoren-Blocker-Effekte zurückzuführen. Der Umfang dieser Modifikationen des Herz-Kreislauf-Verhaltens ist allerdings so gering, daß ihnen bei ausreichender basaler Myokardkontraktilität im Hinblick auf die Kompensationsbreite das Herz-Kreislauf-System keinerlei entscheidende Bedeutung zukommt.

Somit kann bei nicht entscheidend eingeschränkter myokardialer Leistungsreserve eine bereits präoperativ bestehende β-Sympathikolyse weder für die Applikation einer Halothanbzw. Enflurannarkose noch einer Neuroleptanalgesie eine außergewöhnliche zusätzliche Risikogefährdung des Patienten beinhalten. Da zudem durch verschiedene Arbeitsgruppen sogar nachgewiesen werden konnte, daß durch die Fortführung einer internistisch indizierten β-Rezeptoren-Blocker-Therapie die intra- und postoperative Herz-Kreislauf-Gefährdung des Patienten gesenkt wird [81, 106, 117, 260, 269, 271, 299, 353, 475] und andererseits obendrein auch das abrupte Absetzen einer β-adrenolytischen Therapie mit einer zusätzlichen Herz-Kreislauf-Gefährdung verbunden ist [7, 47, 52, 89, 92, 156, 157, 289, 297, 307, 308, 323, 339, 405], muß das präoperative Reduzieren oder gar Absetzen einer β-adrenolytischen Medikation bei nicht entscheidend begrenzter Myokardfunktion ohne Frage als kontraindiziert beurteilt werden.

Ist dagegen die myokardiale Leistungsfähigkeit bereits so stark beeinträchtigt, daß die Herz-Kreislauf-Situation nur über einen erhöhten sympathischen Antrieb kompensiert werden kann, so beinhaltet eine geplante oder aber auch bereits bestehende β-Rezeptoren-Blockade ebenso wie im Wachzustand auch im Zustand der Narkose ein beträchtliches Risiko. Allerdings muß dieses Risiko der Herz-Kreislauf-Gefährdung unter Narkosebedingungen als unzweifelhaft höher eingestuft werden als im Wachzustand. Ursächlich verantwortlich ist nicht nur der Umstand, daß Narkotika die Myokardfunktion zusätzlich je nach gewählter Substanz und Substanzkonzentration sowohl direkt wie auch indirekt negativ beeinflussen, sondern auch die Tatsache, daß das Herz während eines operativen Eingriffs in Allgemeinanaesthesie zugleich auch deutlich höheren Belastungen als im Wachzustand — beispielsweise infolge kontrollierter Beatmung, mangelhafter Analgesie oder nicht ausreichend substituierter Volumenverluste — ausgesetzt ist. In dieser Situation ist es in der Tat gerechtfertigt, die β-adrenolytische Therapie zu reduzieren oder gar zu beenden. Voraussetzung ist allerdings, daß die Myokardkontraktilität durch eine adäquate Digitalisierung nicht ausreichend gebessert werden kann [318].

Derzeit ist noch nicht abgeklärt, ob in diesen kardialen Grenzsituationen das kardiohämodynamische Reaktionsverhalten nicht möglicherweise je nach Art des Wirkprofils der benutzten β-Adrenolytika entscheidend unterschiedlich modifiziert wird. Zwar liegen bereits einige tierexperimentelle Untersuchungsergebnisse vor, die aufzeigen, daß das Herz-Kreislauf-Verhalten durch β-Sympatholytika mit β-adrenerger Eigenwirkung und/oder β_1-Rezeptoren-Prävalenz vergleichsweise günstiger beeinflußt wird, als durch β-Sympatholytika ohne diese Wirkqualitäten, ob aber diese Ergebnisse letztendlich auch uneingeschränkt auf die Verhältnisse des Patienten übertragbar sind, ist noch nicht zu übersehen. Dennoch muß für die intraoperative β-adrenolytische Akuttherapie tachycarder Herzrhythmusstörungen insbesondere in kardialen Grenzfällen die Empfehlung ausgesprochen werden, grundsätzlich nur noch solche β-Sympatholytika einzusetzen, die über eine β_1-Rezeptoren-Prävalenz und β-adrenerge Eigenwirkung bzw. zumindest doch über eine ausgeprägte β-adrenerge Eigenwirkung oder aber über eine klinisch relevante β_1-Rezeptoren-Prävalenz verfügen.

Als gesichert ist zu akzeptieren, daß die häufig zitierte Membranwirkung der bislang verfügbaren β-Rezeptoren-blockierenden Substanzen unter klinischen Bedingungen selbst bei Applikation einer Narkose weder im Hinblick auf unspezifisch myokarddepressive noch auf antiarrhythmische Effekte Bedeutung hat. Dagegen ist ebenso gesichert, daß β-Sympatholytika mit einer β-adrenergen Eigenwirkung ebenso wie im Wachzustand auch im Zustand einer Allgemeinanaesthesie die Ruheherzfrequenz weniger stark absenken, als Substanzen ohne einen entsprechenden intrinsischen Stimulationseffekt.

5 Zusammenfassung

Die in der vorliegenden Arbeit dargestellten Untersuchungen sind ein Beitrag zur exakteren
Beschreibung des Myokardverhaltens während einer Allgemeinanaesthesie mit Halothan, Enfluran oder Dehydrobenzperidol plus Fentanyl in Gegenwart β-Rezeptoren-blockierender
Substanzen. Um jedwede Verfälschung der Ergebnisse infolge indirekter auf die Myokardfunktion wirkender Mechanismen sicher ausschließen zu können, wurden die experimentellen Studien am isolierten Herz-Lungen-Präparat der Katze durchgeführt. Im einzelnen sind
folgende Fragestellungen abgeklärt worden:
1. Wie verhalten sich die Kontraktionsfrequenz bzw. die Kontraktionskraft isolierter Herzen
bei kumulativer Zugabe von β-Rezeptoren-blockierenden Substanzen mit differenten Wirkprofilen (Propranolol, Acebutolol, Atenolol, Metoprolol, Oxprenolol, Pindolol, Practolol)?
2. In welchem Umfang wird die myokardiale Leistungsbreite der isolierten Herzen durch
definierte Dosierungen dieser β-Rezeptoren-Blocker beeinträchtigt?
3. Welchen Einfluß hat eine zusätzliche Applikation von 0,5 Vol.% Halothan, 1,1 Vol.% Enfluran bzw. einer äquieffektiven Neuroleptanalgesiedosierung?
4. Welche Bedeutung haben die gewonnenen Befunde für die klinische Routine?

Die Resultate der experimentellen Untersuchungen am Herz-Lungen-Präparat zeigen,
daß die Myokardfunktion durch β-Rezeptoren-blockierende Substanzen trotz differenter
Wirkprofile nicht signifikant unterschiedlich beeinflußt wird. Bei den für die Akuttherapie
tachycarder Herzrhythmusstörungen empfohlenen und approximativ auf die Verhältnisse
des Herz-Lungen-Präparates übertragenen i.v.-Initialdosierungen der überprüften β-Adrenoly-
tika können für die spontane Herzfrequenz sowie für die maximale linksventrikuläre Druckanstiegsgeschwindigkeit im Mittel nur Abweichungen zwischen +6,5 und −1,5 bzw. +2,8 und
−0,2% registriert werden (p jeweils $>$ 0,05!).

In Anbetracht der für alle untersuchten β-Sympatholytika nachgewiesenen großen Sicher-
heitsabstände zwischen spezifischer β-Rezeptoren-blockierender und unspezifisch myokarddepressiver Wirkung ist es offensichtlich, daß eventuelle *Membraneffekte* β-sympatholytisch
wirkender Substanzen klinisch keine Bedeutung haben. Dies gilt sowohl für den wachen wie
auch für den narkotisierten Patienten.

Die *β-adrenerge* Eigenwirkung der überprüften β-Adrenolytika ist jeweils so gering ausgeprägt, daß aufgrund eines solchen stimulierenden β-Rezeptoren-Blocker-Effektes fraglos
keine entscheidende Verbesserung der Myokardfunktion erwartet werden darf. In Gegenwart von Acebutolol, Pindolol, Oxprenolol und Practolol kann jeweils nur ein maximaler
Inotropiegewinn von im Mittel 3,5, 2,5, 3,5 und 1,5% registriert werden. Bei der approximierten i.v.-Initialdosierung ist sogar nur ein Zuwachs von 0,1, 2,8, 1,5 und 0,0% zu beobachten. Ein vergleichbares Resultat wird auch in Gegenwart von 0,5 Vol.% Halothan,
1,1 Vol.% Enfluran und einer äquieffektiven Neuroleptanalgesiedosierung gesehen. Hier betragen die Zugewinne in Gegenwart von Pindolol jeweils 4,6, 4,1 und 2,3% (p jeweils $>$ 0,05!).
Nach Gabe einer äquieffektiven Acebutololdosis kann in Gegenwart von Halothan ein Kontraktionskraftzuwachs von im Mittel 1,8% beobachtet werden (p $>$ 0,05). Infolge dieser in
der Tat geringen kontraktilitätssteigernden Effekte können auch weder bei der isolierten

Widerstandsbelastung noch bei der isolierten Volumenbelastung signifikante Steigerungen der myokardialen Leistungsbreite nachgewiesen werden.

Im Herz-Lungen-Präparat lassen sich, wie zu erwarten, keine Unterschiede hinsichtlich der Beeinflussung der Myokardfunktion durch β-Rezeptoren-blockierende Substanzen mit oder ohne β_1-*Rezeptoren-Prävalenz* aufzeigen.

Bei einem gemeinsamen Einwirken der überprüften Narkotika- und β-Rezeptoren-Blocker-Dosierungen wird ein weitestgehend additives Verhalten der direkt chronotropen und inotropen Substanzeffekte gesehen. Die kumulativen Dosis-Wirkungs-Kurven der β-Sympatholytika werden jeweils um den Betrag zu niedrigeren Werten verschoben, der auch bei einer alleinigen Gabe der Narkotika registriert wird. Die verschiedenen durchgeführten isolierten Belastungsprüfungen erbringen ein gleiches Resultat.

Die vorliegenden Ergebnisse demonstrieren unzweifelhaft, daß die basale myokardiale Kontraktilität in Gegenwart klinisch üblicher Konzentrationen von Halothan und/oder Enfluran und/oder Dehydrobenzperidol plus Fentanyl weder bei einer bereits präoperativ bestehenden noch einer erst intraoperativ eingeleiteten β-sympatholytischen Therapie unvorhersehbar beeinflußt wird. Da andererseits durch tierexperimentelle Studien an intakten Ganztieren auch eindeutig belegt ist, daß bei suffizientem oder sogar mäßig leistungsgemindertem Myokard selbst eine nahezu totale β-Rezeptoren-Blockade auch unter extremen kardiohämodynamischen Belastungsbedingungen nicht zu einem Zusammenbruch der Herz-Kreislauf-Funktion führt, ist es offensichtlich, *daß eine kompetitive Blockade der β-Rezeptoren für den Patienten kein wesentliches Risiko für die Applikation einer Halothan- oder Enflurannarkose bzw. einer Neuroleptanalgesie beinhaltet. Voraussetzung ist allerdings* ein ausreichend suffizientes Myokard, eine fehlende Bradycardie, eine ungestörte atrioventrikuläre Überleitung sowie ein adäquat ausgeglichenes Kreislaufvolumen.

Ist dagegen die myokardiale Leistungsbreite bereits sehr stark beeinträchtigt, so erhöht eine geplante oder aber auch bereits bestehende β-Rezeptoren-Blockade das Risiko intraoperativ auftretender bedrohlicher Herz-Kreislauf-Funktionsstörungen noch stärker als im Wachzustand. Daher kann in dieser Situation, anders als bei suffizientem Myokard, ein präoperatives Reduzieren oder gar vollständiges Absetzen der täglichen β-adrenolytischen Therapie im Einzelfall indiziert sein.

Das in tierexperimentellen Studien an intakten Ganztieren nachgewiesene, je nach Wirkprofil der eingesetzten β-Adrenolytika zum Teil sogar signifikant voneinander abweichende Herz-Kreislauf-Verhalten ist, wie die eigenen Ergebnisse aufzeigen, weniger auf myokardial als vielmehr auf periphervaskulär ausgelöste β-Rezeptoren-Blocker-Effekte zurückzuführen. Der Umfang dieser Modifikationen des Herz-Kreislauf-Verhaltens ist jedoch hinwieder so gering, daß ihnen bei ausreichender basaler Myokardkontraktilität im Hinblick auf den Umfang der Kompensationsbreite des Herz-Kreislauf-Systems keine entscheidende Bedeutung zukommt.

Ob in kardialen Grenzsituationen während einer Allgemeinanaesthesie das kardiohämodynamische Reaktionsverhalten ebenso wie im Wachzustand nicht möglicherweise doch je nach Art des Wirkprofils der benutzten β-Sympatholytika entscheidend unterschiedlich modifiziert wird, ist derzeit noch nicht zu übersehen. Aus diesem Grunde muß für eine intraoperative β-adrenolytische Akuttherapie tachykarder Herzrhythmusstörungen insbesonders bei gravierenden Myokardfunktionseinschränkungen empfohlen werden, grundsätzlich nur noch solche β-Rezeptoren-Blocker einzusetzen, die entweder über eine β_1-Rezeptoren-Prävalenz und eine β-adrenerge Eigenwirkung, oder aber zumindest über eine β-adrenerge Eigenwirkung bzw. eine β_1-Rezeptoren-Prävalenz verfügen.

6 Literatur

1. Åblad B, Carlsson E, Ek L (1973) Pharmacological studies of two new cardioselective adrenergic beta-receptor antagonists. Life Sci 12:107–119
2. Åblad B, Borg KO, Carlsson E, Ek L, Johnsson G, Malmfors T, Regårdh CG (1975) A survey of the pharmacological properties of metoprolol in animals and man. Acta Pharmacol Toxicol 36, Suppl V, pp 7–23
3. Achong MR, Piafsky KM, Ogilvie RI (1975) The effects of timolol (MK 950) and propranolol on peripheral vessels in man. Clin Pharmacol Ther 17:228
4. Ahlgren J, Aronsen KF, Björkman J, Wetterlin S (1978) The haemodynamic effect of halothane in the normovolemic dog. Acta anaesth Scand 22:83–92
5. Ahlquist RP (1967) Development of the concept of alpha and beta adrenotropic receptors. Ann NY acad Sci 139:549–552
6. Ahnefeld FW, Frey R (1965) Untersuchungen über den Plasma-Katecholaminspiegel nach Operation und Traumen. Anaesthesist 14:36–38
7. Alderman EL, Coltart DJ, Wettach GE, Harrisson DC (1974) Coronary artery syndromes after sudden propranolol withdrawal. Ann Int Med 81:625–627
8. Amer MS (1977) Mechanismen of action of beta-blockers in hypertension. Biochem Pharmac 26: 171–175
9. Andersen MN, Mouritzen C (1966) Effect of acute respiratory and metabolic acidosis on cardiac output and peripheral resistance. Ann Surg 163:161–168
10. Apivor D (1960) Halothane. Some difficulties and dangers in the administration. Anaesthesia 15: 11–24
11. Arndt JO, Krzossa M, Müller A (1974) Der Einfluß von Ethrane und Halothan auf die Aktivität der Barorezeptoren des Aortenbogens von Katzen. In: Lawin P, Beer R (eds) Ethrane, Anaesthesiologie und Wiederbelebung Bd 84, Springer, Berlin Heidelberg New York, pp 115–122
12. Arnold G, Kosche F, Miesner E, Neizert A, Lochner W (1968) Importance of the perfusion pressure in the coronary arteries for the contractility and the oxygen consumption of the heart. Pflügers Arch ges Physiol 299:339–356
13. Asher M, Frederickson EL (1960) Halothane versus chloroform: The dose response using the isolated rabbit heart. Anesth Analg Curr Res 41:429–434
14. Åström H (1976) Clinical pharmacodynamics of beta-adrenergic blockers. In: Ganten D, Diétz R, Lüth B, Gross F (eds) Beta-adrenerge Blocker und Hochdruck. Thieme, Stuttgart, pp 46–54
15. Atterhög JH, Duner H, Pernow B (1977) Haemodynamic effects of pindolol in hypertensive patients. Acta med Scand, Suppl 606, pp 55–62
16. Bachmann GW (1972) Beta-Sympathicolyse als therapeutisches Prinzip. Kurzmonographien Sandoz Nr 7, pp 16–17
17. Badeer HS (1963) Contractile tension in the myocardium. Amer Heart J 66:432–434
18. Barlogh D, Hammerle AF, Hörtnagl H, Brücke Th, Stadler-Wolffersgrün R (1979) Plasma-Katecholamine bei Halothan-N_2O-Anaesthesie und Neuroleptanalgesie. Anaesthesist 28:517–522
19. Barnes CD, Eltherington LG (1964) Drug dosage in laboratory animals. A handbook. University of California Press, Berkeley, p 62
20. Barrett AM, Cullum VA (1968) The biochemical properties of the optical isomers of propranolol and their effects of cardiac arrhythmias. Brit J Pharmacol 34:43–55
21. Barrett AM (1975) A survey of the pharmacological properties of adrenergic beta-receptor antagonists. In: Lydtin H, Meesmann W (eds) Kardiale Sympathikolyse als therapeutisches Prinzip. Thieme, Stuttgart, pp 1–23
22. Bartsch W, Dietmann K, Leinert H, Sponer G (1977) Cardiac action of corazolol and methypranol in comparison with other beta-receptor blockers. Arzneimittelforschung 27:1022–1026

23. Bassenge E (1975) Diskussionsbemerkung. In: Messmer K, Schmid-Schönbein H (eds) Intentional Hemodilution. Karger, Basel München Paris London New York Sydney, pp 166–177
24. Beer D, Beer R, von Wolff A, Duffner H (1973) Die Einwirkung des neuen Inhalationsnarkotikums Ethrane auf Myokardkontraktilität und Hämodynamik im Vergleich zu Halothan. Anaesthesist 22: 192–197
25. Beer R, Beer D (1973) Beeinflussung der myokardialen Kontraktilität durch Narkotika. Münch med Wochenschr 115:281–289
26. Beer D, Beer R (1974) Die Beeinflussung der Myokardkontraktilität und Hämodynamik durch Ethrane beim Hund. In: Lawin P, Beer R (Hrsg) Anaesthesiologie und Wiederbelebung Bd 84. Springer, Berlin Heidelberg New York, pp 94–101
27. Bender F, Bleifeld W, Meesmann W, Merx W, Rothlin M, Seipel L (1978) Arrhythmien und Beta-Blocker, Rundtischgespräch. In: Mäurer W, Schömig A, Dietz P, Lichtlen PR (Hrsg) Beta-Blockade 1977. Thieme, Stuttgart, pp 332–367
28. Bergel DE, Hunter PJ (1979) The mechanics of the heart. In: Hwang NHC, Gross DR, Patel DJ (eds) Quantitative cardiovascular studies. Clinical and research applications of engineering principles. University Park Press, Baltimore, pp 151–214
29. Bergmann H (1976) Die Auswahl der Anaesthesiemittel und -methoden bei kardiozirkulatorischen Risikofaktoren. In: Ahnefeld FW, Bergmann H, Burri C, Dick W, Halmagyi M, Rügheimer E (Hrsg) Der Risikopatient in der Anaesthesie. 1. Herz-Kreislauf-System. Klinische Anaesthesiologie und Intensivtherapie Bd 11. Springer, Berlin Heidelberg New York, pp 135–155
30. Bermann H, Necek S (1976) Spezielle Probleme der Anaesthesie-Einleitung bei Risikopatienten. In: Henschel WF (Hrsg) Probleme der intravenösen Anaesthesie. Dr. Straube, Erlangen, pp 19–37
31. Bernecker C, Roetscher I (1970) The beta-blocking effect of practolol in asthmatics. Lancet 2:662
32. Beumer HM (1974) Adverse effects of beta-adrenergic receptor blocking drugs on respiratory function. Drugs 7:130–138
33. Beumer HM (1975) Influence of beta-adrenergic blocking drugs on ventilatory function in asthmatics. In: Lydtin H, Meesmann W (eds) Kardiale Sympathikolyse als therapeutisches Prinzip. Thieme, Stuttgart, pp 60–64
34. Bille-Brahe NE, Bredgard Sørensen M, Mondorf T, Engell HC (1978) Central haemodynamics during induction of neurolept anaesthesia in patients with arteriosclerotic heart disease. Acta anaesth Scand, Suppl 67, pp 47–54
35. Bilski A, Harry JD, Wale JL (1976) Two types of intrinsic sympathomimetic activity with beta adrenoceptor blocking drugs. In: Ganten D, Dietz R, Lüth B, Gross F (eds) Beta-adrenerge Blocker und Hochdruck. Thieme, Stuttgart, pp 33–36
36. Bird CG, Hayward I, Howells TH, Jones GD (1969) Cardiac arrhytmias during thyreoid surgery. Anaesthesia 24:180–189
37. Birkenhäger WH, Leeuw PH, Kho TL, Wester A, Vandongen R, Falke HE (1978) Selection of hypertensive patients for treatment with beta-blockers. In: Mäurer W, Schömig A, Dietz R, Lichtlen PR (eds) Beta-Blockade 1977. Thieme, Stuttgart, pp 113–121
38. Bjerle P, Jacobsson A, Agert G (1975) Adrenergic beta-receptor blockade in essential hypertension: a comparison between pindolol (Visken) and propranolol (Inderal). Curr Ther Res 18:387–394
39. Black GW (1965) A review of the pharmacology of halothane. Brit J Anaesth 37:688–705
40. Black GW, Duncan WAM, Shanks RG (1965) Comparison of some properties of pronethalol and propranolol. Brit J Pharmacol 25:577–591
41. Black GW, McArdle L (1965) The effect of methoxyflurane (Penthrane) on the peripheral circulation in man. Brit J Anaesth 37:947–951
42. Black GW (1979) Enflurane. Brit J Anaesth 51:627–640
43. Black GW (1980) Cardiovascular, respiratory and hepatic effects of inhalational anaesthetics. In: Gray TC, Nunn JF, Utting JE (eds) General anaesthesie, 4th edition, volume 1. Butterworths, London Boston Sydney Wellington Durban Toronto, pp 159–187
44. Bliss CI (1967) Statistics in biology, Volume 1, Statistical methods for research in the natural sciences. McGraw-Hill-Book Company, New York St Louis San Francisco Toronto London Sydney
45. Bodem G, Grube E, Fuchs M, Gugler R (1978) Untersuchungen zum Verhalten von Propranolol im menschlichen Organismus. In: Mäurer W, Schömig A, Dietz R, Lichtlen PR (Hrsg) Beta-Blockade 1977. Thieme, Stuttgart, pp 59–64
46. Bodem G (1979) Differentialtherapie mit adrenergen Beta-Blockern? Fortschr Med 97:1301–1304

47. Bodem G, Ochs HR (1979) Wirkung von Beta-Rezeptoren-Blockern bei Angina Pectoris. Dtsch med Wochenschr 104:6−9

48. Bohlmann F (1907) Das Schlagvolumen des Herzens und seine Beziehung zur Temperatur des Blutes. Arch Physiol 120:400−404

49. Bolte HD (1979) Herzrhythmusstörungen. In: Bolte HD (Hrsg) Therapie mit Beta-Rezeptoren-Blockern. Springer, Berlin Heidelberg New York, pp 35−52, 110−111

50. Bonelli J (1979) Beta-Rezeptoren-Blockade. Klinische Pharmakologie und klinisch therapeutische Anwendung. Springer, Wien New York

51. Böttcher H (1976) Tierexperimentelle Untersuchungen zur Verlängerung der Überlebenszeit des Herzens im normothermen ischämischen Herzstillstand. Habilitationsschrift, Christian Albrechts Universität Kiel

52. Boudoulas H, Lewis RP, Kates RE, Dalamangas G (1977) Hypersensitivity to adrenergic stimulation following propranolol withdrawal in normal subjects. Ann Intern Med 87:433−436

53. Boudoulas H, Snyder GL, Lewis RP, Kates RE, Karayannacos PE, Vasko JS (1978) Safety and rationale for continuation of propranolol therapy during coronary bypass operation. Ann Thorac Surg 26:222−227

54. Braunwald E, Ross J Jr, Sonnenblick EH (1968) Mechanisms of contraction of the normal and failing heart. Little, Brown and Company, Boston

55. Braunwald E (1971) On the differences between the hearts output and its contractile state. Circulation 43:171−174

56. Braunwald E, Ross J Jr, Sonnenblick EH (1976) Mechanisms of contraction of the normal and the failing heart. Little, Brown, Boston, 2. Ausgabe

57. Brismar B, Bergenwald L, Cronestrand R, Jorfeldt L, Juhlin-Dannfelt A (1977) The cardiovascular effects of neuroleptanaesthesia. Acta anaesth Scand 21:100−108

58. Britt CW, Peters BH (1979) Metoprolol for essential tremor. N Engl J Med 301:331

59. Brogden RN, Heel RC, Speight TM, Avery GS (1977) Metoprolol: a review of its pharmacological properties and therapeutic efficacy in hypertension and angina pectoris. Drugs 14:321−348

60. Brown JR, Crout JR (1971) A comparative study of the effects of five general anaesthetics on myocardial contractility. Anesthesiology 34:236−245

61. Brown HC, Carruthers SG, Johnston GD, Kelly JG, McAinsch DJ, McDevitt DG, Shanks RG (1976) Clinical pharmacology observations on atenolol, a beta-adrenoceptor blocker. Clin Pharmacol Ther 20:524−534

62. Brunner H (1976) Diskussionsbeitrag. In: Ganten D, Dietz R, Lüth B, Gross F (Hrsg) Beta-adrenerge Blocker und Hochdruck. Thieme, Stuttgart, p 43

63. Brunner H, Imhof P (1976) Bedeutung der kardioselektiven Wirkung und der „Intrinsic Activity" für die klinische Anwendung der Beta-adrenergen Blocker. In: Ganten D, Dietz R, Lüth B, Gross F (Hrsg) Beta-adrenerge Blocker und Hochdruck. Thieme, Stuttgart, pp 27−32

64. Brunner H (1977) Therapie des Hochdrucks − Beta-adrenerge Blocker und Blutdrucksenkung. Verh Dtsch Ges Kreislaufforschg 43:75−86

65. Buckberg G, Brazier J (1975) Coronary blood flow and cardiac function during hemodilution. Bibl Haematol 41:173−189

66. Bühler FR, Bertel O, Lutold BE, Ferel G (1978) Vereinfachte antihypertensive Drei-Komponenten-Therapie mit Beta-Blocker-Basis, Diuretikum- und Vasodilatatorzusatz. In: Mäurer W, Schömich A, Dietz R, Lichtlen PR (Hrsg) Beta-Blockade 1977. Thieme, Stuttgart, pp 129−142

67. Burt G, Foëx P (1979) Effects of metoprolol on systemic haemodynamics, myocardial performance and the coronary circulation during halothane anaesthesia. Brit J Anaesth 51:829−834

68. Calverley RK, Smith NT, Pryc-Roberts C, Eger EI II, Jones CW, Ramme FB (1975) Cardiovascular effects of prolonged enflurane anaesthesia in man. Abstracts of scientific papers, American Society of Anaesthesiologists, Annual meeting 1975, p 57

69. Caralps JM, Mulet J, Wienke HR, Moran JM, Pifarré R (1974) Results of coronary artery surgery in patients receiving propranolol. J Thorac Cardiovasc Surg 67:526−529

70. Carrier GO, Lüllmann H, Neubauer L, Peters T (1974) The significance of a fast exchanging superficial calcium fraction for the regulation of contractile force in heart muscle. J Molec Cell Cardiol 6:333−347

71. Carson IW, Lyons SM, Shanks RG (1979) Anti-arrhythmic drugs. Brit J Anaesth 51:659−670

72. Carson SAA, Chorley GE, Hamilton FN, Lee DC, Morris LE (1965) Variation in cardiac output with acid-base changes in the anaesthetized dog. J Appl Physiol 20:948–953

73. Chernecki W, Das PK, Dhalla NS, Sharma GP (1978) Cardiovascular effects of acebutolol following coronary artery occlusion and reperfusion in anaesthetized dogs. Brit J Pharmacol 64:265–272

74. Choquet Y, Capone RJ, Mason DT, Amsterdam EA, Zelis R (1972) Comparison of the beta-adrenergic blocking properties and negative inotropic effects of oxprenolol and propranolol in patients. Amer J Cardiol 29:257–262

75. Chung EK (1976) Betablocker in der Behandlung von Rhythmusstörungen. In: Schweizer W (Hrsg) Die Betablocker – Gegenwart und Zukunft. Huber, Bern Stuttgart Wien, pp 224–232

76. Clarke RSJ (1980) Opiate analgesics. In: Gray TC, Nunn JF, Utting JE (eds) General Anaesthesia, 4th edition, volume 1. Butterworths, London Boston Sydney Wellington Durban Toronto, pp 257–271

77. Cline RE, Wallace AG, Young WG Jr, Sealy WC (1966) Electrophysiologic effects of respiratory and metabolic alkalosis on the heart. J Thorac Surg 52:769–776

78. Clough DP (1978 a) Pharmacological aspects of a new developed beta-adrenergic blocking agent: atenolol. In: Mäurer W, Schömig A, Dietz R, Lichtlen PR (eds) Beta-Blockade 1977. Thieme, Stuttgart, pp 2–10

79. Clough DP (1978 b) Diskussionsbeitrag. In: Mäurer A, Dietz R, Lichtlen PR (Hrsg) Beta-Blockade 1977. Thieme, Stuttgart, p 29

80. Cole AFD, Jacobs JA (1967) Propranolol in the management of cardiac arrhythmias during hypothermia. Canad Aanesth Soc J 14:44–48

81. Coleman AJ, Jordan C (1980) Cardiovascular responses to anaesthesia. Influences of beta-adrenoreceptor blockade with metoprolol. Anaesthesia 35:972–978

82. Coltart DJ, Shand DG (1970) Plasma propranolol level in the quantitative assessment of beta-adrenergic blockade in man. Brit Med J 3:731–734

83. Coltart DJ, Gibson DG, Shand DG (1971) Plasma propranolol levels associated with suppression of ectopic beats. Brit Med J 1:490–491

84. Coltart DJ, Cayen MN, Stinson EB, Davies RO, Harrison DC (1973) Determination of the safe period for withdrawal of propranolol therapy. Circulation 47 u. 48, Suppl IV, p 7

85. Conolly ME, Kersting F, Dollery CT (1976) The clinical pharmacology of beta-adrenoreceptor-blocking drugs. Progr Cardiovasc Dis 19:203–234

86. Cooper T (1965) Physiologic and pharmacologic effects of cardiac denervation. Fed Proc 24: 1428–1431

87. Corssen G, Chodoff P, Domino EF, Kahn DR (1965) Neurolept analgesia and anaesthesia for open-heart surgery. J Thorac Cardiovasc Surg 49:901–920

88. Craythorne NWB, Huffington PE (1966) Effects of propranolol on the cardiovascular response to cyclopropane and halothane. Anaesthesiology 27:580–583

89. Cyran J (1979) Nebenwirkungen. In: Bolte HD (Hrsg) Therapie mit Beta-Rezeptorenblockern. Springer, Berlin Heidelberg New York, pp 89–103, 116–118

90. Daggett WM, Nugent GC, Carr PW, Powers PC, Harada J (1967) Influence of vagal stimulation on ventricular contractility, O_2-consumption and coronary flow. Amer J Physiol 212:8–18

91. D'Arcy EJ, Holmdahl MH, Payne JP (1959) The pharmacology of halothane in man: A review. Brit J Anaesth 31:424–432

92. Diaz RB, Sonberg JC, Freemann E, Levitt B (1974) Myocardial infarction after propranolol withdrawal. Am Heart J 88:257–258

93. Diem K, Lentner C (1975) Wissenschaftliche Tabellen. Documenta Geigy, 7. Ausgabe. Thieme, Stuttgart

94. Dietz A, Wiese KH, Walter J (1978) Therapeutische Möglichkeiten und Grenzen bei der Anwendung von Beta-Blockern. Klinik Arzt 7:943–959

95. Dobkin AB, Heinrich RG, Israel JS, Levy AA, Neville JF jr, Ounkasem K (1968) Clinical and laboratory evaluation of new inhalation agent: Compound 347 (CHF_2-O-CF_2-CHFCl). Anaesthesiology 29:275–287

96. Doenicke A (1977) Klinische Pharmakologie. In: Benzer H, Frey R, Hügin W, Mayrhofer O (Hrsg) Lehrbuch der Anaesthesiologie, Reanimation und Intensivtherapie. 4. Auflage. Springer, Berlin Heidelberg New York, pp 123–206

97. Dollery CT, Paterson JW, Conolly ME (1969) Clinical pharmacology of beta-receptor blocking drugs. Clin Pharmacol Ther 10:765–799

98. Dudziak R (1967) Über die Wirkung von Halothan, Fentanyl, Dehydrobenzperidol und Propanidid auf den Sauerstoffverbrauch und den Coronardurchfluß des Warmblüterherzens. Forschungsberichte des Landes Nordrhein-Westfalen Nr 1866

99. Duke RC, Fowness D, Wade JG (1977) Halothane depresses baroreflex control of heart rate in man. Anesthesiology 46:184–187

100. Dundee JW (1980) Sedatives, tranquillizers and hypnotics. In: Gray TC, Nunn JF, Utting JE (eds) General Anaesthesia. Butterworths, London Boston Sydney Wellington Durban Toronto. 4. Auflage, pp 273–288

101. Eberlein HJ (1964) Einfluß verschiedener Anaesthetica auf Coronarwiderstand und Reaktionsweise des Coronarsystems beim Hund. Anaesthesist 13:381–384

102. Eberlein HJ (1965) Koronardurchblutung und Sauerstoffversorgung des Herzens unter verschiedenen CO_2-Spannungen und Anaesthetika. Habilitationsschrift, Universität Köln

103. Edmonds-Seal J, Prys-Roberts C (1970) Pharmacology of drugs used in neuroleptanalgesia. Brit J Anaesth 42:207–216

104. Eger EI, Smith NT, Stoelting RK, Cullen DJ, Kadis LB, Whitcher CE (1970) Cardiovascular effects of halothane in man. Anesthesiology 32:396–409

105. Elliott J, Black GW, McCullough H (1968) Catecholamine and acid-base changes during anaesthesia and their influence upon the action of propranolol. Brit J Anaesth 40:615–622

106. Emerson CW, Davis RF, Philbin DM (1979) Anaesthetic management of the patient with coronary artery diseases. In: Philbin DM (ed) International anaesthesiology clinics. Vol 17, Heft 1, Anaesthetic management of the patient with cardiovascular disease, pp 97–127

107. Erdmann E (1979) Klinische Pharmakologie. In: Bolte HD (Hrsg) Therapie mit Beta-Rezeptorenblockern. Springer, Berlin Heidelberg New York, p 1–17, 105–109

108. Etschenberg E (1973) Anaesthesie mit Droperidol und Fentanyl. Editio Cantor KG, Aulendorf i Württ

109. Faulkner SL, Hopkins JT, Boerth RE, Young JL, Jellett LB, Nies AS, Bender HW, Shand DG (1973) Time required for complete recovery from chronic propranolol therapy. N Engl J Med 289:607–609

110. Fessl-Alemany E, Wegehaupt R (1973) Der paradoxe oculo-cardiale Reflex und seine Behandlung mit Pindolol. Arch Klin Exp Ophthal 188:23–31

111. Feurstein V (1977) Die intravenöse Narkose. In: Benzer H, Frey R, Hügin W, Mayrhofer O (Hrsg) Lehrbuch der Anaesthesiologie, Reanimation und Intensivtherapie. Springer, Berlin Heidelberg New York, 4. Aufl, pp 349–359

112. Finlay WEI, Dykes WS (1968) Cardiac arrhythmias during hypothermia controlled by propranolol. Anaesthesia 23:631–635

113. Fischer K (1972) Experimentelle Untersuchungen über den Einfluß von Dehydrobenzperidol, Fentanyl bzw. Thalamonal auf die myocardiale Kontraktilität. In: Henschel WF (Hrsg) Neuroleptanalgesie. Spezielle Probleme. Einsatz in der nicht-operativen Medizin. Schattauer, Stuttgart New York, pp 27–34

114. Fischer K, Dahm H (1972) Experimentelle Untersuchungen zur Wirkung der Neuroleptanalgesie auf die Funktion des Herzmuskels. In: Hoder J, Jedlička R, Pokorny (eds) Advances in Anaesthesiology and Resuscitation. Vol 1. Avicenum-Czechoslowak-Med Press, Prag, pp 12–17

115. Fischer K-J (1976) Einfluß der limitierten isovolämischen Hämodilution (LIHD) auf die Kontraktilität des isolierten Warmblüterherzens. Anaesthesist 25:143–149

116. Fischer K-J (1979) Der Einfluß von Anaesthetica auf die Kontraktionsdynamik des Herzens. Tierexperimentelle Untersuchungen. Anaesthesiologie und Wiederbelebung, Bd 117. Springer, Berlin Heidelberg New York

117. Fischer K-J, Marquort H (1980 a) Präoperative Pharmakotherapie mit Herzglykosiden, Antihypertensiva und Beta-Blockern – ein perioperatives Risiko? Referat: I. Bremer Interdisziplinäres Symposium „Das Risiko in der operativen Intensivmedizin – Fachspezifische Aspekte", 4. u. 5. Juli 1980, Bremen. Druck in Vorbereitung

118. Fischer K-J, Marquort H (1980 b) Dosierungsprobleme von Beta-Rezeptorenblockern während cardiochirurgischer Anaesthesien. Referat: 7th World Congress of Anaesthesiologists, Hamburg

1980, Abstracts. Excerpta Medica, Amsterdam Oxford Princeton, International Congress Series No 533, pp 173–174

119. Fitzgerald JD (1972) Cardioselective beta adrenergic blockade. Proc Roy Soc Med 65:761–764

120. Fitzgerald JD, Wale JL, Austin M (1972) The haemodynamic effects of (±) propranolol, dexpropranolol, oxprenolol, practolol and sotalol in anaesthetized dogs. Eur J Pharmacol 17:123–134

121. Fitzgerald JD (1975) The evaluation of beta adrenergic blocking drugs in man. In: Lydtin H, Messmann W (Hrsg) Kardiale Sympathikolyse als therapeutisches Prinzip. Thieme, Stuttgart, pp 31–55

122. Flacke W, Alper MH (1962) Actions of halothane and norepinephrine in the isolated mammalian heart. Anaesthesiology 23:793–801

123. Foëx P, Prys-Roberts C (1974) Interactions of beta-receptor blockade and PCO_2 levels in the anaesthetized dog. Brit J Anaesth 46:397–404

124. Foëx P, Roberts JG, Clarke TN, Bennett MJ, Saner CA (1974) Is beta-adrenergic receptor blockade compatible with trichloraethylene anaesthesia? Brit J Anaesth 46:798

125. Fox JWC, Fox EJ, Crandell DL (1967) Neuroleptanalgesia for heart and major surgery. Arch Surg 94:102–106

126. Freiberger KU, Hack G, Havers L (1975) Verhalten der Harnkatecholamine bei der Kombinationsnarkose mit Halothan – Thalamonal. Anaesthesist 24:465–470

127. Freye E (1974) Cardiovascular effects of high dosages of fentanyl, meperidine and naloxone in dogs. Anaesth Analg Curr Res 53:40–47

128. Freye E (1976) Hämodynamische Wirkung hoher Dosen von Fentanyl, Meperidine und Naloxone beim Hund. In: Henschel WF (Hrsg) Probleme der intravenösen Anaesthesie. Dr med Straube, Erlangen, pp 109–123

129. Frishman W, Kostis J, Strom J, Hossler M, Elkayam U, Goldner S, Silverman R, Davis R, Weinstein J, Sonnenblick E (1979) Clinical pharmacology of the new beta-adrenergic blocking drugs. Part 6. A comparison of pindolol and propranolol in treatment of patients with angina pectoris. The role of intrinsic sympathomimetic activity. Am Heart J 98:526–535

130. Frishman W (1979) Clinical pharmacology of the new beta-adrenergic blocking drugs. Part 1. Pharmacodynamic and pharmacokinetic properties. Am Heart J 97:663–670

131. Frishman W, Silverman R (1979) Clinical pharmacology of the new beta-adrenergic blocking drugs. Part 2. Physiologic and metabolic effects. Am Heart J 97:797–807

132. Fukushima K, Fumita T, Fujiwara T, Oashima H, Sato T (1968) Effect of propranolol on the ventricular arrhythmias induced by hypercarbia during halothane anaesthesia in man. Brit J Anaesth 40:53–58

133. Furchgott RF (1967) The pharmacological differentiation of adrenergic receptors. Ann NY Acad Sci 139:553–570

134. Gaffney TE, Braunwald E (1963) Importance of the adrenergic nervous system in the support of circulatory function in patients with congestive heart failure. Am J Med 34:320–324

135. Gauer OH (1972) Das Herz. In: Trautwein W, Gauer OH, Koepchen (Hrsg) Physiologie des Menschen, Bd 3, Herz und Kreislauf. Urban und Schwarzenberg, München Berlin Wien, pp 92–163

136. Gauthier J, Bosomworth P, Page D, Moore F, Hamelberg W (1962) Effect of endotracheal intubation on ECG-patterns during halothane anaesthesia. Anaesth Analg (Cleveland) 41:466–470

137. Gazes PC, Gaddy JE (1979) Bedside management of acute myocardial infarction. Am Heart J 97: 782–796

138. Gemperle M (1966) Einfluß der Neuroleptanalgesie auf das cardiovaskuläre System. In: Fortschritte der Neuroleptanalgesie, Anaesthesiologie und Wiederbelebung, Bd 18. Springer, Berlin Heidelberg New York, pp 117–125

139. Gersh BJ, Prys-Roberts C, Baker AB (1972) The effects of halothane on the interactions between myocardial contractility, aortic impedance and left ventricular performance. III. Influence of stimulation of sympathetic nerves, beta-adrenergic receptors and myocardial fibres. Brit J Anaesth 44:995–1005

140. Gersmeyer EF, Yasargil EC (1978) Schock und hypotone Kreislaufstörungen. Pathophysiologie – Diagnostik – Therapie. In: Gersmeyer EF, Huep WW, Horstmann WF, Schröder P, Wagner K (Hrsg) 2. überarbeitete und erweiterte Auflage. Thieme, Stuttgart, pp 28–29

141. Gibson DJ (1974) Pharmacodynamic properties of beta-adrenergic receptor blocking drugs in man. Drugs 7:8–38

142. Giesecke AH, Jenkins MT, Crout JR, Collett JM (1967) Urinary epinephrine and norepinephrine during innovar-nitrous oxide anaesthesia in man. Anesthesiology 28:701–704

143. Gion H, Saidman LJ (1971) The minimum alveolar concentration of enflurane in man. Anesthesiology 35:361–364

144. Guidicelli JF, Lhoste F, Boissier JR (1975) Beta-adrenergic blockade and atrio-ventricular conduction impairment. Eur J Pharmacol 31:216–225

145. Glaubiger G, Lefkowitz RI (1977) Elevated beta-adrenergic receptor number after chronic propranolol treatment. Biochem Biophys Res Commun 78:720–725

146. Gleason WL, Braunwald E (1962) Studies of the first derivate of the ventricular pressure pulse in man. J Clin Invest 41:80–91

147. Goldberg AH, Ulrick WC (1967) Effects of halothane on isometric contractions of isolated heart muscle. Anesthesiology 28:838–845

148. Gonzenbach R, Satz N, Vetter W, Jenni R, Krayenbühl HP (1978) Die linksventrikuläre Funktion bei Hypertonie unter Beta-Blocker-Therapie. Schweiz Med Wochenschr 108:1710–1712

149. Göthert M (1972) Die Sekretionsleistung des Nebennierenmarks unter dem Einfluß von Narkotica und Muskelrelaxantien. Anaesthesiologie und Wiederbelebung Bd 10. Springer, Berlin Heidelberg New York

150. Göthert M (1975) Pharmakologie des Enflurane (Ethrane). In: Kreuscher H (Hrsg) Ethrane. Neue Ergebnisse in Forschung und Klinik. Schattauer, Stuttgart New York, pp 1–20

151. Göthert M, Wendt J (1977) Inhibition of adrenal medullary catecholamine secretion by enflurane: I. Investigations in vivo. Anesthesiology 46:400–403

152. Gött U, Klensch H (1970) Plasmakatecholaminänderungen bei verschiedenen Anästhesietechniken. In: Neue klinische Aspekte der Neuroleptanalgesie. IV. Internationales Bremer NLA-Symposium. Schattauer, Stuttgart New York, pp 51–58

153. Grandjean T, Rivier JL (1968) Cardio-circulatory effects of beta-adrenergic blockade in organic heart disease. Brit Heart J 30:50–59

154. Graves CL, Downs NH, Browne AB (1975) Cardiovascular effects of minimal analgesic quantities of innovar, fentanyl and droperidol in man. Anesth Analg Curr Res 54:15–22

155. Greisheimer EM (1965) The circulatory effects of anesthetics. In: Hamilton WF, Dow P (eds) Handbook of Physiology. Section 2: Circulation, Vol III, pp 2477–2510. Washington DC: Amer Physiol Soc

156. Grobecker H, Planz G, Wiethold G, Simrock R, Beucker HJ, Lutz E, Petersen P (1976) Spezifische und unspezifische Wirkungen von Beta-Sympatholytika am Menschen. Klin Wochenschr 54:783–788

157. Grobecker H (1978) Experimentelle Untersuchungen zum Wirkungsmechanismus von Beta-Sympatholytika und ihre Bedeutung für die Behandlung des Blutdrucks. In: Mäurer W, Schömig A, Dietz R, Lichtlen PR (Hrsg) Beta-Blockade 1977. Thieme, Stuttgart, pp 11–20

158. Grogono AW (1974) Drug interactions in anaesthesia. Brit J Anaesth 46:613–618

159. Gross F (1976) Einleitung. In: Ganten D, Dietz R, Lüth B, Gross F (Hrsg) Beta-adrenerge Blocker und Hochdruck. Thieme, Stuttgart, pp 1–2

160. Gugler R, Höbel W, Bodem G, Dengler HJ (1975) The effect of pindolol on exercise – induced acceleration in relation to plasma levels in man. Clin Pharmacol Ther 17:127–133

161. Guyton AC (1968) Regulation of cardiac output. Anesthesiology 29:314–326

162. Guyton AC (1971) Textbook of medical physiology. 4. Aufl. W.B. Saunders Company, Philadelphia London Toronto

163. Hagemann K, Niehues B, Manoli SH, Arnold G, Lochner W (1974) Über die Wirkung von Isoproterenol am Systemkreislauf des Hundes mit cardiopulmonalem Bypass. Z Kardiol 63:542–549

164. Haidinyak JG, Didier EP (1977) Case History Number 93: Anaesthetics and Propranolol. Anesth Analg Curr Res 56:283–286

165. Hainsworth R, Karim F, Stoker JB (1974) Blockade of peripheral vascular responses to isoprenaline by three beta-adrenoceptor antagonists in the anesthetized dog. Brit J Pharmacol 51:161–168

166. Hall KD, Norris FH Jr (1958) Fluothane sensitization of dog heart to action of epinephrine. Anesthesiology 19:631–641

167. Hall D, Goedel-Meinen L, Rudolph W (1978) Richtlinien zur medikamentösen Behandlung der arteriellen Hypertonie. Herz 3:289–299

168. Halter JB, Pflug AE, Porte D (1977) Mechanism of plasma catecholamine increases during surgical stress in man. J Clin Endocrinol Metab 45:936

169. Hamer P (1976) Probleme der Anaesthesieeinleitung bei Patienten für Operationen mit extrakorporalem Kreislauf (unter bes. Berücksichtigung der Hämodynamik). In: Henschel WF (Hrsg) Probleme der intravenösen Anaesthesie. Bericht über das 6. Bremer Neuroleptanalgesie-Symposium vom 24.–26. Mai 1974, Teil 1. Straube, Erlangen, pp 91–98

170. Hanson J, Huxley HE (1955) Structural basis of contraction in striated muscle. In: Fibrous Proteins and their biological significance: Symposium of the Society of Exper Biol, No 99, Leeds 1954. Academic Press, New York, pp 228–264

171. Harms HH (1976) Isoproterenol antagonism of cardio-selective beta-adrenergic agents. A comparative study of human and guinea pig cardiac and bronchial beta-adrenergic receptors. J Pharmacol exp Ther 199:329–335

172. Harms J (1977) In: Cardioselective beta-adrenoceptor blocking agents. Human and animal studies in vitro and in vivo. Europrint, Rigswijk

173. Harms HH, Spoelstra AJG (1978) Cardiac and bronchial beta-adrenoceptor antagonistic potencies of atenolol, metoprolol, acebutolol, practolol, propranolol and pindolol in the anaesthetized dog. Clin Exper Pharmacol Physiol 5:53–59

174. Hashimoto K, Hashimoto K (1972) The mechanism of sensitization of the ventricle to epinephrine by halothane. Amer Heart J 83:652–658

175. Hashimoto K, Endoh M, Kimura T, Hashimoto K (1975) Effects of halothane on automaticity and contractile force of isolated blood-perfused canine ventricular tissue. Anesthesiology 42:15–25

176. Havers L, Kreppel E (1966) Über die Wirkung der Neuroleptanalgesie auf die sympathische Aktivität. In: Acta anaesth Scand, Suppl 23, pp 12–17

177. Heller A, Grosser KD, Fölsch E (1973) Hämodynamische Auswirkungen eines neuen Beta-Rezeptorenblockers bei Infarktpatienten. Med Welt 24:1941–1944

178. Hellewell J, Potts MW (1965) Propranolol and ventricular arrhythmias with halothane. Anaesthesia 20:269–274

179. Hellewell J, Potts MW (1966) Propranolol during controlled hypotension. Brit J Anaesth 38:794–801

180. Hempelmann G, Karliczik G, Piepenbrock S (1975) Hämodynamische Untersuchungen bei über 100 herzchirurgischen Patienten unter Verwendung von 10 verschiedenen Narkoseverfahren. In: Kongreßbericht, Jahrestagung der DGAI 2.–5. Okt. 1974, Erlangen. Perimed, Erlangen, pp 951–957

181. Hewitt PB, Lord PW, Thornton HL (1967) Propranolol in hypotensive anaesthesia. Anaesthesia 22:82–89

182. Holderness MC, Chase PE, Dripps RD (1963) A narcotic analgesic and a butyrophenone with nitrous oxide for general anaesthesia. Anesthesiology 24:336–340

183. Hollifeld JW, Sherman K, van der Zwagg R, Shand DG (1976) Proposed mechanisms of propranolol's antihypertensive effect. N Engl J Med 295:68–73

184. Holt JP, Rhode EA, Peoples SA, Kines H (1962) Left ventricular function in mammals of greatly different size. Circulat Res 10:798–806

185. Horan BF, Prys-Roberts C, Hamilton WK, Roberts JG (1976) Interaction of enflurane anaesthesia, beta-receptor-blockade and blood loss in the dog. Brit J Anaesth 48:817

186. Horan BF, Prys-Roberts C, Foëx P, Roberts JG (1977 a) Interaction of isoflurane anaesthesia, beta-receptor-blockade and blood loss in the dog. Brit J Anaesth 49:187–188

187. Horan BF, Prys-Roberts C, Roberts JG, Bennett MJ, Foëx P (1977 b) Haemodynamic responses to isoflurane anaesthesia and hypovolemia in the dog, and their modification by propranolol. Brit J Anaesth 49:1179–1187

188. Horan BF, Prys-Roberts C, Hamilton WK, Roberts JG (1977 c) Haemodynamic responses to enflurane anaesthesia and hypovolaemia in the dog and their modification by propranolol. Brit J Anaesth 49:1189–1197

189. Imhof P (1973) Die Herzfrequenz als Meßgröße bei Phase-I-Studien. Arzneim Forsch 23, Suppl, pp 1640–1643

190. Imhof P (1976) Zur humanpharmakologischen Profilierung von Betablockern im Hinblick auf die Hypertoniebehandlung. In: Schweizer W (Hrsg) Die Betablocker – Gegenwart und Zukunft. Huber, Bern Stuttgart Wien, pp 339–345

191. Immich H (1974) Medizinische Statistik. Schattauer, Stuttgart New York
192. Irving MH, Britton BJ, Wood WG, Padgham C, Carruthers M (1974) Effects of beta-adrenergic blockade on plasma catecholamines in exercise. Nature 248:531–533
193. Jarman RH, Brooks JL, Kaplan JA, Hug CC (1979) Dobutamine response in patients taking propranolol. Anesthesiology 51:111
194. Jenkins AV (1970) Adrenergic beta-blockade with ICI 50 172 (practolol, eraldin) during bronchoscopy. Brit J Anaesth 42:59–64
195. Jewitt DE, Singh BN (1974) The role of beta-adrenergic blockade in myocardial infarction. Progr Cardiovasc Dis 16:421–438
196. Jewitt DE (1975) The role of beta-receptor blockade in myocardial infarction. In: Lydtin H, Messmann W (Hrsg) Kardiale Sympathikolyse als therapeutisches Prinzip. Thieme, Stuttgart, pp 147–155
197. Joas TA, Stevens WC (1971) Comparison of the arrhythmic doses of epinephrine during forane, halothane and fluroxane anaesthesia in dogs. Anesthesiology 35:48–53
198. Johnsson G, Regårdh C-G (1976 a) Clinical pharmacokinetics of beta-adrenoceptor blockers. Drugs 11, Suppl 1, pp 111–121
199. Johnsson G. Regårdh CG (1976 b) Clinical pharmacokinetics of beta-adrenoceptor blocking drugs. Clinical pharmacokinetics 1:233–263
200. Johnstone M, Nisbet HIA (1961) Ventricular arrhythmia during halothane anaesthesia. Brit J Anaesth 33:9–16
201. Johnstone M (1964) Beta-adrenergic blockade with pronethalol during anaesthesia. Brit J Anaesth 36:224–232
202. Johnstone M (1966) Propranolol (Inderal) during halothane anaesthesia. Brit J Anaesth 38:516–529
203. Johnstone M (1968) Alprenolol during halothane anaesthesia in surgical patients. Acta anaesth Scand 12:183–190
204. Johnstone M (1969) ICI 50 172 during halothane anaesthesia in surgical patients. Brit J Anaesth 41:130–135
205. Johnstone M (1970) Reflections on beta-adrenergic blockade in anaesthetics. Brit J Anaesth 42:262–268
206. Johnstone M (1971) Oxprenolol (Trasicor) during halothane anaesthesia in surgical patients. Brit J Anaesth 43:167–171
207. Jorfeldt L, Löfström B, Möller J, Rosen A (1967) Propranolol and other anaesthesia: cardiovascular studies in man. Acta anaesth. Scand 11:159–169
208. Jorfeldt L, Löfström B, Möller J, Rosen A (1970) Cardiovascular effects of beta-receptor blocking drugs during halothane anaesthesia in man. Acta anaesth Scand 14:35–44
209. Jose AD, Stitt F (1969) Effects of hypoxia and metabolic inhibition on the intrinsic heart rate and myocardial contractility in dogs. Circulat Res 25:53–66
210. Kaiser GA, Ross J Jr, Braunwald E (1964) Alpha- and beta-adrenergic receptor mechanisms in the systemic venous bed. J Pharmacol exp Ther 144:156–162
211. Kammermeier H, Rudroff W (1972) Funktion und Energiestoffwechsel des isolierten Herzens bei Variation von pH, pCO_2 und HCO_3. II. Metabolite des myokardialen Energiestoffwechsels. Pflügers Arch ges Physiol 334:50–61
212. Kampine JP, Seagard JL, Donegan JH, Hopp FA (1980) Halothane and baroreceptor reflexes. Anesthesiology 53, Suppl, p 112
213. Kaplan JA, Dunbar RW, Bland JW Jr, Sumpter R, Jones EL (1975) Propranolol and cardiac surgery: A problem for the anaesthesiologist? Anesth Analg Curr Res 54:571–578
214. Kaplan JA, Dunbar RW (1976) Propranolol and surgical anaesthesia. Anesth Analg Curr Res 55:1–5
215. Karliczek G, Hempelmann G, Piepenbrock S, Büter F (1974) Die Beeinflussung der Hämodynamik durch Enflurane bei myokardial vorgeschädigten Patienten. Anaesthesist 23:457–463
216. Katz RL, Epstein RA (1968) The interaction of anaesthetic agents and adrenergic drugs to produce cardiac arrhythmias. Anesthesiology 29:763–784
217. Katz RL (1969) Effects of H 56/28 (Aptine) on catecholamine-induced arrhythmias and neuromuscular transmission in man. Acta anaesth Scand 13:77–85

218. Katz RL, Bigger JF (1970) Cardiac arrhythmias during anaesthesia and operation. Anesthesiology 33:193–213

219. Kawashima Y, Yamamoto Z, Manabe H (1974) Safe limits of haemodilution in cardiopulmonary bypass. Surgery 76:391–397

220. Kelman GR (1977) Applied cardiovascular physiology. 2nd Ed. Butterworths, London Boston

221. Kemmotsu O, Hashimoto Y, Shimosato S (1973) Inotropic effects of isoflurane on mechanics of contraction in isolated cat papillary muscles from normal and failing hearts. Anesthesiology 39: 470–477

222. Kemmotsu O (1974) The effect of five inhalation anaesthetics on myocardial contractility. I. The effect on normal heart muscle. Jap J Anaesth 23:402–413

223. Kersting F, Kasper W, Meinertz T (1979) 15 Jahre Therapie mit Betarezeptorenblockern. Tendenz zur Differenzierung. Med Klin 74:1179–1188

224. Kettler D, Braun U, Cott LA, Gethmann JW, Hensel I, Bretschneider HJ (1972) Hämodynamische Parameter und Sauerstoffverbrauch des Herzens unter Neuroleptanalgesie. Untersuchungen am intakten Hund. In: Neuroleptanalgesie. Spezielle Probleme. Einsatz in der nicht-operativen Medizin. Henschel WF (ed) Schattauer, Stuttgart New York, pp 35–42

225. Kettler D (1973) Sauerstoffbedarf und Sauerstoffversorgung des Herzens in Narkose. Anaesthesiologie und Wiederbelebung Bd 67. Springer, Berlin Heidelberg New York

226. Kettler D, Sonntag H, Donath K, Regensburger D, Schenk HD (1975) Hämodynamik, Myocardmechanik, Sauerstoffbedarf und Sauerstoffversorgung des menschlichen Herzens unter Narkoseeinleitung mit Etomidate. In: Bergmann H, Blauhut B (Hrsg) Respiration, Zirkulation, Herzchirurgie. Anaesthesiologie und Wiederbelebung Bd 93. Springer, Berlin Heidelberg New York, pp 160–166

227. Kettler D (1977) Der coronarinsuffiziente Patient als anaesthesiologisches Problem. In: Zindler M, Purschke R (Hrsg) Coronarinsuffizienz, Pathophysiologie und Anaesthesieprobleme bei der Coronarchirurgie. Anaesthesiologie und Wiederbelebung, Bd 102. Springer, Berlin Heidelberg New York, pp 21–38

228. Kincaid-Smith PS (1976) General discussion on the place of beta-adrenoceptor blockers in hypertension. Asthma as a contraindication to beta-blockade. Drugs 11, Suppl 1, pp 201–202

229. Knitza R, Olbermann M, Fischer F, Bässler KH (1978) Kreislaufverhalten, Blutgase, Säure-Basen- und Stoffwechselveränderungen unter Neuroleptanalgesie mit und ohne Betarezeptorenblocker bei der Elektrokoagulation des Ganglion Gasseri. Anaesthesist 27:213–218

230. Knowlton FD, Starling EH (1912) The influence of variations in temperature and blood pressure on the performance of the isolated mammalian heart. J Physiol (London) 44:206–219

231. Koch G (1979) Haemodynamic adaptation at rest and during exercise to long-term antihypertensive treatment with combined alpha- and beta-adrenoceptor blockade by labetolol. Brit Heart J 41: 192–198

232. Koch-Weser J (1975) Non-beta-blocking actions of propranolol. New Engl J Med 293:988

233. Koch-Weser J, Sellers EM (1976) Bindings of drugs to serum albumin (second of two parts), (first of two parts) pp 311–316. N Engl J Med 294:526–531

234. Kopriva CJ, Brown ACD, Pappas G (1978 a) Hemodynamics during general anaesthesia in patient receiving propranolol. Anesthesiology 48:28–33

235. Kopriva CJ, Guinazu A, Barash PG (1978 b) Massive propranolol therapy and uncomplicated cardiac surgery. JAMA 239:1157

236. Koushanpour E, Behnia R, Brunner EA (1980) Halothane effect on carotid sinus baroreceptor discharge in hypertensive dogs. Anesthesiology 53, Suppl, p 113

237. Krebs R (1975) Die Pharmakologie von Dehydrobenzperidol und Fentanyl. In: Rügheimer E, Heitmann D (Hrsg) Die Neuroleptanalgesie, Bilanz einer Methode. NLA-Workshop Bad Reichenhall, Jan 1974. Thieme, Stuttgart, pp 11–17

238. Krebs R (1976) Wirkung von Narkotika auf das Herz-Kreislaufsystem. In: Ahnefeld FW, Bergmann H, Burri C, Dick W, Halmagyi M, Rügheimer E (Hrsg) Der Risikopatient in der Anaesthesie. 1. Herzkreislaufsystem. Klinische Anaesthesiologie und Intensivtherapie, Bd 11, Springer, Berlin Heidelberg New York, pp 40–49

239. Krebs R (1979) Acebutolol (Wirkstoff von Prent) – neuer kardioselektiver beta-Rezeptorenblocker. In: Streßgefährdetes Herz-Kreislauf-System – kardioselektive beta-Rezeptorenblockade mit Prent. Bayer AG, Leverkusen, pp 30–39

240. Kronschwitz H (1972) Suprarenin-induzierte Arrhythmien unter Halothan-Narkose und ihre Verhütung durch Beta-Rezeptorenblocker. Z prakt Anaesth Wiederbeleb 7:363–367
241. Kronschwitz H (1975) Beta-Rezeptorenstimulation und Beta-Rezeptorenblockade aus anästhesiologischer Sicht. In: Lydtin H, Meesmann W (Hrsg) Kardiale Sympathikolyse als therapeutisches Prinzip. Thieme, Stuttgart, pp 155–159
242. Kubota M, Gotho Y, Furukawa K (1979) Cardiovascular effects of propranolol, alprenolol, oxprenolol and CS-359 during halothane anaesthesia. Jap J Anaesth 28:797–804
243. Kurz H (1973) Eiweißbindung von intravenösen Narkosemitteln. In: Zindler M, Yamamura H, Wirth W (Hrsg) Anaesthesiologie und Wiederbelebung Bd 74. Springer, Berlin Heidelberg New York, pp 16–24
244. Kuschinsky G, Lüllmann H (1978) Kurzes Lehrbuch der Pharmakologie und Toxikologie, 7. Aufl. Thieme, Stuttgart
245. Lappas DG, Fahmy MR, Slater EE, Moss J (1980) Catecholamines, renin and cardiovascular responses to fentanyl-diazepam anaesthesia. Anesthesiology 53, Suppl, p 14
246. Laver MB, Lappas DG, Lowenstein E (1979) Hemodynamic performance consequent to narcotic-induced surgical anesthesia. In: Variations hémodynamiques en anésthesie. Ve Congres Européen d'Anaesthesiology, Paris 4./9. Septembre 1978. SNPM, Editor, 92 522 Neuilly-sur-Seine, Cedex 1979, pp 1097–1122
247. Lee JA, Atkinson RS (1978) Synopsis der Anästhesie. Gustav Fischer, Stuttgart New York
248. Li TH, Shaul MS, Etsten BE (1968) Decreased adrenal venous catecholamine concentrations during methoxyflurane anesthesia. Anesthesiology 29:1145–1152
249. Lichtlen P (1972) Zur Therapie der Angina pectoris in heutiger Sicht. Z Kreislaufforsch 61:193–223
250. Limbourg P, Just H (1972) Kontraktions- und Förderleistung des koronarkranken Herzens unter Beta-Adrenolyse durch LB-46 (Visken). Z Kreislaufforsch 61:789–801
251. Limbourg P, Just H (1975) Kontraktions- und Förderleistung koronarkranker Herzen unter Practolol und Propranolol. In: Lydtin H, Meesmann W (Hrsg) Kardiale Sympathikolyse als therapeutisches Prinzip. Thieme, Stuttgart, S 81–87
252. Lindgren P, Westermark L, Wählin Ä (1964) Blood circulation in skeletal muscles under halothane anaesthesia in the cat. Acta anaesth Scand 9:83–97
253. Lippert H (1976) SI-Einheiten in der Medizin. Urban-Schwarzenberg, München Wien Baltimore
254. List WF, Marsoner HJ (1968) Erfahrungen mit Propranolol während und nach Eingriffen am Herzen. Anaesthesist 17:82–85
255. Liu WS, Bidwai AV, Stanley TH, Isern-Amaral J (1976) Cardiovascular dynamics after large doses of fentanyl plus N_2O in the dog. Anesth Analg Curr Res 55:168–172
256. Lochner W, Müller-Ruchholtz ER, Lösch HM, Grund E (1978) Kreislaufwirkungen einer Beta-Blockade bzw. betaadrenergen Stimulation unter besonderer Berücksichtigung des kapazitiv-venösen Systems des großen Kreislaufs. In: Mäurer W, Schömig A, Dietz R, Lichtlen PR (Hrsg) Beta-Blockade 1977. Thieme, Stuttgart, S 148–156
257. Lohmöller G, Lydtin H (1976) Betarezeptorenblocker in der Hochdruckbehandlung. Med Klin 71: 2051–2057
258. Lohmöller G, Schierl W, Lydtin H (1978) Der gesamtperiphere Widerstand nach intravenöser Gabe verschiedener Beta-Rezeptorenblocker. In: Mäurer W, Schömig A, Dietz R, Lichtlen PR (Hrsg) Beta-Blockade 1977. Thieme, Stuttgart, S 205–207
259. Loogen P (1978) Diskussionsbeitrag / Rundtischgespräch „Beta-Blocker in der Therapie der Angina pectoris". In: Mäurer W, Schömig A, Dietz R, Lichtlen PR (Hrsg) Beta-Blockade 1977. Thieme, Stuttgart, S 215
260. Lowenstein E (1976) Anaesthesiologische Überlegungen bei Patienten mit koronarer Herzkrankheit. Anaesthesist 25:555–562
261. Lüllmann H, Holland WC (1962) Influence of oubaine on an exchangeable calcium fraction, contractile force and resting tension of guinea pig atria. J Pharmacol exp Ther 137:186–192
262. Lundholm L (1949) The effect of adrenaline on the oxygen consumption of resting animals. Acta physiol scand 19, Suppl 67, pp 1–139
263. Lunn JK, Stanley TH, Eisele J, Webster L, Woodward A (1979) High dose fentanyl anaesthesia for coronary artery surgery: plasma fentanyl concentrations and influence of nitrous oxide on cardiovascular responses. Anesth Analg Curr Res 58:390–395

264. Lydtin H (1969) Beta-Rezeptorenblocker und Anästhesie. Med Welt 20:1889–1894
265. Lydtin H (1970) β-Rezeptorenblocker. Ergeb Inn Med Kinderheilk 30:96–158
266. Lydtin H (1973) Unveröffentlichte Studie, Med Poliklinik München. In: Tenormin 100, Neue Wege zur konsequenten Hochdrucktherapie, S 30
267. Lydtin H, Lohmöller G (1977) Betarezeptorenblocker. Aesopus, Lugano München
268. Majid PA, Saxton C, Stoker JB, Taylor SH (1970) Comparison of the hemodynamic effects of acute intravenous and oral therapy with propranolol and oxprenolol in hypertensive patients. Cardiovasc Res 6, VIth World Congress in Cardiology, London, S 208
269. Manners JM, Walters FJM (1979) Beta-adrenoceptor blockade and anaesthesia. Anaesthesia 34:3–9
270. Marquort H, Fischer K-J (1975) Der Einsatz von Practolol im Rahmen der operativen Intensivmedizin. Anästh Inform 16:313–323
271. Marquort H, Fischer K-J, Krauss C (1981 a) Kardiohämodynamik des Hypertonikers während der Narkoseeinleitung (Einfluß einer präoperativen antihypertensiven Therapie). III. Internationaler Kongreß für Anaesthesiologie in Wroclaw (Polen), Juni 1979, Kongreßband in Vorbereitung
272. Marquort H, Fischer K-J, Friedrich D (1981 b) Die direkte Beeinflussung der myokardialen Kontraktionsdynamik durch das Steroid-Narkotikum Althesin. Ein Vergleich mit anderen Einleitungsnarkotika. Anaesthesiologie und Wiederbelebung, Bd. 142, Springer, Berlin Heidelberg New York
273. Marquort H, Fischer K-J (1980) Quantification of the direct myocardial depressive effect of neuroleptanalgesie as compared to enflurane and halothane. In: Rügheimer E, Wawersik J, Zindler M (eds) Abstracts 7th World Congress of Anaesthesiologists, Hamburg, September 14–21, 1980. Excerpta Medica, Amsterdam Oxford Princeton, S 473–474
274. Marshall BE, Cohen PJ, Klingenmaier CH, Neigh JL, Pender JW (1971) Some pulmonary and cardiovascular effects of enflurane (Ethrane) anaesthesia with varying $PaCO_2$ in man. Br J Anaesth 43:996–1002
275. Mason DT (1968) The autonomic nervous system and regulation of cardiovascular performance. Anesthesiology 29:670–680
276. Mason DT (1969) Usefulness and limitation of the rate of rise of intraventricular pressure (dP/dt) in the evaluation of myocardial contractility in man. Amer J Cardiol 23:516–527
277. Mason DT, Spann JF, Zelis R (1970) Quantification of the contractile state of the intact human heart. Amer J Cardiol 26:248–257
278. Mason DT, Zelis R, Amsterdam EA (1972) Unified concept of the mechanism of action of digitalis: Influence of ventricular function and cardiac disease on hemodynamic response to fundamental contractile effect. In: Marks BH, Weisser AM (eds) Basic and clinical pharmacology of digitalis. Thomas, Springfield, S 206–229
279. Mason WD, Winer N (1976) Pharmacokinetics of oxprenolol in normal subjects. Clin Pharmacol Ther 20:401–412
280. Maunuksela E-L (1977) Hemodynamic response to different anaesthetics during open-heart surgery. Acta anaesth Scand Suppl 65
281. McDermott RW, Stanley TH (1974) The cardiovascular effects of low concentrations of nitrous oxide during morphine anaesthesia. Anesthesiology 41:89–91
282. McDevitt DG, Frisk-Holmberg M, Hollifield JW, Shand DG (1976) Plasma binding and the affinity of propranolol for a beta receptor in man. Clin Pharmacol Therapeut 20:152–157
283. Meesmann W, Stephan K, Schley G, Gülker H (1975) Zur Problematik einer Differentialtherapie der Arrhythmien beim akuten Herzinfarkt. Dtsch med Wochenschr 100:954–960
284. Meesmann W (1976) Diskussionsbeitrag. In: Ganten D, Dietz R, Lüth B, Gross F (Hrsg) Beta-adrenerge Blocker und Hochdruck. Thieme, Stuttgart, S 43
285. Meesmann W, Stephan K, Hübner H (1976) Beeinflussung der Gesamtkontraktilität des Infarktherzens durch 4 differente Beta-Sympatholytika in Abhängigkeit von ihrer „Intrinsic activity". In: Ganten D, Dietz R, Lüth B, Gross F (Hrsg) Beta-adrenerge Blocker und Hochdruck. Thieme, Stuttgart, S 37–41
286. Meesmann W, Stephan K, Abendroth RR, Menken U, Wiegand V (1978) Frühe Arrhythmien, insbesondere Kammerflimmern, nach akutem experimentellem Koronarverschluß und Beta-Rezeptorenblockern. In: Mäurer A, Schömig A, Dietz P, Lichtlen PR (Hrsg) Beta-Blockade 1977. Thieme, Stuttgart, S 244–254

287. Meesmann W (1978) Diskussionsbeitrag, Rundtischgespräch: Arrhythmien und Beta-Blocker. In: Mäurer W, Schömig A, Dietz P, Lichtlen PR (Hrsg) Beta-Blockade 1977. Thieme, Stuttgart, S 353

288. Messmer K, Görnandt L, Jesch F, Sinagowitz E, Sunder-Plassman L, Kessler M (1973) Oxygen transport and tissue oxygenation during hemodilution with dextran. Advanc exper med biol 37: 669–680

289. Meier M (1978) Gibt es besondere Gefahren beim Absetzen von Betablockern? Cardiology 63, Suppl 1:9–11

290. Merin RG, Tonnesen AS (1969) The effect of beta adrenergic blockade on myocardial haemodynamics and metabolism during light halothane anaesthesia. Can Anaesth Soc J 16:336–344

291. Merin RG (1972 a) Myocardial metabolism and dynamics after practolol during light halothane anaesthesia. Brit J Anaesth 44:437–445

292. Merin RG (1972 b) Anaesthetic management of problems posed by therapeutic advances. III. Beta-adrenergic blocking drugs. Anesth Analg Curr Res (Clevel) 51:617–624

293. Merin RG, Kumazawa T, Luka NL (1976 a) Myocardial function and metabolism in the conscious dog and during halothane anaesthesia. Anesthesiology 44:402–415

294. Merin RG, Kumazawa T, Luka NL (1976 b) Enflurane depresses myocardial function, perfusion and metabolism in the dog. Anesthesiology 45:501–507

295. Michel D (1976) Die Behandlung des Hochdrucks mit Beta-Sympatholytika. Fortschr Med 94:1826

296. Millar RA, Warden JC, Cooperman LH, Price HL (1970) Further studies of sympathetic actions of anaesthetics in intact and spinal animals. Brit J Anaesth 42:366–378

297. Miller RR, Olson HG, Amsterdam EA, Mason DT (1975) Propranolol-withdrawal rebound phenomenon. N Engl J Med 293:416–418

298. Mocetti T, Halter J, Lichtlen P (1972) Koronare und linksventrikuläre Dynamik dreier Substanzen mit unterschiedlicher beta-blockierender Wirkung: Propranolol, Pindolol und Practolol. Schweiz Med Wochenschr 102:422–425

299. Moran JM, Mulet J, Caralps JM, Pifarre R (1974) Coronary revascularization in patients receiving Propranolol. Circulation 49 u. 50, Suppl II, pp 116–121

300. Morgan TO, Sabto J, Anavekar SM, Louis WJ, Doyle AE (1974) A comparison of beta adrenergic blocking drugs in the treatment of hypertension. Postgrad Med J 50:253–259

301. Morgan M, Lumley J, Gillies IDW (1974) Neuroleptanaesthesia for major surgery. Brit J Anaesth 46:288–293

302. Morganti A, Pickering TG, Lopez-Ovejero JA, Laragh JH (1979) Contrasting effects of acute beta blockade with propranolol on plasma catecholamines and renin in essential hypertension: a possible basis for the delayed antihypertensive response. Am Heart J 98:490–494

303. Morrow DH, Gaffney TE, Holman JE (1961) The chronotropic and inotropic effects of halothane. A comparison of effects in normal and chronically cardiac denervated dogs. Anesthesiology 22: 915–917

304. Morrow DH, Morrow AG (1961) The effects of halothane on myocardial contractile force and vascular resistance: direct observations made in patients during cardiopulmonary bypass. Anesthesiology 22:537–541

305. Müller G, Dietzel W, Schmitz W, Wolter H (1967) Die Anwendung der beta-Rezeptorenblockade bei operativen Eingriffen am Herzen. Anaesthesist 16:97–100

306. Munson ES, Tucker WK (1975) Doses of epinephrine causing arrhythmia during enflurane, methoxy-flurane and halothane anaesthesia in dogs. Canad Anaesth Soc J 22:495–501

307. Myers JH, Horwitz LD (1978) Hemodynamic and metabolic response after abrupt withdrawal of long-term propranolol. Circulation 58:196–201

308. Myers MG, Freemann MR, Juma ZA, Wisenberg G (1979) Propranolol withdrawal in angina pectoris. A prospective study. Am Heart J 97:298–302

309. Nejad NS, Ogden E (1967 a) Effect of temperature change in heart performance (heart-lung preparation). Proc Soc Exp Biol (NY) 126:762–766

310. Nejad NS, Ogden E (1967 b) Effect of hypoxia on myocardium in heart-lung preparation. Proc Soc Exp Biol (NY) 126:767–770

311. Nejad NS, Ogden E (1967 c) Effect of blood pH and CO_2 tension on performance of the heart-lung preparation. Proc Soc Exp Biol Med (NY) 126:771–776

312. Nellen M (1973) Withdrawal of propranolol and myocardial infarction. Lancet I:558

313. Nemes C, Niemer M, Noack G (1979) Datenbuch Anästhesiologie. Fischer, Stuttgart New York, S 56−57

314. Nicholls JT (1976) Practolol induced oculomucocutaneous syndrome. In: Ganten D, Dietz R, Lüth B, Gross F (Hrsg) Beta-adrenerge Blocker und Hochdruck. Thieme, Stuttgart, S 178−183

315. Niemer M, Nemes C (1979) Datenbuch der Intensivmedizin. Fischer, Stuttgart New York, S 230−236

316. Nies AS, Shand DG (1975) Clinical pharmacology of propranolol. Circulation 52:6−15

317. Nilsson E, Janssen P (1961) Neurolept-analgesia − an alternative to general anaesthesia. Acta anaesth Scand 5:73−84

318. Oeff M, Beck OA, Hochrein H (1979) Einfluß von Digitalis auf die Pindolol-Wirkung bei Koronarkranken mit Belastungsherzinsuffizienz. Dtsch med Wochenschr 104:98−103

319. Ostheimer GW, Shanahan EA, Guyton RA, Daggett WM, Lowenstein E (1975) Effects of fentanyl and droperidol on canine left ventricular performance. Anesthesiology 42:288−291

320. Ottermann U, Dudziak R, Appel E, Palm D (1979) Die Wirkung von Hypothermie und Methoxyflurane-Narkose auf die sympathonervale und sympathoadrenale Aktivität bei Herzoperationen. Anaesthesist 28:551−556

321. Palm D (1977) Adrenerge Beta-Rezeptoren und Beta-Rezeptorenblocker. In: Hierholzer K, Rietbrock N (Hrsg) Physiologische und pharmakologische Grundlagen der Therapie − Herzglykoside, beta-Rezeptorenblocker, Diuretika. Straube, Erlangen, S 119−143

322. Palm D, Grobecker H (1977) Quantitative Parameter der sympatho-nervalen und sympatho-adrenalen Aktivität beim Menschen. Einfluß von Beta-Rezeptorenblockern. Arzneimittelforschung 27: 708−713

323. Pantano IA, Lee Y (1976) Abrupt propranolol withdrawal and myocardial contractility. Arch Intern Med 136:867−871

324. Patschke D (1976) Koronardurchblutung und myokardialer Sauerstoffverbrauch während der Narkoseeinleitung. Anaesthesiologie und Wiederbelebung Bd 96. Springer, Berlin Heidelberg New York

325. Patschke D, Hess W, Tarnow J, Weymar A (1976 a) Die Wirkung von Fentanyl und Althesin auf die Haemodynamik, die Herzinotropie und den myocardialen Sauerstoffverbrauch des Menschen. Anaesthesist 25:10−18

326. Patschke D, Gethmann JW, Hess W, Tarnow J, Waibel J (1976 b) Hämodynamik, Koronardurchblutung und myokardialer Sauerstoffverbrauch unter hohen Fentanyl- und Piritramiddosen. Anaesthesist 25:309−317

327. Patschke D (1977 a) Diskussionsbemerkung. In: Zindler M, Purschke R (Hrsg) Coronarinsuffizienz, Pathophysiologie und Anaesthesieprobleme bei der Coronarchirurgie. Anaesthesiologie und Wiederbelebung Bd 102. Springer, Berlin Heidelberg New York, S 38−39

328. Patschke D (1977 b) Blutdruckabfall nach Fentanyl. In: Zindler M, Purschke R (Hrsg) Coronarinsuffizienz, Pathophysiologie und Anaesthesieprobleme bei der Coronarchirurgie. Springer, Berlin Heidelberg New York, S 71−73

329. Patschke D, Eberlein HJ, Hess W, Oser G, Tarnow J, Zimmermann G (1977) Hämodynamik, Koronardurchblutung und myokardialer Sauerstoffverbrauch unter hohen Morphin-, Pethidin-, Fentanyl- und Piritramiddosen. Anaesthesist 26:239−248

330. Patterson SW, Starling EH (1914) On the mechanical factors which determine the output of the ventricles. J Physiol London 48:357−379

331. Payne JP, Senfield RM (1964) Pronethalol in treatment of ventricular arrhythmias during anaesthesia. Brit Med J I:603−604

332. Perry LB, van Dyke RA, Theye RA (1974) Sympathoadrenal and hemodynamic effects of isoflurane, halothane and cyclopropane in dogs. Anesthesiology 40:465−470

333. Peter K, van Ackern K, Altstaedt F, Dietman K, Eck K, Keller P, Lutz H (1973) Kreislaufanalyse von Ethrane-Untersuchungen am wachen Tier. Z Prakt Anästh Wiederbel 8:277−284

334. Peter K, Dietman K, Sponer G (1974) Untersuchungen zur Analyse des großen Kreislaufs am Hund unter Ethrane-Narkose. In: Lawin P, Beer R (Hrsg) Anaesthesiologie und Wiederbelebung Bd 84 − Ethrane. Springer, Berlin Heidelberg New York S 102−114

335. Peters T (1975) Zur Wirkung der Herzglykoside auf die elektromechanische Kopplung am Herzmuskel. Habilitationsschrift, Christian-Albrechts-Universität Kiel

336. Philbin DM, Lowenstein E (1976) Lack of beta-adrenergic activity of isoflurane in the dog: a comparison of circulatory effects of halothane and isoflurane after propranolol administration. Brit J Anaesth 48:1165—1170

337. Philbin DM, Bland JHL (1979) The cardiovascular effects of anaesthetics: an introduction. In: Philbin DM (ed) International Anaesthesiology Clinics Vol 17, Heft 1, Anaesthetic management of the patient with cardiovascular disease, pp 1—11

338. Philbin DM, Hutter AM (1979) Intraoperative Cardiac Arrhythmia. In: Philbin DM (ed) International Anaesthesiology Clinics Vol 17, No 1, Anaesthetic management of the patient with cardiovascular disease, pp 55—65

339. Planz G (1976) Alpha- und Beta-Rezeptorenblocker: Wirkungsmechanismus und therapeutische Anwendungsmöglichkeiten. notabene medici 6:12—18

340. Pöntinen PJ (1978 a) Cardiovascular effects of adrenaline infiltration during halothane anaesthesia and adrenergic beta receptor blockade in man. Acta anaesth Scand 22:130—144

341. Pöntinen PJ (1978 b) Cardiovascular effects of local adrenaline infiltration during neuroleptanalgesia and adrenergic beta-receptor blockade in man. Acta anaesth Scand 22:145—153

342. Price HL, Helrich M (1955) Significance of the competence index in the measurement of myocardial contractility. J Pharmacol Exp Ther 115:199—205

343. Price HL, Linde HW, Jones RE, Black GW, Price ML (1959) Sympathoadrenal responses to general anaesthesia in man and their relation to hemodynamics. Anesthesiology 20:563—575

344. Price HL, Price ML (1966) Has halothane a predominant circulatory action? Anesthesiology 27: 764—769

345. Price HL, Warden JC, Coopermann LH, Millar RA (1969) Central sympathetic excitation caused by cyclopropane. Anesthesiology 30:426—438

346. Prichard BNC (1974) Beta-adrenergic receptor blocking drugs in angina pectoris. Drugs 7:55—84

347. Prichard BNC (1979) Beta-Rezeptoren-Blockade — wirksames therapeutisches Prinzip zum Schutz des Herzens vor Streß. In: Streßgefährdetes Herz-Kreislauf-System — kardioselektive beta-Rezptoren-Blockade mit Prent. Bayer AG, Leverkusen, S 22—29, 101

348. Priola DV, Fulton RL (1969) Positive and negative inotropic responses of the atria and ventricles to vagosympathetic stimulation in the isovolemic canine heart. Circulat Res 25:265—275

349. Prys-Roberts C, Meloche R, Foëx P (1971 a) Studies on anaesthesia in relation to hypertension. I. Cardiovascular responses of treated and untreated patients. Brit J Anaesth 43:122—137

350. Prys-Roberts C, Greene LT, Meloche R, Foëx P (1971 b) Studies of anaesthesia in relation to hypertension. II. Haemodynamic consequences of induction and endotracheal intubation. Brit J Anaesth 43:531—547

351. Prys-Roberts C, Foëx P, Biro GP (1972 a) The protective effect of beta-adrenergic blockade during anaesthesia in the hypertensive patient. American Society of Anaesthesiologists — Abstracts of scientific Papers, ASA Annual meeting, S 203

352. Prys-Roberts C, Gersh BJ, Baker AB, Reuben SR (1972 b) The effects of halothane on the interactions between myocardial contractility, aortic impedance and left ventricular performance. I. Theoretical considerations and results. Brit J Anaesth 44:634—649

353. Prys-Roberts C, Foëx P, Biro GP, Roberts JG (1973) Studies of anaesthesia in relation to hypertension. V. Adrenergic beta-receptor blockade. Brit J Anaesth 45:671—681

354. Prys-Roberts C, Roberts JG, Foëx P, Clarke TNS, Bennett MJ, Ryder WA (1976) Interaction of anesthesia, beta-receptor blockade and blood loss in dogs with induced myocardial infarction. Anesthesiology 45:326—339

355. Prys-Roberts C (1977) Beta-receptor-blockade and anesthesia. In: Grahame-Smith (ed) Drug interactions. McMillan Press Ltd, London, pp 265—274

356. Prys-Roberts C (1979) Hemodynamic effects of anesthesia and surgery in real hypertensive patients receiving large doses of beta-receptor antagonists. Anesthesiology 51:122

357. Prys-Roberts C (1980) Some aspects of beta-receptor blockade in relation to anesthesia and patients with coronary artery disease. Referat: Internationales Satelliten-Symposium „Cardiovascular Anaesthesia", Göttingen 21. u. 22. Sept. 1980

358. Rahn KH (1978 a) Eigenschaften der verschiedenen Betarezeptorenblocker. Welche sind relevant? Cardiology 63, Suppl 1:1—8

359. Rahn KH (1978 b) Diskussionsbeitrag/Rundtischgespräch „Beta-Blockade in der Therapie der Angina Pectoris". In: Mäurer W, Schömig A, Dietz R, Lichtlen PR (Hrsg) Beta-Blockade 1977. Thieme, Stuttgart, S 217 u. 221

360. Rahn KH (1978 c) Betablocker, 1. Betadrenol-Symposion. Einleitung. In: Rahn KH, Schrey A (Hrsg) Betablocker, 1. Betadrenol-Symposion, Frankfurt 1977. Urban und Schwarzenberg, München Wien Baltimore, S 1

361. Rämsch KD, Pütter J (1979) Acebutolol (Prent) – Pharmakokinetik und Metabolismus. In: Streßgefährdetes Herz-Kreislauf-System – kardioselektive beta-Rezeptorenblockade mit Prent. Bayer AG, Leverkusen, S 40–47, 105

362. Rao TLK, El-Etr AA, Balasaraswathi K, Sullivan H (1979) Dobutamine: hemodynamic effects in patients treated with and without propranolol. Anesthesiology 51:154

363. Rathod R, Jacobs HK, Kramer NE, Rao TLK, Salem MR, Towne WD (1978) Echocardiographic assessment of ventricular performance following induction with two anaesthetics. Anesthesiology 49:86–90

364. Raventos J (1956) The action of fluothane: a new volatile anaesthetic. Brit J Pharmacol 11:394–410

365. Regårdh CG (1975) Pharmacokinetics of beta-blockers. In: Berglund G, Hansson L, Werkö L (eds) Pathophysiology and management of arterial hypertension. Proceedings of a conference, held in Copenhagen, Denmark, April 10–11, 1975. Lindgren und Söner AB, Möhndal, Sweden, pp 168–174

366. Regensburger D, Kettler D, Sonntag H (1977) Veränderungen von Stoffwechselparametern und der Coronardurchblutung bei Hämodilutionsperfusion. In: Zindler M, Purschke R (Hrsg) Coronarinsuffizienz, Pathophysiologie und Anaesthesieprobleme bei der Koronarchirurgie. Anaesthesiologie und Wiederbelebung Bd 102. Springer, Berlin Heidelberg New York, S 97–106

367. Reid JL (1978) Central and peripheral nervous mechanisms and the hypotensive actions of beta-blockers. In: Mäurer W, Schömig A, Dietz R, Lichtlen PR (Hrsg) Beta-Blockade 1977. Thieme, Stuttgart, pp 74–80

368. Reneman RS, van Gerven W, Krüger R (1977) Interaction between etomidate and the antihypertensive agents propranolol and alpha-methyldopa. In: Doenicke A (ed) Etomidate, an intravenous hypnotic agent. First report on clinical and experimental experience. Anaesthesiologie und Wiederbelebung Vol 106. Springer, Berlin Heidelberg New York, pp 15–22

369. Richardson JA, Woods EF, Richardson AK (1957) Plasma concentrations of epinephrine and norepinephrine during anaesthesia. J Pharmacol Exp Ther 119:378–384

370. Richter JA (1979) Die Vorbereitung und Durchführung der Anaesthesie bei kardialen Risikopatienten. Intensivbehandlung 4:24–34

371. Rivier JL (1976) Die Behandlung der Angina pectoris mit Betablockern. In: Schweizer W (Hrsg) Die Betablocker – Gegenwart und Zukunft. Huber, Bern Stuttgart Wien, S 201–214

372. Roberts JG, Prys-Roberts C, Foëx P, Clarke TNS, Bennett M (1973) A comparison of the effects of practolol and propranolol on the response to haemorrhage in anaesthetized dogs after myocardial infarction (Abstract). Brit J Anaesth 45:1230–1231

373. Roberts JG, Foëx P, Clarke TNS, Bennett MJ (1976 a) Hemodynamic interactions of high dose propranolol pretreatment and anaesthesia in the dog. I. Halothane dose response studies. Brit J Anaesth 48:315–325

374. Roberts JG, Foëx P, Clarke TNS, Prys-Roberts C, Bennett MJ (1976 b) Haemodynamic interactions of high dose propranolol pretreatment and anaesthesia in the dog. II. The effects of acute arterial hypoxaemia at increasing depths of halothane anaesthesia. Brit J Anaesth 48:403–410

375. Roberts JG, Foëx P, Clarke TNS, Bennett MJ, Saner CA (1976 c) Haemodynamic interactions of high dose propranolol pretreatment and anaesthesia in the dog. III. The effects of haemorrhage during halothane and trichlorethylene anaesthesia. Brit J Anaesth 48:411–418

376. Roizen MD, Moss J, Henry DP, Kopin IJ (1974) Effects of halothane on plasma catecholamines. Anesthesiology 41:432–439

377. Romagnoli A, Keats AS (1975) Plasma and atrial propranolol concentrations after preoperative withdrawal. Circulations 52:1123–1127

378. Rosenquist U, Lindholm M, Eklund J (1977) A comparison between the influences of halothane or fentanyl and droperidol anaesthesia on the adrenergic receptor response in human adipose tissue in vitro. Acta anaesth Scand 21:374–378

379. Rosenthal J, Kaiser H, Hammerschmidt D, Welzel D (1977) Praxis der Hochdrucktherapie mit einem beta-Rezeptorenblocker. Med Welt 28:1969–1974
380. Roskamm H (1972) Hämodynamik und Kontraktilität in Ruhe und während körperlicher Belastung bei beta-Sympathikolyse. In: Dengler HJ (Hrsg) Die therapeutische Anwendung beta-sympathikolytischer Stoffe. Schattauer, Stuttgart New York, S 159–175
381. Rothlin ME (1978) Diskussionsbeitrag, Rundtischgespräch: Arrhythmien und Beta-Blocker. In: Mäurer W, Schömig A, Dietz P, Lichtlen PR (Hrsg) Beta-Blockade 1977. Thieme, Stuttgart, S 365
382. Rowlands DJ, Howitt G, Markman P (1965) Propranolol (Inderal) in disturbances of cardiac rhythm. Brit Med J I:891–894
383. Roy P, Day L, Sowton E (1975) Effect of a new beta-adrenergic blocking agent, atenolol (Tenormin), on pain frequency, trinitrin consumption and exercise ability. Brit Med J III:195–197
384. Rügheimer E, Heitmann D (1975) Die Neuroleptanalgesie. Bilanz einer Methode. NLA-Workshop Bad Reichenhall, Jan 1974. Thieme, Stuttgart, S 69
385. Rutishauser W, Krayenbühl HP, Wirz P (1976) Herz. In: Siegenthaler W (Hrsg) Klinische Pathophysiologie, 3. Auflage. Thieme, Stuttgart, S 522–588
386. Saameli K (1972) Die pharmakologische Charakterisierung beta-sympathikolytischer Substanzen. In: Dengler HJ (Hrsg) Die therapeutische Anwendung beta-sympathikolytischer Stoffe. Schattauer, Stuttgart New York, S 3–30
387. Sachs L (1976) Statistische Methoden. Ein Soforthelfer. 3. Auflage. Springer, Berlin Heidelberg New York
388. Saner CA, Foëx P, Roberts JC, Bennett MJ (1975) Methoxyflurane and practolol: a dangerous combination? Brit J Anaesth 47:1025
389. Santesson J, Järnberg PO, Arner S (1978) The effect of surgical stress on haemodynamics during neuroleptanaesthesia. Acta anaesth Scand 22:123–129
390. Sarnoff SJ, Berglund E (1954) Ventricular function. I. Starling's law of the heart studied by means of simultaneous right and left ventricular function curves in the dog. Circulation 9:706–718
391. Schaer H (1977) Der koronarkranke Patient, eine Herausforderung an die Anaesthesisten. Anaesthesist 26:209–211
392. Schaper WKA, Jageneau AHM, Bogard JM (1963) Hemodynamic and respiratory responses to Dehydrobenzperidol, a potent neuroleptic compound in intact anesthetized dogs. Arzneimittelforschung (Drug Res) 13:316–317
393. Schaper WKA, Lewi P, Jageneau AHM, Greivers H (1965) The determinants of the rate of change of the left ventricular pressure (dp/dt). Arch Kreisl Forsch 46:27–41
394. Schilling K (1972) Erfahrungen mit der Anwendung des Beta-Rezeptorenblockers Practolol (Dalzic) in der Anaesthesie (Gynäkol). Z prakt Anaesth Wiederbeleb 7:367–377
395. Schilling K (1975) Erfahrungen mit Dalzic in der Anaesthesie bei gynäkologischen Eingriffen. In: Lydtin H, Meesmann W (Hrsg) Kardiale Sympathikolyse als therapeutisches Prinzip. Thieme, Stuttgart, S 159–167
396. Schlant RC (1978) Normal physiology of the cardiovascular system. In: Hurst JW, Logue RB, Schlant RC, Wenger NK, McGraw-Hill (eds) The heart, arteries and veins, 4th edit. Book Company New York etc, pp 71–100
397. Schmidt HD, Schmier J (1965) Kontraktilitätsschädigung des Herzens im frühen haemorrhagischen Schock. Pflügers Arch ges Physiol 285:241–252
398. Schüren KP (1977) Klinische Aspekte der alleinigen oder kombinierten Anwendung von Beta-rezeptorenblockern. In: Hierholzer K, Rietbrock N (Hrsg) Physiologische und pharmakologische Grundlagen der Therapie. Herzglykoside, beta-Rezeptorenblocker und Diuretika. Straube, Erlangen, S 149–182
399. Seipel L (1978) Welche Rhythmusstörungen sprechen auf Betablocker an? Cardiology 63, Suppl 1:45–49
400. Seipel L, Breithardt G, Loogan F (1978) Elektrophysiologische Effekte von Beta-Rezeptorenblockierenden Substanzen beim Menschen. In: Mäurer W, Schömig A, Dietz P, Lichtlen PR (Hrsg) Beta-Blockade 1977. Thieme, Stuttgart, S 337–345, 352
401. Severinghaus JW, Cullen SC (1958) Depression of myocardium and body oxygen consumption with fluothane. Anesthesiology 19:165–177

402. Seyberth HW, Rahn KH (1975) Untersuchungen zum Mechanismus der antihypertensiven Wirkung von Beta-Rezeptorenblockern. In: Lydtin H, Meesmann W (Hrsg) Kardiale Sympathikolyse als therapeutisches Prinzip. Thieme, Stuttgart, S 212–217

403. Shand DG (1974) Pharmacokinetic properties of the beta-adrenergic receptor blocking drugs. Drugs 7:39–47

404. Shand DG (1975) Propranolol. N Engl J Med 293:280–285

405. Shand DG, Wood AJJ (1978) Editorial: Propranolol withdrawal syndrome – Why? Circulation 58: 202–203

406. Shanks RG (1975) Panel discussion. In: Changing Attitudes to the Detection and Treatment of Hypertension. Boehringer Ingelheim, Bracknell UK, S 30

407. Sharma PL (1967) Effect of propranolol on arterial hypotension induced by halothane in the dog under nitrous oxide anaesthesia. Brit J Anaesth 39:215–219

408. Sharma PL (1969) Selective adrenergic beta-receptor blockade in the prevention of adrenaline-evoked ventricular arrhythmias in dogs anaesthetized with halothane in oxygen. Brit J Anaesth 41: 481–488

409. Shimosato S, Sugai N, Iwatsuki N, Etsten BE (1969) The effect of Ethrane on cardiac muscle mechanics. Anesthesiology 30:513–518

410. Shimosato S, Yasuda J, Kemmotsu O, Shanks C, Gamble C (1973) Effect of halothane on altered contractility of isolated heart muscle obtained from cats with experimentally produced ventricular hypertrophy and failure. Brit J Anaesth 45:2–9

411. Shimosato S (1979) Altered cardiac performance to general volatile anaesthetics in health and disease. In: Variations hémodynamiques en anesthésie. Ve Congrès Européen D'Anaesthesiology, Paris 4/9 Septembre 1978, SNPM, Editor, 92522 Neuilly-sur-Seine, Cedex, pp 1019–1036

412. Shimosato S, Iwatsuki N, Carter JG (1979) Cardio-circulatory effects of enflurane anaesthesia in health and disease. Acta anaesth Scand, Suppl 71:69–70

413. Siepmann H, Lennartz H, Pütz E (1976) Die dosisabhängige Beeinflussung der Kontraktilität des isolierten Papillarmuskels der Katze durch Enflurane und Halothan. In: Brückner JB (Hrsg) Inhalationsanaesthesie mit Ethrane. Anaesthesiologie und Wiederbelebung Bd 99. Springer, Berlin Heidelberg New York, S 71–81

414. Simpson WT (1977) Nature and incidence of unwanted effects with atenolol. Postgrad med J 53, Suppl 3:162–167

415. Singh BN (1973) Clinical aspects of the anti-arrhythmic action of beta receptor blocking drugs: Part 2, Clinical Pharmacology. N Zeal med J 78:529–533

416. Singh BH, Whitlock RML, Comber RH, Williams FH, Harris EA (1976) Effects of cardioselective beta adrenoceptor blockade on specific airways resistance in normal subjects and in patients with bronchial asthma. Clin Pharmacol Ther 19:493–501

417. Skovsted P, Price HL (1969) The effects of methoxyflurane on arterial pressure, preganglionic sympathetic activity and barostatic reflexes. Anesthesiology 31:515–521

418. Skovsted P, Price HL (1970) Central sympathetic excitation caused by diethyl ether. Anesthesiology 32:202–209

419. Skovsted P, Price HL (1972) The effects of ethrane on arterial pressure, preganglionic sympathetic activity and barostatic reflexes. Anesthesiology 36:257–262

420. Slogoff S, Keats AS, Hibbs CW, Edmonds CH, Bragg DA (1977) Failure of general anaesthesia to potentiate propranolol activity. Anesthesiology 47:504–508

421. Slogoff S, Keats AS, Ott E (1978) Preoperative propranolol therapy and aortocoronary bypass operation. JAMA 240:1487–1490

422. Skinner C, Gaddie J, Palmer KN (1976) Comparison of effects of metoprolol and propranolol on asthmatic airway obstruction. Brit Med J 1:504

423. Slome R (1973) Withdrawal of propranolol and myocardial infarction. Lancet I:156

424. Smith NT, Eger EI, Stoelting RK, Whayne TF, Cullen D, Kadis LB (1970) The cardiovascular and sympathomimetic responses to the addition of nitrous oxide to halothane in man. Anesthesiology 32:410–421

425. Smith NT, Calverly RK, Prys-Roberts C, Eger EI, Jones CW (1978) Impact of nitrous oxide on the circulation during enflurane anaesthesia in man. Anesthesiology 48:345–349

426. Smith NT, Eger EI, Calverley RK (1979) Hemodynamic effects of inhalation anaesthetic agents in normal man. In: Variations hémodynamiques en anesthésie. Ve Congrès D'Anesthésiology, Paris 4./9. Septembre 1978. SNPM, Editor, 92522 Neuilly-sur-Seine. Cedex, pp 977–1017

427. Smith NT (1980) Myocardial Function and Anaesthesia. In: Prys-Roberts C (ed) The circulation in anaesthesia. Applied Physiology and Pharmacology. Blackwell scientific publications, Oxford London Edinburgh Melbourne, pp 57–114

428. Soga D, Beer R (1972) Myokardkontraktilität und Narkose. Anaesthesist 21:165–171

429. Sonnenblick EH (2962) Force-Velocity relations in mammalian heart muscle. Amer J Physiol 202: 931–939

430. Sonnenblick EH, Downing SE (1963) Afterload as a primary determinant of ventricular performance. Amer J Physiol 204:604–610

431. Sonnenblick EH (1964) Series elastic and contractile elements in heart muscle. Amer J Physiol 207:1330–1338

432. Sonnenblick EH, Parmley WW, Urschel CW (1969) Myocardial physiology. In: Gordon Bl, Carleton RA, Faber LP (eds) Clinical Cardiopulmonary Physiology, 3. Edition. Crune and Strathon, New York London, pp 13–27

433. Sonntag H, Donath U, Hillebrand W, Merin RC, Radke G (1978) Left ventricular function in conscious man and during halothane anaesthesia. Anesthesiology 48:320–324

434. Spann JF, Buccino RA, Sonnenblick EH, Braunwald E (1967) Contractile state of cardiac muscle obtained from cats with experimentally produced ventricular hypertrophy and heart failure. Circulat Res 21:341–354

435. Spotnitz HM, Sonnenblick EH, Spiro D (1966) Relation of ultrastructure to function in intact heart: sarcomere structure relative to pressure volume curves of intact left ventricles of dog and cat. Circulat Res 8:49–66

436. Stanley TH, Bennett GM, Loeser EA, Kawamura R, Sentker CR (1976) Cardiovascular effects of diazepam and droperidol during morphine anaesthesia. Anesthesiology 44:255–258

437. Stanley TH, Webster LR (1978) Anesthetic requirements and cardiovascular effects of fentanyl-oxygen and fentanyl-diazepam-oxygen anaesthesia in man. Anesth Analg Curr Res 57:411–416

438. Stanley TH, Berman L, Green O, Robertson D (1980) Plasma catecholamine and cortisol responses to Fentanyl-oxygen Anaesthesia for coronary-artery operations. Anesthesiology 53:250–253

439. Staub NC (1974) Pulmonary edema. Physiol Rev 54:678–811

440. Stauch M, Härich BKS (1975) Die Wirkung von Dalzic auf die Hämodynamik in Ruhe und unter Belastung bei Patienten mit und ohne Koronarinsuffizienz. In: Kardiale Sympathikolyse als therapeutisches Prinzip. Thieme, Stuttgart, S 92–100

441. Stephan K, Meesmann W, Bischoff KO, Hübner H, Geigenmüller L, Diesch J (1975) Wirkung von Atenolol auf Kontraktilität und Hämodynamik im Vergleich zu Propanolol und Practolol beim Infarktherzen. Arzneimittelforschung/Drug Res 25:1770–1776

442. Stephan K, Meesmann W, Hübner H (1978) Wirkungen von verschiedenen Beta-Rezeptorenblockern auf Kontraktilität und Hämodynamik beim Hund mit leistungsgemindertem Herzen. In: Mäurer W, Schömig A, Dietz R, Lichtlen PR (Hrsg) Beta-Blockade 1977. Thieme, Stuttgart, S 157–163

443. Stephen GW, Davie IT, Scott DB (1971) Haemodynamic effects of beta-receptor blocking drugs during nitrous oxide and halothane anaesthesia. Brit J Anaesth 43:320–325

444. Stoelting RK, Gibbs PS (1973) Hemodynamic effects of morphine and morphine-nitrous oxide in valvular heart disease and coronary artery disease. Anesthesiology 38:45–52

445. Stoelting RK, Gibbs PS, Creasser CW, Petersen C (1975) Hemodynamic and ventilatory responses to fentanyl, fentanyl-droperidol and nitrous oxide in patients with acquired valvular heart disease. Anesthesiology 42:319–324

446. Stoelting RK (1979) Halothane-Nitrous Oxide Anaesthesia in a Patient Receiving high-dose Propranolol. Anesthesiology 50:546–547

447. Stokke DB, Christensen NJ, Hole P, Andersen PK, Juhl B (1978) Plasma catecholamines during equipotent anaesthesia with cyclopropane and halothane in man. Anaesthesist 27:469–474

448. Streisand RL, Gourin A, Stuckey JH (1971) Respiratory and metabolic alkalosis and myocardial contractility. J Thorac Surg 62:431–435

449. Strong AJ, Macnicol MF, Davie IT, Scott DB (1971) Haemodynamic effects of oxprenolol and practolol in dogs under halothane anaesthesia. Brit J Anaesth 43:25–31

450. Strong AJ, Macnicol MF, Davie IT, Scott DB (1972) Haemodynamic effects of beta-blockade with oxprenolol and practolol in anaesthetized dogs. In: Hoder J, Jedlička R, Pokorny J (eds) Advances in anaesthesiology and resuscitation. Vol I. Proceedings of the third European Congress of Anaesthesiology, held in Prague, 31.8.–4.9.1970. Avicenum – Czechoslovak, Medical Press, Prague, pp 987–991

451. Stumpe O (1979) Hypertonie. In: Bolte HD (Hrsg) Therapie mit Beta-Rezeptorenblockern. Springer, Berlin Heidelberg New York, S 53–69, 111–114

452. Sudmeyer W, Schilling K (1970) Klinische Erfahrungen mit der intravenösen Applikation des Beta-Rezeptorenblockers Propranolol in der Anaesthesie und Intensivpflege. Z prakt Anaesth Wiederbeleb 5:104–111

453. Sugai N, Shimosato S, Etsten BE (1968) Effect of halothane on force-velocity relations and dynamic stiffness of isolated heart muscle. Anesthesiology 29:267–274

454. Tammisto T, Takki S, Nikki P, Jäättelä A (1973) Effect of operative stress on plasma catecholamine levels during neuroleptanalgesia. Anaesthesist 22:158–161

455. Tarazi RC, Frohlich ED, Dustan HP (1971) Plasma volume changes with long-term beta-adrenergic blockade. Amer Heart J 82:770–776

456. Tarazi RC, Dustan HP (1972) Beta-adrenergic blockade in hypertension: practical and theoretical implications of long-term hemodynamic variations. Amer J Cardiol 29:633–640

457. Tarnow J, Gethmann JW, Heß W, Patschke D, Weymar A, Brückner JB (1974) Der Einfluß von Ethrane auf die Hämodynamik und die Sauerstoffversorgung des Myokards im Vergleich zu Halothane. Anaesthesist 23:281–290

458. Tarnow J, Eberlein JH, Heß W, Schneider E, Schweichel E, Zimmermann G (1979 a) Hemodynamic interactions of hemodilution, anaesthesia, propranolol pretreatment and hypovolemia. I. Systemic circulation. Basic Res Cardiol 74:109–122

459. Tarnow J, Eberlein HJ, Heß W, Schneider E, Schweichel E, Zimmermann G (1979 b) Hemodynamic interactions of hemodilution, anaesthesia, propranolol pretreatment and hypovolemia. II. Coronary circulation. Basic Res Cardiol 74:123–130

460. Te LT, Conn AW (1966) Effect of adrenergic beta-receptor blocker on epinephrine induced arrhythmias during halothane anaesthesia. Canad Anaesth Soc J 13:242–246

461. Thulesius O, Gjöres JE, Berlin E (1978) Beta-Rezeptor-Blockade und periphere Zirkulation. In: Mäurer W, Schömig A, Dietz R, Lichtlen PR (Hrsg) Beta-Blockade 1977. Thieme, Stuttgart, S 186–193

462. Tyden H, Westerholm CJ (1979) Cardiovascular effects of neurolept anaesthesia in patients with coronary artery disease. Acta anaest scand 23:471–479

463. Vance JP, Brown DM, Smith G (1973) The effects of hypnocapnia on myocardial blood flow and metabolism. Brit J Anaesth 45:455–463

464. Vatner SF, Braunwald E (1975) Cardiovascular control mechanisms in the conscious state. N Engl J Med 293:970–976

465. Vaughan-Williams EM (1973) The development of new antidysrhythmic drugs. Schweiz med Wochenschr 103:262–271

466. Vedin JA, Wilhelmsson CE (1978) Langzeitbehandlung von ischaemischen Herzerkrankungen mit β-Blockern. Cardiology 63, Suppl 1:55–57

467. Vickers MD (1966) Adrenergic drugs and their antagonists in anaesthesia. Brit J Anaesth 38:728–738

468. Viljoen JF, Estefanous G, Kellner GA (1972) Propranolol and cardiac surgery. J Thorac Cardiovasc Surg 64:826–830

469. Viljoen JF (1975) Guest discussion. Anesth Analg Curr Res 54:577–578

470. Waal-Manning HJ, Simpson FO (1971) Practolol treatment in asthmatics. Lancet 2:1264–1265

471. Waal-Manning HJ, Simpson FO (1975) Paradoxical effect of pindolol. Brit med J 2:155–156

472. Waal-Manning HJ (1976) Hypertension: Which beta blocker? Drugs 12:412–441

473. Wale JL, Bilski A (1978) Intrinsic sympathomimetic activity and myocardial contractility – experimental studies. In: Mäurer W, Schömig A, Dietz R, Lichtlen PR (Hrsg) Beta-Blockade 1977. Thieme, Stuttgart, S 21–28

474. Wallace AG, Skinner NS, Mitchell JH (1963) Hemodynamic determinants of maximal rate of rise of left ventricular pressure. Amer J Physiol 205:30–36

475. Walters FJM, Manners JM, Edwards JC (1977) β-blockade during induction of anaesthesia: comparison of two groups of patients with severe coronary artery disease. Brit J Anaesth 49:1170–1171

476. Weidmann P, Fuss O (1978) Medikamentöse Hypertoniebehandlung 1977. Schweiz med Wochenschr 108:1–18

477. Weis KH, Brackebusch HD, Hockerts Th, Klautky R (1969) Tierexperimentelle Untersuchungen zur Kreislaufdynamik der Halothannarkose nach Blockade der β-Rezeptoren mit Propranolol. Anaesthesist 18:253–255

478. Weis KH, Brackebusch HD (1970) On the cardiovascular effect of propranolol during halothane anaesthesia in normovolaemic and hypovolaemic dogs. Brit J Anaesth 42:272–279

479. Weis KH, Brackebusch HD, Rietbrock I (1971) Zur Frage der Volumensubstitution nach Blockade der Beta-Rezeptoren. Anaesthesist 20:49–50

480. White CB, Uwadia BP (1975) Beta-adrenoceptors in the human dorsal hand vein and the effects of propranolol and practolol on venous sensitivity to noradrenaline. Brit J Clin Pharmacol 2:99–105

481. Whitwam JG, Russell WJ (1971) The acute cardiovascular changes and adrenergic blockade by droperidol in man. Brit J Anaesth 43:581–591

482. Wild U, Lattke F, Schley G, Meesmann W (1975) Propranololbedingte Änderungen der Flimmerschwelle des Herzens vor und nach experimentellem Koronarverschluß. In: Lydtin H, Meesmann W (Hrsg) Kardiale Sympathikolyse als therapeutisches Prinzip. Thieme, Stuttgart, S 126–128

483. Williams FM, Singh BN, Ambler PK, Dorrington R (1976) The effects of propranolol, practolol and metoprolol on exercise-induced tachycardia in relation to plasma levels in man. Clin Exp Pharmacol Physiol 3:473–482

484. Winkle RA, Meffin PJ, Ricks WB, Harrison DC (1977) Acebutolol metabolite plasma concentration during chronic oral therapy. Brit J Clin Pharmacol 4:519–522

485. Witzleb E (1976) Funktionen des Gefäßsystems. In: Schmidt RF, Thews G (Hrsg) Einführung in die Physiologie des Menschen. 18. überarbeitete Auflage. Springer, Berlin Heidelberg New York, S 387–451

486. Wollam GL, Cody RJ Jr, Tarazi RC, Bravo EL (1979) Acute hemodynamic effects and cardioselectivity of acebutolol, practolol and propranolol. Clin Pharmacol Ther 25:813–820

487. Wollenberger A (1947) On the energy-rich phosphate supply of the failing heart. Amer J Physiol 150:733–745

488. Wood M, Shand DG, Wood AJJ (1979) Propranolol binding in plasma during cardiopulmonary bypass. Anesthesiology 51:512–516

489. Yilmaz E (1975) Dalzic in der Prämedikation bei Eingriffen unter Lokalanaesthesie. In: Lydtin H, Meesmann W (Hrsg) Kardiale Sympathikolyse als therapeutisches Prinzip. Thieme, Stuttgart, S 171–172

490. Yoshida T, Kubota M, Suzuki K, Goto Y, Furukawa K (1970) The cardiovascular effects and antiarrhythmic action of new β-adrenergic blockade (LB-46) under halothane anaesthesia. Jap Circulat J 34:1096–1097

491. Zaagsma J, Meems L, Boorsma M (1977) β-adrenoceptor studies. 4. Influence of albumin on in vitro β-adrenoceptor blocking and antiarrhythmic properties of propranolol, pindolol, practolol and metoprolol. Naunyn Schmied Arch Pharmacol 29:29–36

492. Zeig NJ, Buckley NM, Macy J (1968) Effects of acute hemorrhage after adrenergic blockade in splenectomized dogs. Amer J Physiol 214:33–40

493. Zindler M (1966) Neuroleptanalgesie für Mitralstenoseoperationen. In: Gemperle M (Hrsg) Fortschritte der Neuroleptanalgesie. Anaesthesiologie und Wiederbelebung Bd 18. Springer, Berlin Heidelberg New York, S 131–138

494. Zindler M, Purschke R (1977) Coronarinsuffizienz, Pathophysiologie und Anaesthesieprobleme bei der Coronarchirurgie. Anaesthesiologie und Wiederbelebung, Bd 102. Springer, Berlin Heidelberg New York, S 49–50